U0839153

国家出版基金项目
NATIONAL PUBLICATION FOUNDATION

Supported by Key Project for the Development of State Facilities and Information Infrastructure for Science and Technology: National Specimen Information Infrastructure (2005DKA21401)
The Thirteenth Five-Year Plan for National Important Books Publication Project
国家科技基础条件平台：标本资源共享平台建设项目（2005DKA21401）资助
“十三五”国家重点图书出版规划项目

Type Specimens in China National Herbarium (PE)

Volume 10

ANGIOSPERMAE(7)

中国国家植物标本馆（PE）模式标本集

第 10 卷

被子植物门（7）

Institute of Botany, Chinese Academy of Sciences Edit
The editors of this volume LIN Qi, YANG Zhirong and LIN Yun

中国科学院植物研究所 编
本卷主编 林 祁 杨志荣 林 云

河南科学技术出版社
Henan Science and Technology Press

图书在版编目（CIP）数据

中国国家植物标本馆（PE）模式标本集. 第10卷，被子植物门. 7：英汉对照/中国科学院植物研究所编；林祁，杨志荣，林云本卷主编. —郑州：河南科学技术出版社，2017.6

ISBN 978-7-5349-8159-3

Ⅰ.①中… Ⅱ.①中… ②林… ③杨… ④林… Ⅲ.①植物—标本—中国—图集 Ⅳ.①Q94-34

中国版本图书馆CIP数据核字（2017）第017864号

The editors of this volume LIN Qi, YANG Zhirong and LIN Yun

Edited by BAN Qin, CHEN Shurong, CHEN Yali, DU Yufen, FU Lianzhong, HE Shanshan, JING Xuan, LIN Qi, LIN Yun, LIU Wenqun, MA Xintang, SUN Miao, WANG Mingqiong, WANG Zhongtao, WU Huibing, YANG Zhirong , YUN Yingxia

(Names are arranged in alphabetical order)

主　编　林　祁　杨志荣　林　云

编著者（以姓氏拼音为序）

班　勤　陈淑荣　陈雅丽　杜玉芬　傅连中　何珊珊　敬　璇　林　祁　林　云

刘文群　马欣堂　孙　苗　王明琼　王忠涛　吴慧冰　杨志荣　云映霞

生物中国总策划：周本庆

出版发行：河南科学技术出版社

地址：郑州市经五路66号　　邮编：450002

电话：（0371）65737028　　65788613

网址：www.hnstp.cn

策划编辑：周本庆　杨秀芳

责任编辑：申卫娟

责任校对：王晓红

整体设计：张　伟

责任印制：张艳芳

印　　刷：北京盛通印刷股份有限公司

经　　销：全国新华书店

幅面尺寸：240 mm × 345 mm　　印张：73　　字数：250千字

版　　次：2017年6月第1版　　2017年6月第1次印刷

定　　价：1 500.00元

如发现印、装质量问题，影响阅读，请与出版社联系并调换。

Introduction

Predecessors of China National Herbarium (abbreviated code PE), Institute of Botany, Chinese Academy of Sciences are the Herbarium, Department of Botany, the Fan Memorial Institute of Biology, Peiping (1928), as well as the Herbarium, Institute of Botany, the National Academy of Peiping (1929). Now PE has developed into the largest herbarium in Asia. The current collections contain more than 2 650 000 specimens in the herbarium, including mosses, ferns, seed plants, seed collections and plant fossil samples. Among them, there are about 20 000 type specimens (holotype, isotype, lectotype, isolectotype, neotype, isoneotype, epitype, isoepitype, syntype, isosyntype, paratype, isoparatype).

Type specimens in this book were produced by selecting the most important type specimen deposited at PE under the same scientific name (species, subspecies, variety and form), and then they were also reviewed and scanned. After compilation, ***Type Specimens in China National Herbarium (PE)*** which consists of 14 volumes is completed.

Type Specimens in China National Herbarium (PE) includes 7 451 type specimens, comprising 4 356 holotypes, 2 203 isotypes, 319 lectotypes, 8 isolectotypes, 3 neotypes, 3 isoepitypes, 27 syntypes, 94 isosyntypes, 279 paratypes, 170 isoparatypes, and belonging to 194 families, 1 134 genera, 6 159 species, 66 subspecies, 1 114 varieties and 122 forms. The taxa are arranged by family according to the system of ***Flora Bryophytorum Sinicorum*** and ***Flora Reipublicae Popularis Sinicae***. Infra-family taxa are alphabetized by genera, species, subspecies, varieties and forms. The explanation of each taxon is listed in the figure caption with Chinese name, scientific name, original publication, nature of specimen (holotype/ isotype/ lectotype/ isolectotype/ neotype/ isoneotype/ epitype/ isoepitype/ syntype/ isosyntype/ paratype/ isoparatype), type locality (country/ province/ county/ mountain if present), altitude, collection date, collector and collection number. The collector and type locality in this book follow ***Index Herbariorum Sinicorum*** (L. K. Fu, 1993) and ***Gazetteer of China—An Index to the Atlas of the People's Republic of China*** (Chinese Academy of Surveying & Mapping, 1997) respectively.

This book is a very important work for researching and identifying Chinese plants. It could also be used as a reference by plant taxonomists and people from botanic research institutions, educational institutions and production departments at home and abroad.

Volume 10 of ***Type Specimens in China National Herbarium (PE)*** includes 557 type specimens from Rosaceae and Leguminosae (Fabaceae), comprising 372 holotypes, 141 isotypes, 22 lectotypes, 6 isosyntypes, 10 paratypes, 6 isoparatypes, and belonging to 81 genera, 411 species, 2 subspecies, 127 varieties and 17 forms.

Greatest thanks to Prof. Li Liangqian and Prof. Zhang Xianchun, curators of China National Herbarium (PE), for their support and help throughout the publication of the book.

LIN Qi

September 2015

前 言

中国科学院植物研究所国家植物标本馆（缩写代号 PE）的前身是 1928 年成立的北平静生生物调查所植物标本室和 1929 年成立的北平研究院植物研究所标本室，现已发展为亚洲最大的植物标本馆，目前馆藏植物标本 265 万余份，包括苔藓植物标本、蕨类植物标本、种子植物标本、种子标本和植物化石标本，其中模式标本近 2 万份（含主模式、等模式、后选模式、等后选模式、新模式、等新模式、附加模式、等附加模式、合模式、等合模式、副模式、等副模式）。

书中所收录的模式标本是在同一学名下（种、亚种、变种、变型）遴选出一份最重要的馆藏模式标本，经整理并扫描后编撰而成《中国国家植物标本馆（PE）模式标本集》（共 14 卷）。

全书共收有模式标本 7 451 份，含 4 356 份主模式、2 203 份等模式、319 份后选模式、8 份等后选模式、3 份新模式、3 份等附加模式、27 份合模式、94 份等合模式、279 份副模式、170 份等副模式，隶属于 194 科、1 134 属、6 159 种、66 亚种、1 114 变种和 122 变型。全书各科依据《中国苔藓志》及《中国植物志》系统排列，属、种、亚种、变种、变型的名称按字母顺序排列。每张扫描模式标本相片的图注解释均标注中名、学名、原始文献、模式类型（主模式、等模式、后选模式、等后选模式、新模式、等新模式、附加模式、等附加模式、合模式、等合模式、副模式、等副模式）、采集地点（国名、省名、县名、山名）、海拔、采集时间（年月日）、采集人和采集号。本书中的采集人根据《中国植物标本馆索引》(傅立国，1993) 书写，采集地根据《中国地名录——中华人民共和国地图集地名索引》（国家测绘局地名研究所 , 1997）书写。

本书是一部研究与鉴定中国植物的重要著作，可供国内外植物分类学者及有关植物学科研、教学和生产部门人员参考。

第 10 卷包括被子植物门蔷薇科和豆科的模式标本，共 557 份，含 372 份主模式、141 份等模式、22 份后选模式、6 份等合模式、10 份副模式、6 份等副模式，隶属于 81 属、411 种、2 亚种、127 变种和 17 变型。

感谢中国国家植物标本馆（PE）馆长李良千研究员和张宪春研究员在本书编撰过程中给予的支持和帮助。

林　祁

2015 年 9 月

Contents
目　录

Rosaceae

蔷薇科

qiangwei ke

日本龙芽草 ***Agrimonia pilosa*** Ledeb. var. ***succapitata*** Naruhashi ex Naruhashi & M. Seo in J. Phytogeogr. & Taxon. 44(1-2): 82, f. 1B & 2. 1996. **Isotype:** Japan. Toyama: Minotani, 1996-09-24, N. Naruhashi & M. Seo 96092402.

唐古特扁桃 ***Amygdalus communis*** L. var. ***tangutica*** Botal. in Acta Horti Petrop. 12: 163. 1892. **Lectotype** (designated by Yun Lin & al. in Bull. Bot. Res., Harbin 35: 808. 2015.): China. Gansu: S Gansu, Tao River, 1885-05-28, G. N. Potanin s. n.

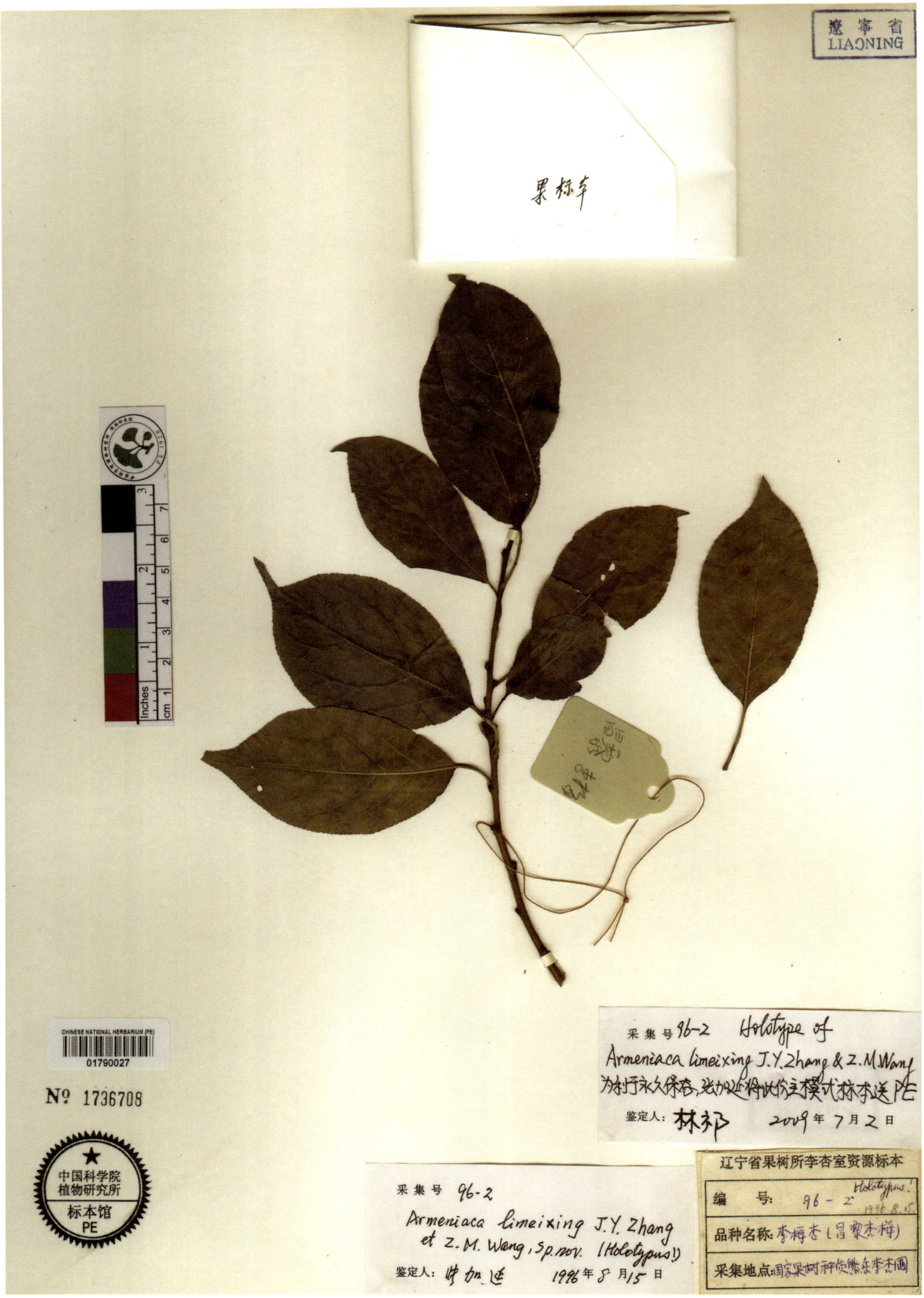

李梅杏 ***Armeniaca limeixing*** J. Y. Zhang & Z. M. Wang in Acta Phytotax. Sin. 37(1): 107, f. 2. 1999. **Holotype:** China. Liaoning: Xiongyue, 1996-08-15, J. Y. Zhang & al. 96-2.

政和杏 ***Armeniaca zhengheensis*** J. Y. Zhang & M. N. Lu in Acta Phytotax. Sin. 37(1): 105, f. 1. 1999. **Holotype:** China. Fujian: Zhenghe, alt. 780~940 m, 1996-07-17, J. Y. Zhang & al. 96-1.

长腺樱桃 ***Cerasus claviculata*** Yu & C. L. Li in Acta Phytotax. Sin. 23(3): 210, pl. 1: 2. 1985. **Holotype:** China. Shanxi: Yuanqu, alt. 2 300 m, 1959-05-28, S. Y. Bao & S. J. Yan 00212.

迎春樱桃 ***Cerasus discoidea*** Yu & C. L. Li in Acta Phytotax. Sin. 23(3): 211, pl. 1: 3. 1985. **Holotype:** China. Zhejiang: W Tianmushan, alt. 1 080 m, 1957-05-24, M. B. Deng & al. 4073.

泰山野樱花 ***Cerasus serrulata*** (Lindl.) G. Don & London var. ***taishanensis*** Y. Zhang & C. D. Shi in Acta Phytotax. Sin. 37(1): 87. 1999. **Isotype:** China. Shandong: Taian, Taishan, alt. 1 000 m, 1998-05-29, Y. Zhang & C. D. Shi 98001.

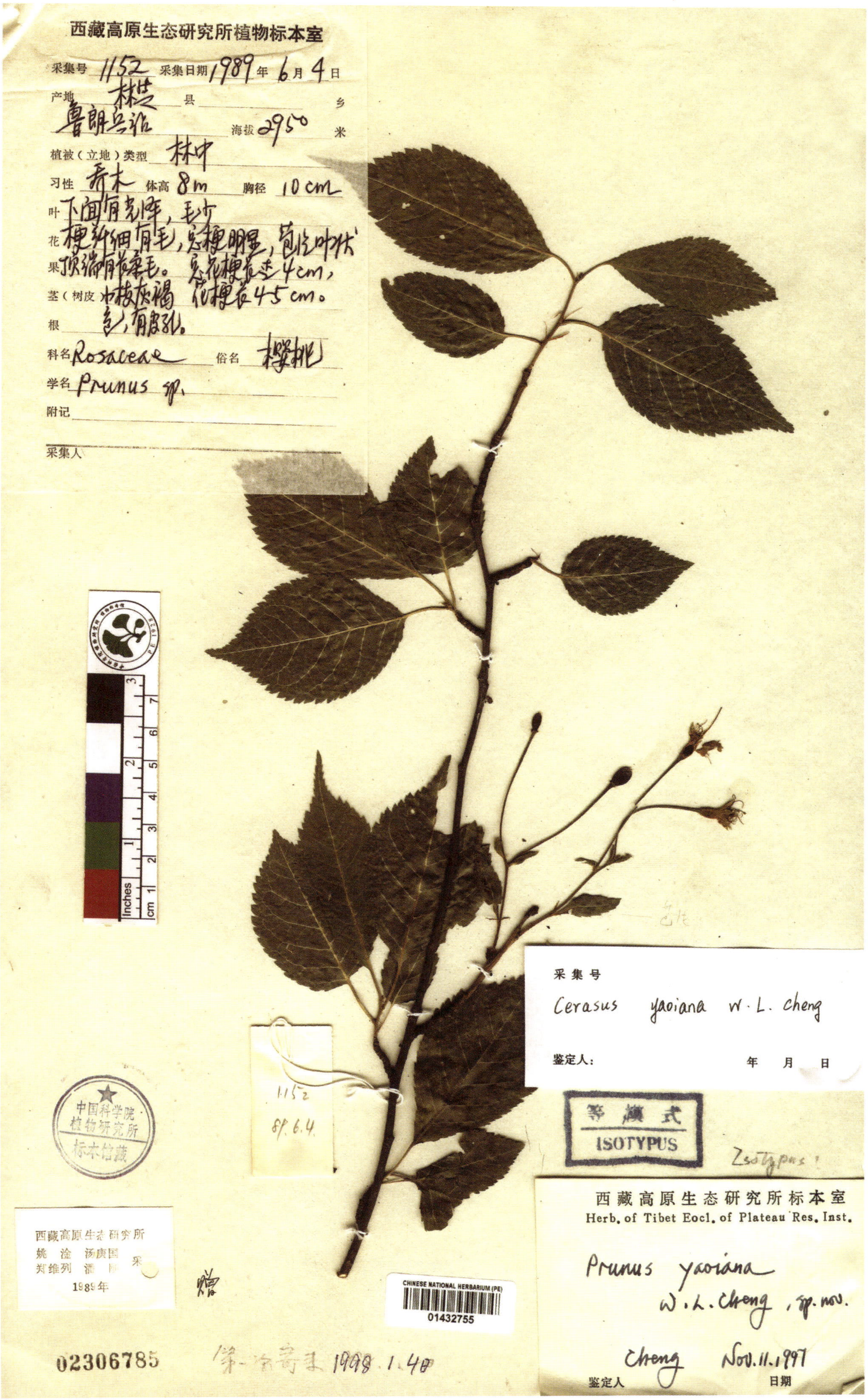

姚氏樱桃 ***Cerasus yaoiana*** W. L. Cheng in Acta Phytotax. Sin. 38(2): 195, f. 1. 2000. **Isotype:** China. Xizang: N Yingchi, alt. 2 950 m, 1989-06-04, G. Yao & al. 1152.

西藏木瓜 ***Chaenomeles thibetica*** Yu in Acta Phytotax. Sin. 8(3): 213, 234. 1963. **Holotype:** China. Xizang: Lahsa, alt. 3 760 m, 1960-09-13, K. X. Fu 663.

峨眉无尾果 ***Coluria omeiensis*** T. C. Ku in Bull. Bot. Res., Harbin 10(3): 19, f. 1. 1990. **Holotype:** China. Sichuan: Emei, Emeishan, alt. 2 400 m, 1957-06-11, G. H. Yang 55282.

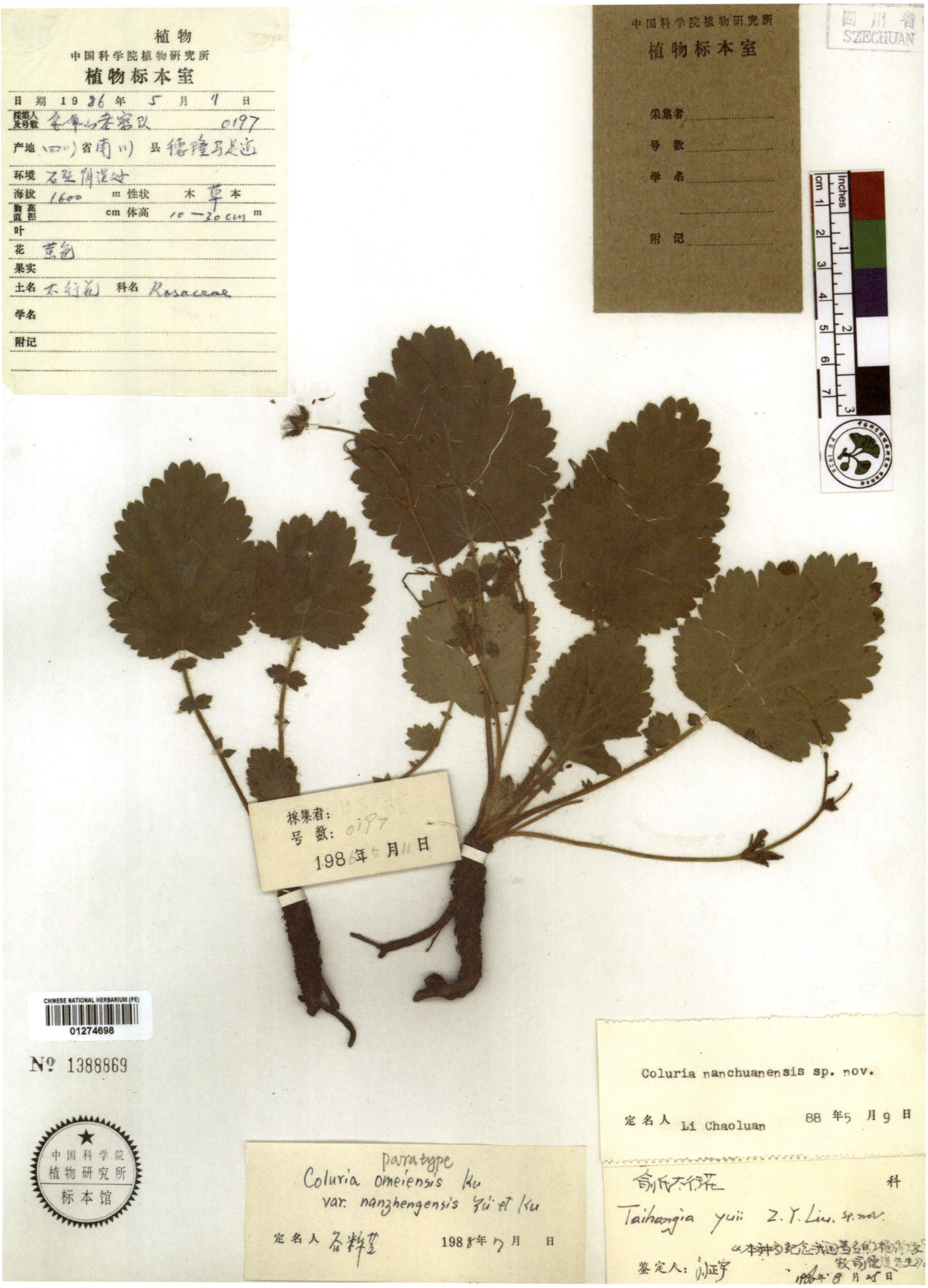

光柱无尾果 ***Coluria omeiensis*** T. C. Ku var. ***nanzhengensis*** Yu & T. C. Ku ex T. C. Ku in Bull. Bot. Res., Harbin 10(3): 20. 1990. **Paratype:** China. Chongqing: Nanchuan, alt. 1 600 m, 1986-05-11, Jinfoshan Exped. 0197.

镇康栒子 ***Cotoneaster chengkangensis*** Yu in Acta Phytotax. Sin. 8(3): 207, 220, pl. 26: 2. 1963. **Holotype:** China. Yunnan: Zhenkang, alt. 3 400 m, 1938-07-24, T. T. Yu 16959.

恩施栒子 ***Cotoneaster fangianus*** Yu in Acta Phytotax. Sin. 8(3): 206, 219. 1963. **Holotype:** China. Hubei: Enshi, alt. 1 380 m, 1958-06-18, M. Y. Fang 24314.

水栒子紫果变种 ***Cotoneaster multiflorus*** Bge. var. ***atropurpureus*** Yu in Acta Phytotax. Sin. 8(3): 206, 219. 1963.
Holotype: China. Yunnan: Dêqên, alt. 2 700 m, 1935-09-?? , C. W. Wang 70235.

红花栒子小叶变种 ***Cotoneaster rubens*** W. W. Smith var. ***minimus*** Yu in Acta Phytotax. Sin. 8(3): 207, 220. 1963. **Holotype:** China. Sichuan: Xikang, 1940-05-09, K. L. Chu 7919.

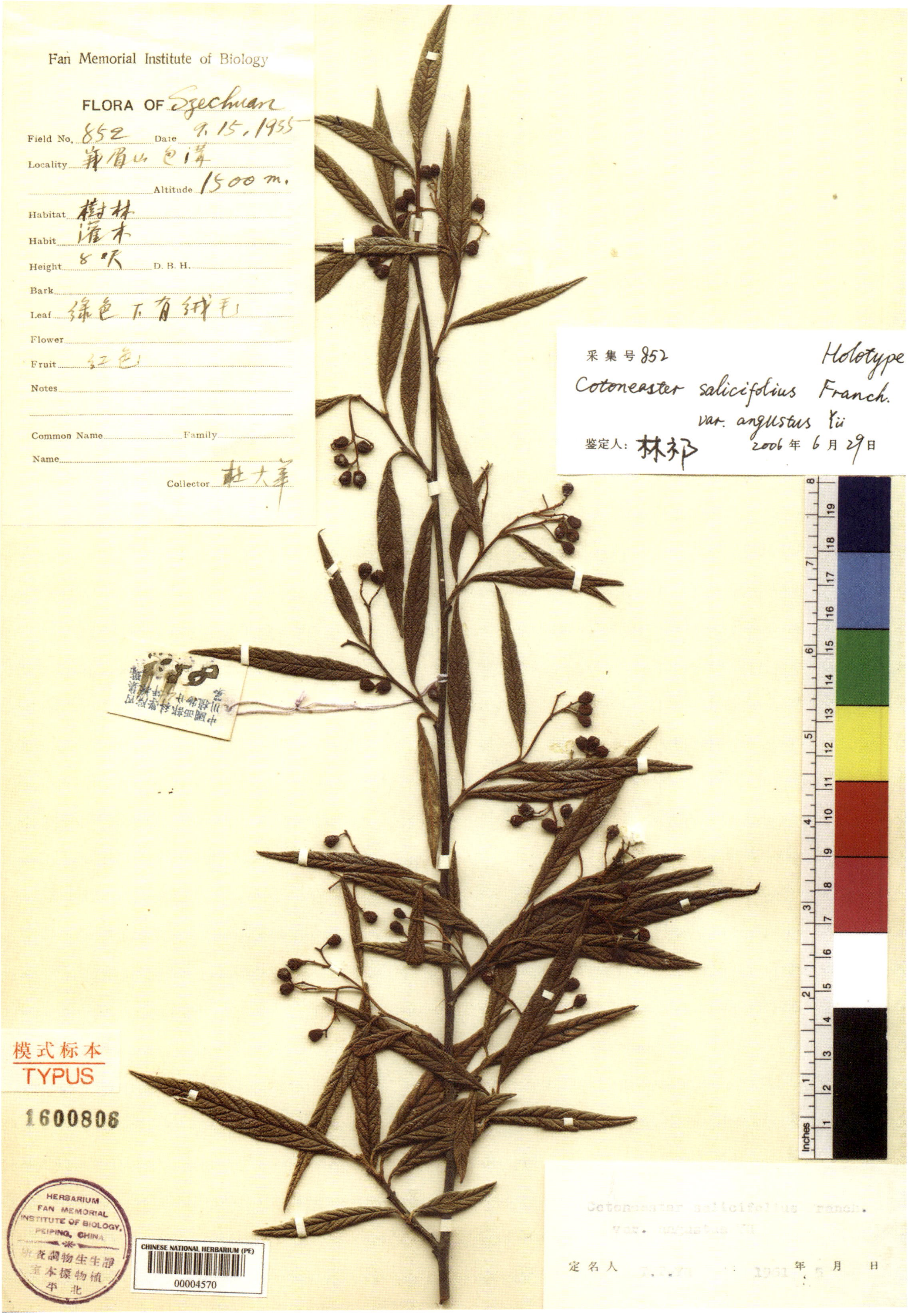

柳叶栒子狭叶变种 ***Cotoneaster salicifolius*** Franch. var. ***angustus*** Yu in Acta Phytotax. Sin. 8(3): 206, 219. 1963. **Holotype:** China. Sichuan: Emei, Emeishan, alt. 1 500 m, 1935-09-15, T. H. Tu 852.

高山栒子 ***Cotoneaster subadpressus*** Yu in Acta Phytotax. Sin. 8(3): 206, 219. 1963. **Holotype:** China. Yunnan: Zhongdian (=Shangri-La), alt. 3 000 m, 1937-06-02, T. T. Yu 11552.

小叶蛇莓 ***Duchesnea indica*** (Andr.) Focke var. ***microphylla*** Yu & T. C. Ku in Acta Phytotax. Sin. 18(4): 500. 1980.
Holotype: Xizang: Bomi, alt. 2 550 m, 1965-05-02, T. S. Ying & D. Y. Hong 650023.

麻栗坡枇杷 ***Eriobotrya malipoensis*** K. C. Kuan in Acta Phytotax. Sin. 8(3): 212, 231. 1963. **Holotype:** China. Yunnan: Malipo, alt. 1 200 m, 1940-01-21, C. W. Wang 86318.

柔毛路边青 ***Geum japonicum*** Thunb. var. ***chinense*** F. Bolle in Notizbl. Bot. Gart. Mus. Berl. 11: 210. 1931. **Isotype:** China. Zhejiang: Tianmushan, 1927-07-26, Tang & Hsia 101.

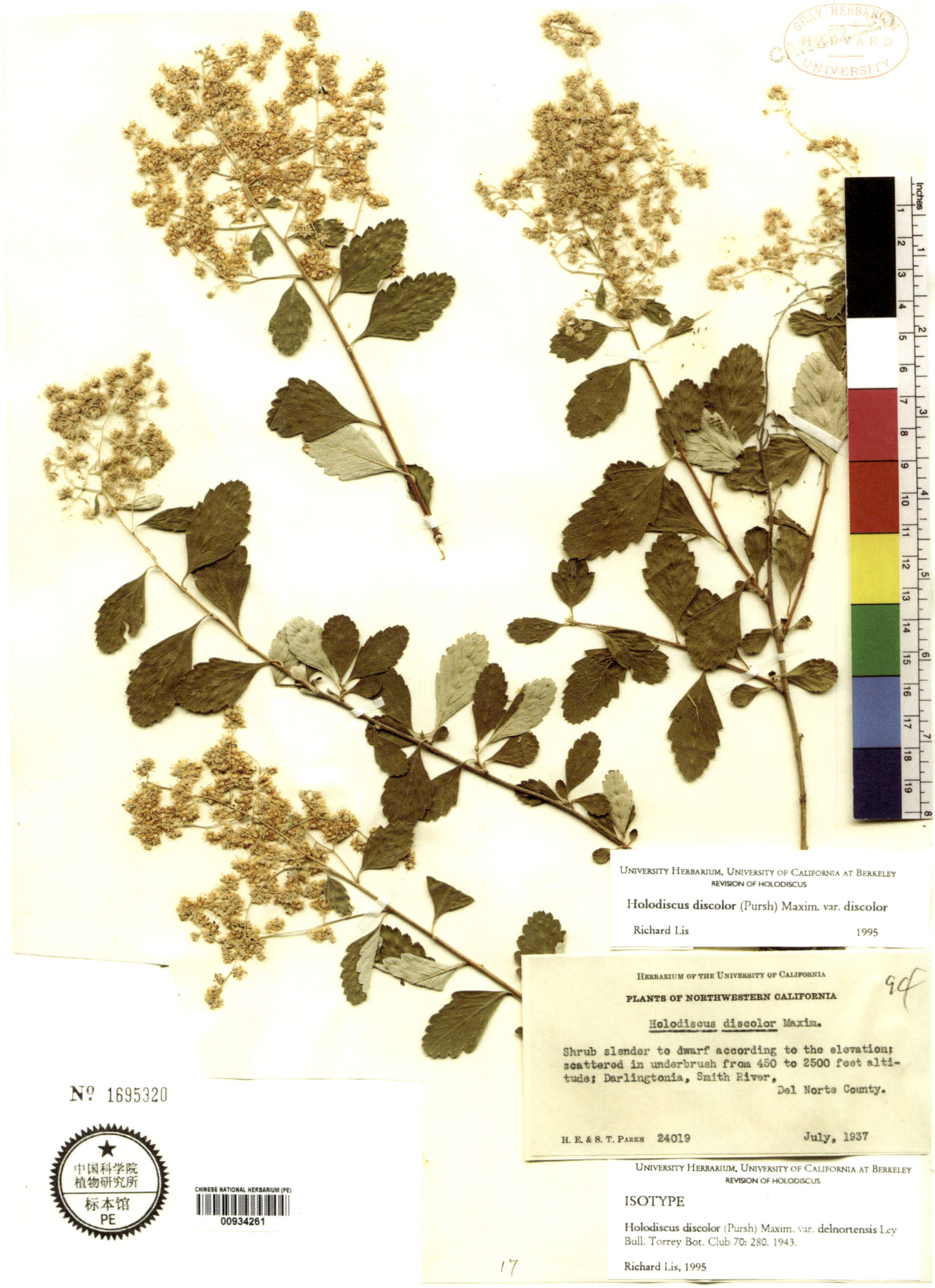

德尔诺特全盘花 ***Holodiscus discolor*** (Pursh) Maxim. var. ***delnortensis*** Ley in Bull. Torrey Bot. Club 70(3): 280. 1943.
Isotype: U. S. California: Del Norte, alt. 137~763 m, 1937-07-??, H. E. & S. T. Parks 24019.

绢毛全盘花 ***Holodiscus microphyllus*** Rydberg var. ***sericeus*** Ley in Bull. Torrey Bot. Club 70(3): 283. 1943. **Isotype:** U. S. Nevada: Clark, alt. 2 450 m. 1938-07-12, I. W. Clokey 7969.

冬青叶桂樱 ***Laurocerasus aquifolioides*** Chun ex Yu & L. T. Lu in Bull. Bot. Res., Harbin 4(4): 52, photo. 4. 1984.
Paratype: China. Guangdong: Ruyuan, 1938-10-14, S. K. Lau 28965.

南方桂樱 ***Laurocerasus australis*** Yu & L. T. Lu in Bull. Bot. Res., Harbin 4(4): 51, photo. 3. 1984. **Holotype:** China. Guizhou: Wangmo, alt. 750 m, 1960-04-23, Z. S. Zhang & Y. T. Chang 1218.

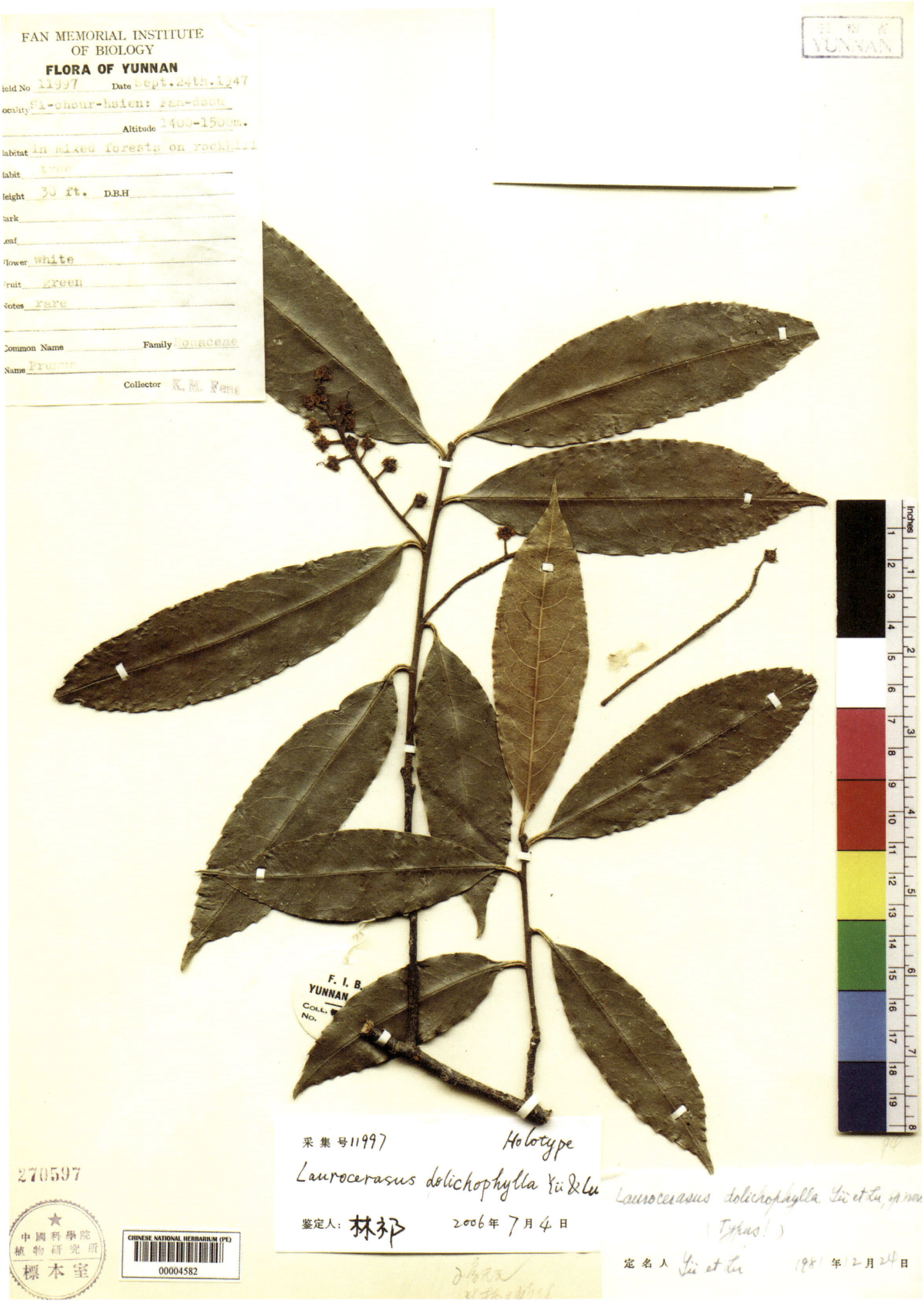

长叶桂樱 ***Laurocerasus dolichophylla*** Yu & L. T. Lu in Bull. Bot. Res., Harbin 4(4): 50, photo. 2. 1984. **Holotype:** China. Yunnan: Xichou, alt. 1 400~1 500 m, 1947-09-24, K. M. Feng 11997.

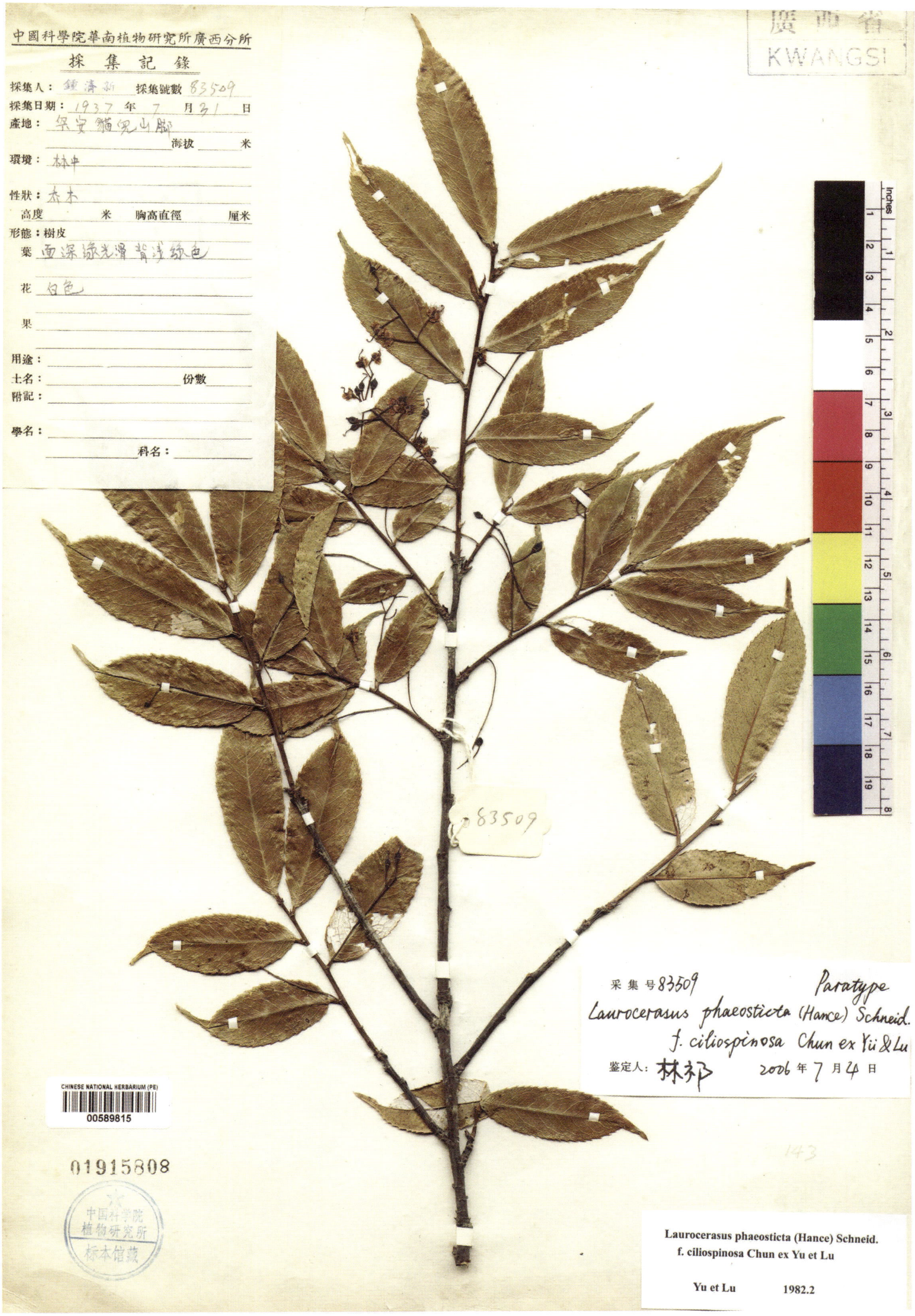

锐齿桂樱 ***Laurocerasus phaeosticta*** (Hance) Schneid. f. ***ciliospinosa*** Chun ex Yu & L. T. Lu in Bull. Bot. Res., Harbin 4(4): 42. 1984. **Paratype:** China. Guangxi: Xing'an, 1937-07-31, C. S. Tsoong 83509.

毛枝桂樱 ***Laurocerasus phaeosticta*** (Hance) Schneid. f. ***puberula*** Yu & L. T. Lu in Bull. Bot. Res., Harbin 4(4): 43. 1984. **Holotype:** China. Guizhou: Kaili, alt. 550 m, 1959-05-30, S Guizhou Exped. 1923.

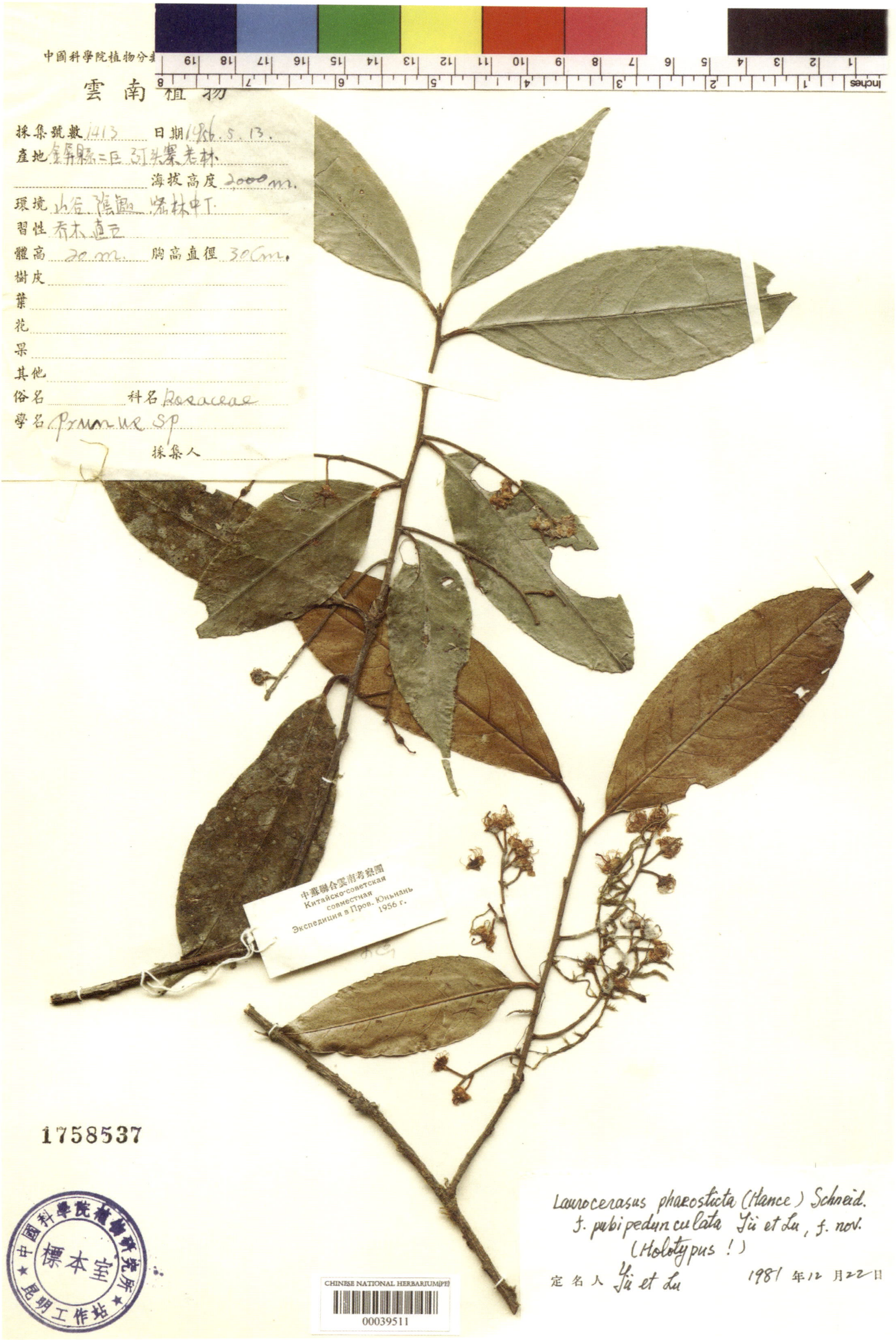

毛序桂樱 ***Laurocerasus phaeosticta*** (Hance) Schneid. f. ***pubipedunculata*** Yu & L. T. Lu in Bull. Bot. Res., Harbin 4(4): 43. 1984. **Holotype:** China. Yunnan: Jinping, alt. 2 000 m, 1956-05-13, Sino-Russia Yunnan Exped. 1413.

毛序尖叶桂樱 ***Laurocerasus undulate*** (D. Don) Roem. f. ***pubigera*** Yu & L. T. Lu in Bull. Bot. Res., Harbin 4(4): 47. 1984. **Holotype:** China. Yunnan: Gongshan, alt. 2 800 m, 1935-10-??, C. W. Wang 67390.

狭叶桂樱 ***Laurocerasus zippeliana*** (Miq.) Yu & L. T. Lu f. ***angustifolia*** Yu & L. T. Lu in Bull. Bot. Res., Harbin 4(4): 49. 1984. **Holotype:** China. Yunnan: Shunning (= Fengqing), alt. 1 700 m, 1938-06-21, T. T. Yu 16381.

锐齿臭樱 ***Maddenia incisoserrata*** Yu & T. C. Ku in Acta Phytotax. Sin. 23(3): 214, pl. 2: 3. 1985. **Holotype:** China. Sichuan: Heishui, alt. 2 880 m, 1957-07-16. H. Li 73195.

锐齿亚洲海棠 ***Malus asiatica*** Nakai var. ***argutiserrata*** Hu & Chen in Acta Phytotax. Sin. 1(2): 225. 1951. **Holotype:** China. Jiangxi: Shiu-Swei (= Xiushui), 1950-07-27, Y. K. Hsiung 6669.

稻城海棠 ***Malus daochengensis*** C. L. Li in Acta Phytotax. Sin. 27(4): 301. 1989. **Isotype:** China. Sichuan: Daocheng, alt. 2 800 m, 1937-08-28, T. T. Yu 12929.

金县山荆子 ***Malus jinxianensis*** J. Q. Deng & T. Y. Hong in Acta Phytotax. Sin. 25(4): 326, f. 1. 1987. **Holotype:** China. Liaoning: Jin Xian, 1984-05-01, J. Q. Deng 37.

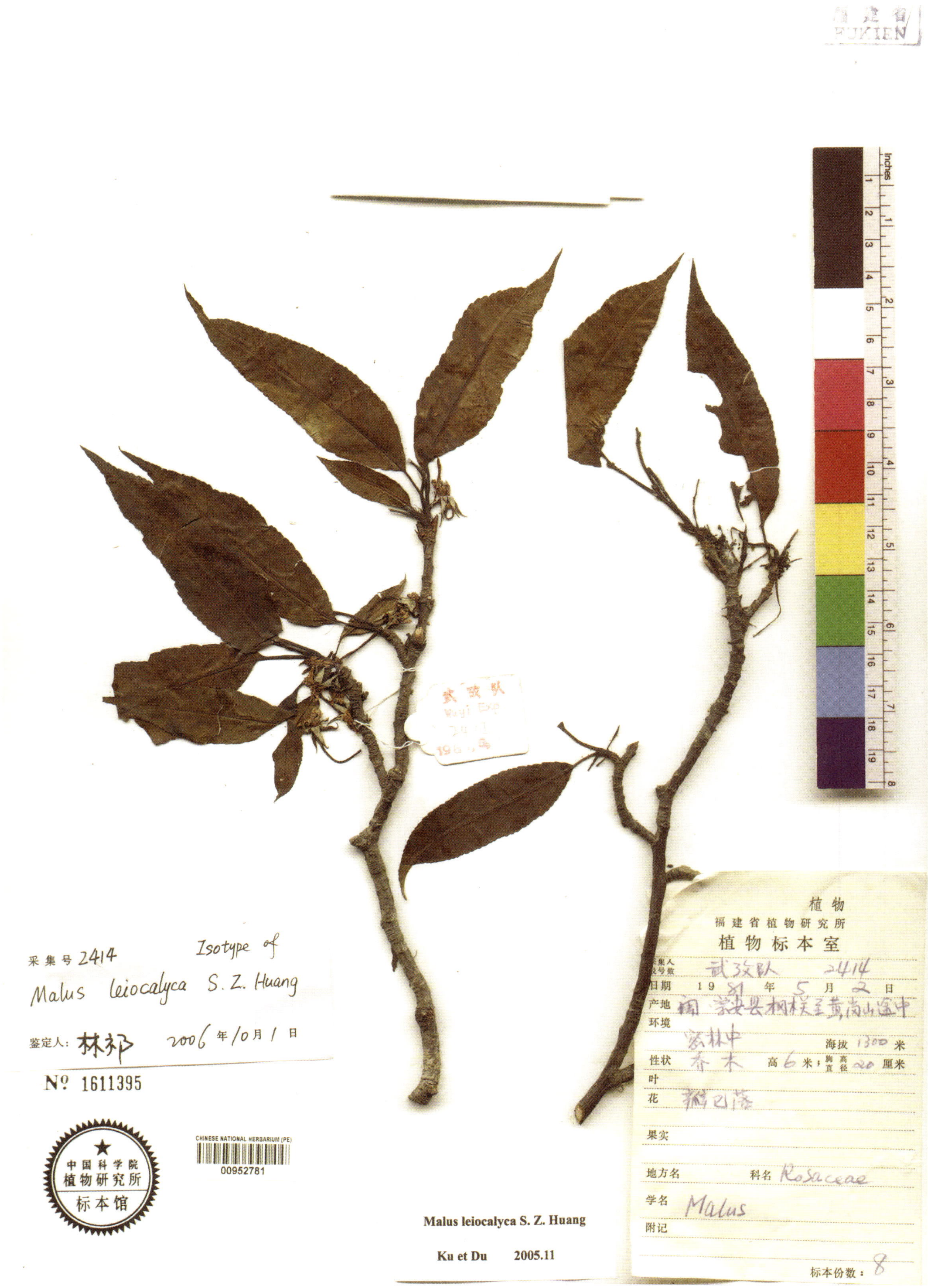

光萼林檎 ***Malus leiocalyca*** S. Z. Huang in Guihaia 9(4): 305. 1989. **Isotype:** China. Fujian: Chongan, alt. 1 300 m, 1981-05-02, Wuyishan Exped. 2414.

木里海棠 ***Malus muliensis*** T. C. Ku in Acta Phytotax. Sin. 29(1): 83, f. 2. 1991. **Holotype:** China. Sichuan: Muli, alt. 3 200 m, 1983-08-19, Qinghai-Xizang Exped. 12983.

少毛花叶海棠 ***Malus transitoria*** (Batal.) Schneid. var. ***glabrescens*** Yu & T. C. Ku in Acta Phytotax. Sin. 18(4): 496. 1980. **Holotype:** China. Xizang: Qamdo, alt. 3550 m, 1976-09-22, Qinghai-Xizang Exped. Veg. Group 10023.

短序绣线梅 ***Neillia breviracemosa*** T. C. Ku in Bull. Bot. Res., Harbin 10(1): 13, pl. 2: 3-4. 1990. **Holotype:** China. Yunnan: Lushui, alt. 1 950 m, 1981-05-26, Hengduanshan Exped. 029.

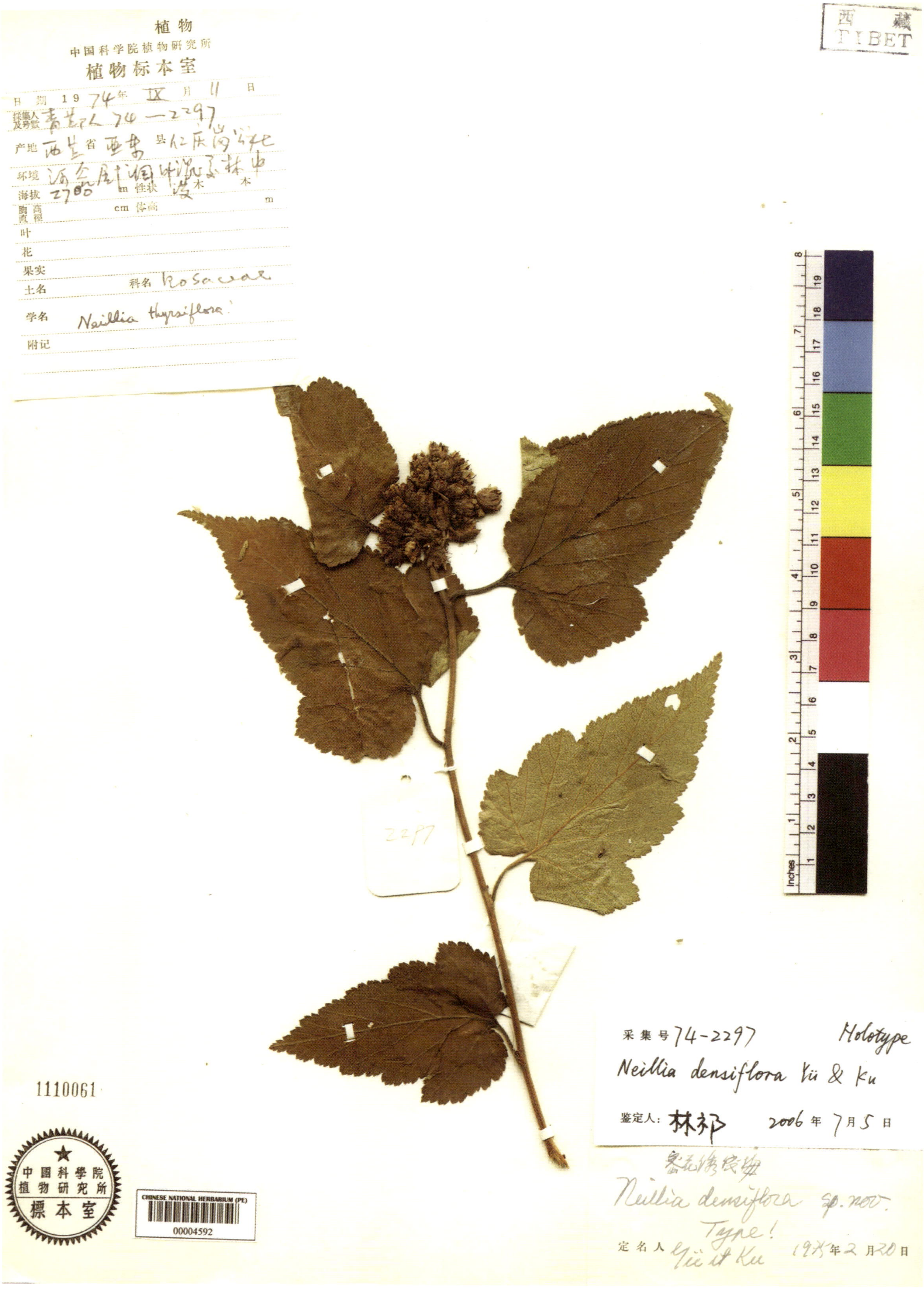

密花绣线梅 ***Neillia densiflora*** Yu & T. C. Ku in Acta Phytotax. Sin. 18(4): 492. 1980. **Holotype:** China. Xizang: Yadong, alt. 2 700 m, 1974-09-11, Qinghai-Xizang Exped. 74-2297.

福贡绣线梅 ***Neillia fugongensis*** T. C. Ku in Bull. Bot. Res., Harbin 10(1): 12, pl. 2: 1-2. 1990. **Holotype:** China. Yunnan: Fugong, alt. 1 700~1 800 m, 1982-06-09, Qinghai-Xizang Exped. 7162.

大花绣线梅 ***Neillia grandiflora*** Yu & T. C. Ku in Acta Phytotax. Sin. 18(4): 493. 1980. **Holotype:** China. Xizang: Nyalam, alt. 2 600~2 700 m, 1975-06-29, Qinghai-Xizang Exped. Veg. Group 4452.

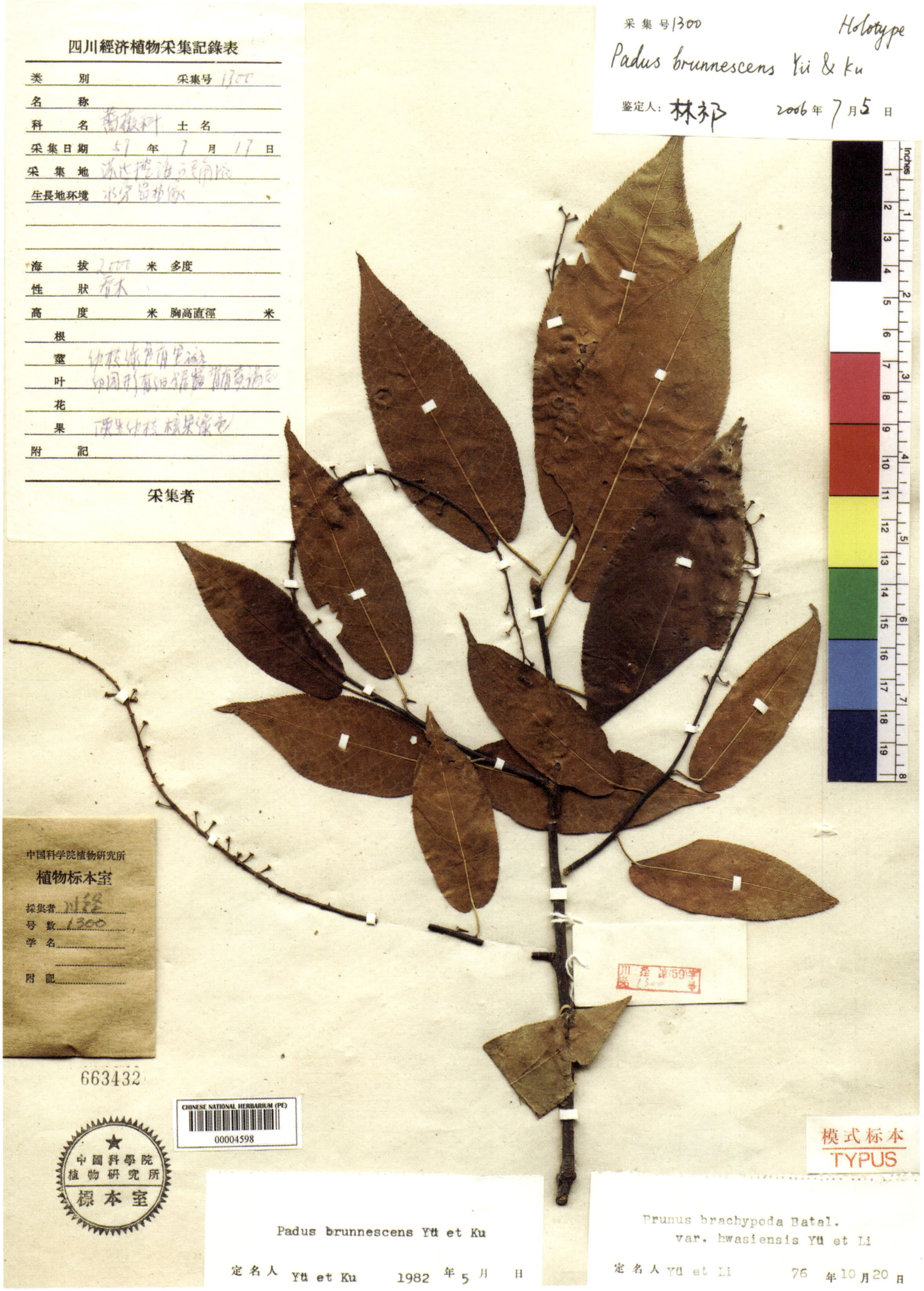

褐毛稠李 ***Padus brunnescens*** Yu & T. C. Ku in Acta Phytotax. Sin. 23(3): 211, pl. 1: 4. 1985. **Holotype:** China. Sichuan: Hongxi, alt. 2 000 m, 1959-07-17, Sichuan Econ. Pl. Exped. 1300.

全缘叶稠李 ***Padus integrifolia*** Yu & T. C. Ku in Acta Phytotax. Sin. 23(3): 212. 1985. **Holotype:** China. Xizang: Gyirong, alt. 3 100 m, 1975-07-17, Qinghai-Xizang Exped. 6959.

安龙石楠 ***Photinia anlungensis*** Yu in Acta Phytotax. Sin. 8(3): 211, 228. 1963. **Holotype:** China. Guizhou: Anlong, alt. 1 300 m, 1960-06-15, Z. S. Zhang & Y. T. Chang 5359.

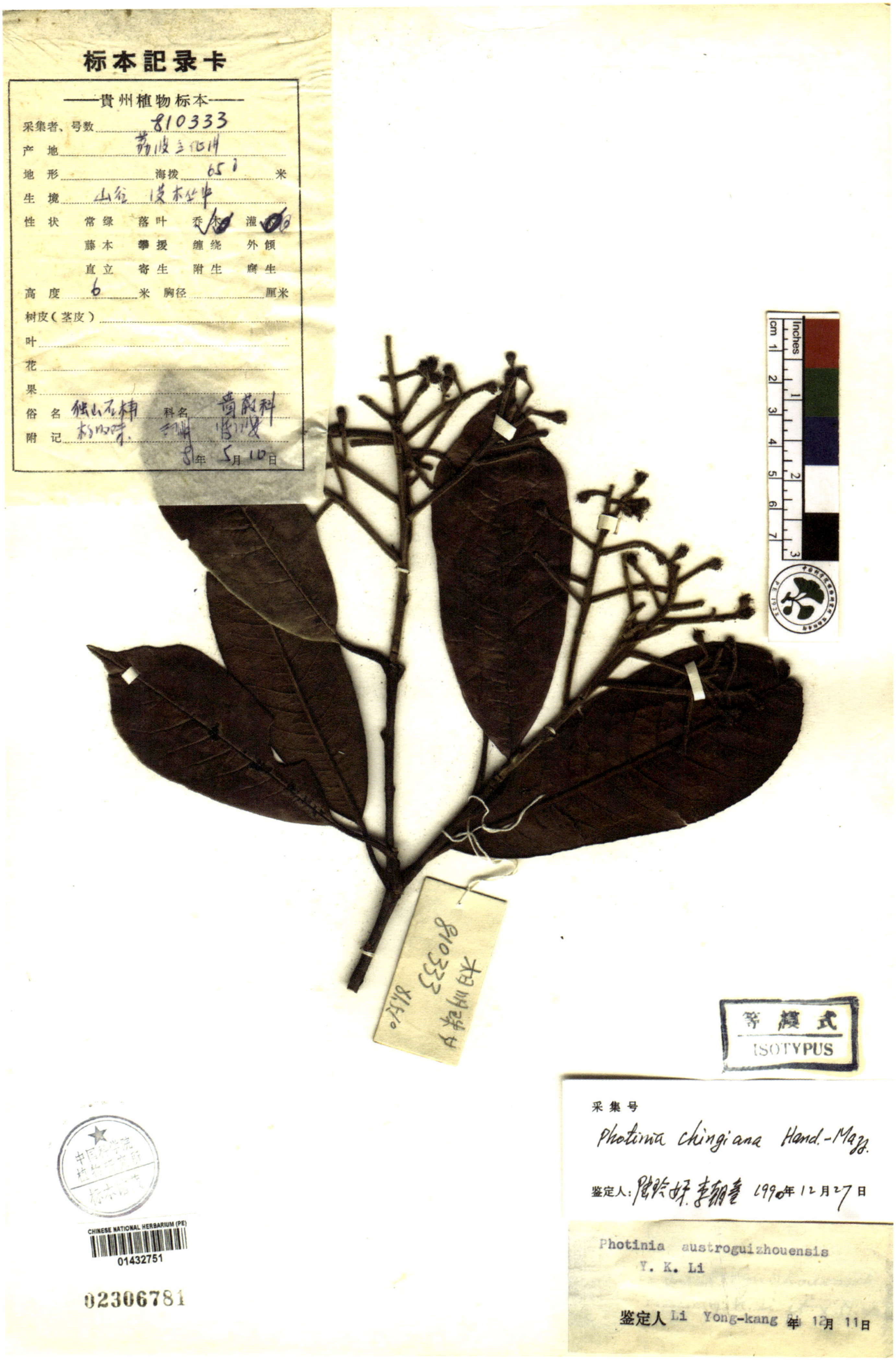

黔南石楠 ***Photinia austroguizhouensis*** Y. K. Li in Bull. Bot. Res., Harbin 6(4): 107, f. 1. 1986. **Isotype:** China. Guizhou: Libo, alt. 650 m, 1981-05-10, M. Z. Yang & al. 810333.

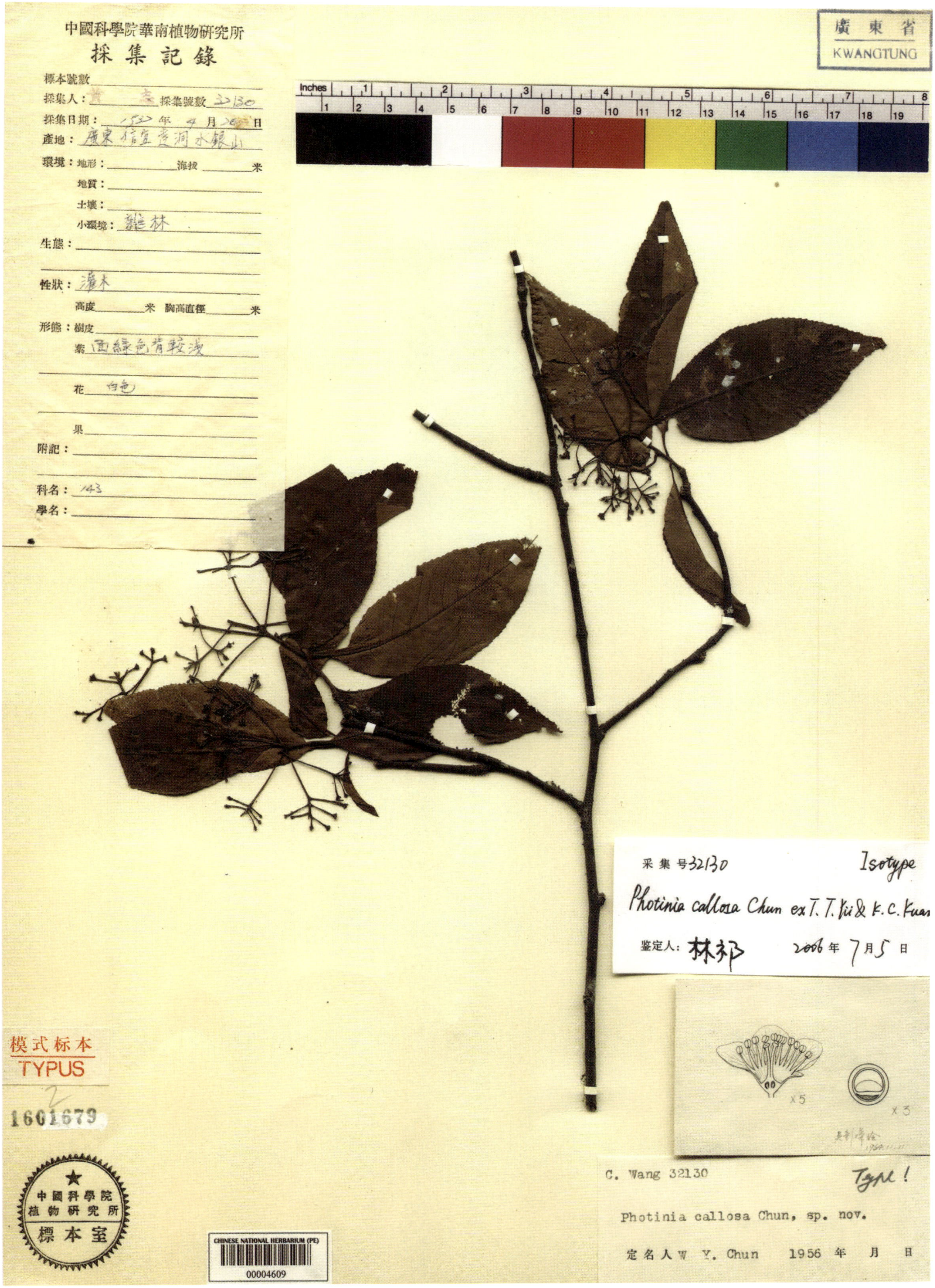

厚齿石楠 ***Photinia callosa*** Chun ex Yu & K. C. Kuan in Acta Phytotax. Sin. 8(3): 212, 229. 1963. **Isotype:** China. Guangdong: Xinyi, 1932-04-20, C. Wang 32130.

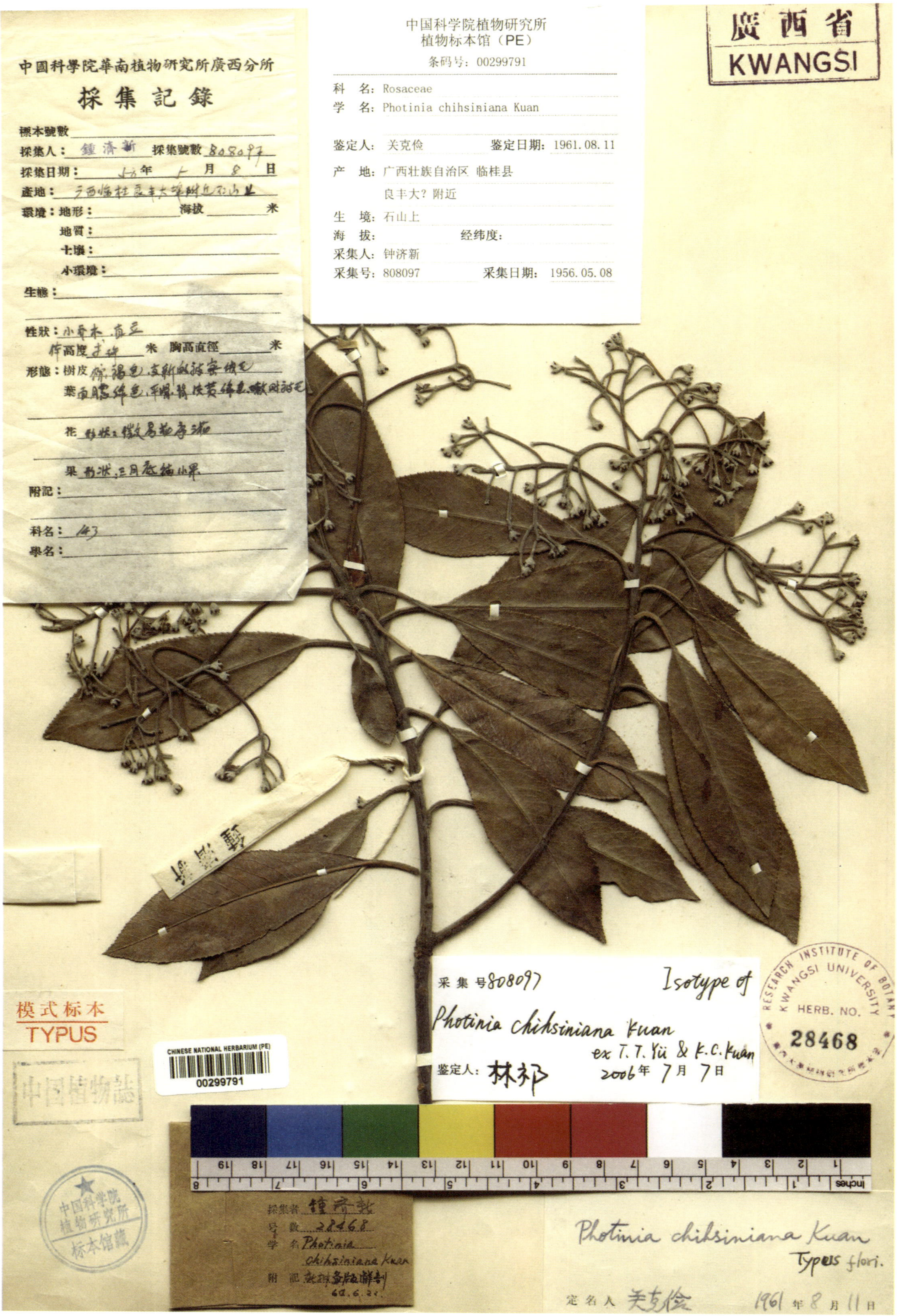

钟氏石楠 ***Photinia chihsiniana*** K. C. Kuan ex Yu & K. C. Kuan in Acta Phytotax. Sin. 8(3): 211, 227. 1963. **Isotype:** China. Guangxi: Lingui, 1950-05-08, C. H. Tsoong 808097.

宜山石楠 ***Photinia chingiana*** Hand.-Mazz. in Sinensia 2(10): 125. 1932. **Holotype:** China. Guangxi: Yishan, alt. 915 m, 1926-06-27, R. C. Ching 6244.

球花石楠小叶变种 ***Photinia glomerata*** Rehd. & Wils. var. ***microphylla*** Yu in Acta Phytotax. Sin. 8(3): 211, 227. 1963. **Holotype:** China. Yunnan: Dengchuan (= Eryuan), alt. 2 600 m, 1940-09-18, R. C. Ching 24894.

褐毛石楠裂叶变种 ***Photinia hirsuta*** Hand. -Mazz. var. ***lobulata*** Yu in Acta Phytotax. Sin. 8(3): 212, 231. 1963. **Holotype:** China. Fujian: Liancheng, 1932-10-24, Y. Ling 4167.

全缘石楠云南变种 ***Photinia intigrofolia*** Lindl. var. ***yunnanensis*** Yu in Acta Phytotax. Sin. 8(3): 212, 229. 1963; S. Y. Jin, Catal. Type Specim. (Cormophyta) Herb. China 556. 1994. **Holotype:** China. Yunnan: Weixi, alt. 2 500 m, 1940-05-26, K. M. Feng 4167.

广西石楠 ***Photinia kwangsiensis*** Li in Journ. Arn. Arb. 26: 62. 1945. **Isotype:** China. Guangxi: Xiang Xian (= Shilong), Yaoshan, 1936-10-22, C. Wang 40293.

绵毛石楠 ***Photinia lanuginose*** Yu in Acta Phytotax. Sin. 8(3): 211, 227. 1963. **Holotype:** China. Hunan: Qianyang, Xuefengshan, 1954-??-??, Z. T. Lee 1882.

黎平石楠 ***Photinia lipingensis*** Y. K. Li & M. Z. Yang in Bull. Bot. Res., Harbin 8(3): 134, f. 2. 1988. **Isotype:** China. Guizhou: Liping, alt. 350 m, 1981-06-16, D. F. Huang 00714.

罗城石楠 ***Photinia lochengensis*** Yu in Acta Phytotax. Sin. 8(3): 211, 226. 1963. **Isotype:** China. Guangxi: Luocheng, 1939-??-??, W. Chen 84410.

大叶石楠 ***photinia megaphylla*** Yu & T. C. Ku in Acta Phytotax. Sin. 8(4): 493. 1980. **Holotype:** China. Xizang: Mêdog, alt. 1 800 m, 1974-08-06, Qinghai-Xizang Exped. 74-4158.

毛果石楠 ***Photinia pilosicalyx*** Yu in Acta Phytotax. Sin. 8(3): 212, 231. 1963. **Holotype:** China. Guizhou: Anlong , alt. 1 200 m, 1960-06-09, C. S. Zhang & Y. T. Chang 4035.

罗汉松叶石楠 ***Photinia podocarpifolia*** Yu in Acta Phytotax. Sin. 8(3): 212, 230. 1963. **Holotype:** China. Guizhou: Luodian, alt. 200 m, 1959-04-08, S Guizhou Exped. 408.

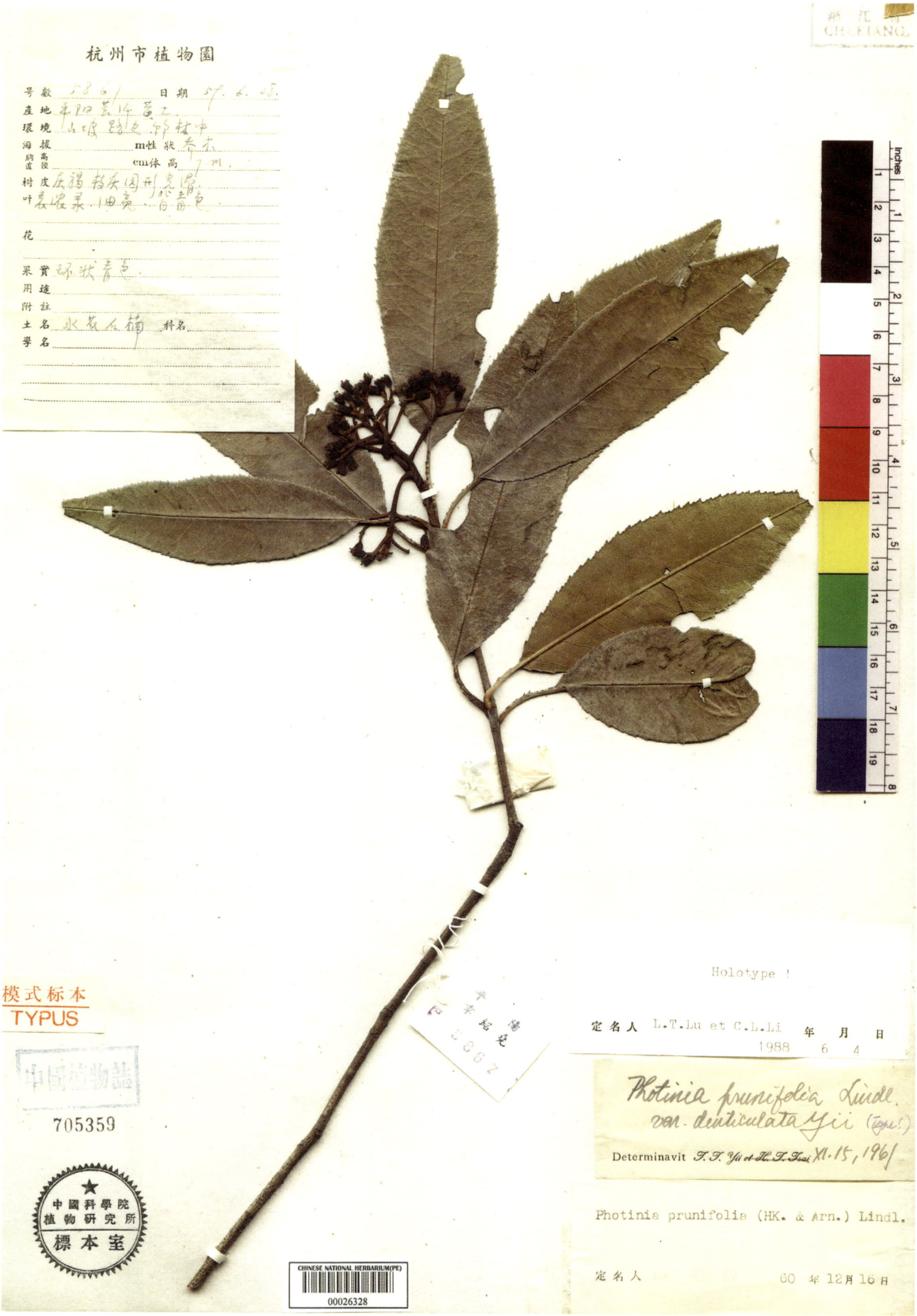

桃叶石楠齿叶变种 ***Photinia prunifolia*** (Hook. & Arn.) Lindl. var. ***denticulata*** Yu in Acta Phytotax. Sin. 8(3): 211, 228. 1963. **Holotype:** China. Zhejiang: Pingyang, 1959-06-28, S. Y. Chang 5867.

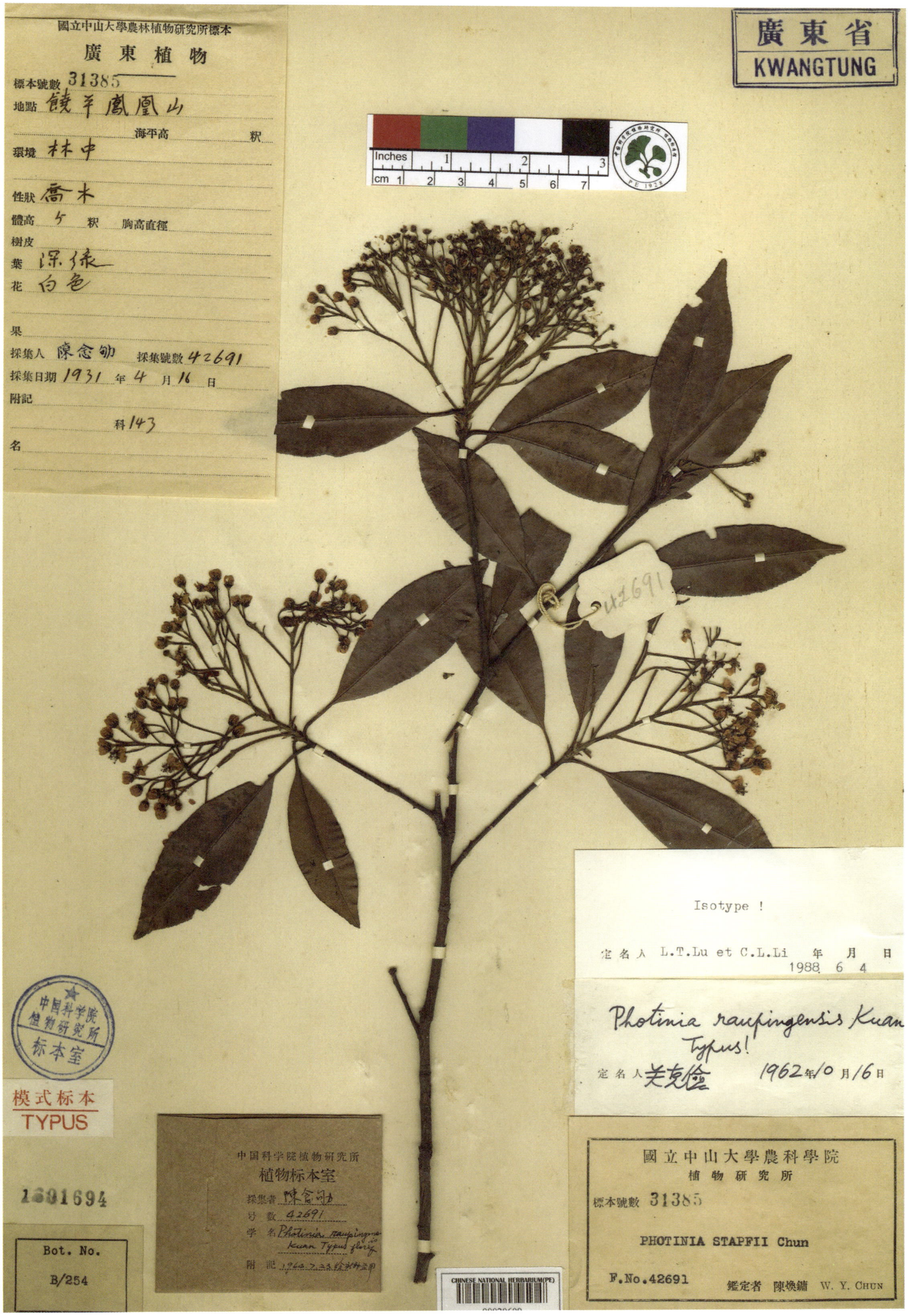

饶平石楠 ***Photinia raupingensis*** Kuan ex Yu & K. C. Kuan in Acta Phytotax. Sin. 8(3): 212, 228. 1963. **Isotype:** China. Guangdong: Raoping, Fenghuangshan, 1931-04-16, N. K. Chun 42691.

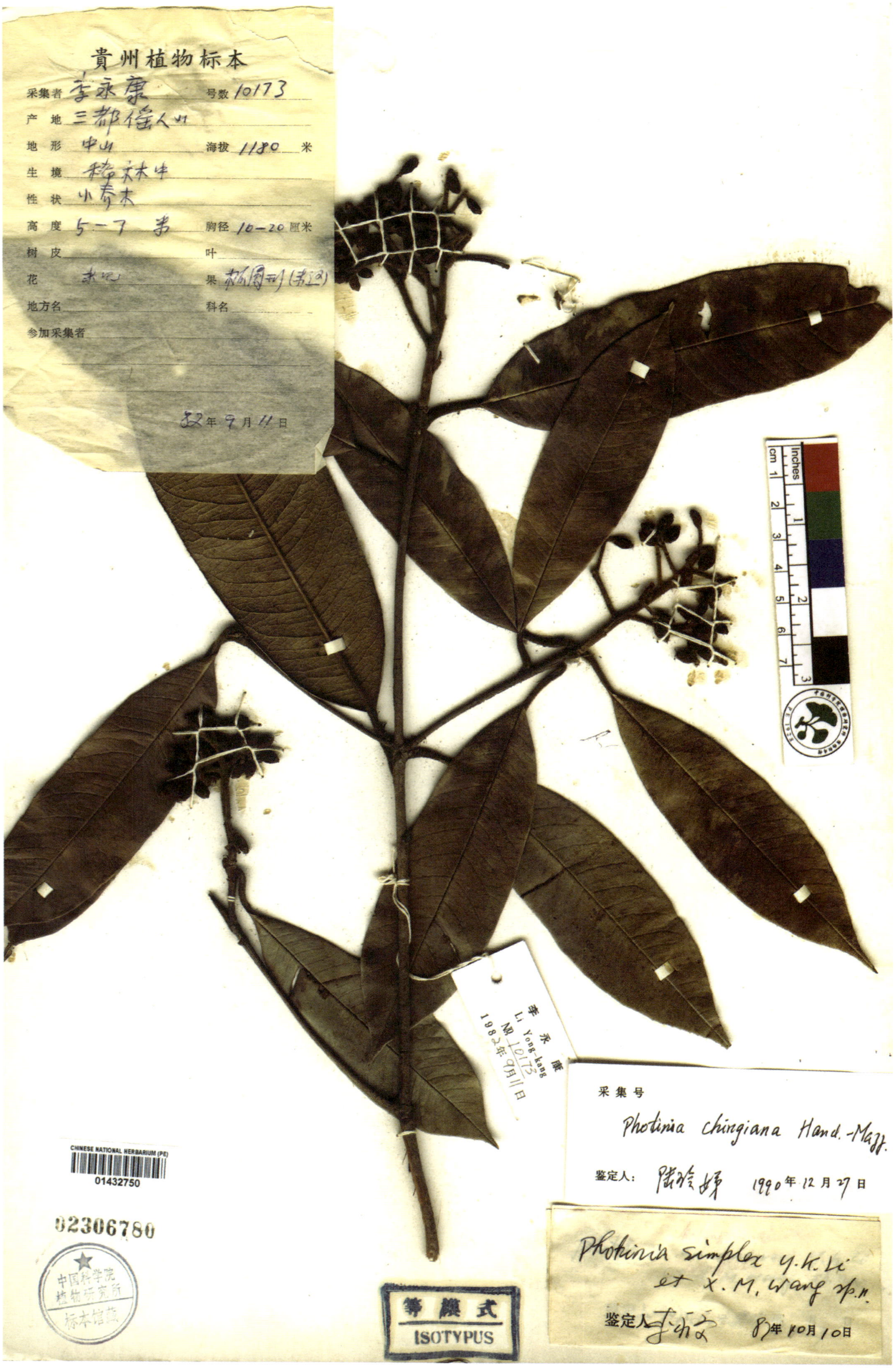

单齿石楠 ***Photinia simplex*** Y. K. Li & X. M. Wang in Bull. Bot. Res., Harbin 8(3): 133, f. 1. 1988. **Isotype:** China. Guizhou: Sandu, alt. 1 180 m, 1982-09-11, Y. K. Li 10173.

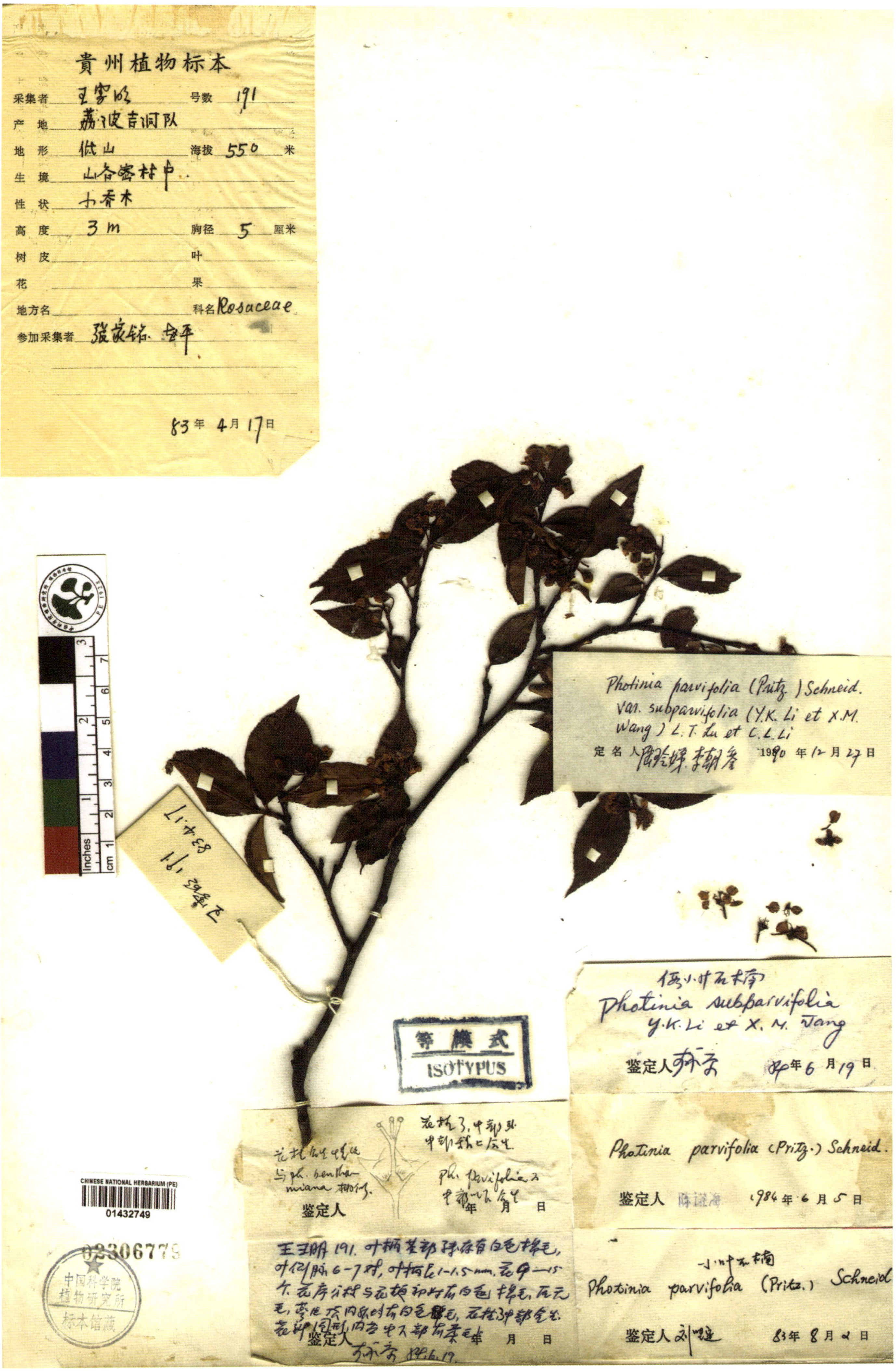

假小叶石楠 ***Photinia subparvifolia*** Y. K. Li & X. M. Wang in Bull. Bot. Res., Harbin 6(4): 108, f. 2. 1986. **Isotype:** China. Guizhou: Libo, alt. 550 m, 1983-04-17, X. M. Wang 191.

福贡石楠 ***Photinia tsaii*** Rehd. in Journ. Arn. Arb. 19: 274. 1938. **Isotype:** China. Yunnan: Shang-pa (=Fugong), alt. 1 500 m, 1933-10-28, H. T. Tsai 54959.

独山石楠 ***Photinia tushanensis*** Yu in Acta Phytotax. Sin. 8(3): 212, 229.1963. **Holotype:** China. Guizhou: Dushan, alt. 840 m, 1959-07-11, Libo Exped. 1296.

光萼石楠 ***Photinia villosa*** (Thunb.) DC. var. ***glabricalcyina*** L. T. Lu & C. L. Li in Acta Phytotax. Sin. 38(3): 279. 2000. **Holotype:** China. Jiangxi: Shangyou, 1972-05-01, Jiangxi Exped. 1002.

垂丝毛叶石楠 ***Photinia villosa*** (Thunb.) DC. var. ***tenuipes*** P. S. Hsu & L. C. Li in Acta Phytotax. Sin. 18(3): 264, f. 4. 1980. **Isotype:** China. Zhejiang: Changhua, 1958-05-20, X. Y. He 28542.

浙江石楠 ***Photinia zhejiangensis*** P. L. Chiu in Acta Phytotax. Sin. 18(1): 97, f. 2. 1980. **Isotype:** China. Zhejiang: Longquan, 1958-11-13, S. Y. Chang 4505.

芷江石楠 ***Photinia zhijiangensis*** T. C. Ku in Acta Phytotax. Sin. 31(2): 192, f. 1. 1993. **Holotype:** China. Hunan: Zhijiang, alt. 600 m, 1988-10-17, Wulingshan Exped. 2302.

窄裂委陵菜 ***Potentilla angustiloba*** Yu & C. L. Li in Acta Phytotax. Sin. 18(1): 11, pl. 3: 2. 1980. **Holotype:** China. Qinghai: Qilianshan, alt. 2 800 m, 1960-06-27, Qinghai-Gansu Exped. 2738.

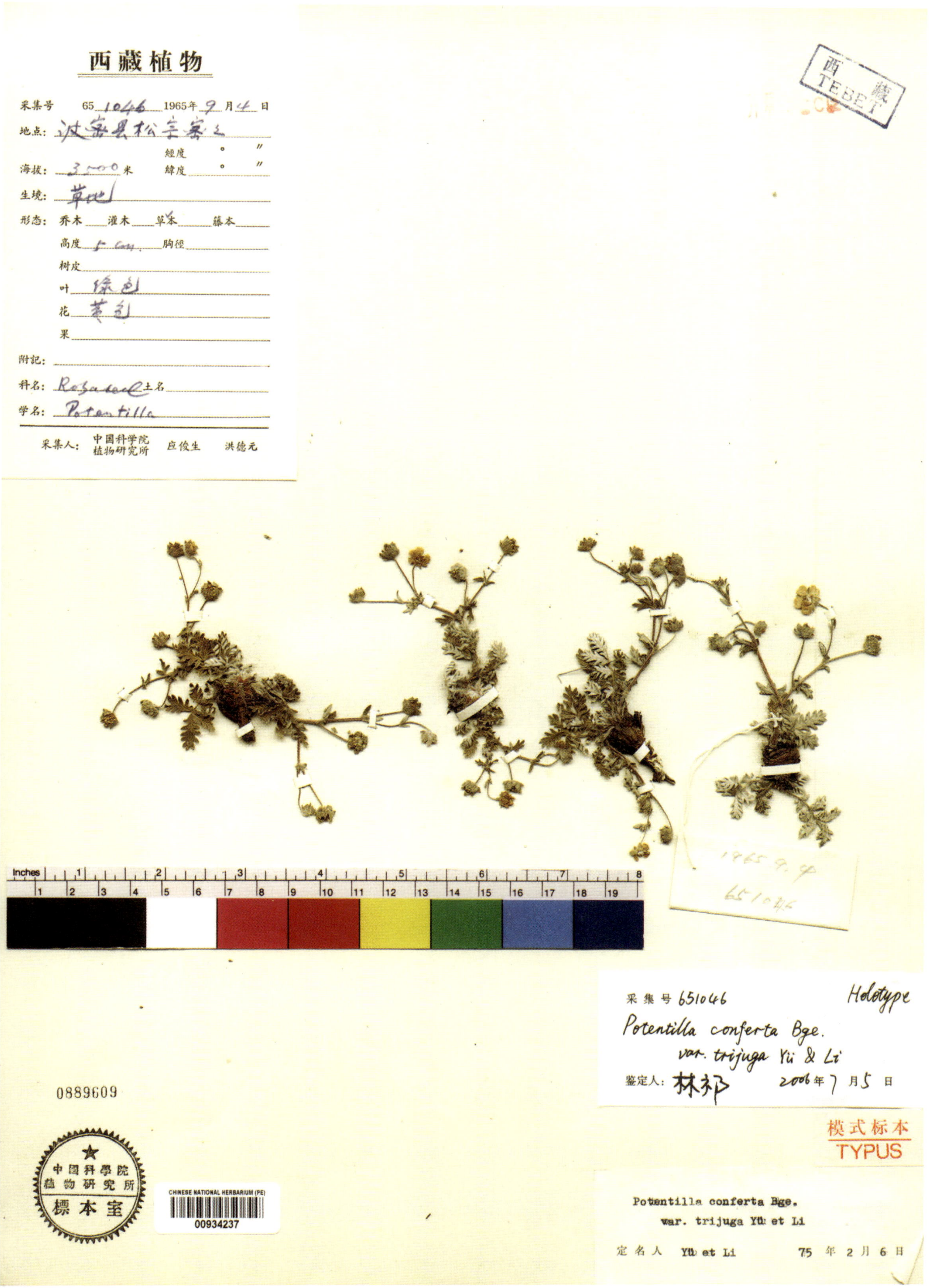

矮生大萼委陵菜 ***Potentilla conferta*** Bge. var. ***trijuga*** Yu & C. L. Li in Acta Phytotax. Sin. 18(1): 10, pl. 3: 1. 1980.
Holotype: China. Xizang: Bomi, alt. 3 500 m, 1965-09-04, T. S. Ying & D. Y. Hong 651046.

圆齿委陵菜 ***Potentilla crenulata*** Yu & C. L. Li in Acta Phytotax. Sin. 18(1): 12, pl. 4: 2. 1980. **Holotype:** China. Yunnan: Ninglang, alt. 2 750 m, 1960-06-26, S. Jiang & al. 6072.

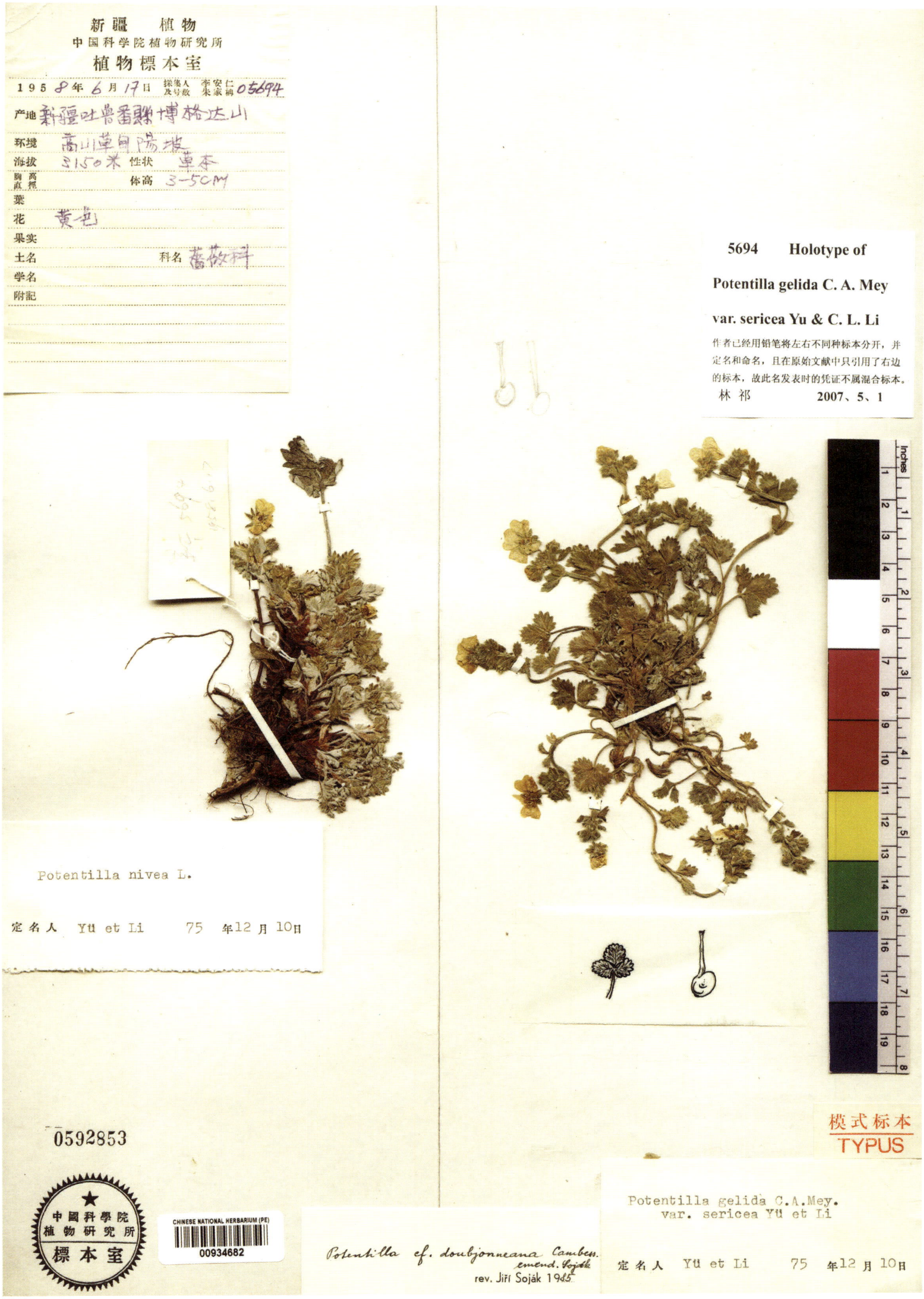

绢毛耐寒委陵菜 ***Potentilla gelida*** C. A. Mey. var. ***sericea*** Yu & Li in Acta Phytotax. Sin. 18(1): 13, pl. 4: 4. 1980.
Holotype: China. Xinjiang: Turpan, alt. 3 150 m, 1958-06-17, A. R. Li & C. N. Chu 5694.

长瓣银露梅 ***Potentilla glabra*** Lodd. var. ***longipetala*** Yu & C. L. Li in Acta Phytotax. Sin. 18(1): 7, pl. 1: 1. 1980.
Holotype: China. Yunnan: Gongshan, alt. 4 200 m, 1938-08-13, T. T. Yu 22322.

川边委陵菜 ***Potentilla gombalana*** Hand.-Mazz. in Acta Horti Gotoburg. 13: 324. 1939. **Isotype:** China. Sichuan: Kangding, alt. 3 700 m, 1934-07-22, H. Smith 10714.

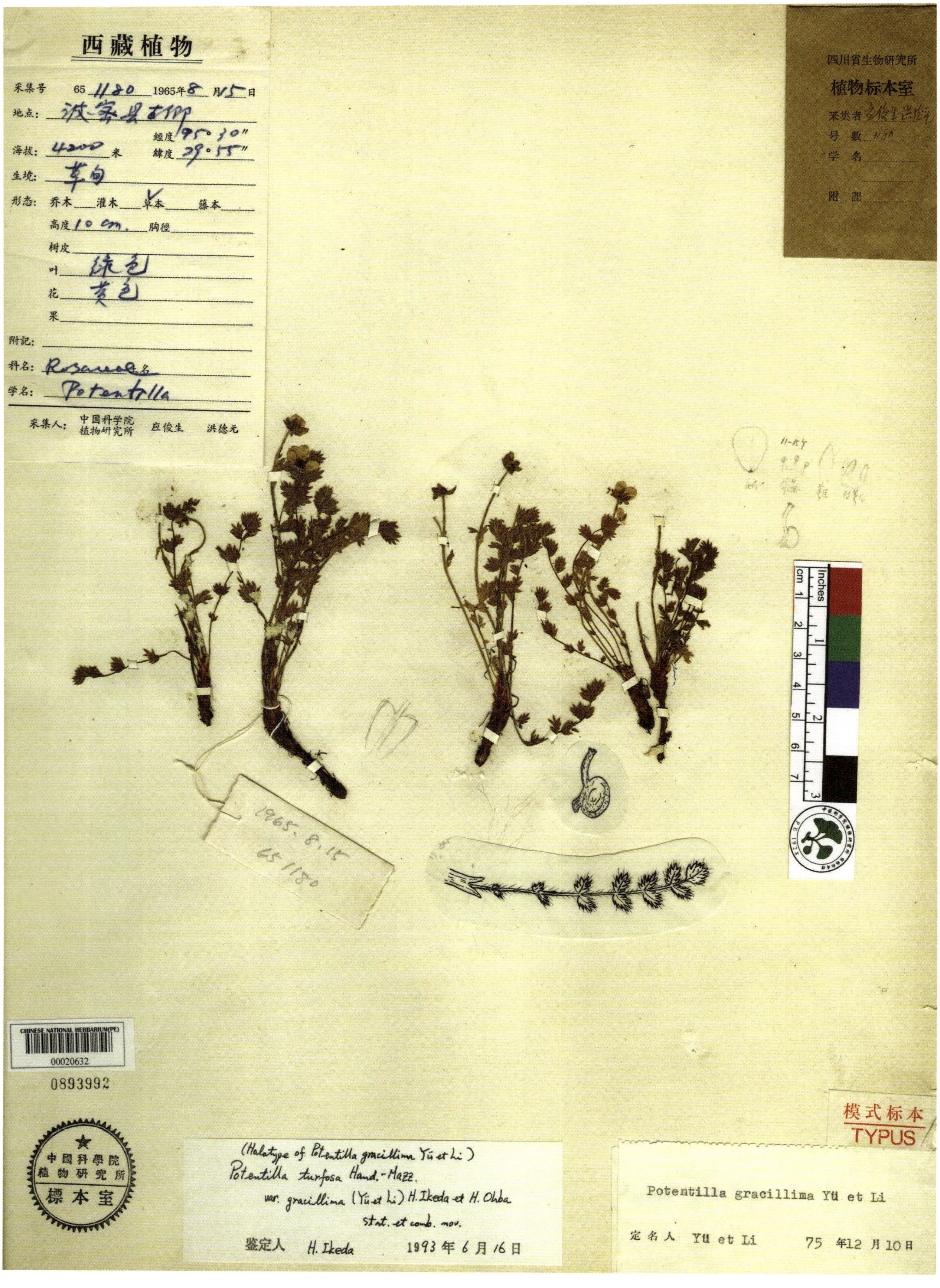

纤细委陵菜 ***Potentilla gracillima*** Yu & C. L. Li in Acta Phytotax. Sin. 18(1): 8, pl. 5: 1. 1980. **Holotype:** China. Xizang: Bomi, alt. 4 200 m, 1965-08-15, T. S. Ying & D. Y. Hong 651180.

腺粒委陵菜 ***Potentilla granulose*** Yu & C. L. Li in Acta Phytotax. Sin. 18(1): 11, pl. 4: 1. 1980. **Holotype:** China. Sichuan: Baili, 1951-08-18, Y. W. Tsui 5356.

假羽白背委陵菜 ***Potentilla hypargyrea*** Hand.-Mazz. var. ***subpinnata*** Yu & C. L. Li in Acta Phytotax. Sin. 18(1): 11, pl. 3: 4. 1980. **Holotype:** China. Yunnan: Gongshan, alt. 3 900 m, 1938-08-10, T. T. Yu 19873.

间断委陵菜 ***Potentilla interrupta*** Yu & C. L. Li in Acta Phytotax. Sin. 18(1): 8, pl. 2: 1. 1980. **Holotype:** China. Yunnan: Gongshan, alt. 3 500 m, 1938-10-16, T. T. Yu 20723.

长毛委陵菜 ***Potentilla longifolia*** Willd. & Schlecht. var. ***villosa*** F. Z. Li in Acta Phytotax. Sin. 22(2): 153. 1984. **Isotype:** China. Shandong: Weihai, 1982-08-19, F. Z. Li 820537.

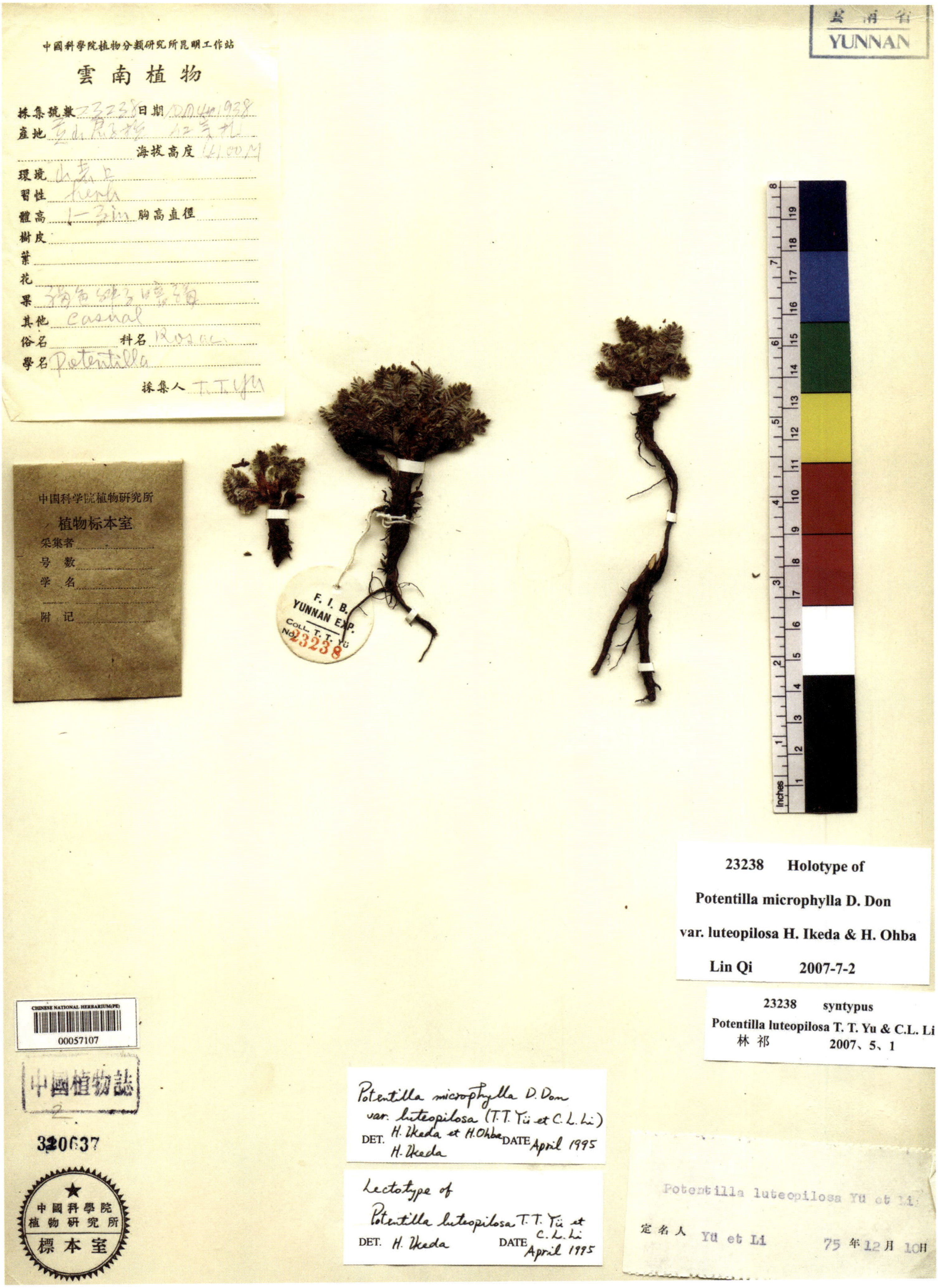

黄毛委陵菜 ***Potentilla microphylla*** D. Don var. ***luteopilosa*** H. Ikeda & H. Ohba in Univ. Mus., Univ Tokyo, Bull 39: 48, pl. 14. 1999. **Holotype:** China. Yunnan: Gongshan, alt. 4 100 m, 1938-10-04, T. T. Yu 23238.

多对小叶委陵菜 ***Potentilla microphylla*** D. Don var. ***multijuga*** Yu & C. L. Li in Acta Phytotax. Sin. 18(1): 8, pl. 2: 2. 1980. **Holotype:** China. Xizang: Gyirong, alt. 3 800 m, 1975-07-05, C. Y. Wu & al. 75-618.

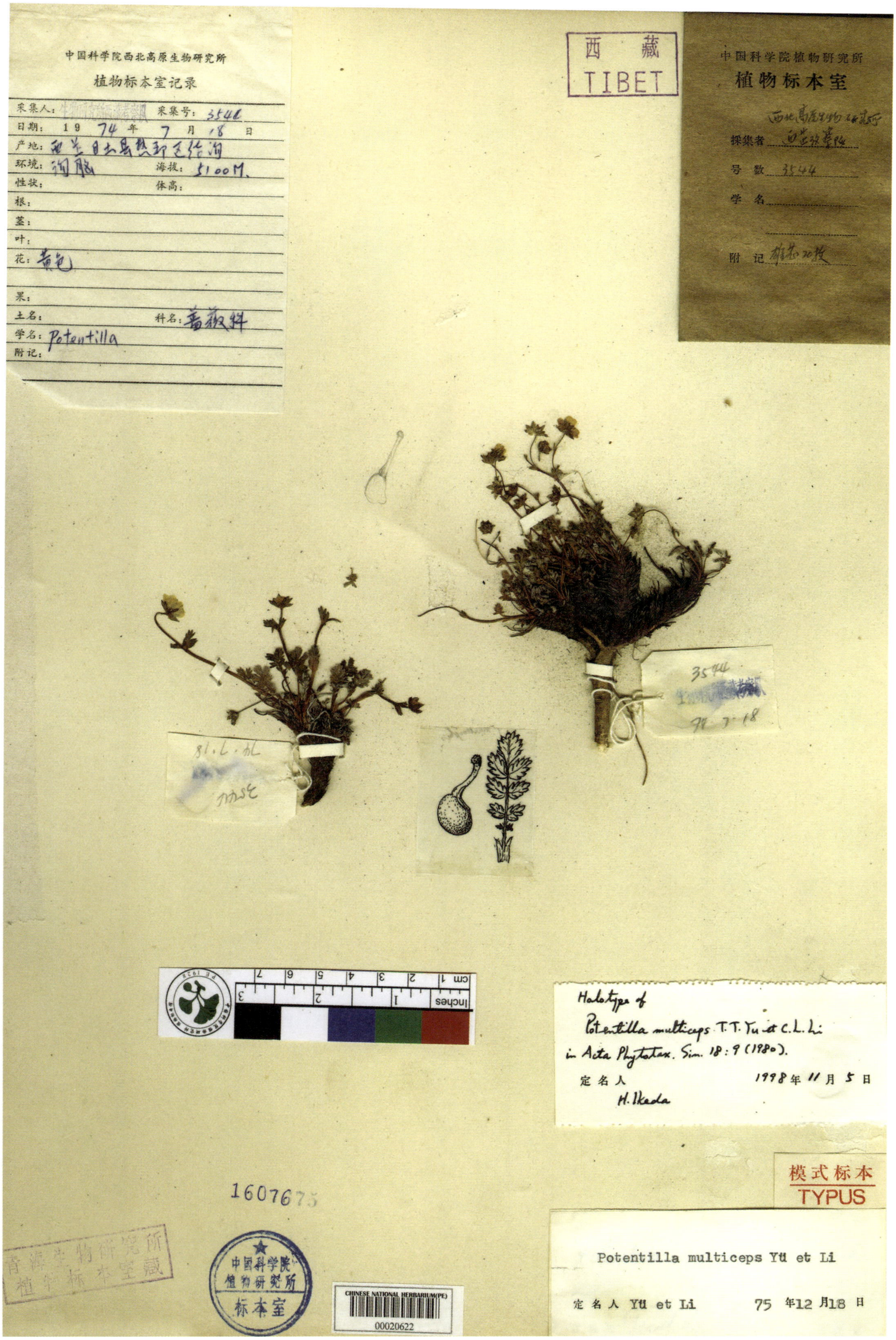

多头委陵菜 ***Potentilla multiceps*** Yu & C. L. Li in Acta Phytotax. Sin. 18(1): 9, pl. 5: 3. 1980. **Holotype:** China. Xizang: Rutog, alt. 5 100 m, 1974-07-18, Xizang Exped. 3544.

疏叶总梗委陵菜 ***Potentilla peduncularis*** D. Don var. ***elongata*** Yu & C. L. Li in Acta Phytotax. Sin. 18(1): 8, pl. 1: 4. 1980. **Holotype:** China. Yunnan. Gongshan, 1940-10-09, K. M. Feng 8287.

脱毛总梗委陵菜 ***Potentilla peduncularis*** D. Don var. ***glabriuscula*** Yu & C. L. Li in Acta Phytotax. Sin. 18(1): 7, pl. 1: 3. 1980. **Holotype:** China. Xizang: Yadong, alt. 3 600 m, 1961-05-22, J. W. Zhang 2448.

垂花委陵菜 ***Potentilla pendula*** Yu & C. L. Li in Acta Phytotax. Sin. 18(1): 10, pl. 3: 3. 1980. **Holotype:** China. Chongqing: Wuxi, alt. 2 600 m, 1958-07-14, G. H. Yang 58788.

羽毛委陵菜 ***Potentilla plumosa*** Yu & C. L. Li in Acta Phytotax. Sin. 18(1): 10, pl. 2: 3. 1980. **Holotype:** China. Sichuan: Kangding, 1930-??-??, W China Exped. 951.

齿萼委陵菜 ***Potentilla smithiana*** Hand.-Mazz. in Acta Horti Gotoburg. 13: 325. 1939. **Isotype:** China. Sichuan: Tahsiangling, alt. 1 400 m, 1934-06-24, H. Smith 10380.

混叶委陵菜 ***Potentilla subdigitata*** Yu & C. L. Li in Acta Phytotax. Sin. 18(1): 12, pl. 5: 4. 1980. **Holotype:** China. Xinjiang: Qinghe, alt. 2 460 m, 1956-08-06, R. C. Ching 1430.

泰宁委陵菜 ***Potentilla tainingensis*** Hand.-Mazz. in Acta Horti Gotoburg. 13: 315. 1939. **Isotype:** China. Sichuan: Daofu, alt. 3 700 m, 1934-09-09, H. Smith 11747: 3.

大果委陵菜 ***Potentilla taronensis*** C. Y. Wu ex Yu & C. L. Li in Acta Phytotax. Sin. 18(1): 9, pl. 2: 4. 1980. **Holotype:** China. Yunnan: Gongshan, alt. 3 000~3 200 m, 1938-11-01, T. T. Yu 20915.

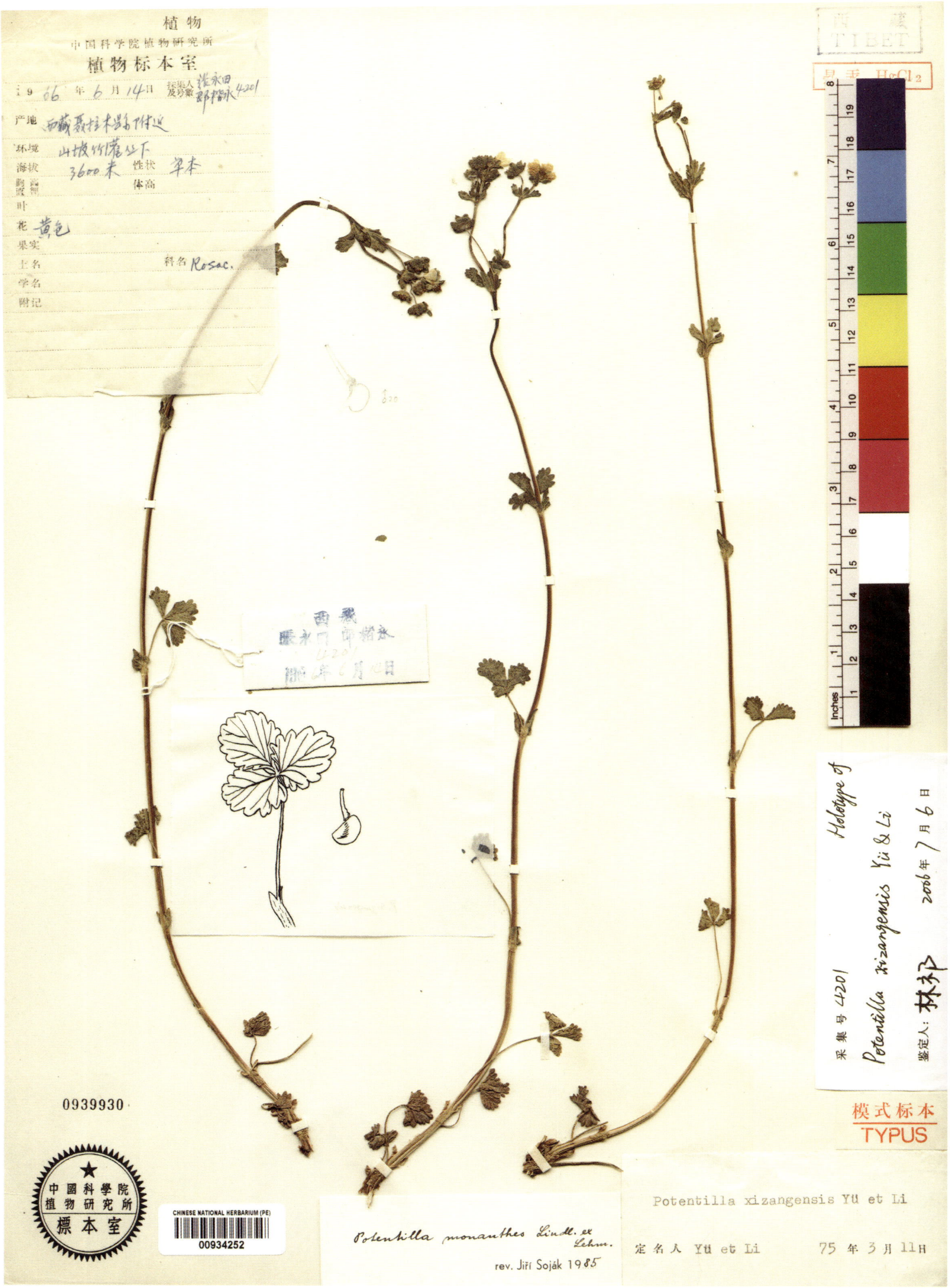

西藏委陵菜 ***Potentilla xizangensis*** Yu & C. L. Li in Acta Phytotax. Sin. 18(1): 12, pl. 4: 3. 1980. **Holotype:** China. Xizang: Nyalam, alt. 3 600 m, 1966-06-14, Y. T. Chang & K. Y. Long 4201.

蕤核 ***Prinsepia uniflora*** Batal. in Acta Horti Petrop. 12: 167. 1892. **Isotype:** Mongolia. Ordos, 1884-09-13, G. N. Potanin s. n.

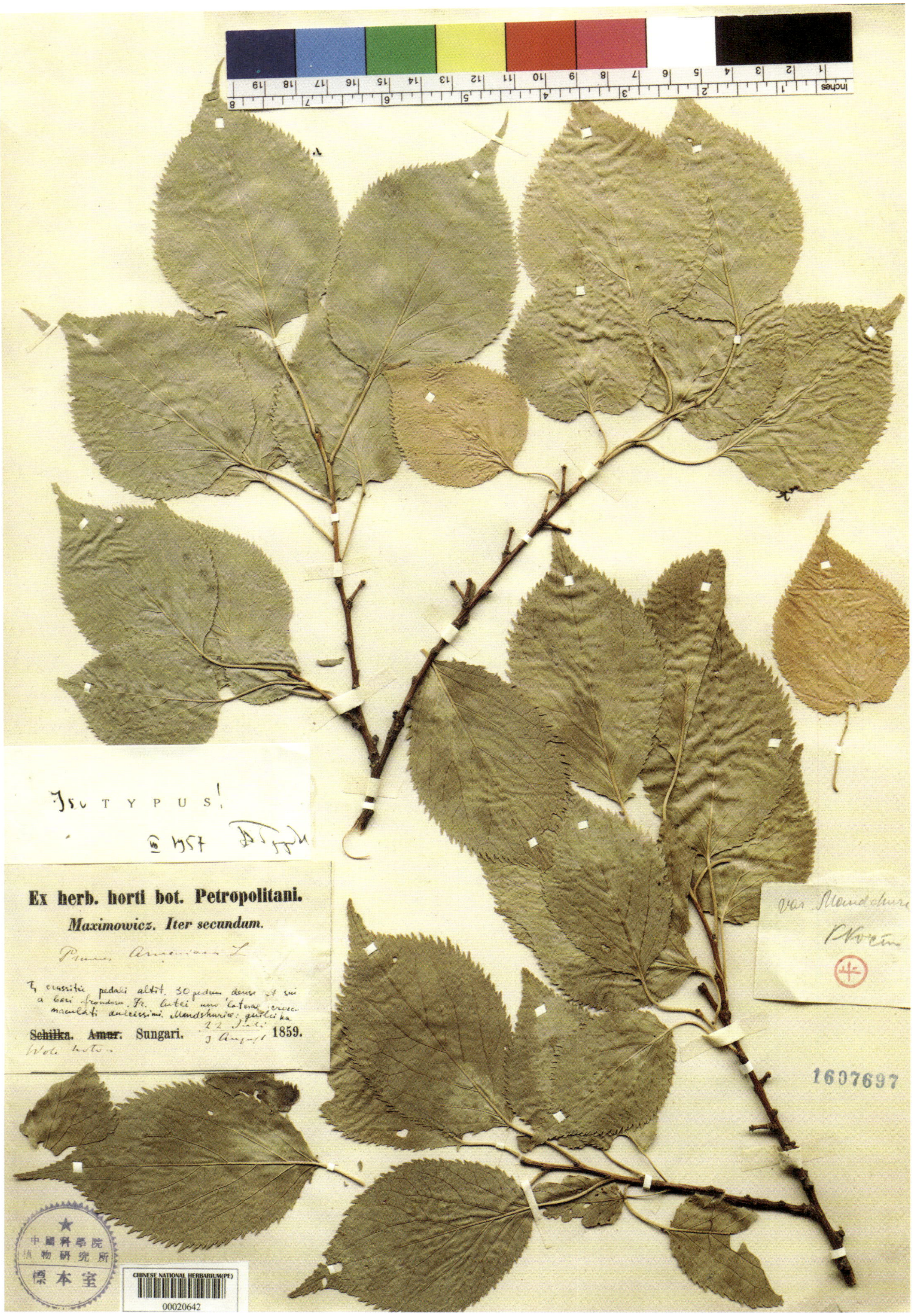

东北杏 ***Prunus armeniaca*** L. var. ***mandshurica*** Maxim. in Bull. Acad. Imp. Sci. St.-Petersbourg. 29: 87. 1883. **Isotype:** Mandshuria, Sungari, 1859-07-22, Maximowicz s. n.

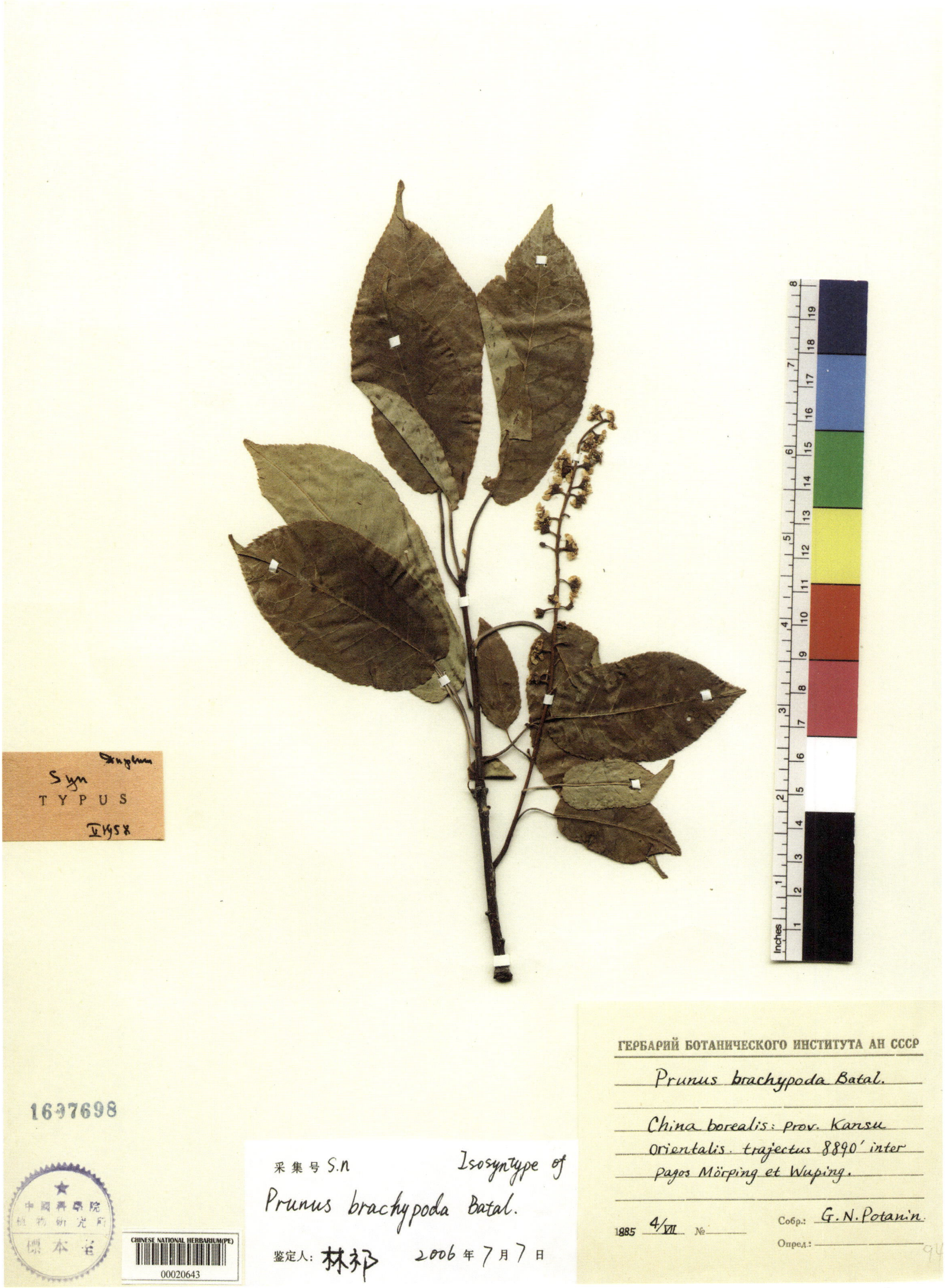

短梗稠李 ***Prunus brachypoda*** Batal. in Acta Hort. Petrop. 12: 166. 1892. **Lectotype** (designated by Yun Lin & al. in Bull. Bot. Res., Harbin 35: 808. 2015.): China. Gansu: E Gansu, Morping, alt. 2 960 m, 1885-07-04, G. N. Potanin s. n.

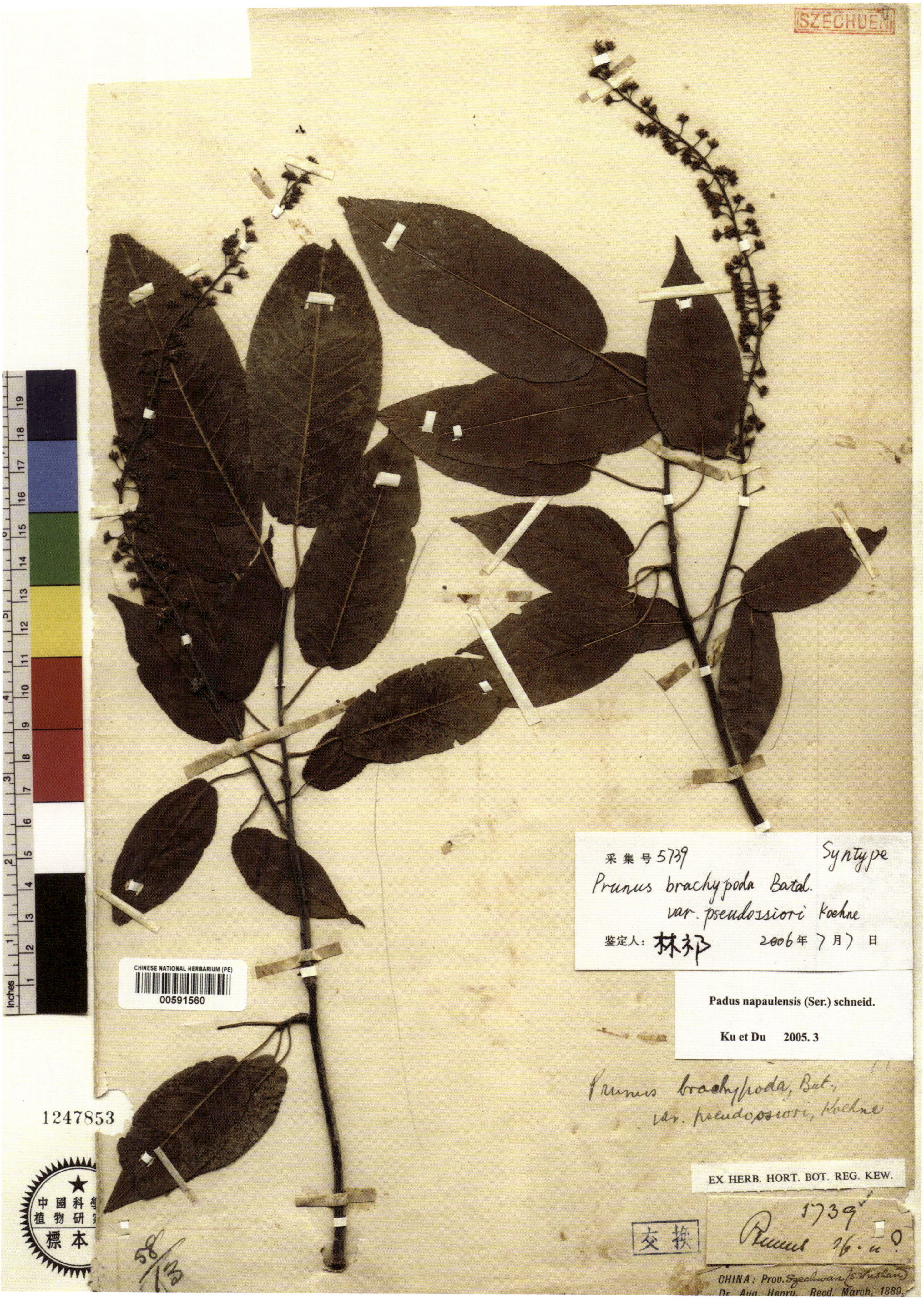

长序稠李 ***Prunus brachypoda*** Batal. var. ***pseudessiori*** Koehne in Sarg. Pl. Wilson. 1: 65. 1913. **Lectotype** (designated by Yun Lin & al. in Bull. Bot. Res., Harbin 35: 809. 2015.): China. Chongqing: Nanchuan, 1889-03-??, A. Henry 5739.

蒙古扁桃 ***Prunus mongolica*** Maxim. in Bull. Soc. Imp. Nat. Moscou. 54(1): 16. 1879. **Isotype:** Mongolia. Muni-ula, 1872-04-??, N. M. Przewalski s. n.

毛柱郁李 ***Prunus pogonostyla*** Maxim. in Bull. Soc. Imp. Nat. Moscou. 54(1): 11. 1879. **Lectotype**(designated here) China. Taiwan: Precise locality not known, 1864-??-??, R. Oldham 105.

大果臀果木 ***Pygeum macrocarpum*** Yu & L. T. Lu in Acta Phytotax. Sin. 23(3): 213, pl. 2: 2. 1985. **Holotype:** China. Yunnan: Jinping, alt. 500 m, 1943-05-16, P. C. Tsoong & K. Z. Kuang 321.

长圆臀果木 ***Pygeum oblongum*** Yu & L. T. Lu in Acta Phytotax. Sin. 23(3): 213, pl. 2: 1. 1985. **Holotype:** China. Yunnan: Pingbian, alt. 2 000 m, 1954-10-09, K. M. Feng 4789.

臀果木 ***Pygeum topengii*** Merr. in Philip. Journ. Sci. 15(3): 237. 1919. **Isotype:** China. Guangdong: Gaozhou, 1919-03-06, K. P. To & C. G. Fuson 2750.

大叶臀果木 ***Pygeum wilsonii*** Koehne var. ***macrophyllum*** L. T. Lu in Acta Bot. Yunnan. 10(3): 363, f. 1. 1988. **Holotype:** China. Xizang: Mêdog, alt. 1 650 m, 1983-05-11, S. Z. Cheng, Z. C. Ni & B. S. Li 4847.

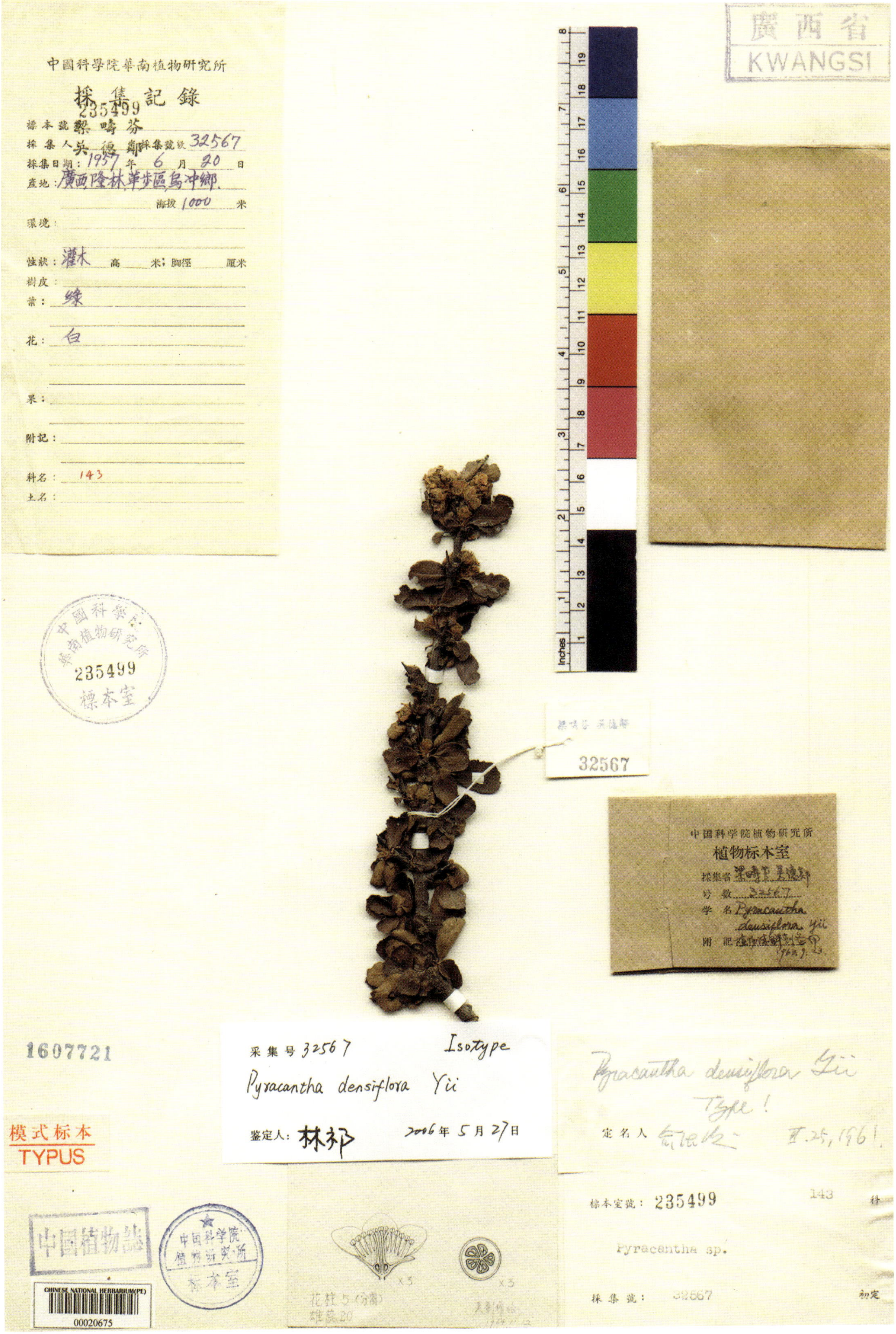

密花火棘 ***Pyracantha densiflora*** Yu in Acta Phytotax. Sin. 8(3): 207, 220. 1963. **Isotype:** China. Guangxi: Longlin, alt. 1 000 m, 1957-06-20, C. F. Liang & T. L. Wu 32567.

澜沧火棘 ***Pyracantha mekongensis*** Yu in Acta Phytotax. Sin. 8(3): 207, 221. 1963. **Lectotype** (designated by M. Sun & Q. Lin in Guihaia 28: 295. 2008.): China. Yunnan: Lancang, alt. 890 m, 1936-05-??, C. W. Wang 76704.

杏叶梨 ***Pyrus armeniacaefolia*** Yu in Acta Phytotax. Sin. 8(3): 213, 231, pl. 27: 2. 1963. **Holotype:** China. Xinjiang: Tacheng, 1959-09-26, Xinjiang Exped. 29.

豆梨全缘叶变种 ***Pyrus calleryana*** Dcne. var. ***integrifolia*** Yu in Acta Phytotax. Sin. 8(3): 213, 232. 1963. **Holotype:** China. Zhejiang: Meixi, 1924-08-09, W. C. Cheng 4936.

河北梨 ***Pyrus hopeiensis*** Yu in Acta Phytotax. Sin. 8(3): 213, 232. 1963. **Holotype:** China. Hebei: Changli, 1953-09-21, F. S. Zhang 268.

滇梨 ***Pyrus pseudopashia*** Yu in Acta Phytotax. Sin. 8(3): 213, 232. 1963. **Holotype:** China. Yunnan: Lanping, alt. 2 800 m, 1933-09-26, H. T. Tsai 56143.

新疆梨 ***Pyrus sinkiangensis*** Yu in Acta Phytotax. Sin. 8(3): 213, 233. 1963. **Holotype:** China. Xinjiang: Luntai, alt. 1 060 m, 1959-05-01, Xinjiang Exped. 17.

木梨 ***Pyrus xerophila*** Yu in Acta Phytotax. Sin. 8(3): 213, 233. 1963. **Holotype:** China. Gansu: Yuzhong, Xinglongshan, 1955-07-03, T. T. Yu 112.

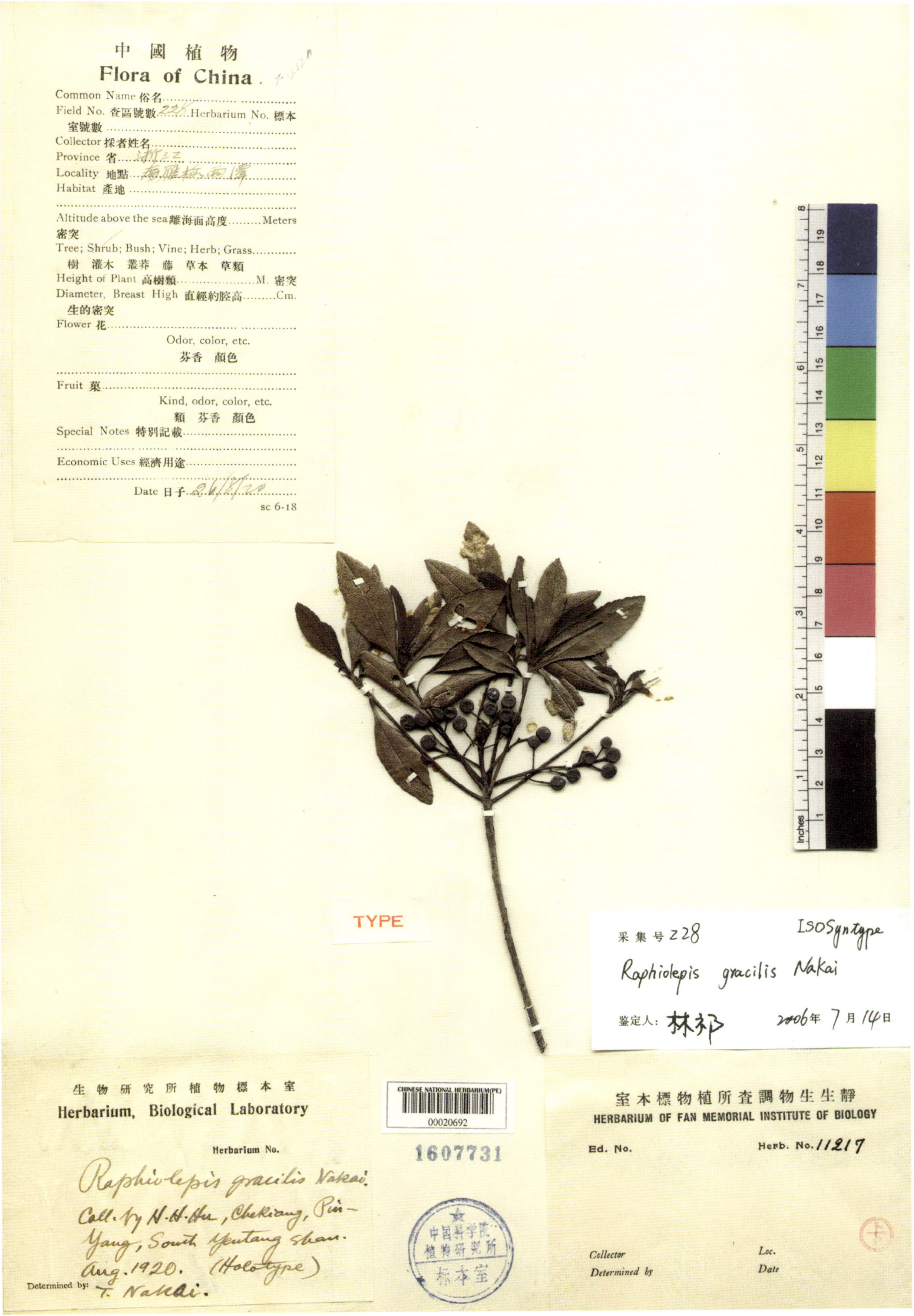

纤细石斑木 ***Raphiolepis gracilis*** Nakai in Journ. Arn. Arb. 5: 64. 1924. **Lectotype** (designated by Yun Lin & al. in Bull. Bot. Res., Harbin 35: 809. 2015.): China. Zhejiang: Pingyang, South Yandangshan, 1920-08-20, H. H. Hu 228.

广西石斑木 ***Raphiolepis kwangsiensis*** Hu in Journ. Arn. Arb. 13: 335. 1932. **Holotype:** China. Guangxi: Nanning, alt. 793 m, 1928-11-03, R. C. Ching 8360.

细叶石斑木 ***Raphiolepis lanceolata*** Hu in Journ. Arn. Arb. 13: 335. 1932. **Holotype:** China. Guangxi: Nanning, alt. 763 m, 1928-10-21, R. C. Ching 8060.

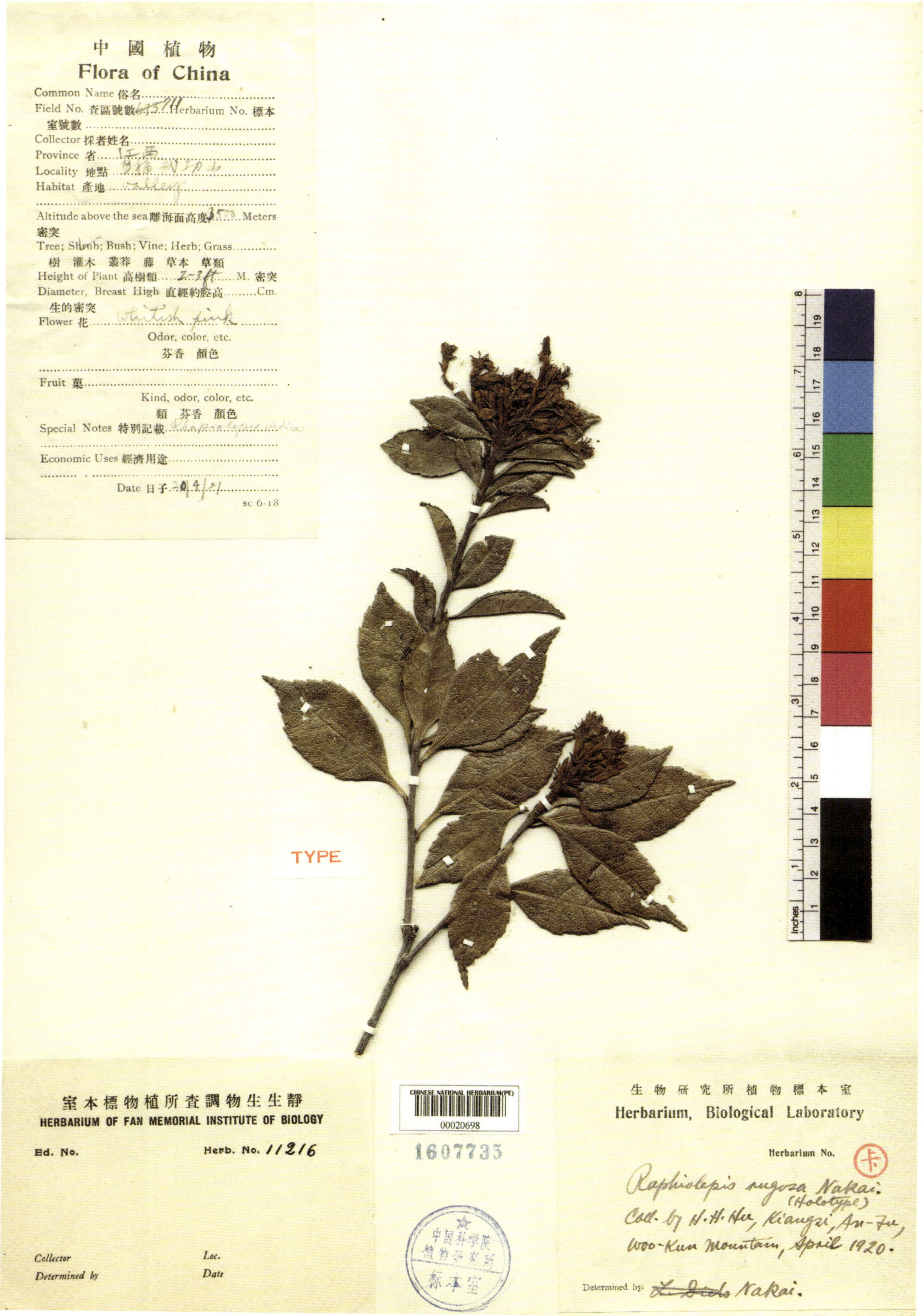

鈹叶石斑木 ***Raphiolepis rugosa*** Nakai in Journ. Arn. Arb. 5(2): 62. 1924. **Holotype:** China. Jiangxi: Anfu, Wugongshan, alt. 3 500 m, 1920-04-21, H. H. Hu 711.

双花蔷薇 ***Rosa biflora*** T. C. Ku in Bull. Bot. Res., Harbin. 10(1): 3. 1990. **Holotype:** China. Yunnan: Gongshan, alt. 2 600 m, 1982-07-26, Qinghai-Xizang Exped. 8778.

城口蔷薇 ***Rosa chengkouensis*** Yu & T. C. Ku in Bull. Bot. Res., Harbin. 1(4): 9. 1981. **Holotype:** China. Chongqing: Chengkou, alt. 1 400 m, 1958-06-22, T. L. Dai 105335.

岱山蔷薇 ***Rosa daishanensis*** T. C. Ku in Bull. Bot. Res., Harbin. 10(1): 11, pl. 1: 1-3. 1990. **Holotype:** China. Zhejiang: Daishan, 1979-05-06, L. C. Chiu & R. L. Lu 9603.

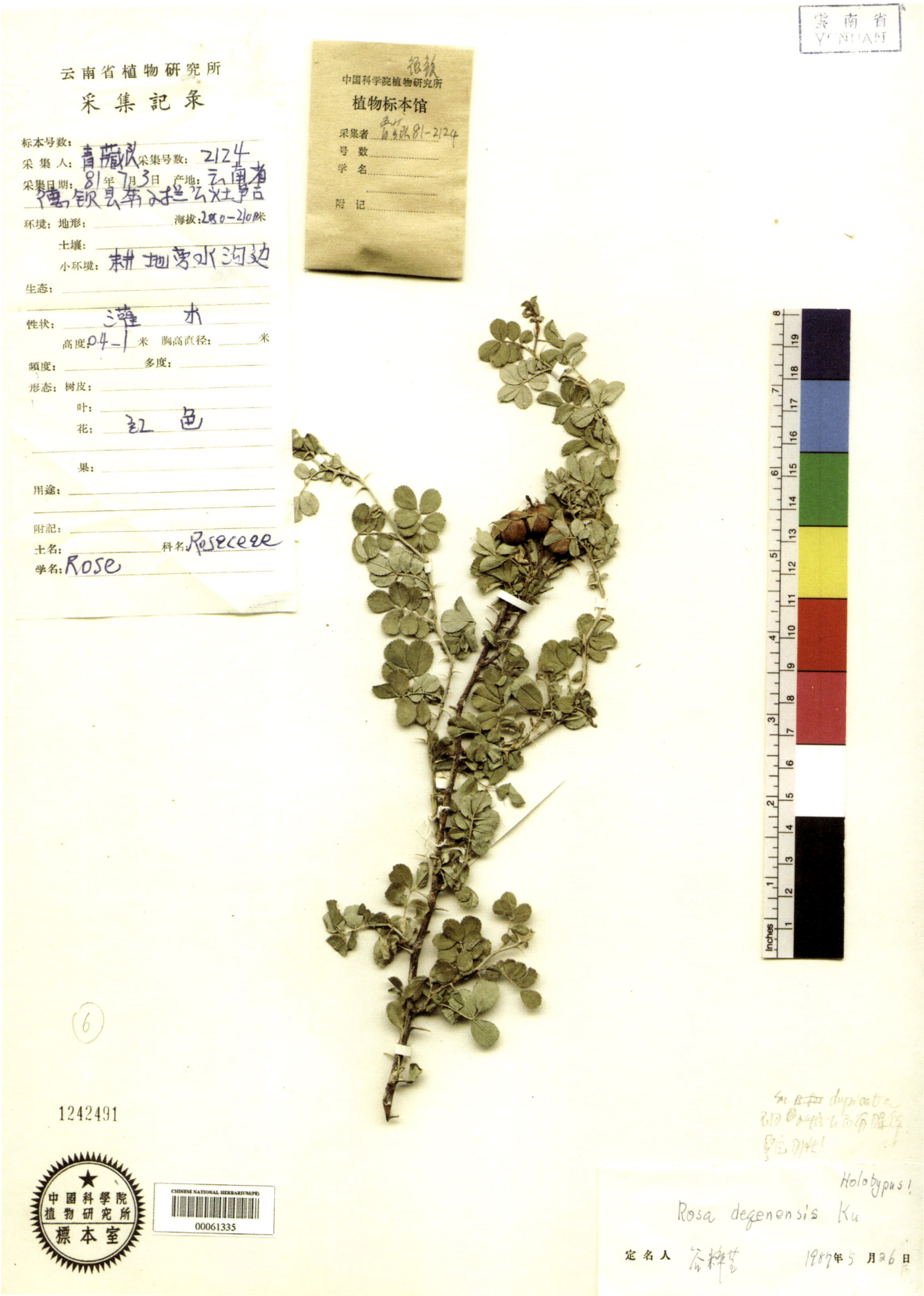

德钦蔷薇 ***Rosa deqenensis*** T. C. Ku in Bull. Bot. Res., Harbin. 10(1): 5. 1990. **Holotype:** China. Yunnan: Dêqên, alt. 2 050~2 100 m, 1981-07-03, Qinghai-Xizang Exped. 2124.

得荣蔷薇 ***Rosa derongensis*** T. C. Ku in Bull. Bot. Res., Harbin. 10(1): 7, pl. 1: 5. 1990. **Holotype:** China. Sichuan: Derong, alt. 2 070 m, 1981-06-30, Qinghai-Xizang Exped. 1653.

重齿蔷薇 ***Rosa duplicata*** Yu & T. C. Ku in Acta Phytotax. Sin. 18(4): 501. 1980. **Holotype:** China. Xizang: Markam, alt. 2 400~2 600 m, 1976-06-03, Qinghai-Xizang Exped. 11713.

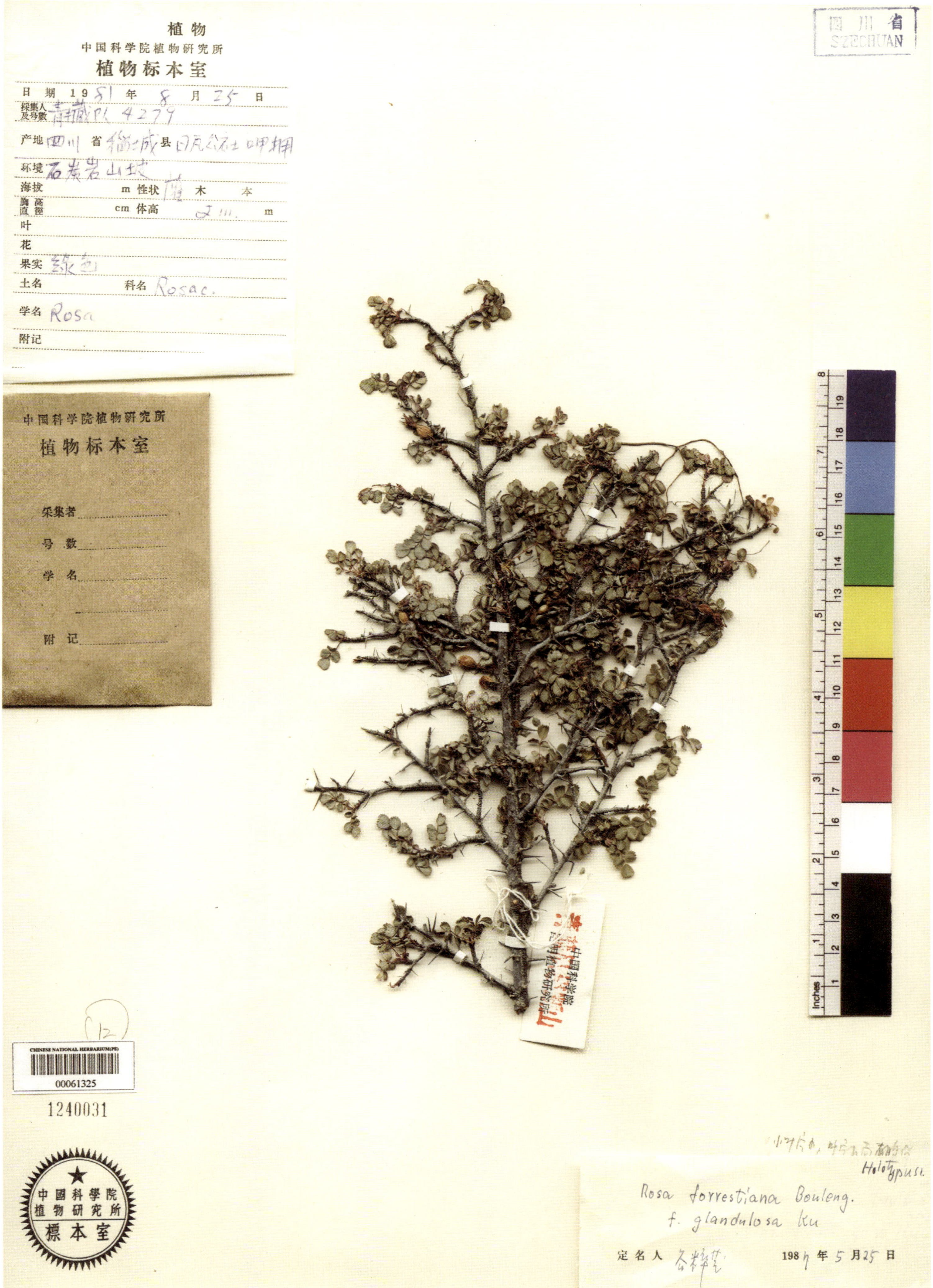

小叶滇边蔷薇 ***Rosa forrestiana*** Bouleng. f. ***glandulosa*** T. C. Ku in Bull. Bot. Res., Harbin. 10(1): 3. 1990. **Holotype:** China. Sichuan: Daocheng, 1981-08-25, Qinghai-Xizang Exped. 4279.

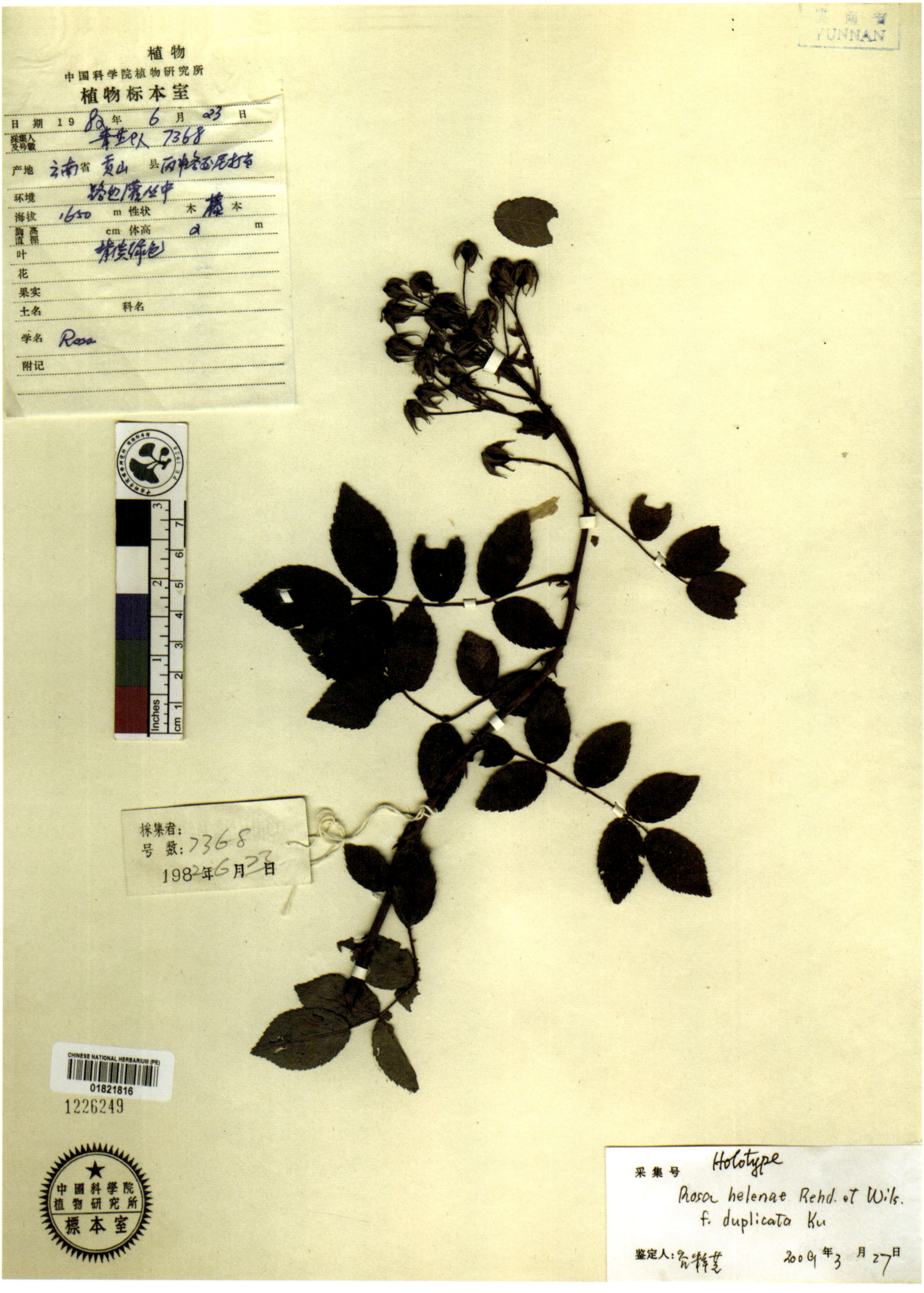

重齿卵果蔷薇 ***Rosa helenae*** Rehd. & Wils. f. ***duplicata*** T. C. Ku in Bull. Bot. Res., Harbin 10(1): 12. 1990. **Holotype:** China. Yunnan: Gongshan, alt. 1 650 m, 1982-06-23, Qinghai-Xizang Exped. 7368.

赫章蔷薇 ***Rosa hezhangensis*** T. L. Xu in Acta Phytotax. Sin. 38(1): 74, f. 1. 2000. **Holotype:** China. Guizhou: Hezhang, alt. 2 440~2 800 m, 1989-10-23, W Guizhou Exped. 1676-A.

昆明蔷薇 ***Rosa kunmingensis*** T. C. Ku in Bull. Bot. Res., Harbin. 10(1): 10. 1990. **Holotype:** China. Yunnan: Kunming, alt. 2 300 m, 1935-04-??, C. W. Wang 62942.

广东蔷薇 ***Rosa kwangtungensis*** Yu & Tsai in Bull. Fan Mem, Inst. Biol., Bot. Ser. 7: 114. 1936. **Holotype:** China. Guangdong: Zhaoqing, Dinghushan, 1928-??-??, W. Y. Chun 6293.

贵州缫丝花 ***Rosa kweichowensis*** Yu & T. C. Ku in Bull. Bot. Res., Harbin. 1(4): 17, photo. 2. 1981. **Holotype:** China. Guizhou: Qingzhen, 1936-05-28, S. W. Teng 90392.

琅琊蔷薇 ***Rosa langyashanica*** D. C. Zhang & J. Z. Shao in Acta Phytotax. Sin. 35(3): 265, f. 1. 1997. **Isotype:** China. Anhui: Chu Xian, Langyashan, alt. 150 m, 1991-05-25, J. Z. Shao 90801.

丽江蔷薇 ***Rosa lichiangensis*** Yu & T. C. Ku in Bull. Bot. Res., Harbin. 1(4): 14. 1981. **Holotype:** China. Yunnan: Lijiang, 1939-05-28, R. C. Ching 20418.

毛叶弯刺蔷薇 ***Rosa lioui*** Yu & Tsai in Bull. Fan Mem, Inst. Biol., Bot. Ser. 7: 115. 1936. **Holotype:** China. Xinjiang: Hami, 1931-01-07, T. N. Liou 2502.

泸定蔷薇 ***Rosa ludingensis*** T. C. Ku in Bull. Bot. Res., Harbin. 10(1): 4, pl. 1: 4. 1990. **Holotype:** China. Sichuan: Luding, alt. 1 500 m, 1974-06-03, Luding Exped. 6887.

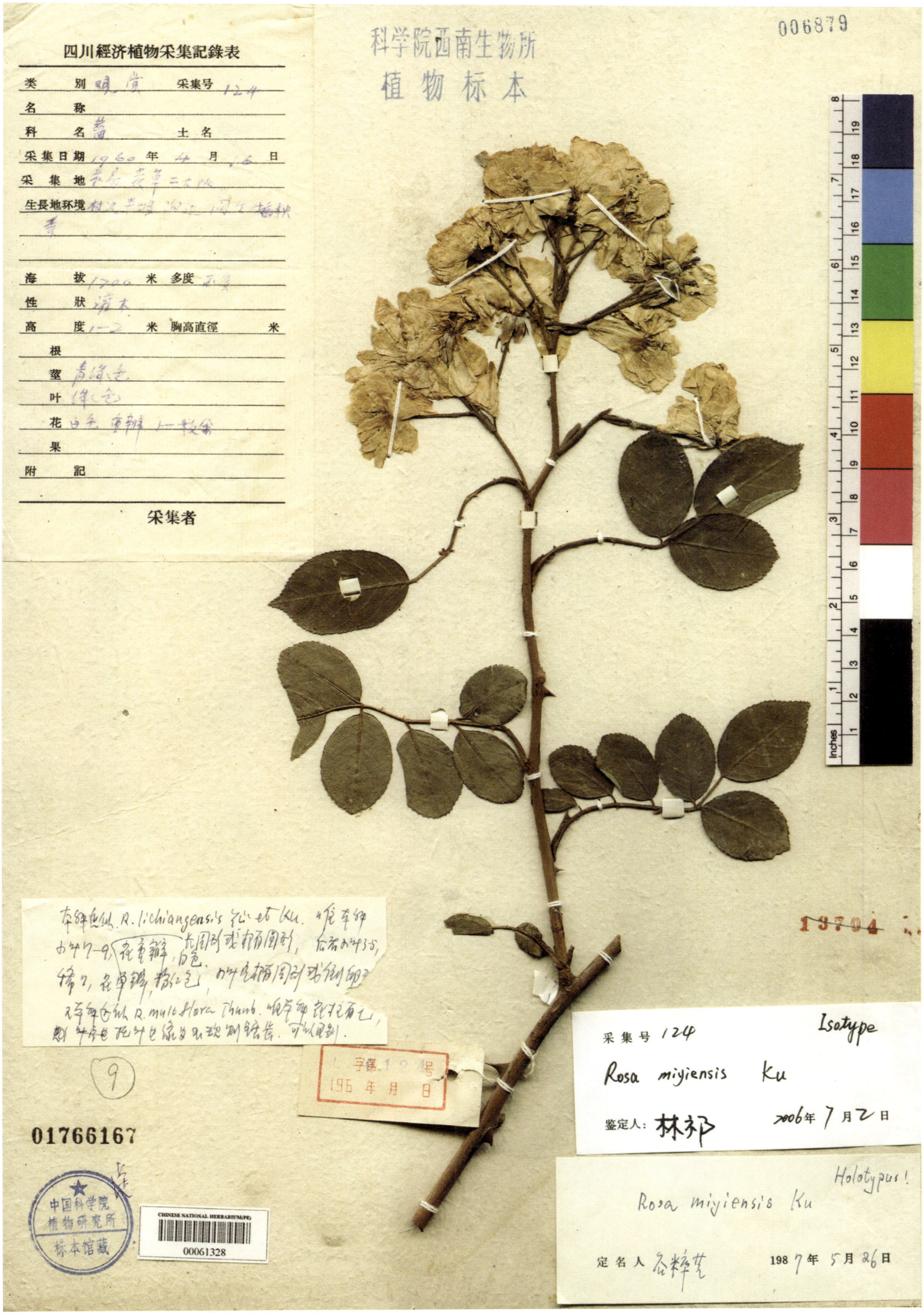

米易蔷薇 ***Rosa miyiensis*** T. C. Ku in Bull. Bot. Res., Harbin. 10(1): 9. 1990. **Isotype:** China. Sichuan: Miyi, alt. 1 700 m, 1960-04-16, Sichuan Econ. Pl. Exped. 124.

少对峨眉蔷薇 ***Rosa omeiensis*** Rolfe var. ***paucijuga*** Yu & T. C. Ku in Acta Phytotax. Sin. 18(4): 502. 1980. **Holotype:** China. Xizang: Qamdo, alt. 3 300 m, 1976-05-25, Qinghai-Xizang Veg. Group 8035.

羽萼蔷薇 ***Rosa pinnatisepala*** T. C. Ku in Bull. Bot. Res., Harbin. 10(1): 2. 1990. **Holotype:** China. Sichuan: Muli, alt. 2 300 m, 1983-09-05, Qinghai-Xizang Exped. 13608.

多腺羽萼蔷薇 ***Rosa pinnatisepala*** T. C. Ku f. ***glandulosa*** T. C. Ku in Bull. Bot. Res., Harbin. 10(1): 3. 1990. **Isotype:** China. Sichuan: Luding, alt. 1 480 m, 1980-05-20, Z. G. Liou & Y. B. Yang 21900.

粉蕾木香 ***Rosa pseudobanksiae*** Yu & T. C. Ku in Bull. Bot. Res., Harbin. 1(4): 11, photo. 1. 1981. **Holotype:** China. Yunnan: Midu, 1952-03-28, R. C. Ching s. n.

无刺缫丝花 ***Rosa roxburghii*** Tratt. f. ***esetosa*** T. C. Ku in Bull. Bot. Res., Harbin. 10(1): 12. 1990. **Holotype:** China. Sichuan: Maowen (= Mao Xian), alt. 1 050 m, 1975-08-08, Anonymous 8595.

商城蔷薇 ***Rosa shangchengensis*** T. C. Ku in Bull. Bot. Res., Harbin. 10(1): 8. 1990. **Holotype:** China. Henan: Shangcheng, 1984-06-18, Pl. Econ. Exped. D0390.

疏毛西康蔷薇 ***Rosa sikangensis*** Yu & T. C. Ku f. ***pilosa*** T. C. Ku in Bull. Bot. Res., Harbin. 10(1): 2. 1990. **Holotype:** China. Sichuan: Daocheng, alt. 3 300 m, 1981-08-24, Qinghai-Xizang Exped. 4197.

小叶川滇蔷薇 ***Rosa soulieana*** Crep. var. ***microphylla*** Yu & T. C. Ku in Acta Phytotax. Sin. 18(4): 502. 1980. **Holotype:** China. Xizang: Baxoi, alt. 3 600~3 700 m, 1976-07-04, Qinghai-Xizang Exped. 12193.

大叶川滇蔷薇 ***Rosa soulieana*** Crep. var. ***sungpanensis*** Rehd. in Journ. Arn. Arb. 11(3): 161. 1930. **Isotype:** China. Sichuan: Songpan, 1928-08-02, W. P. Fang 1525.

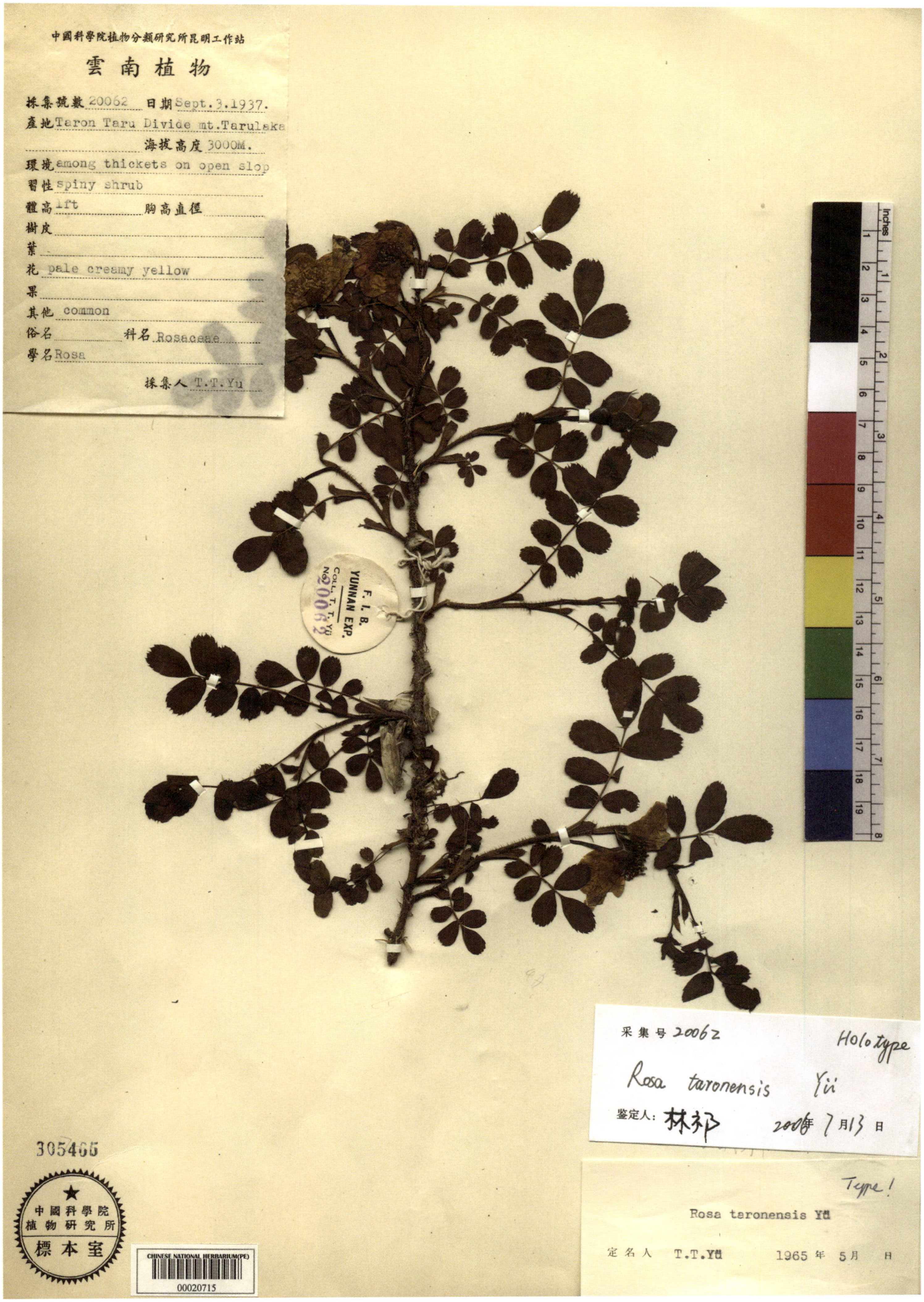

俅江蔷薇 ***Rosa taronensis*** Yu in Bull. Bot. Res., Harbin. 1(4): 6. 1981. **Holotype:** China. Yunnan: Gongshan, alt. 3 000 m, 1937-09-03, T. T. Yu 20062.

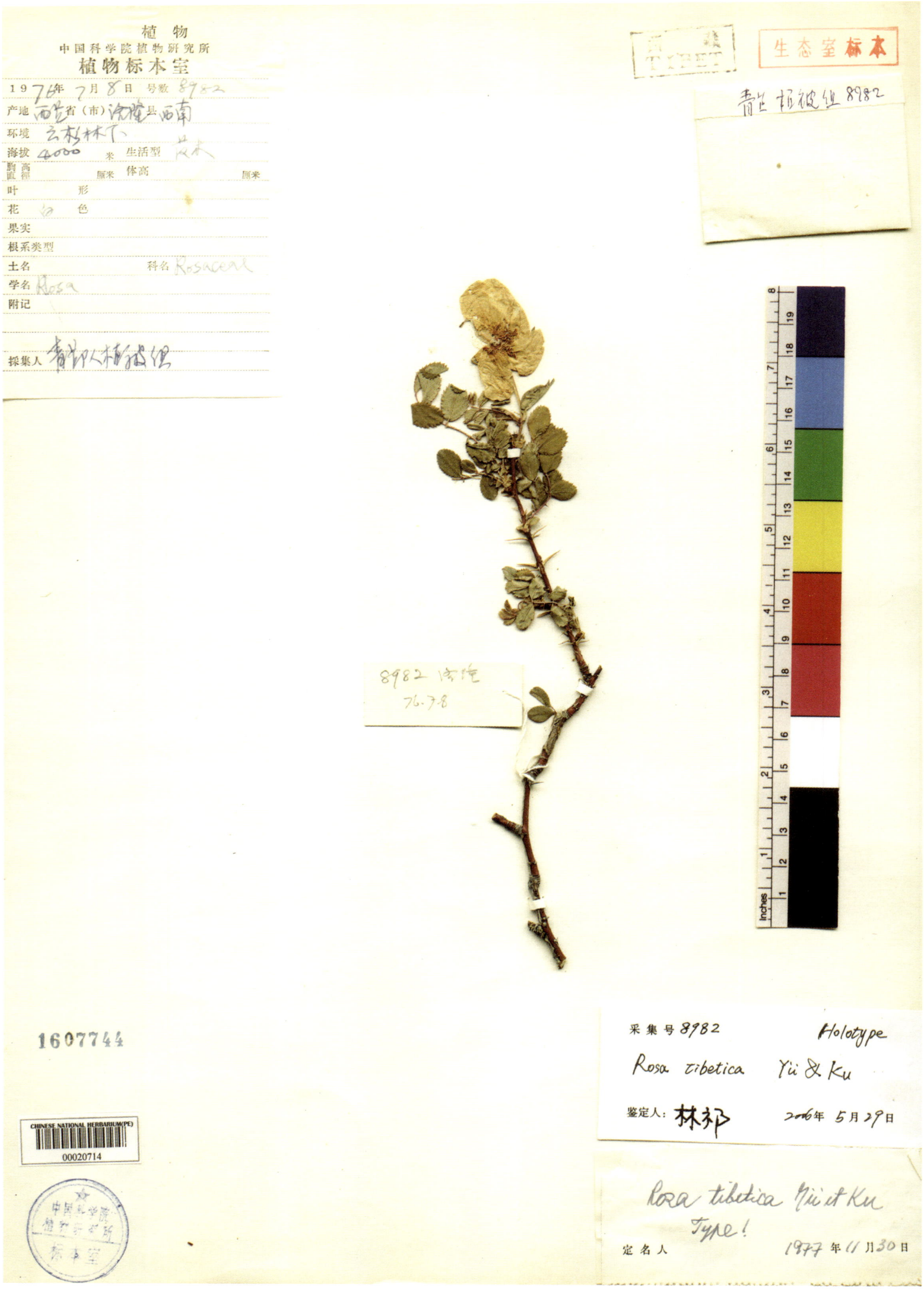

西藏蔷薇 ***Rosa tibetica*** Yu & T. C. Ku in Acta Phytotax. Sin. 18(4): 500. 1980. **Holotype:** China. Xizang: Lhorong, alt. 4 000 m, 1976-07-08, Qinghai-Xizang Veg. Group 8982.

单花合柱蔷薇 ***Rosa uniflora*** Yu & T. C. Ku in Bull. Bot. Res., Harbin. 1(4): 12. 1981. **Holotype:** China. Zhejiang: Daishan, 1979-05-06, L. C. Chiu & R. L. Lu 9605.

维西蔷薇 ***Rosa weisiensis*** Yu & T. C. Ku in Bull. Bot. Res., Harbin. 1(4): 16. 1981. **Holotype:** China. Yunnan: Weixi, alt. 1 850~2 300 m, 1940-05-30, K. M. Feng 4321.

单花光叶蔷薇 ***Rosa wichuraiana*** Crep. f. ***simpliciflora*** T. C. Ku in Bull. Bot. Res., Harbin. 10(1): 12. 1990. **Holotype:** China. Zhejiang: Shengsi, 1977-07-05, Anonymous 9248.

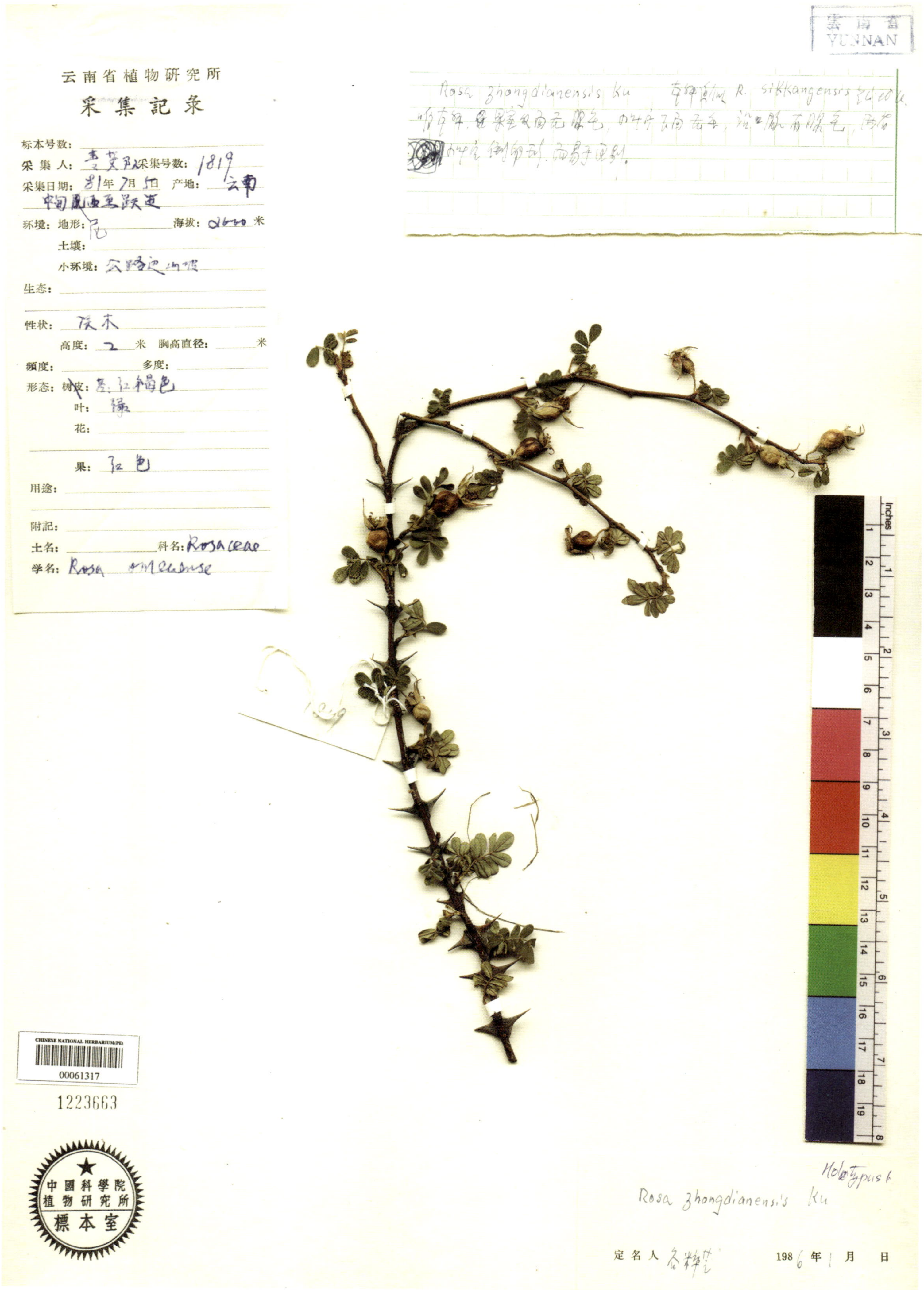

中甸蔷薇 ***Rosa zhongdianensis*** T. C. Ku in Bull. Bot. Res., Harbin. 10(1): 1. 1990. **Holotype:** Yunnan: Zhongdian (= Shangri-La), alt. 2 600 m, 1981-07-05, Qinghai-Xizang Exped. 1819.

柔毛尖叶悬钩子 ***Rubus acuminatus*** Smith var. ***puberulus*** Yu & L. T. Lu in Acta Phytotax. Sin. 20(3): 308. 1982. **Holotype:** China. Guizhou: Xingyi, alt. 1 050 m, 1960-07-15, Z. S. Zhang & Y. T. Chang 6207.

刺萼秀丽莓 ***Rubus amabilis*** Focke var. ***aculeatissimus*** Yu & L. T. Lu in Acta Phytotax. Sin. 20(3): 301. 1982. **Holotype:** China. Sichuan: Pingwu, alt. 2 520 m, 1958-07-07, T. L. Dai 10753.

小果秀丽莓 ***Rubus amabilis*** Focke var. ***microcarpus*** Yu & L. T. Lu in Acta Phytotax. Sin. 20(3): 301. 1982. **Holotype:** China. Gansu: Jonê, alt. 2 800 m, 1936-07-24, T. P. Wang 5330.

狭苞悬钩子 ***Rubus angustibracteatus*** Yu & L. T. Lu in Acta Phytotax. Sin. 20(4): 453. 1982. **Holotype:** China. Sichuan: Baoxing, 1954-??-??, T. P. Soong 39295.

钝叶桔红悬钩子 ***Rubus aurantiacus*** Focke var. ***obtusifolius*** Yu & L. T. Lu in Acta Phytotax. Sin. 20(3): 297. 1982. **Holotype:** China. Yunnan: Longling, alt. 1 550 m, 1955-05-20, Sino-Russia Yunnan Exped. 1212.

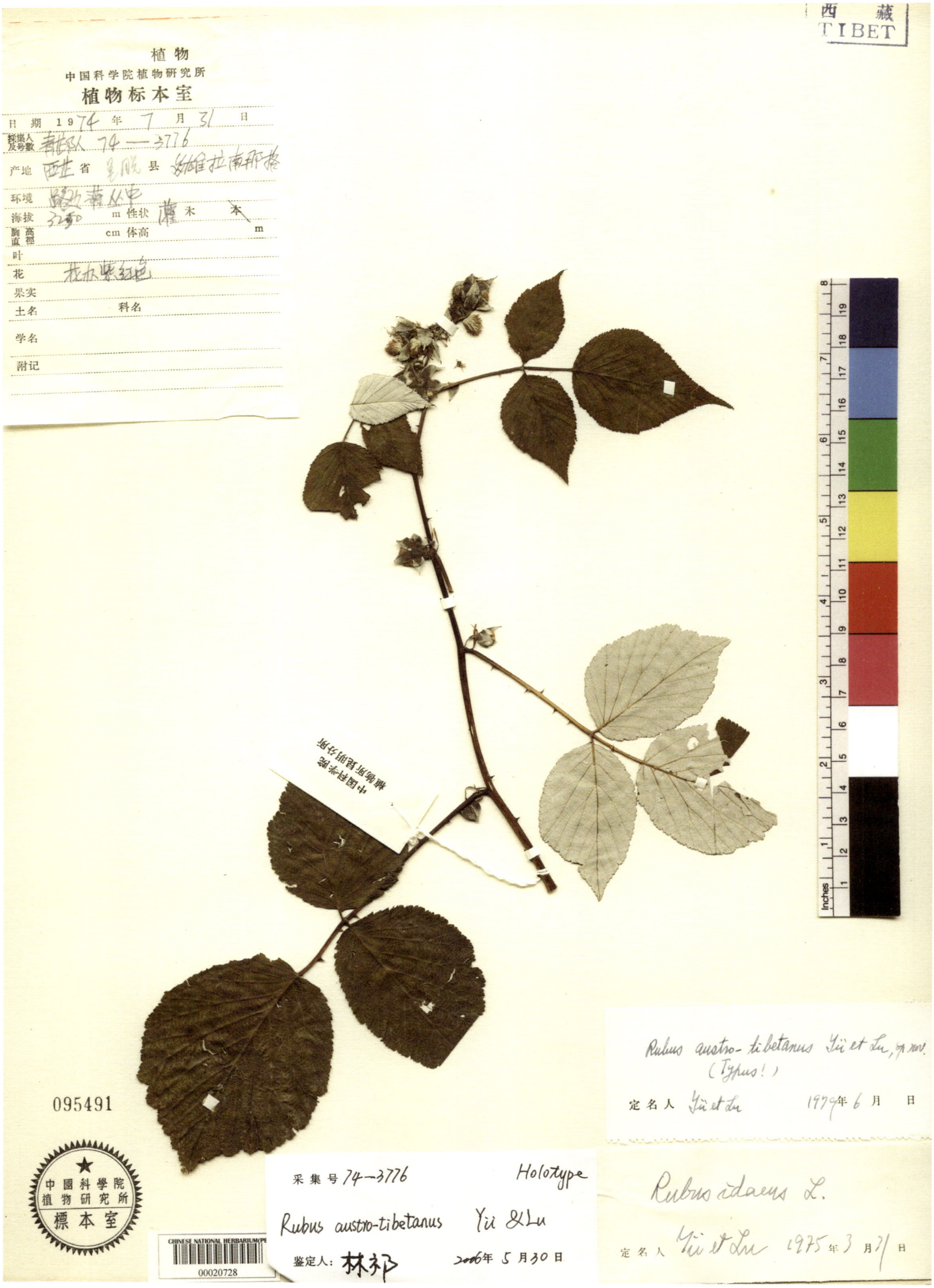

藏南悬钩子 ***Rubus austro-tibetanus*** Yu & L. T. Lu in Acta Phytotax. Sin. 18(4): 496.1980. **Holotype:** China. Xizang: Mêdog, alt. 3 250 m, 1974-07-31, Qinghai-Xizang Exped. 74-3776.

柔毛粉枝莓 ***Rubus biflorus*** Buch.-Ham. & Smith var. ***pubescens*** Yu & L. T. Lu in Acta Phytotax. Sin. 20(3): 300. 1982. **Holotype:** China. Sichuan: Yanyuan, alt. 2 500 m, 1960-06-10, S. Jiang & al. 5957.

短柄悬钩子 ***Rubus brevipetiolatus*** Yu & L. T. Lu in Acta Phytotax. Sin. 20(4): 453. 1982. **Holotype:** China. Guangxi: Ku-chun, 1934-06-27, S. S. Sin 23309.

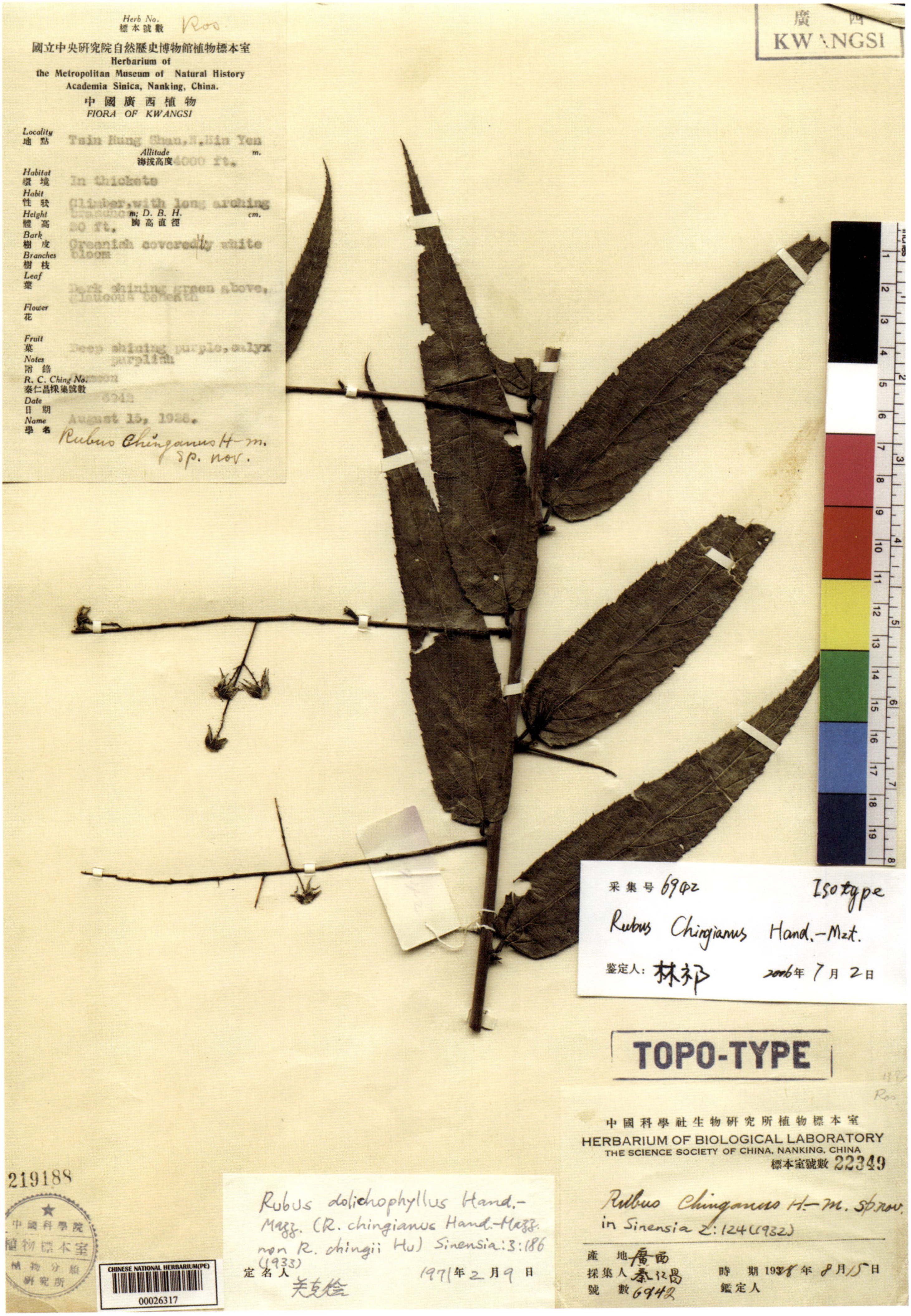

仁昌悬钩子 ***Rubus chingianus*** Hand.-Mazz. in Sinensia. 2(10): 124. 1932. **Isotype:** China. Guangxi: Lingyun, alt. 1 220 m, 1928-08-15, R. C. Ching 6942.

柔毛小柱悬钩子 ***Rubus columellaris*** Tutcher var. ***villosus*** Yu & L. T. Lu in Acta Phytotax. Sin. 20(3): 304. 1982. **Holotype:** China. Guangdong: Lianshan, alt. 400 m, 1958-06-01, P. C. Tam 58254.

厚叶悬钩子 ***Rubus crassifolius*** Yu & L. T. Lu in Acta Phytotax. Sin. 20(4): 460, pl. 3: 4. 1982. **Holotype:** China. Guangxi: Xing'an, 1953-06-??. Guangxi Exped. 4235.

毛梗长叶悬钩子 ***Rubus dolichophyllus*** Hand.-Mazz. var. ***pubescens*** Yu & L. T. Lu in Acta Phytotax. Sin. 20(3): 309. 1982.
Holotype: China. Guizhou: Pan Xian, alt. 2 100 m, 1959-08-22, Anshun Exped. 955.

红果悬钩子 ***Rubus erythrocarpus*** Yu & L. T. Lu in Acta Phytotax. Sin. 20(3): 299. 1982. **Holotype:** China. Yunnan: Gongshan, alt. 3 000 m, 1937-07-10, T. T. Yu 19285.

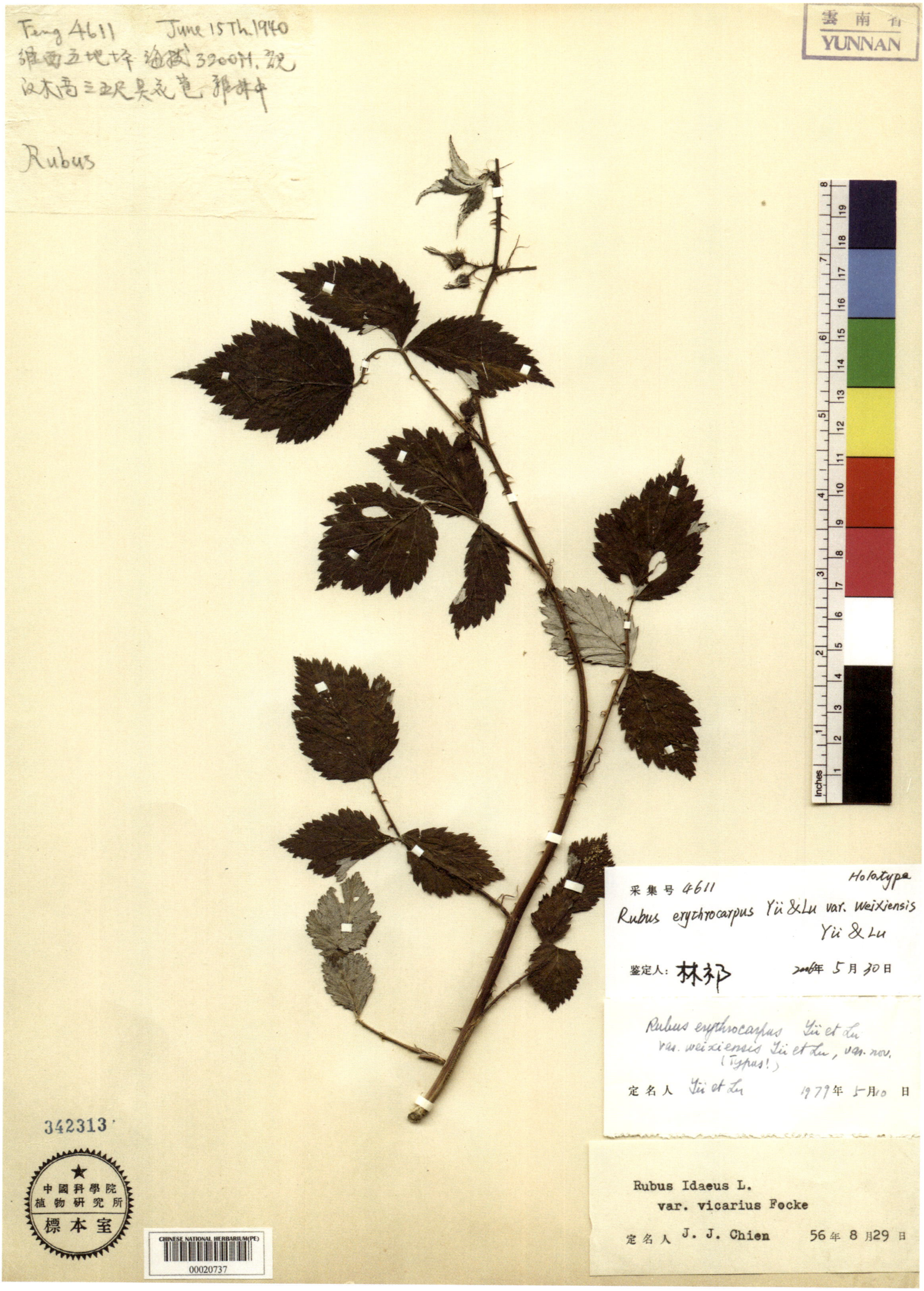

腺萼红果悬钩子 ***Rubus erythrocarpus*** Yu & L. T. Lu var. ***weixiensis*** Yu & L. T. Lu in Acta Phytotax. Sin. 20(3): 300. 1982. **Holotype:** China. Yunnan: Weixi, alt. 3 200 m, 1940-06-15, K. M. Feng 4611.

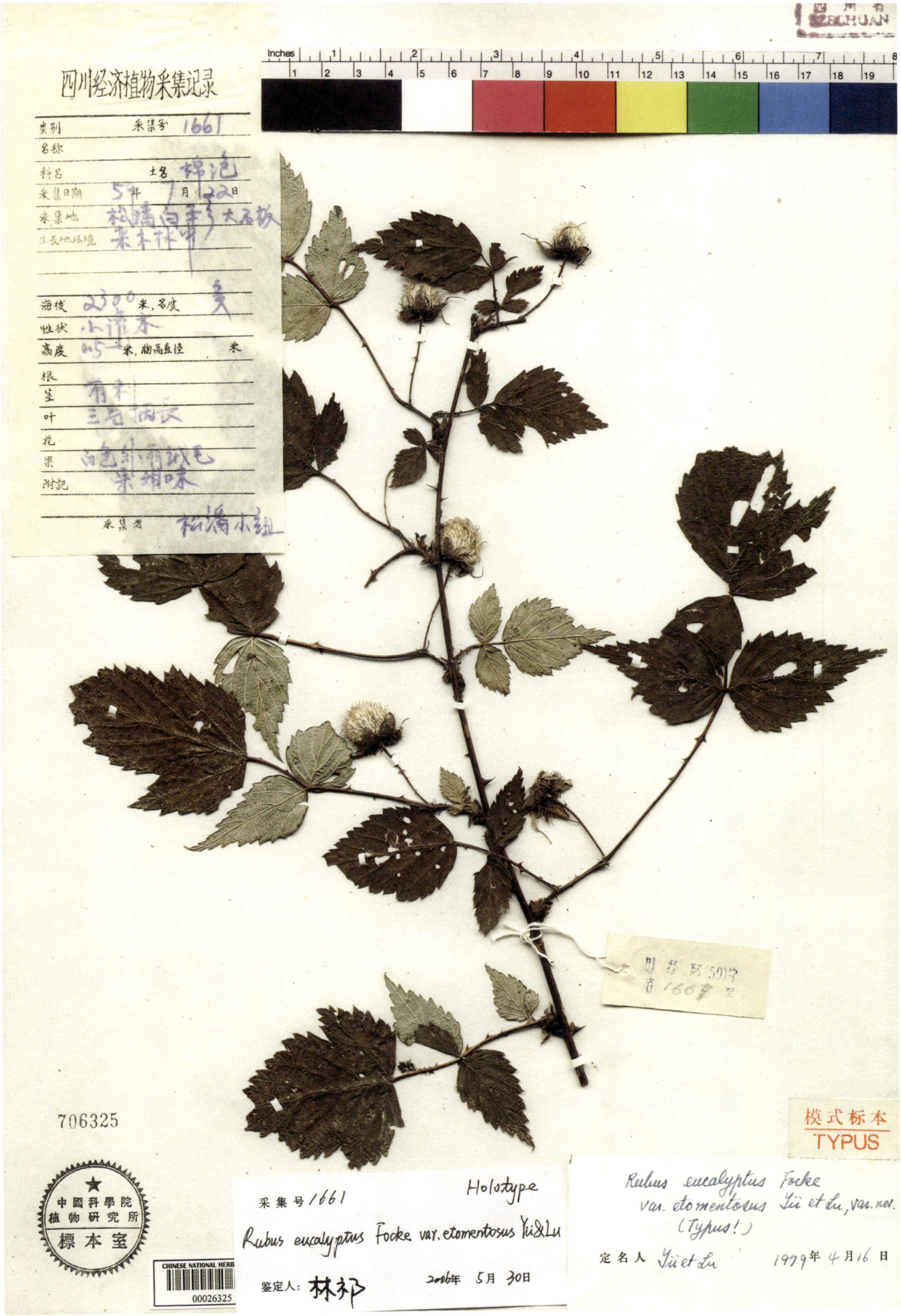

脱毛桉叶悬钩子 ***Rubus eucalyptus*** Focke var. ***etomentosus*** Yu & L. T. Lu in Acta Phytotax. Sin. 20(3): 296. 1982. **Holotype:** China. Sichuan: Songpan, alt. 2 300 m, 1959-07-22, Songpan Exped. 1661.

云南桉叶悬钩子 ***Rubus eucalyptus*** Focke var. ***yunnanensis*** Yu & L. T. Lu in Acta Phytotax. Sin. 20(3): 296. 1982. **Isotype:** China. Yunnan: Huize, alt. 3 380 m, 1963-09-27, Dongchuan Exped. 63-092.

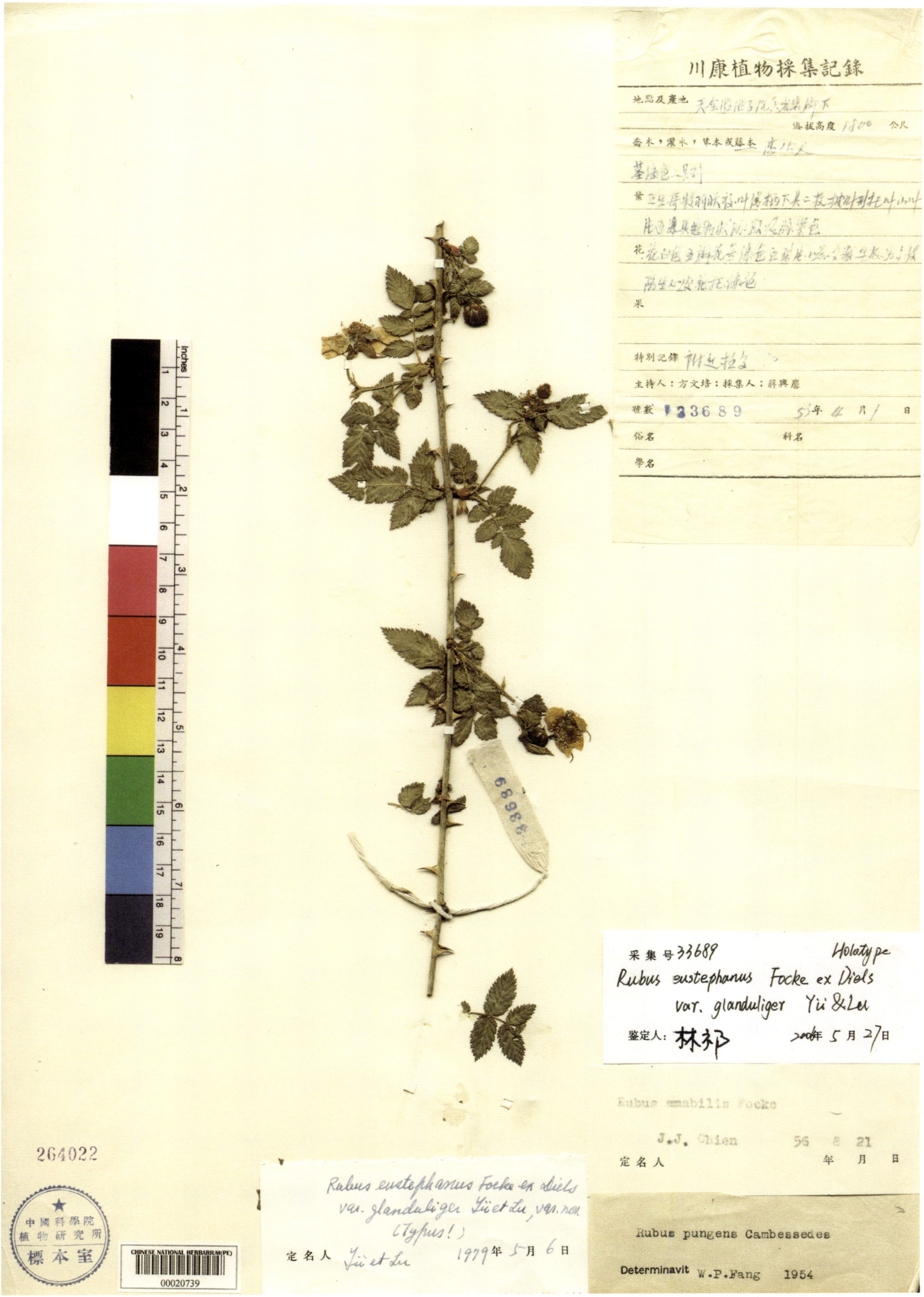

腺毛大红泡 ***Rubus eustephanus*** Focke ex Dieis var. ***glanduliger*** Yu & L. T. Lu in Acta Phytotax. Sin. 20(3): 303. 1982. **Holotype:** China. Sichuan: Tianquan, alt. 1 800 m, 1953-04-01, H. L. Tsiang 33689.

梵净山悬钩子 ***Rubus fanjingshanensis*** L. T. Lu in Journ. Arn. Arb. 71: 123. f. 3. 1990. **Holotype:** China. Guizhou: Jiangkou, alt. 2 000~2 300 m, 1986-08-(28~29), Sino-Amer. Guizhou Exped. 634.

脱毛弓茎悬钩子 ***Rubus flosculosus*** Focke var. ***etomentosus*** Yu & L. T. Lu in Acta Phytotax. Sin. 20(3): 295. 1982. **Holotype:** China. Sichuan: Baoxing, 1936-07-23, K. L. Chu 3232.

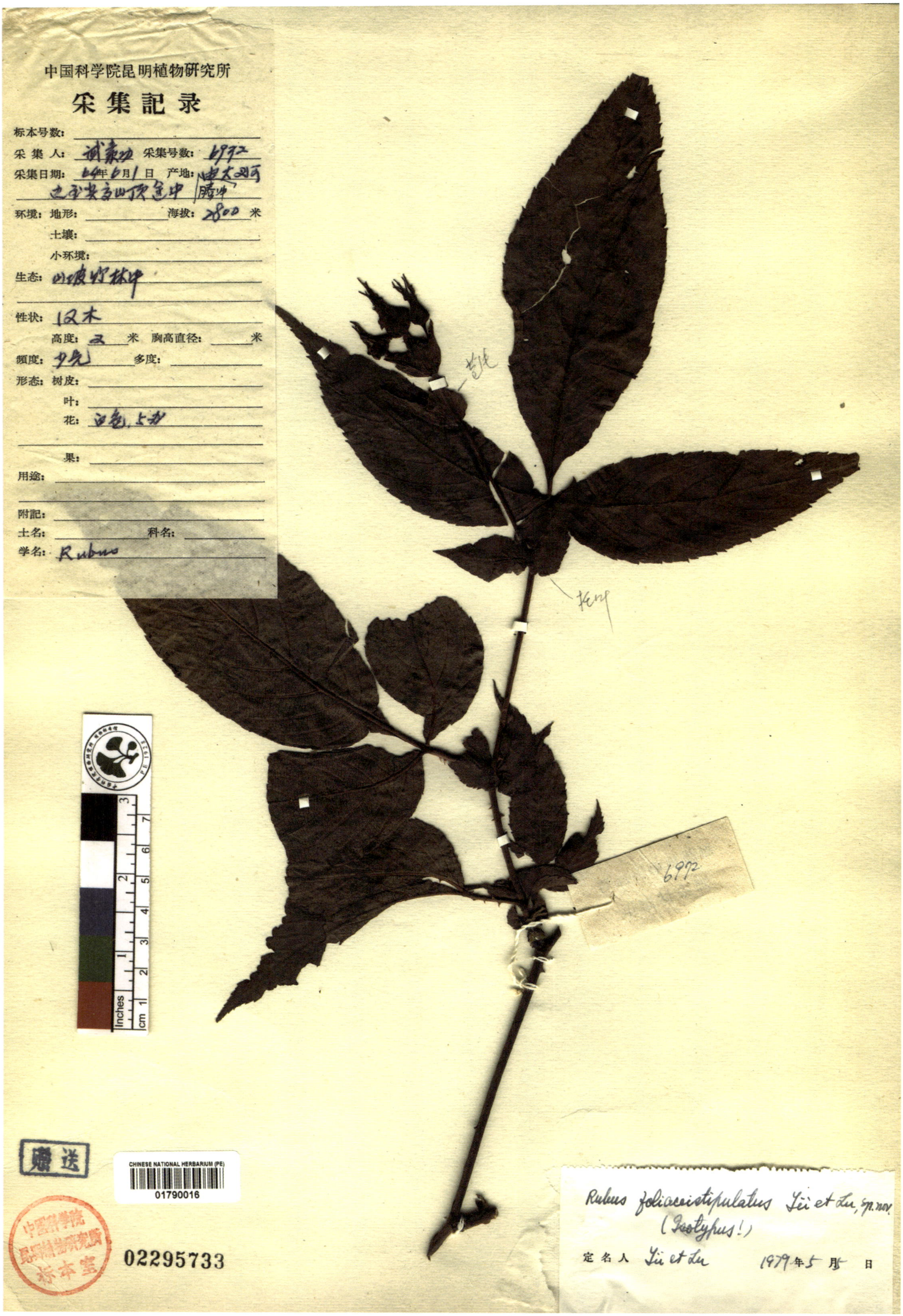

托叶悬钩子 ***Rubus foliaceistipulatus*** Yu & L. T. Lu in Acta Phytotax. Sin. 20(3): 307, pl. 2: 2. 1982. **Isotype:** China. Yunnan: Tengchong, alt. 2 800 m, 1964-06-01, S. G. Wu 6972.

福建悬钩子 ***Rubus fujianensis*** Yu & L. T. Lu in Acta Phytotax. Sin. 20(4): 462, pl. 4: 2. 1982. **Holotype:** China. Fujian: Chong'an, alt. 1 400 m, 1963-07-20. L. K. Ling 5524.

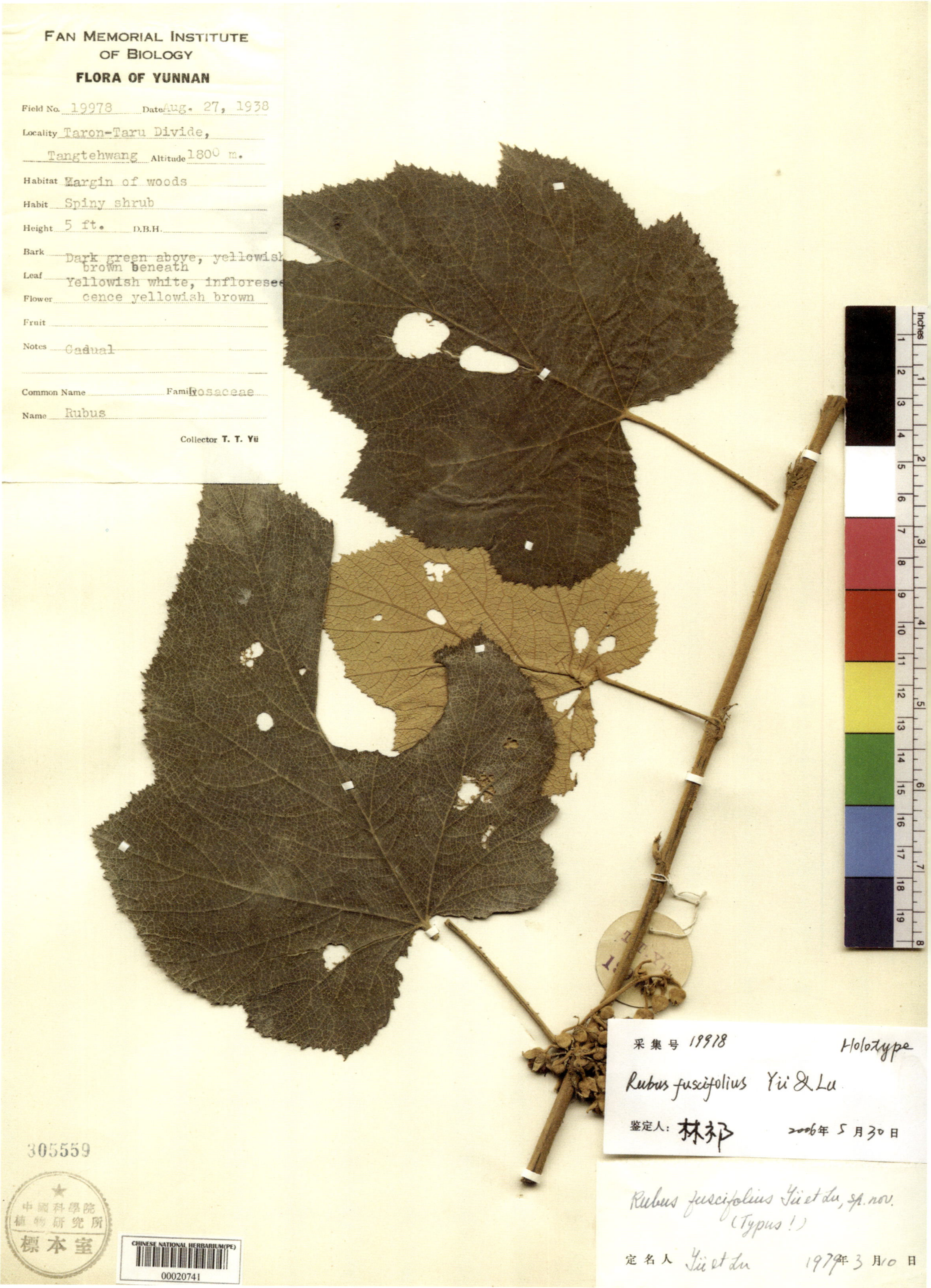

锈叶悬钩子 ***Rubus fuscifolius*** Yu & L. T. Lu in Acta Phytotax. Sin. 20(4): 459. 1982. **Holotype:** China. Yunnan: Gongshan, alt. 1 800 m, 1938-08-27, T. T. Yu 19978.

光果悬钩子 ***Rubus glabricarpus*** W. C. Cheng in Contr. Biol. Lab. Sci. Soc. China, Bot Ser. 10(2): 147, f. 18. 1936. **Holotype:** China. Zhejiang: Zhuji, 1932-10-18, S. Chen 103.

腺果悬钩子 ***Rubus glandulosocarpus*** M. X. Nie in Bull. Bot. Res., Harbin. 9(3): 43, f. 1989. **Isotype:** China. Jiangxi: Jinggangshan, alt. 1 600 m, 1987-07-06, M. X. Nie & D. F. Huang 10068.

贡山悬钩子 ***Rubus gongshanensis*** Yu & L. T. Lu in Acta Phytotax. Sin. 20(4): 457. 1982. **Holotype:** China. Yunnan: Gongshan, 1940-10-07, K. M. Feng 8255.

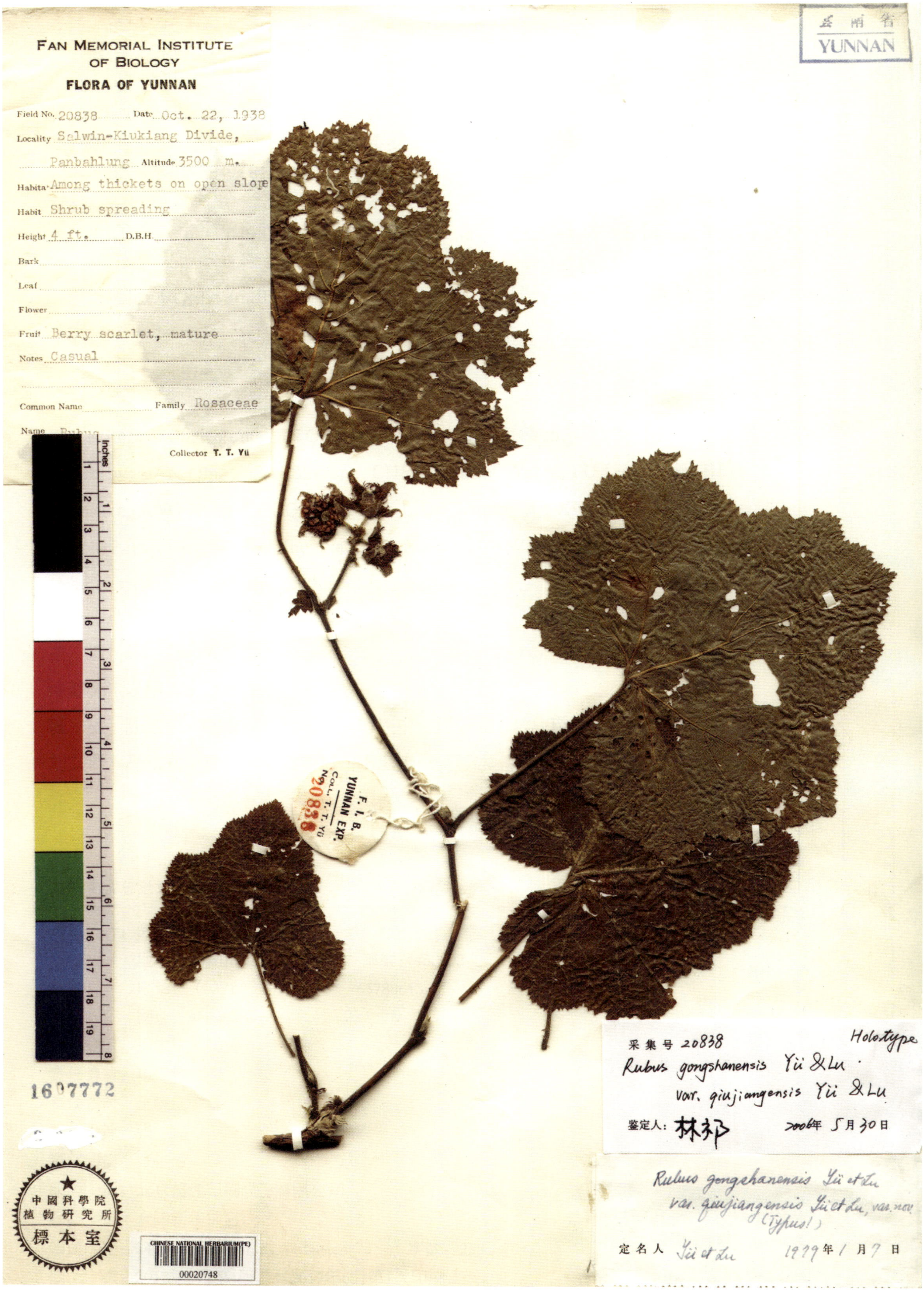

无刺贡山悬钩子 ***Rubus gongshanensis*** Yu & L. T. Lu var. ***qiujiangensis*** Yu & L. T. Lu in Acta Phytotax. Sin. 20(4): 457. 1982. **Holotype:** China. Yunnan: Gongshan, alt. 3 500 m, 1938-10-22, T. T. Yu 20838.

大序悬钩子 ***Rubus grandipaniculatus*** Yu & L. T. Lu in Acta Phytotax. Sin. 20(3): 296, pl. 1: 1. 1982. **Holotype:** China. Shaanxi: Pingli, alt. 900 m, 1960-07-03, Bashan Exped. 776.

三裂中南悬钩子 ***Rubus grayanus*** Maxim. var. ***trilobatus*** Yu & L. T. Lu in Acta Phytotax. Sin. 20(3): 307. 1982. **Holotype:** China. Fujian: Chong'an, alt. 700 m, 1955-04-19, M. J. Wang & B. X. Huang 3351.

黄平悬钩子 ***Rubus huangpingensis*** Yu & L. T. Lu in Acta Phytotax. Sin. 20(4): 461, pl. 4: 1. 1982. **Holotype:** China. Guizhou: Huangping, 1959-07-07, S Guizhou Exped. 2662.

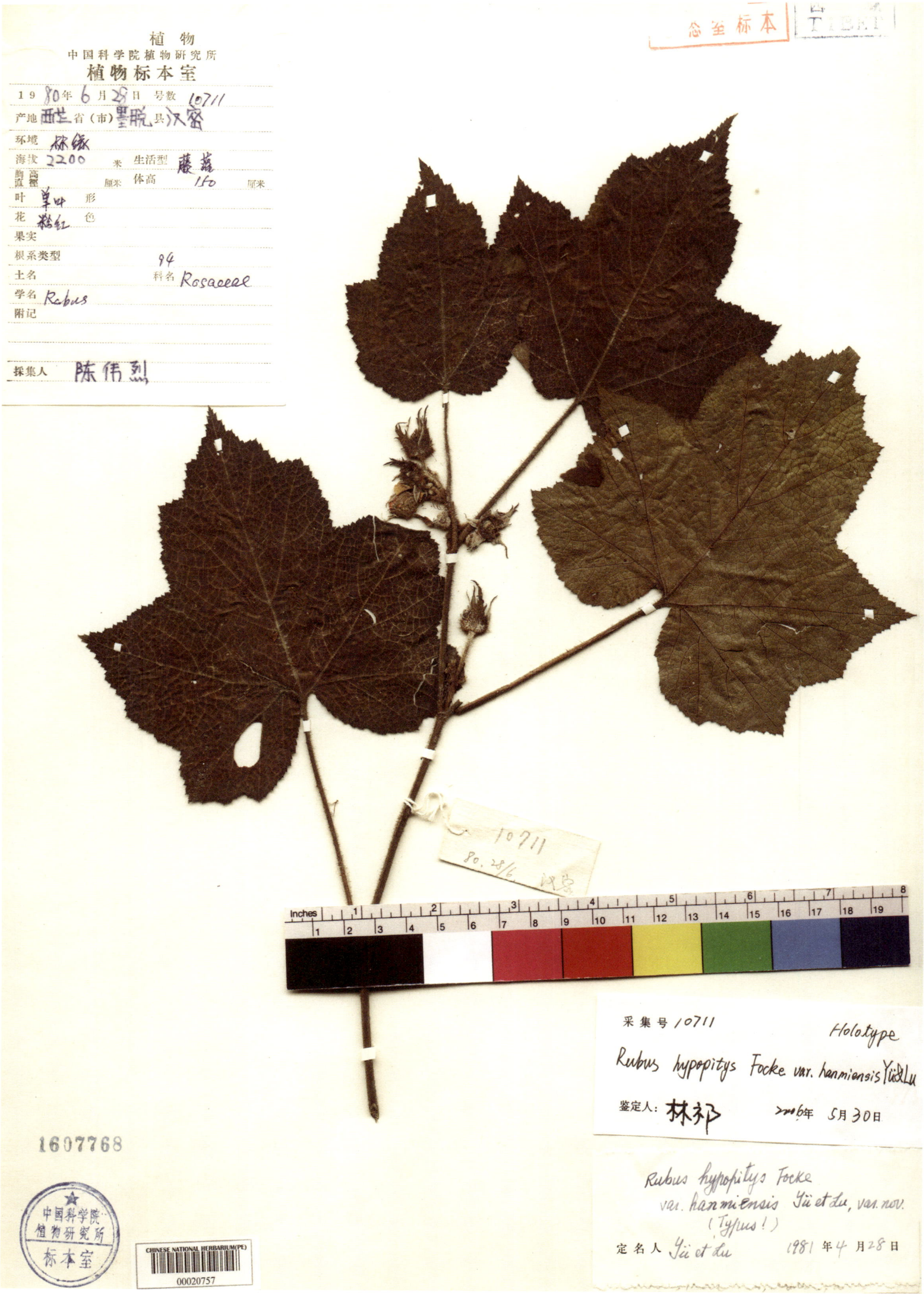

汉密悬钩子 ***Rubus hypopitys*** Focke var. ***hanmiensis*** Yu & L. T. Lu in Acta Phytotax. Sin. 20(4): 458. 1982. **Holotype:** China. Xizang: Mêdog, alt. 2 200 m, 1980-06-28, W. L. Chen 10711.

华北覆盆子 ***Rubus idaeus*** L. var. ***borealisinensis*** Yu & L. T. Lu in Acta Phytotax. Sin. 20(3): 297. 1982. **Holotype:** China. Hebei: Donglingshan, alt. 1 600 m, 1931-06-??, T. Tang 2133.

无毛覆盆子 ***Rubus idaeus*** L. var. ***glabratus*** Yu & L. T. Lu in Acta Phytotax. Sin. 20(3): 297. 1982. **Holotype:** China. Heilongjiang: Qiqihar, 1956-07-25, Sino-Germany Exped. 276.

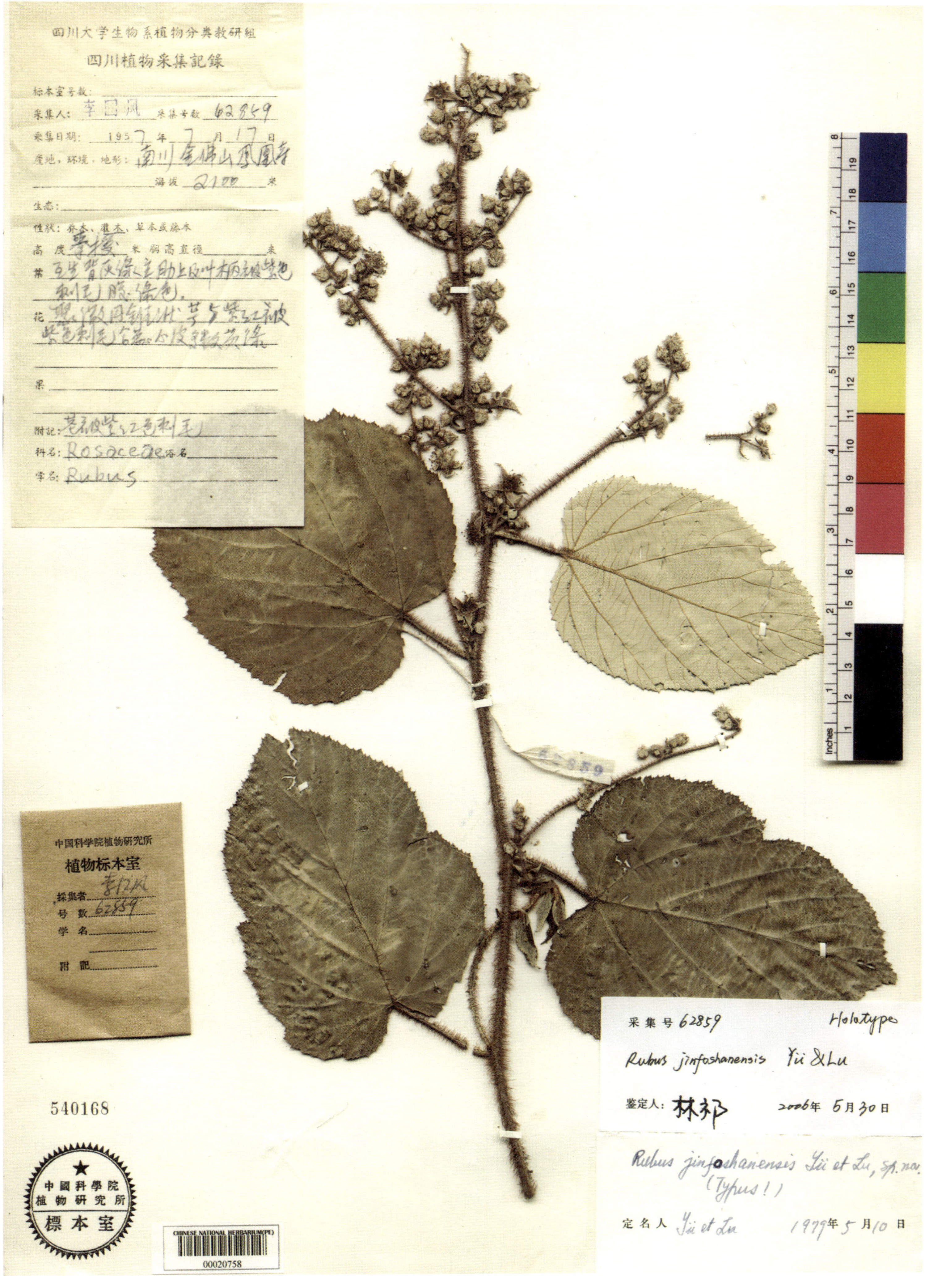

金佛山悬钩子 ***Rubus jinfoshanensis*** Yu & L. T. Lu in Acta Phytotax. Sin. 20(4): 463. 1982. **Holotype:** China. Chongqing: Nanchuan, Jinfoshan, alt. 2 100 m, 1957-07-17, G. F. Li 62859.

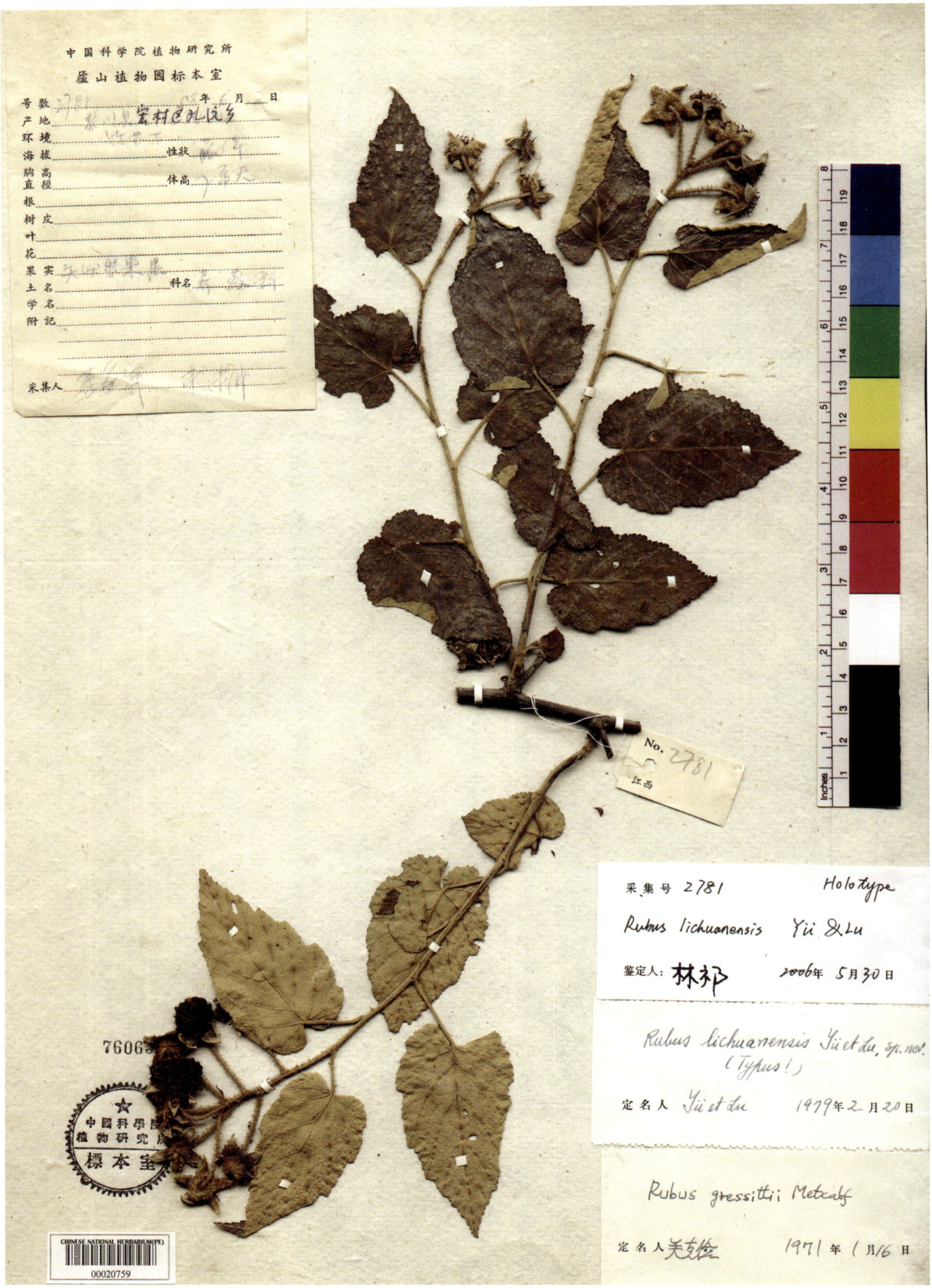

黎川悬钩子 ***Rubus lichuanensis*** Yu & L. T. Lu in Acta Phytotax. Sin. 20(4): 462. 1982. **Holotype:** China. Jiangxi: Lichuan, 1958-06-02, M. X. Nie & S. S. Lai 2781.

光秃绢毛悬钩子 ***Rubus lineatus*** Reinw. var. ***glabrescens*** Yu & L. T. Lu in Acta Phytotax. Sin. 20(3): 307. 1982. **Holotype:** China. Yunnan: Pingbian, alt. 1 900 m, 1954-10-12, K. M. Feng 4960.

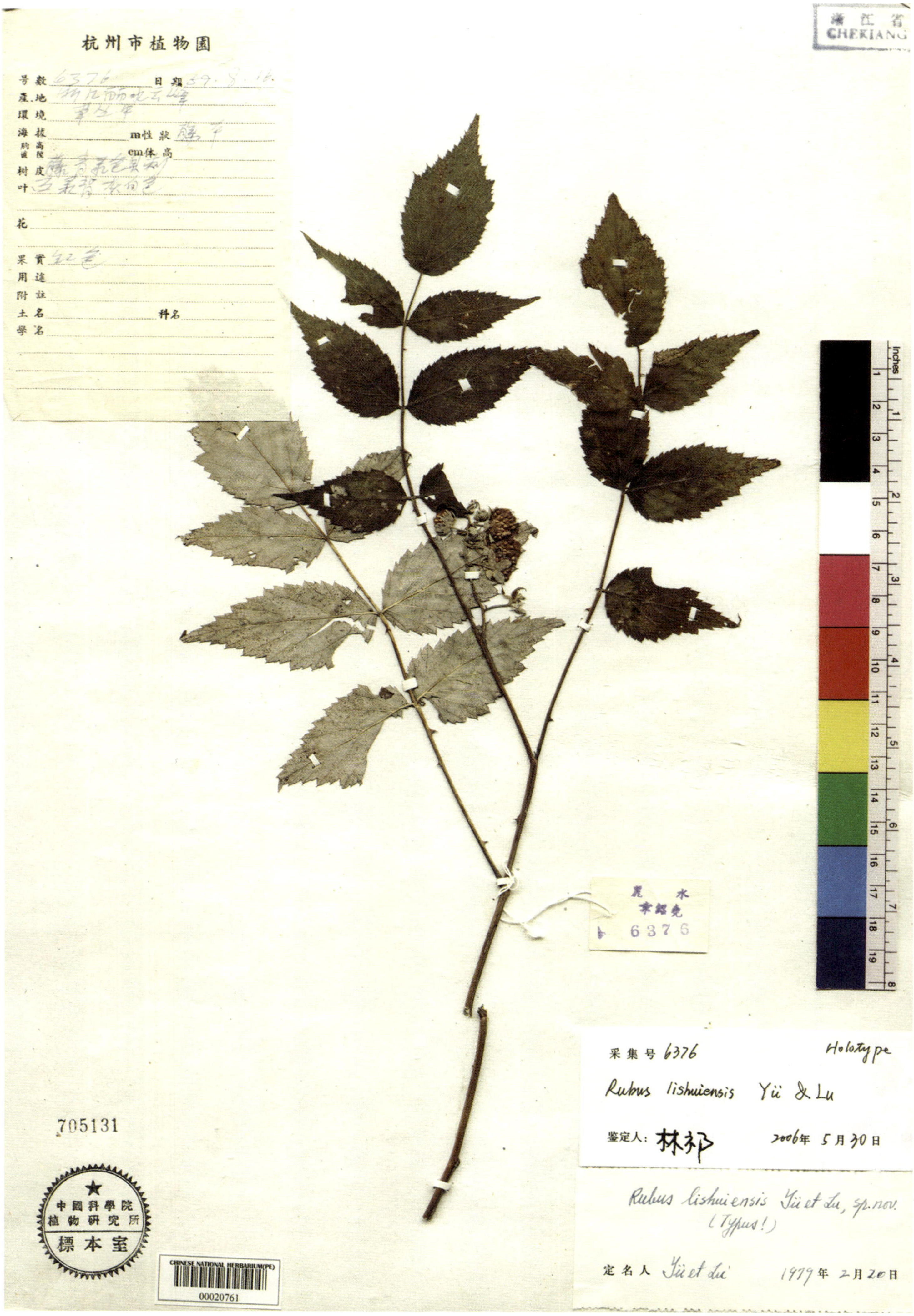

丽水悬钩子 ***Rubus lishuiensis*** Yu & L. T. Lu in Acta Phytotax. Sin. 20(3): 295. 1982. **Holotype:** China. Zhejiang: Lishui, 1959-08-16, S. Y. Chang 6376.

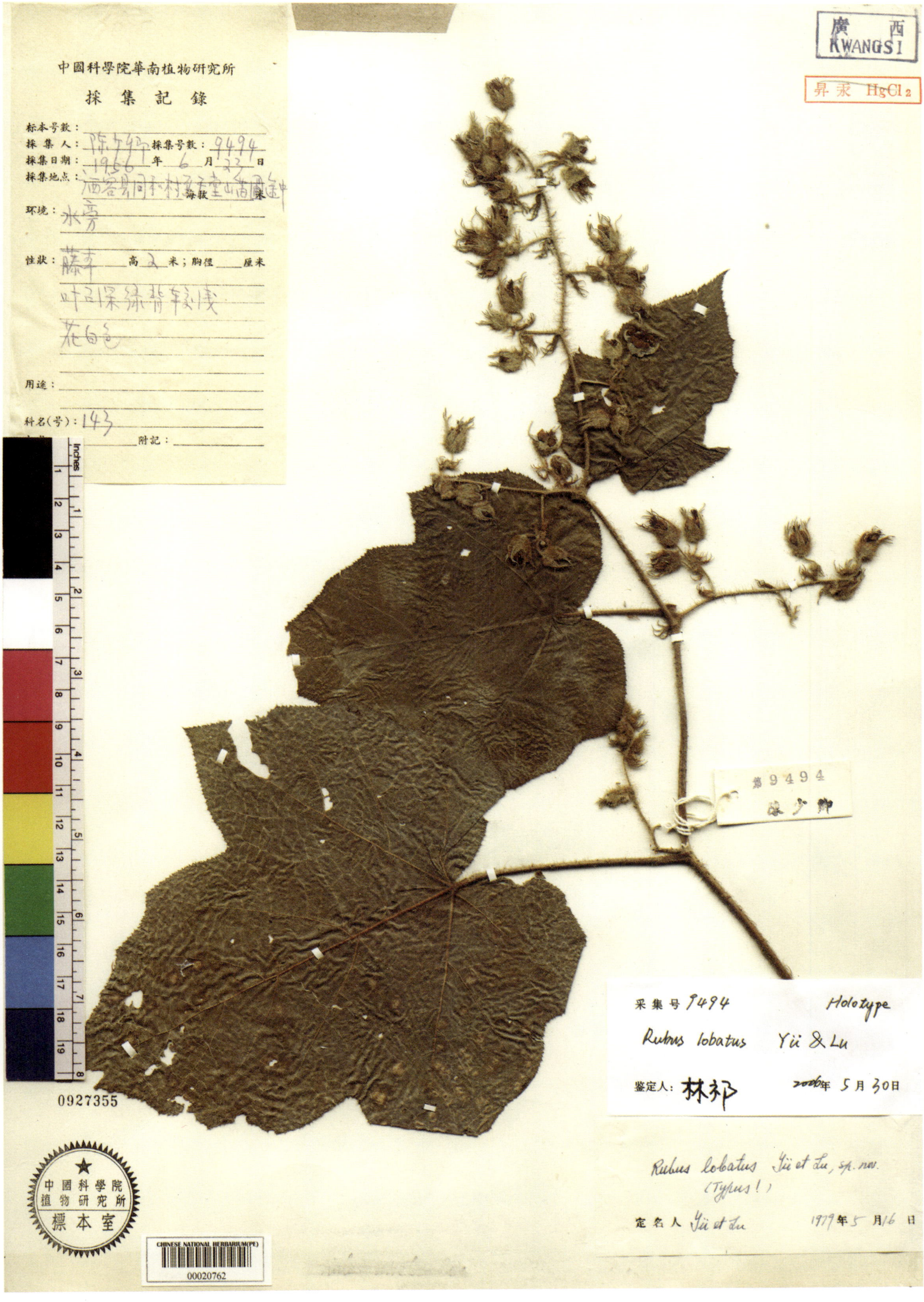

五裂悬钩子 ***Rubus lobatus*** Yu & L. T. Lu in Acta Phytotax. Sin. 20(4): 464, pl. 4: 4. 1982. **Holotype:** China. Guangxi: Rong Xian, 1956-06-23, S. H. Chen 9494.

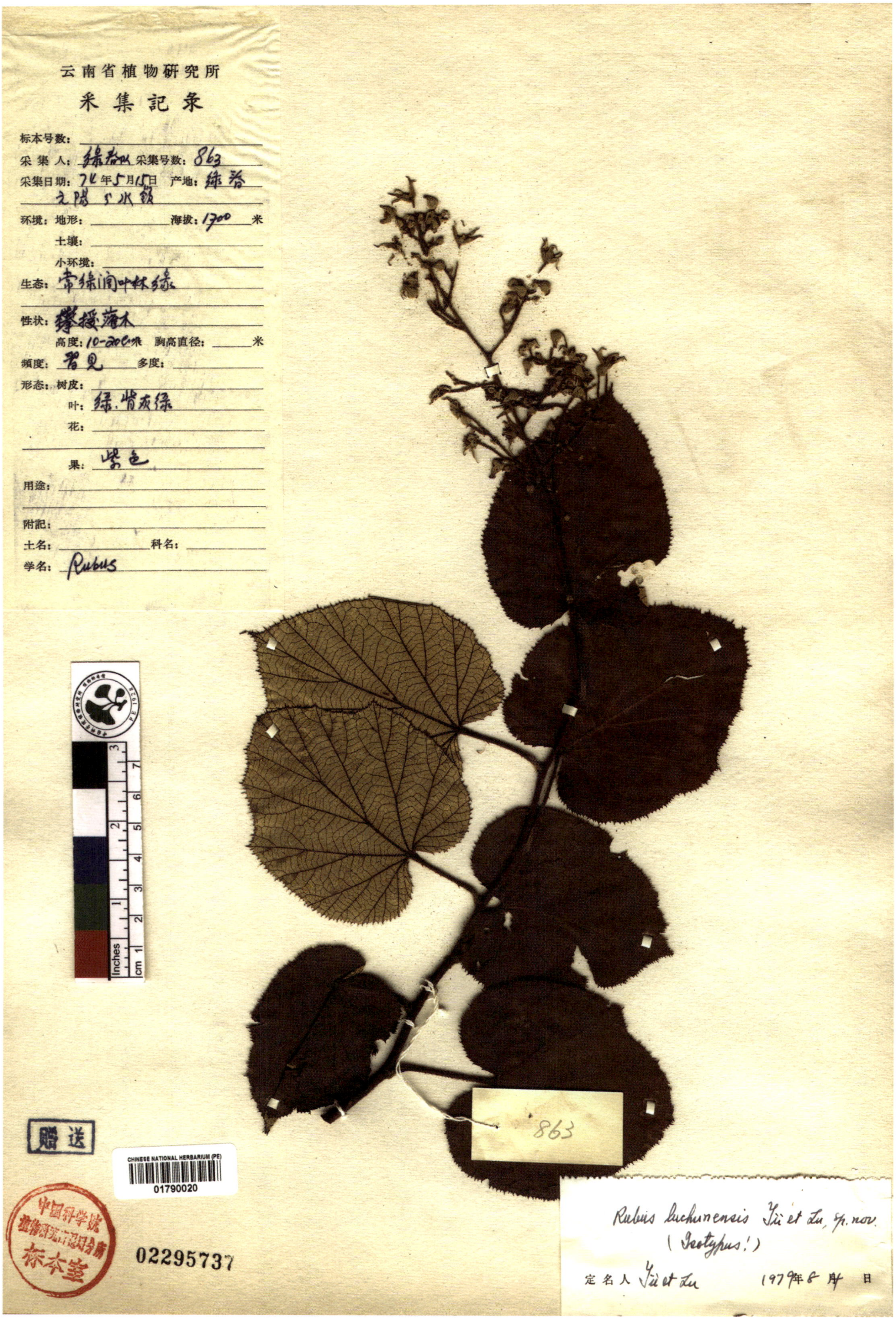

绿春悬钩子 ***Rubus luchunensis*** Yu & L. T. Lu in Acta Phytotax. Sin. 20(4): 456, pl. 3: 2. 1982. **Isotype:** China. Yunnan: Lüchun, alt. 1 700 m, 1974-05-15, Lüchun Exped. 863.

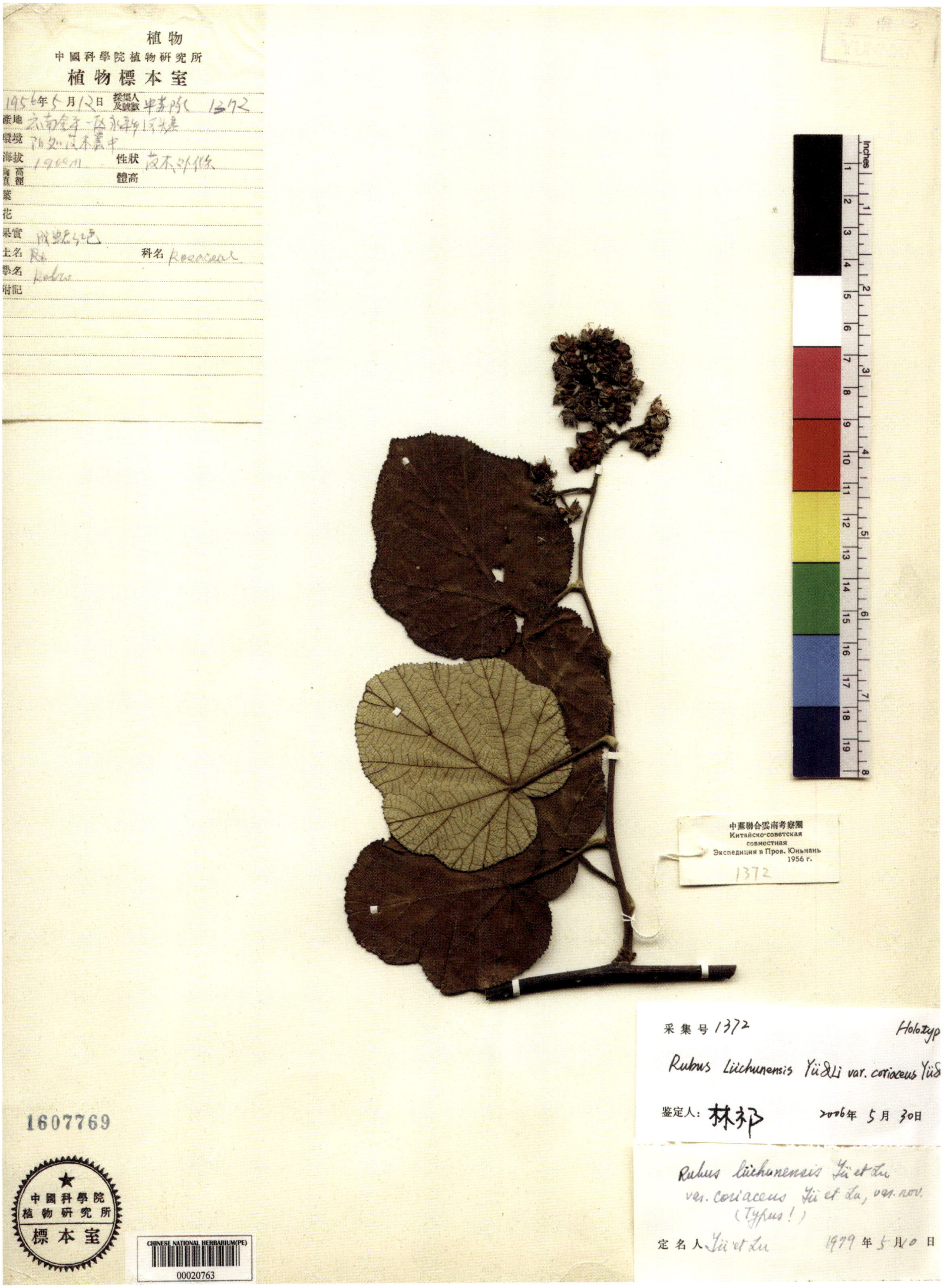

硬叶绿春悬钩子 ***Rubus luchunensis*** Yu & L. T. Lu var. ***coriaceus*** Yu & L. T. Lu in Acta Phytotax. Sin. 20(4): 456. 1982.
Holotype: China. Yunnan: Jinping, alt. 1 900 m, 1956-05-12, Sino-Russia Yunnan Exped. 1372.

长萼棠叶悬钩子 ***Rubus malifolius*** Focke var. ***longisepalus*** Yu & L. T. Lu in Acta Phytotax. Sin. 20(4): 463. 1982. **Holotype:** China. Guangxi: Longsheng, 1958-07-02, Z. Z. Chen 51142.

麻栗坡悬钩子 ***Rubus malipoensis*** Yu & L. T. Lu in Acta Phytotax. Sin. 20(4): 459. 1982. **Holotype:** China. Yunnan: Malipo, alt. 1 300 m, 1940-01-16, C. W. Wang 83915.

楸叶悬钩子 ***Rubus mallotifolius*** C. Y. Wu ex Yu & L. T. Lu in Acta Phytotax. Sin. 20(4): 454, pl. 3: 1. 1982. **Holotype:** China. Yunnan: Pingbian, alt. 1 560 m, 1957-07-16, P. I Mao 2546.

勐腊悬钩子 ***Rubus menglaensis*** Yu & L. T. Lu in Acta Phytotax. Sin. 20(4): 456, pl. 3: 3. 1982. **Isotype:** China. Yunnan: Mengla, alt. 550 m, 1959-10-04, C. J. Pei 59-10665.

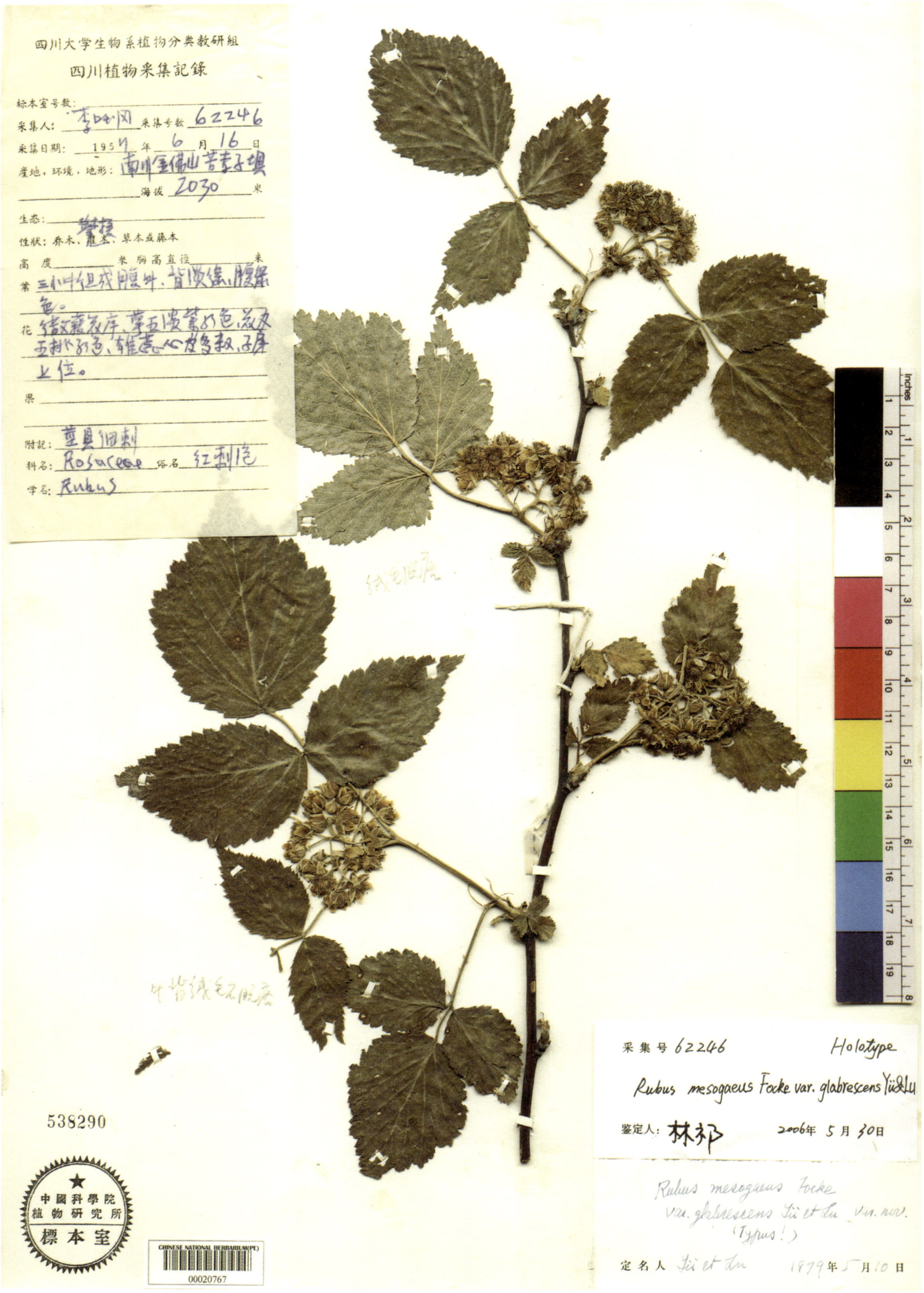

脱毛喜阴悬钩子 ***Rubus mesogaeus*** Focke var. ***glabrescens*** Yu & L. T. Lu in Acta Phytotax. Sin. 20(3): 300. 1982. **Holotype:** China. Chongqing: Nanchuan, Jinfoshan, alt. 2 030 m, 1957-06-16, G. F. Li 62246.

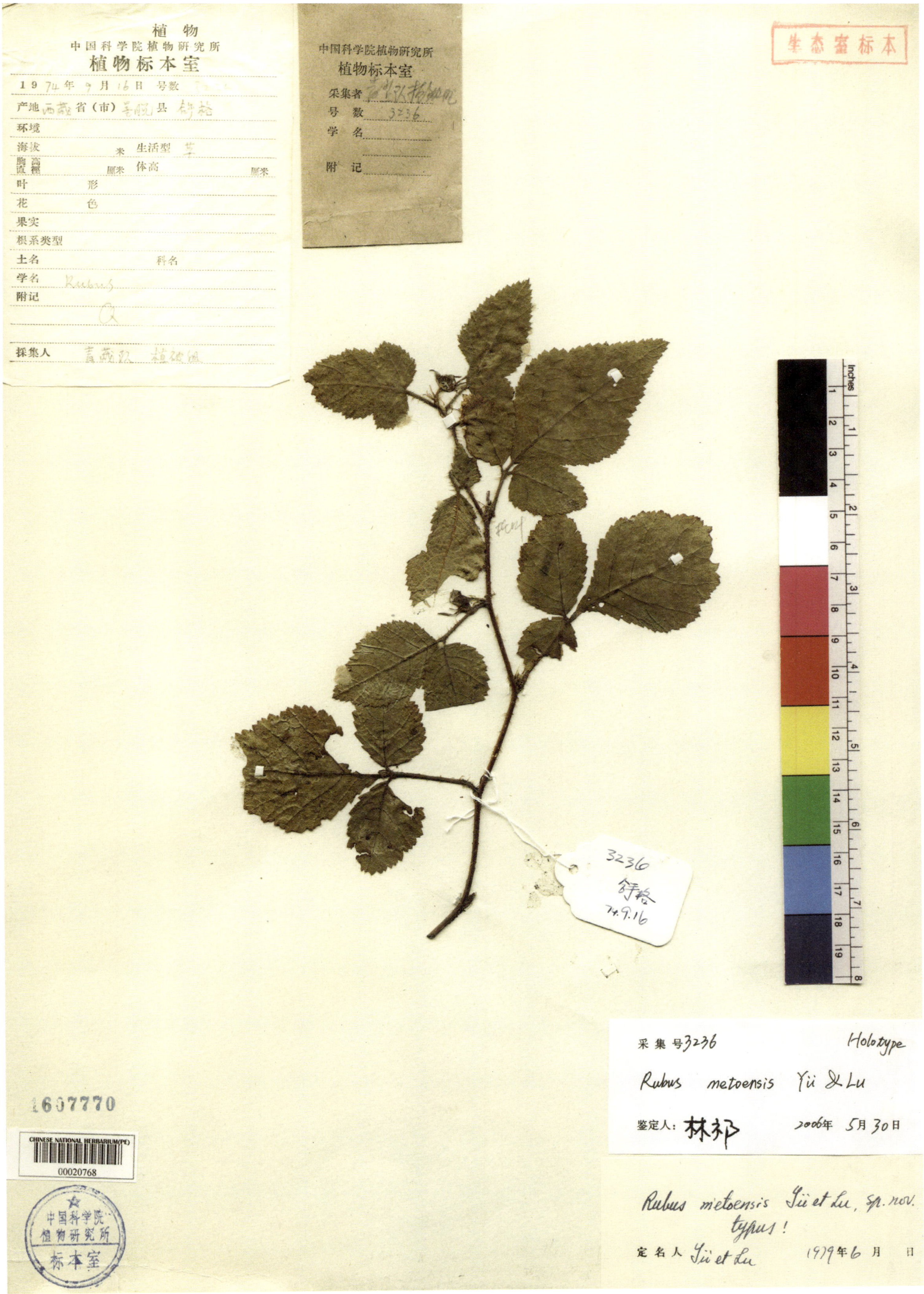

墨脱悬钩子 ***Rubus metoensis*** Yu & L. T. Lu in Acta Phytotax. Sin. 18(4): 498. 1980. **Holotype:** China. Xizang: Mêdog, 1974-09-16, Qinghai-Xizang Veg. Group 3236.

裂萼大乌泡 ***Rubus multibracteatus*** Lévl. & Vant. var. ***lobatisepalus*** Yu & L. T. Lu in Acta Phytotax. Sin. 20(4): 458. 1982.
Isotype: China. Yunnan: Longling, alt. 2 500 m, 1941-08-10, C. W. Wang 90045.

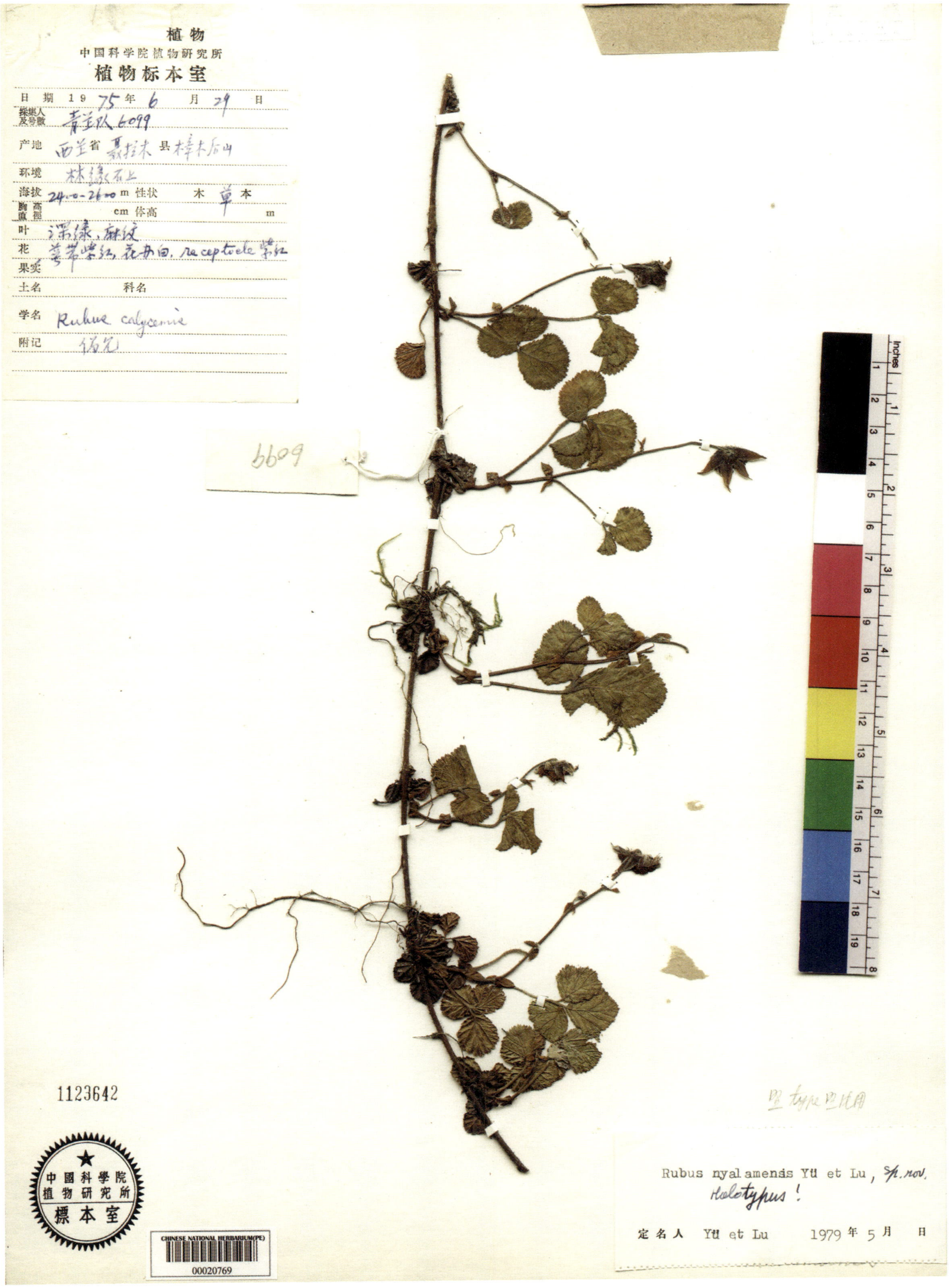

聂拉木悬钩子 ***Rubus nyalamensis*** Yu & L. T. Lu in Acta Phytotax. Sin. 18(4): 499. 1980. **Holotype:** China. Xizang: Nyalam, alt. 2 400~2 600 m, 1975-06-29, Qinghai-Xizang Exped. 6099.

长圆悬钩子 ***Rubus oblongus*** Yu & L. T. Lu in Acta Phytotax. Sin. 20(4): 462. 1982. **Holotype:** China. Guizhou: Nayong, alt. 2 050 m, 1959-07-27, Bijie Exped. 506.

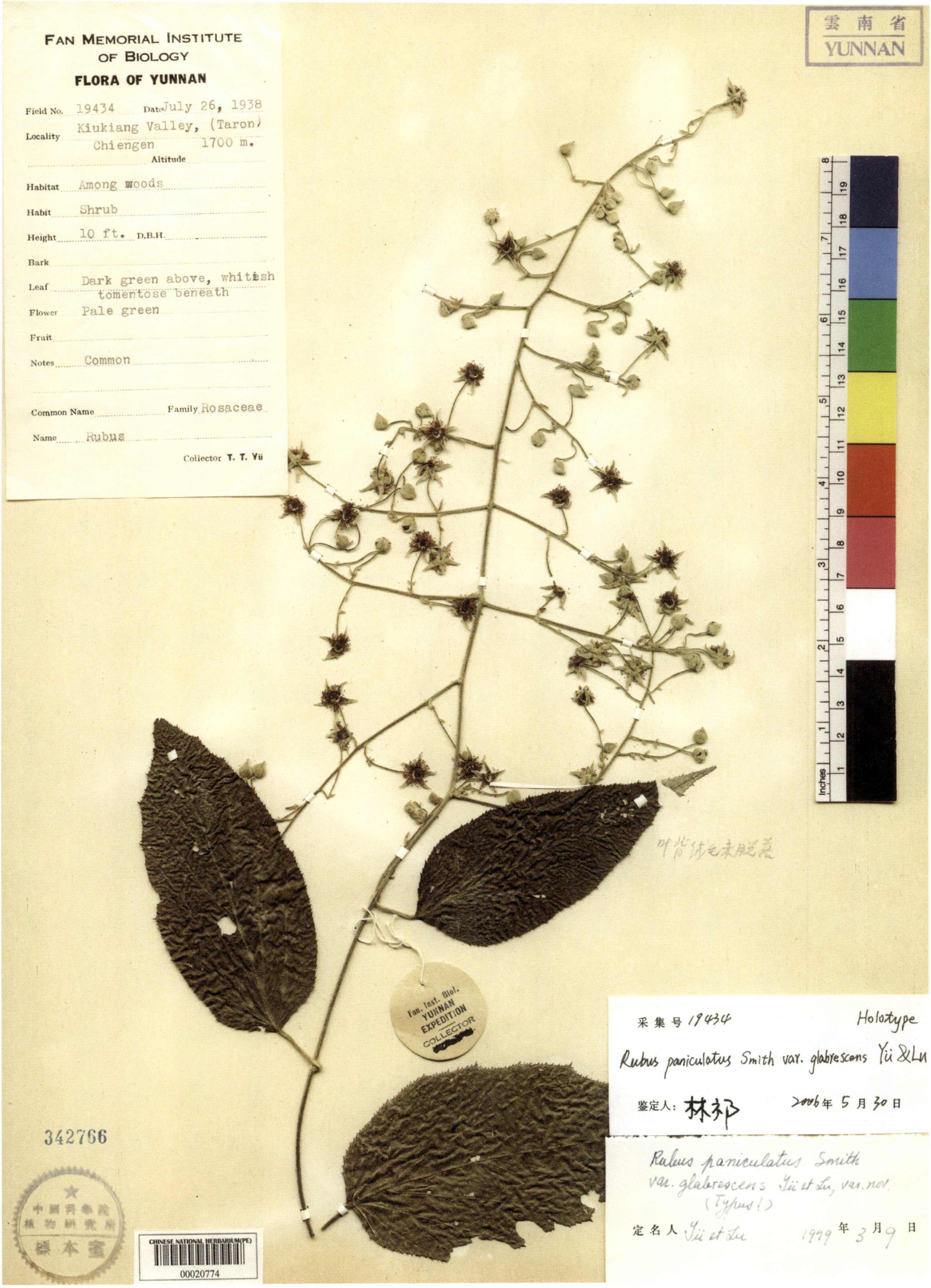

脱毛圆锥悬钩子 ***Rubus paniculatus*** Smith. var. ***glabrescens*** Yu & L. T. Lu in Acta Phytotax. Sin. 20(4): 456. 1982. **Holotype:** China. Yunnan: Gongshan, alt. 1 700 m, 1938-07-26, T. T. Yu 19434.

少齿悬钩子 ***Rubus paucidentatus*** Yu & L. T. Lu in Acta Phytotax. Sin. 20(3): 304. 1982. **Holotype:** China. Guangdong: Yangshan, alt. 1 200 m, 1956-06-04, L. Deng 1266.

广西少齿悬钩子 ***Rubus paucidentatus*** Yu & L. T. Lu var. ***guangxiensis*** Yu & L. T. Lu in Acta Phytotax. Sin. 20(3): 304. 1982. **Isotype:** China. Guangxi: Sile (= Ningming), alt. 800 m, 1944-05-15, S. H. Chun 5110.

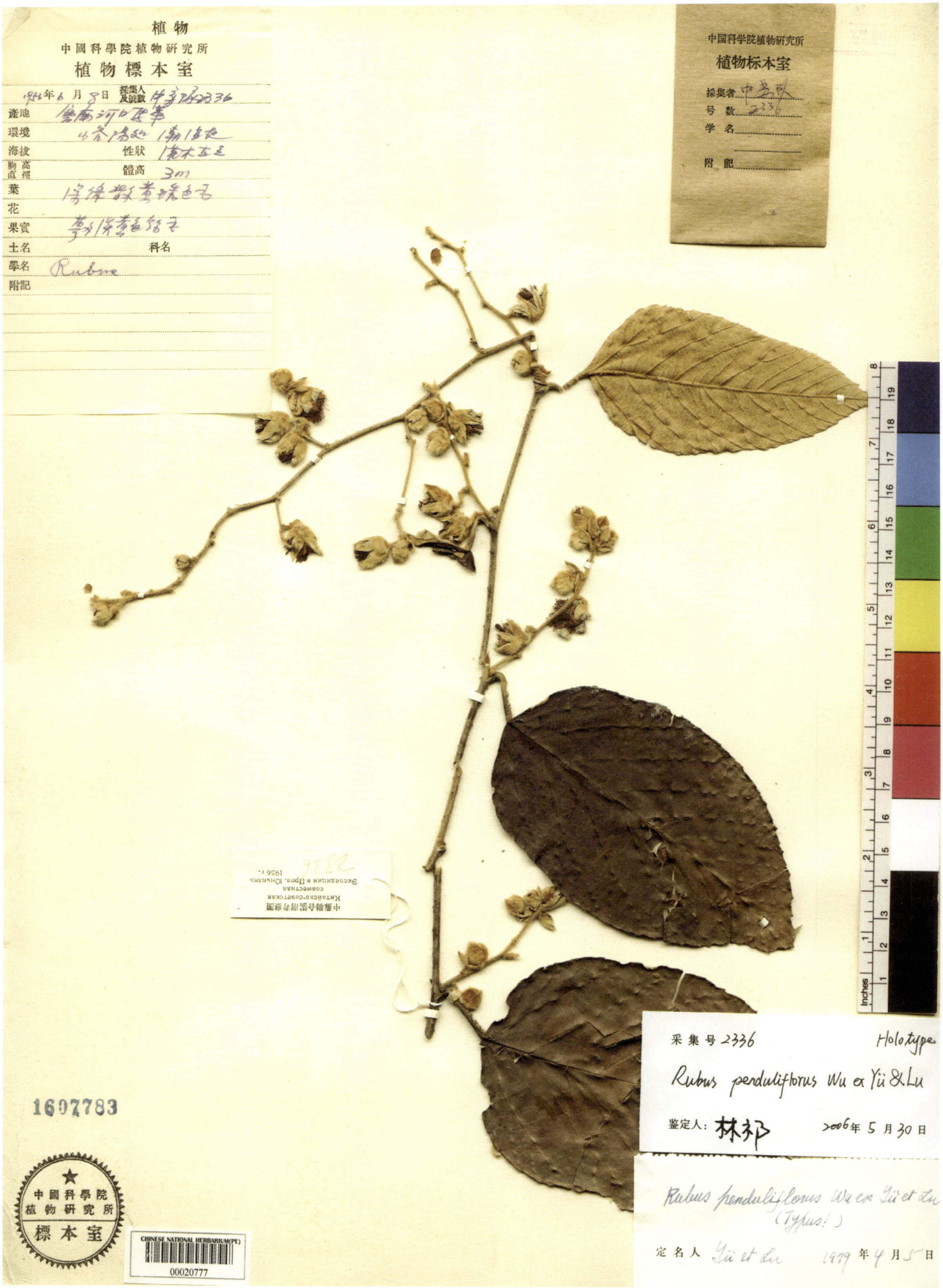

河口悬钩子 ***Rubus penduliflorus*** C. Y. Wu ex Yu & L. T. Lu in Acta Phytotax. Sin. 20(4): 458. 1982. **Holotype:** Yunnan: Hekou, 1956-06-08, Sino-Russia Yunnan Exped. 2336.

无腺掌叶悬钩子 ***Rubus pentagonus*** Wall. ex Focke var. ***eglandulosus*** Yu & L. T. Lu in Acta Phytotax. Sin. 20(3): 306. 1982. **Holotype:** China. Xizang: Mêdog, alt. 2 000 m, 1980-08-10, Plateau Group 14142.

长萼掌叶悬钩子 ***Rubus pentagonus*** Wall. ex Focke var. ***longisepalus*** Yu & L. T. Lu in Acta Phytotax. Sin. 20(3): 305. 1982. **Holotype:** China. Yunnan: Pingbian, alt. 1 500 m, 1934-07-12, H. T. Tsai 62571.

密腺羽萼悬钩子 ***Rubus pinnatisepalus*** Hemsl. var. ***glandulosus*** Yu & L. T. Lu in Acta Phytotax. Sin. 20(4) : 458. 1982. **Holotype:** China. Chongqing: Nanchuan, Jinfoshan, alt. 2 100 m, 1957-06-16, G. F. Li 62230.

心状梨叶悬钩子 ***Rubus pirifolius*** Smith var. ***cordatus*** Yu & L. T. Lu in Acta Phytotax. Sin. 20(3): 308. 1982. **Holotype:** China. Yunnan: Pingbian, alt. 1 500 m, 1934-07-15, H. T. Tsai 62651.

西盟悬钩子 ***Rubus poliophyllus*** Ktze. var. ***ximengensis*** Y. Y. Qian in Acta Phytotax. Sin. 39(5): 466. 2001. **Holotype:** China. Yunnan: Ximeng, alt. 1 200 m, 1987-04-07, Y. Y. Qian 1350.

光梗假帽莓 ***Rubus pseudopileatus*** Card. var. ***glabratus*** Yu & L. T. Lu in Acta Phytotax. Sin. 20(3): 298. 1982. **Holotype:** China. Sichuan: Baoxing, 1954-??-??, T. P. Soong 38518.

康定假帽莓 ***Rubus pseudopileatus*** Card. var. ***kangdingensis*** Yu & L. T. Lu in Acta Phytotax. Sin. 20(3): 299. 1982. **Holotype:** China. Sichuan: Kangding, 1930-08-08, Z. P. Huang & al. 1697.

无毛悬钩子 ***Rubus ptilocarpus*** Yu & L. T. Lu in Acta Phytotax. Sin. 20(3): 301. 1982. **Holotype:** China. Sichuan: Precise locality not known, Zhegushan, alt. 3 650 m, 1957-09-02, H. Li 74365.

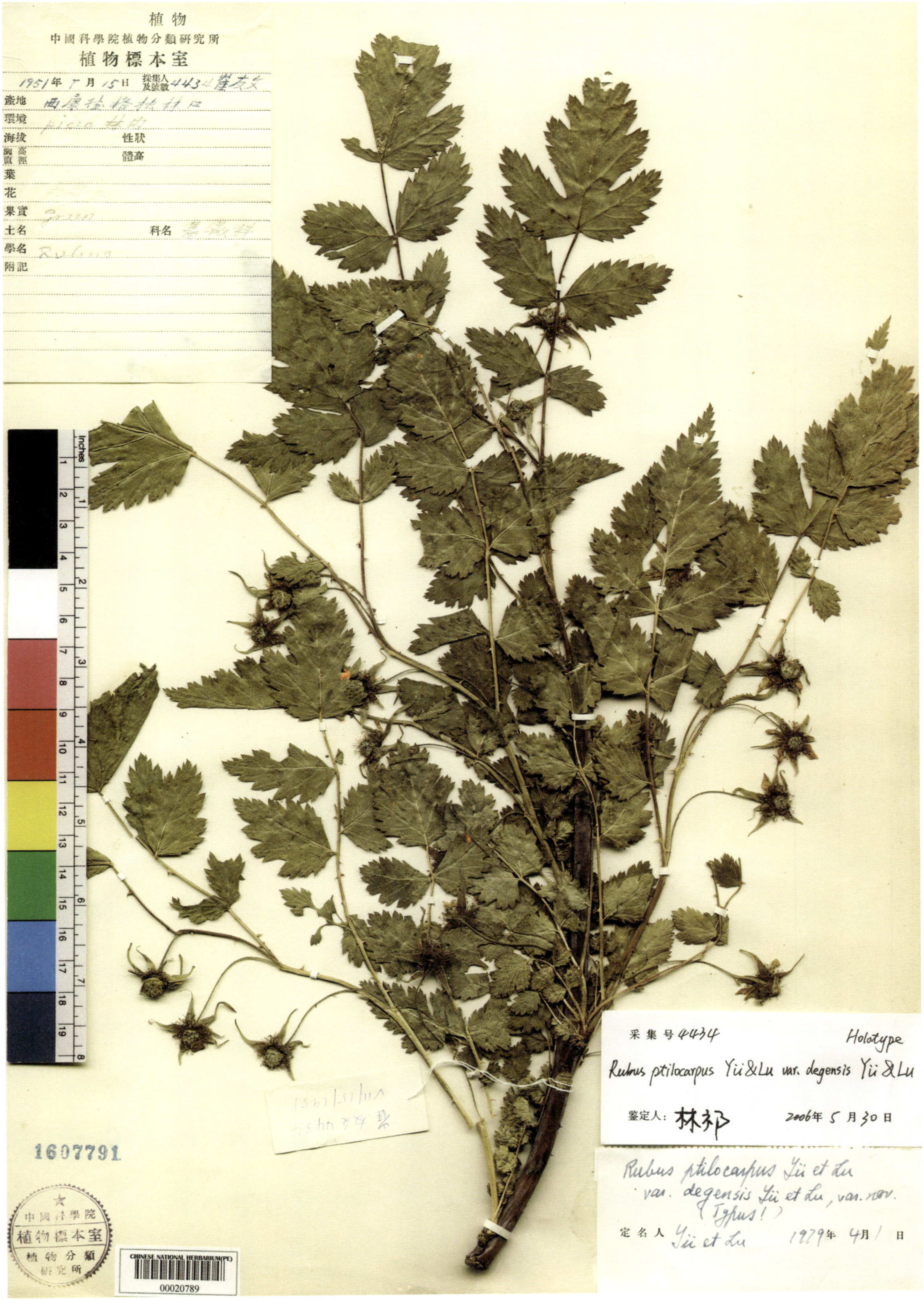

长萼毛果悬钩子 ***Rubus ptilocarpus*** Yu & L. T. Lu var. ***degensis*** Yu & L. T. Lu in Acta Phytotax. Sin. 20(3): 302. 1982. **Holotype:** China. Sichuan: Dêgê, 1951-07-15, Y. W. Tsui 4434.

柔毛悬钩子 ***Rubus pubifolius*** Yu & L. T. Lu in Acta Phytotax. Sin. 18(4): 498. 1980. **Holotype:** China. Xizang: Gongbo'gyamda, alt. 4 200 m, 1975-08-06, C. Y. Wu & al. 75-1185.

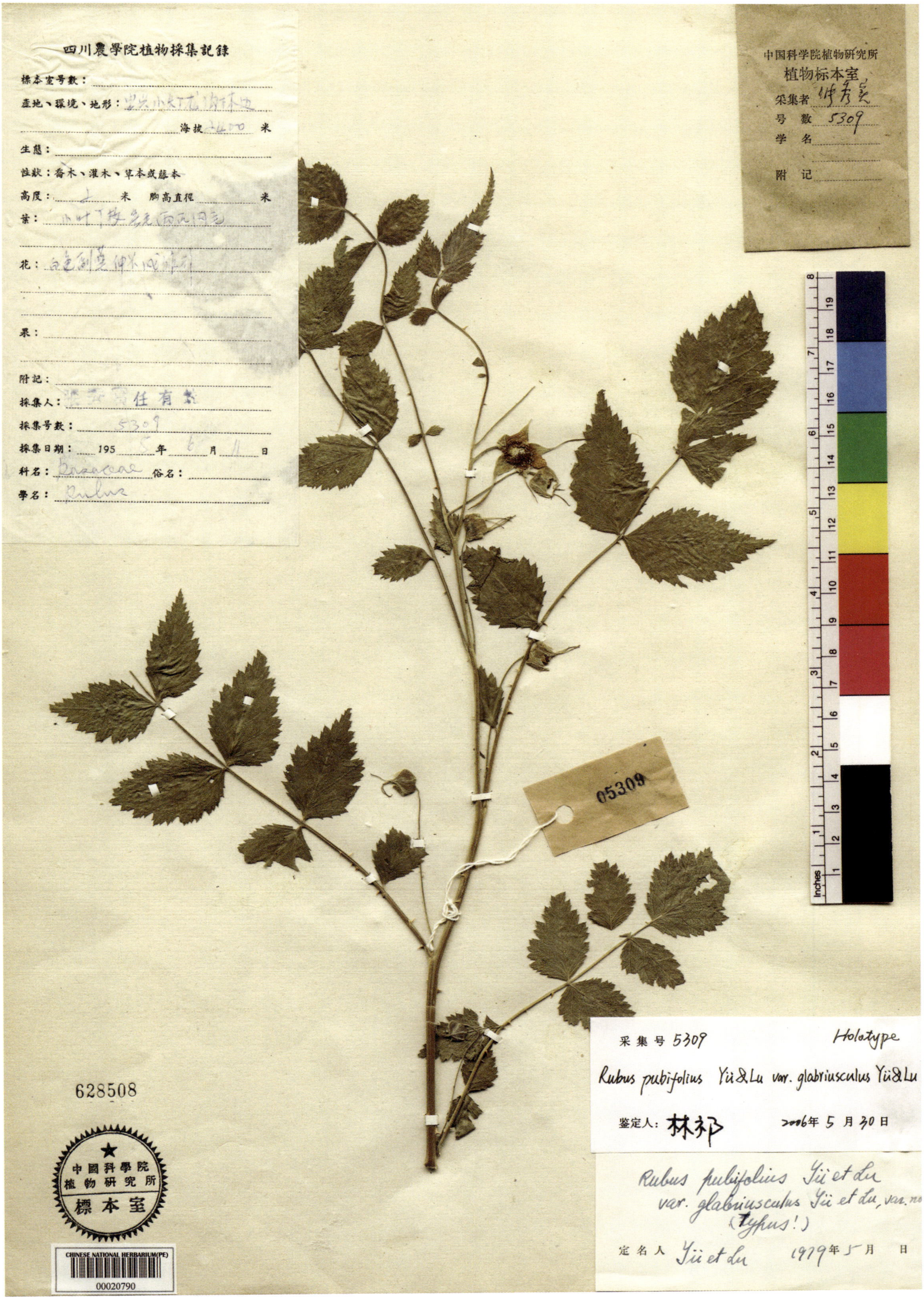

川西柔毛悬钩子 ***Rubus pubifolius*** Yu & L. T. Lu var. ***glabriusculus*** Yu & L. T. Lu in Acta Phytotax. Sin. 20(3): 299. 1982.
Holotype: China. Sichuan: Baoxing, alt. 2 400 m, 1958-06-11, S. S. Chang & al. 5309.

线萼针刺悬钩子 ***Rubus pungens*** Camb. var. ***linearisepalus*** Yu & L. T. Lu in Acta Phytotax. Sin. 20(3): 302. 1982. **Holotype:** China. Yunnan: Weixi, alt. 3 200 m, 1940-07-16, K. M. Feng 4639.

五叶悬钩子 ***Rubus quinquefoliolatus*** Yu & L. T. Lu in Acta Phytotax. Sin. 20(3): 306, pl. 2: 1. 1982. **Holotype:** China. Yunnan: Jinping, 1956-05-13, Sino-Russia Yunnan Exped. 1437.

饶平悬钩子 ***Rubus raopingensis*** Yu & L. T. Lu in Acta Phytotax. Sin. 20(3): 309. pl. 2: 3. 1982. **Holotype:** China. Guangdong: Raoping, Fenghuangshan, alt. 500 m, 1957-05-28, X. G. Li 200813.

钝齿悬钩子 ***Rubus raopingensis*** Yu & L. T. Lu var. ***obtusidentatus*** Yu & L. T. Lu in Acta Phytotax. Sin. 20(3): 310. 1982. **Holotype:** China. Fujian: Nanjing, alt. 660 m, 1963-08-02, Xiamen Univ. Exped. 461.

大叶锈毛莓 ***Rubus reflexus*** Ker var. ***macrophyllus*** Yu & L. T. Lu in Acta Phytotax. Sin. 20(4): 460. 1982. **Holotype:** China. Yunnan: Pingbian, alt. 1 300 m, 1934-07-14, H. T. Tsai 60866.

长梗棕红悬钩子 ***Rubus rufus*** Focke var. ***longipedicellatus*** Yu & L. T. Lu in Acta Phytotax. Sin. 20(4): 457. 1982. **Holotype:** China. Yunnan: Shang-pa (=Fugong), alt. 2 800 m, 1934-10-20, H. T. Tsai 58804.

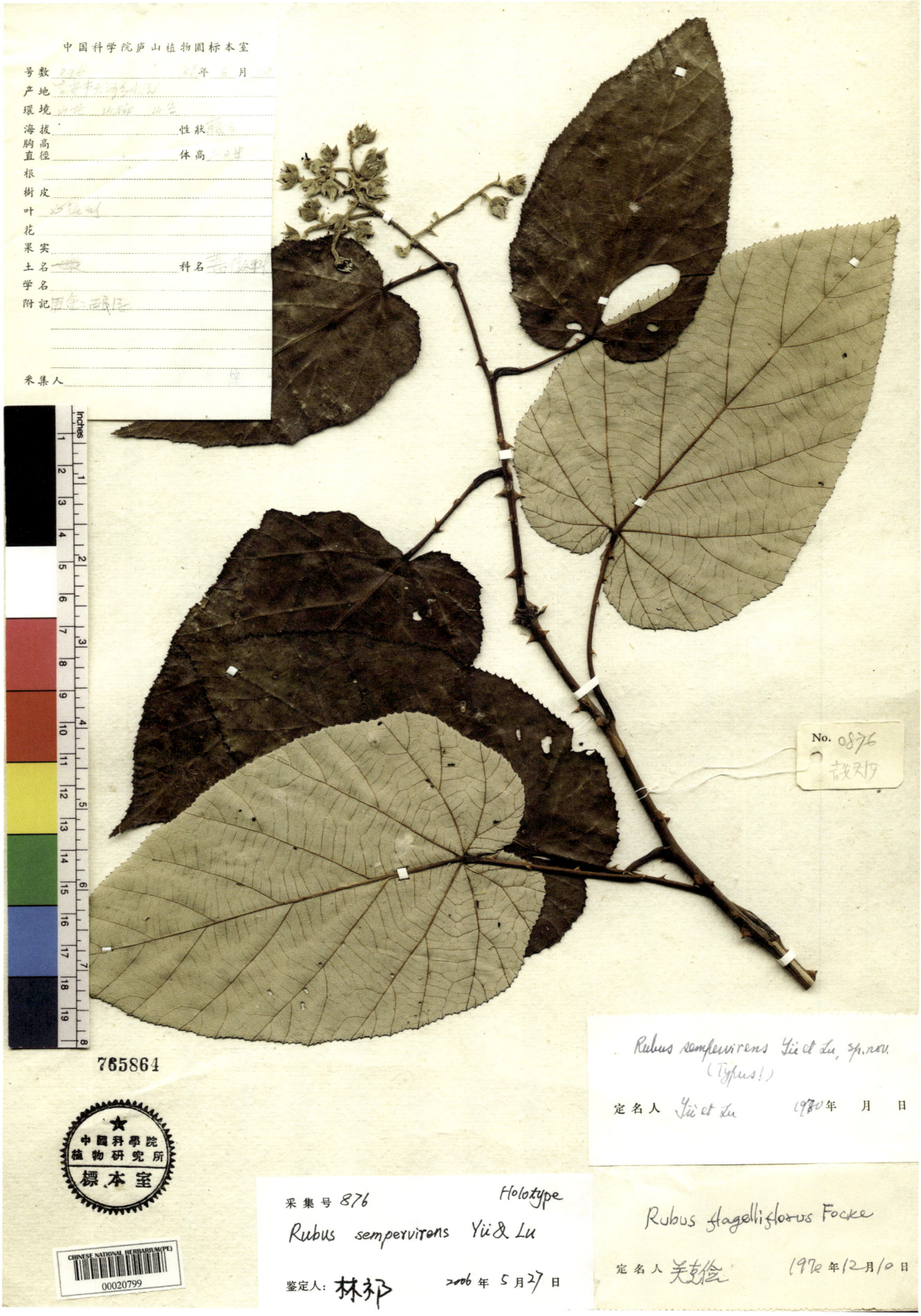

常绿悬钩子 ***Rubus sempervirens*** Yu & L. T. Lu in Acta Phytotax. Sin. 20(4): 455. 1982. **Holotype:** China. Jiangxi: Ji'an, 1959-06-12, S. S. Lai 876.

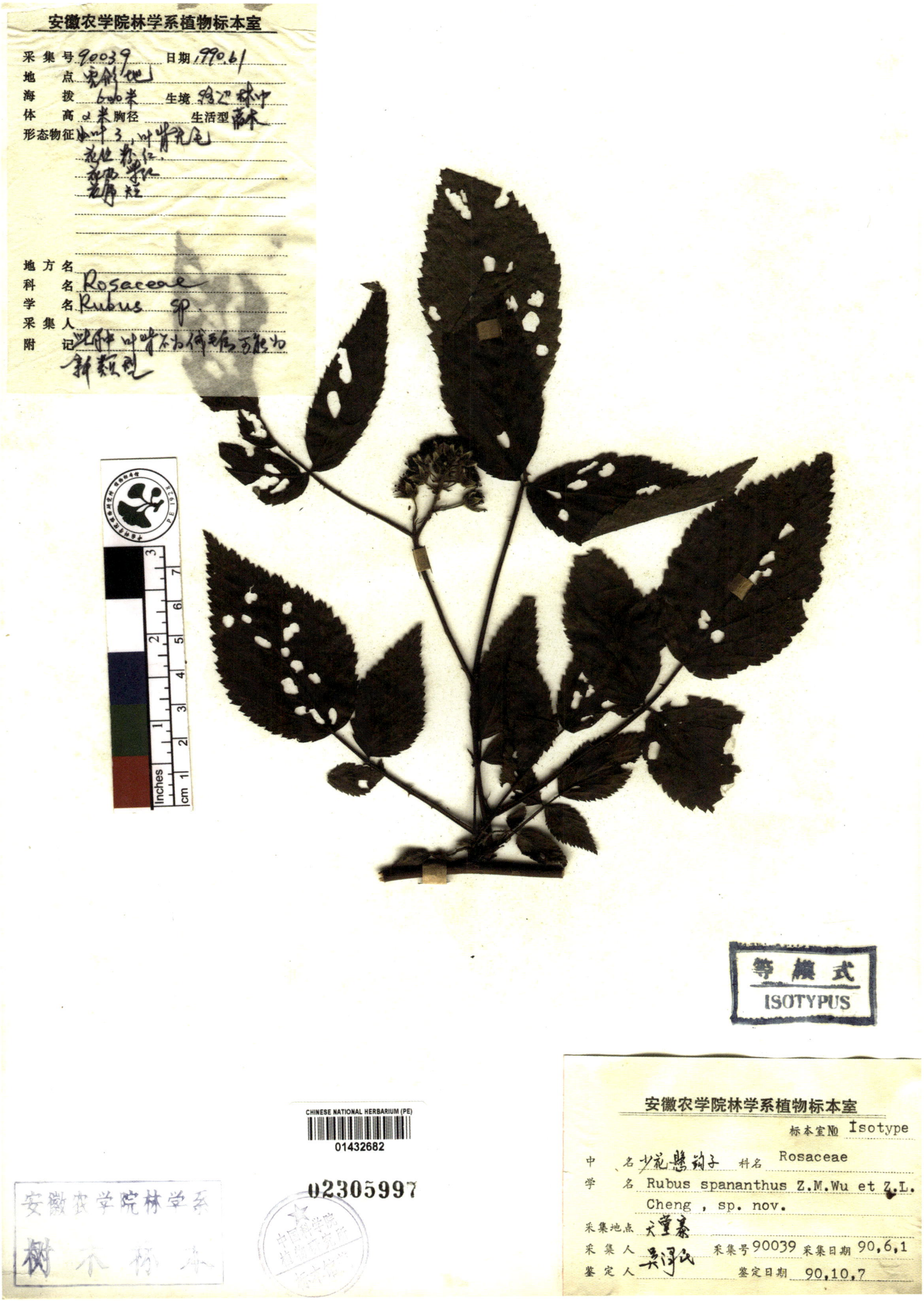

少花悬钩子 ***Rubus spananthus*** Z. M. Wu & Z. L. Cheng in Bull. Bot. Res., Harbin. 11(4): 53, f. 1. 1991. **Isotype:** China. Anhui: Dabieshan, alt. 600 m, 1990-06-01, Z. M. Wu & Z. L. Cheng 90039.

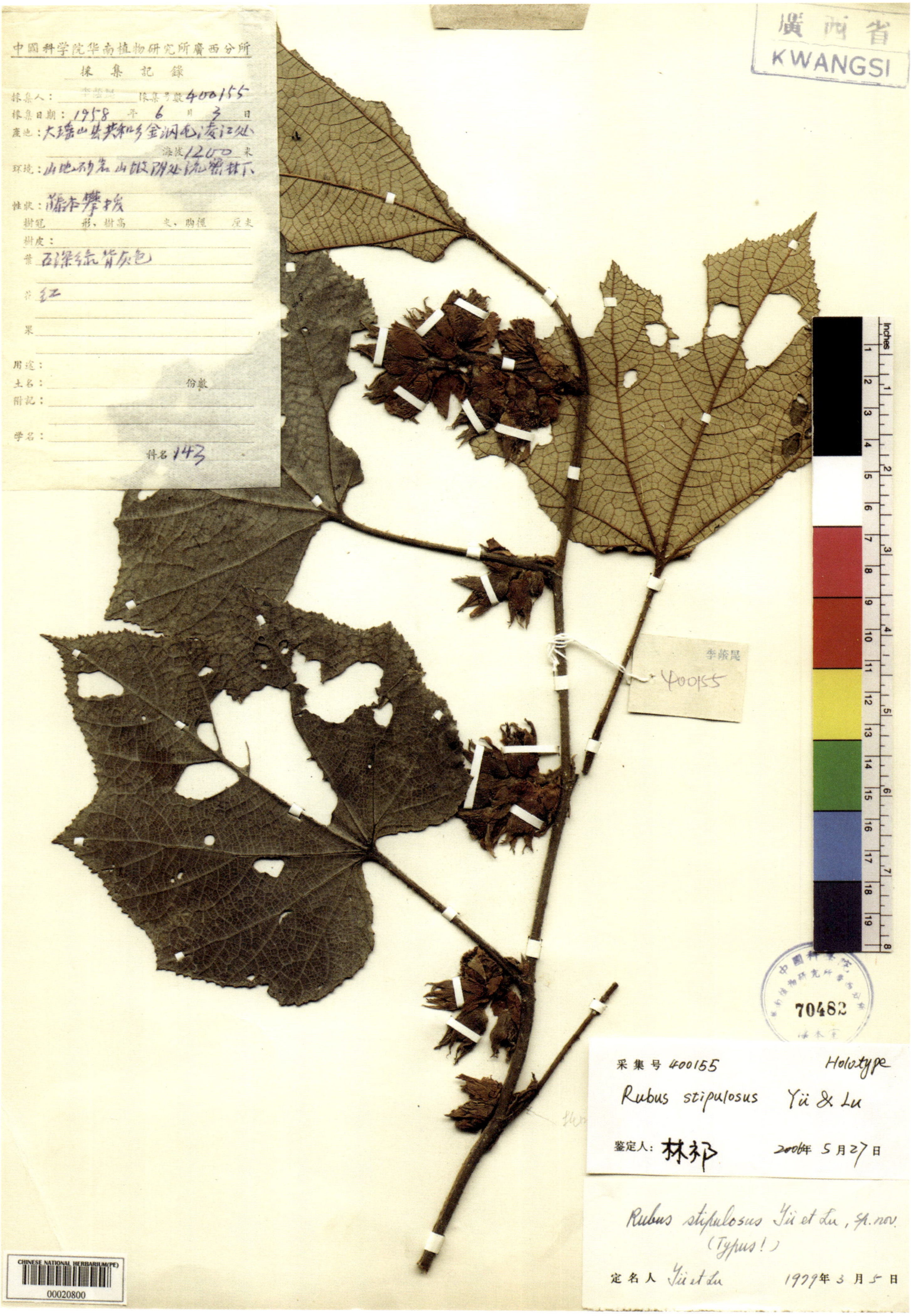

巨托悬钩子 ***Rubus stipulosus*** Yu & L. T. Lu in Acta Phytotax. Sin. 20(4): 460. 1982. **Holotype:** China. Guangxi: Dayaoshan (= Jinxiu), alt. 1 200 m, 1958-06-03, Y. K. Li 400155.

柱序悬钩子 ***Rubus subcoreanus*** Yu & L. T. Lu in Acta Phytotax. Sin. 20(3): 302. pl. 1: 3. 1982. **Holotype:** China. Shaanxi: Zhenba, alt. 1 360 m, 1960-05-19, Bashan Exped. 186.

紫红悬钩子 ***Rubus subinopertus*** Yu & L. T. Lu in Acta Phytotax. Sin. 18(4): 497. 1980. **Holotype:** China. Xizang: Mêdog, alt. 2 100 m, 1974-08-04, Qinghai-Xizang Exped. 74-4042.

腺毛密刺悬钩子 ***Rubus subtibetanus*** Hand.-Mazz. var. ***glandulosus*** Yu & L. T. Lu in Acta Phytotax. Sin. 20(3): 300. 1982. **Holotype:** China. Sichuan: Baoxing, 1954-??-??, T. P. Soong 38284.

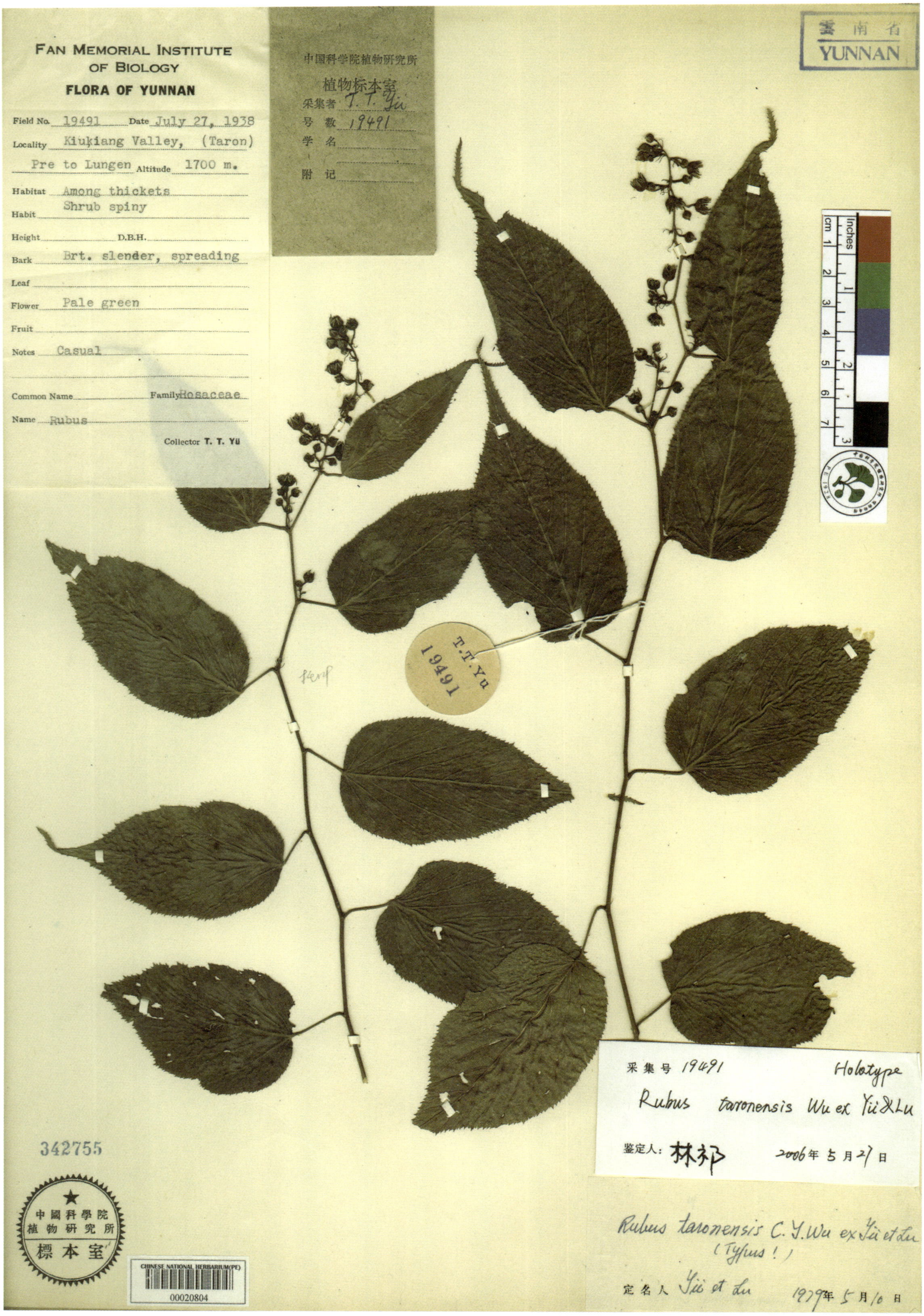

独龙悬钩子 ***Rubus taronensis*** C. Y. Wu ex Yu & L. T. Lu in Acta Phytotax. Sin. 20(3): 308. 1982. **Holotype:** China. Yunnan: Gongshan, alt. 1 700 m, 1938-07-27, T. T. Yu 19491.

截叶悬钩子 ***Rubus tinifolius*** C. Y. Wu ex Yu & L. T. Lu in Acta Phytotax. Sin. 20(4): 454. 1982. **Holotype:** China. Yunnan: Pingbian, alt. 1 400 m, 1934-06-29, H. T. Tsai 60509.

苍溪悬钩子 ***Rubus tsanghsiensis*** K. S. Hao in Engler, Bot. Jahrb. 73: 609. 1938. **Isotype:** China. Sichuan: Tsangsihsien (=Cangxi), alt. 500 m, 1930-05-22, K. S. Hao 235.

光滑悬钩子 ***Rubus tsangii*** Merr in Lingnan Sci. Journ. 13(1): 28. 1934. **Isotype:** China. Guangdong: Zengcheng, Nankunshan, 1932-04-15, W. T. Tsang 20246.

瓦屋山悬钩子 ***Rubus wawushanensis*** Yu & L. T. Lu in Acta Phytotax. Sin. 20(3): 298, pl. 1: 2. 1982. **Holotype:** China. Sichuan: Hongya, Wawushan 1931-07-16, T. H. Tu 276.

务川悬钩子 ***Rubus wuchuanensis*** S. Z. He in Acta Phytotax. Sin. 44(3): 345, f. 1. 2006. **Isotype:** China. Guizhou: Wuchuan, Juzishan, alt. 800 m, 2004-05-03, S. Z. He & al. 0405034.

巫山悬钩子 ***Rubus wushanensis*** Yu & L. T. Lu in Acta Phytotax. Sin. 20(3): 305. 1982. **Holotype:** China. Chongqing: Wushan, alt. 2 000 m, 1958-07-26, G. H. Yang 59052.

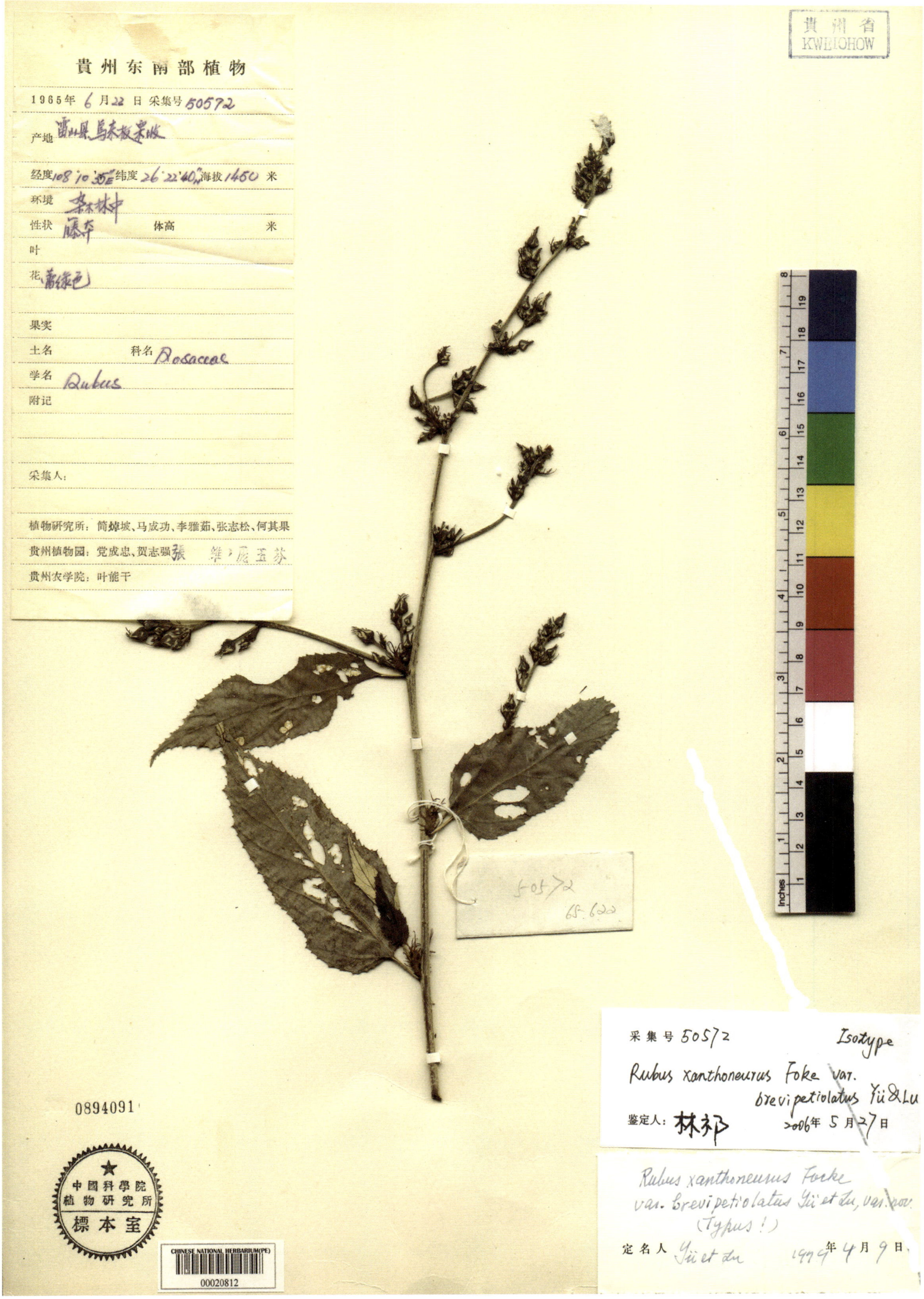

短柄黄脉莓 ***Rubus xanthoneurus*** Focke var. ***brevipetiolatus*** Yu & L. T. Lu in Acta Phytotax. Sin. 20(4): 455. 1982.
Isotype: China. Guizhou: Leishan, alt. 1 450 m, 1965-06-22, C. P. Tsien & al. 50572.

腺毛黄脉莓 ***Rubus xanthoneurus*** Focke var. ***glandulosus*** Yu & L. T. Lu in Acta Phytotax. Sin. 20(4): 455. 1982. **Holotype:** China. Guangxi: Damiaoshan (=Rongshui), alt. 840~920 m, 1958-06-12, S. H. Chun 14447.

草果山悬钩子 ***Rubus zhaogoshanensis*** Yu & L. T. Lu in Acta Phytotax. Sin. 20(3): 303, pl. 1: 4. 1982. **Isotype:** China. Yunnan: Xichou, alt. 1 600 m, 1964-05-03, S. Z. Wang 0026.

宽蕊地榆 ***Sanguisorba applanata*** Yu & C. L. Li in Acta Phytotax. Sin. 17(1): 11, pl. 1: 2. 1979. **Holotype:** China. Shandong: Mouping, Kunyushan, alt. 100 m, 1957-10-12, K. M. Liou 301.

疏花地榆 ***Sanguisorba dissita*** Yu & C. L. Li in Acta Phytotax. Sin. 17(1): 12, pl. 1: 3. 1979. **Holotype:** China. Xizang: Yadong, alt. 3 200 m, 1960-07-24, G. X. Fu 402.

隐瓣山莓草 ***Sibbaldia aphanopetala*** Hand.-Mazz. in Acta Horti Gotob. 13: 327. 1939. **Isotype:** China. Sichuan: Kangding, alt. 3 500 m, 1934-07-24, H. Smith 10625.

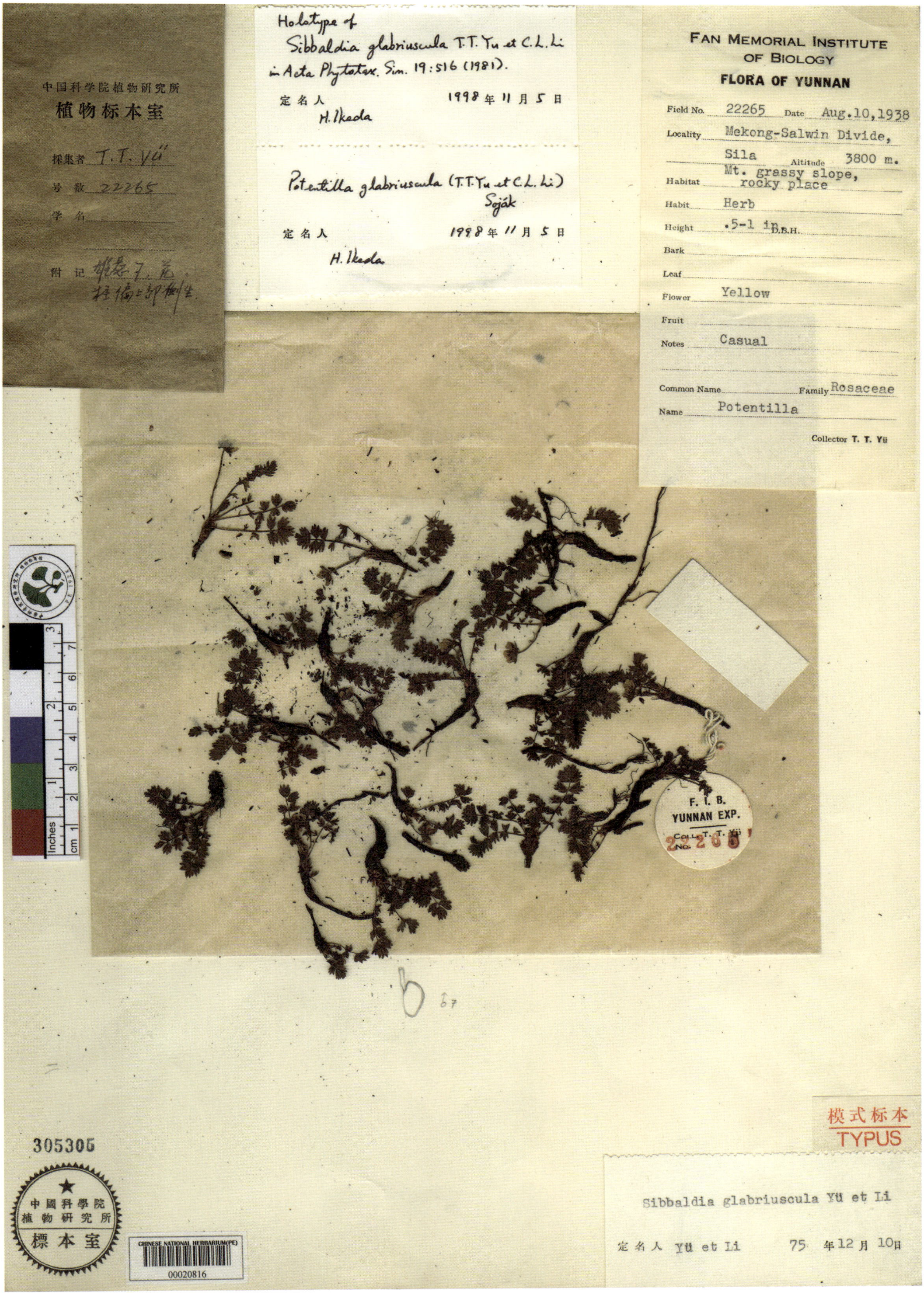

光叶山莓草 ***Sibbaldia glabriuscula*** Yu & C. L. Li in Acta Phytotax. Sin. 19(4): 516. 1981. **Holotype:** China. Yunnan: Gongshan, alt. 3 800 m, 1938-08-10, T. T. Yu 22265.

峨眉山莓草 ***Sibbaldia omeiensis*** Yu & C. L. Li in Acta Phytotax. Sin. 19(4): 516. 1981. **Holotype:** China. Sichuan: Emei, Emeishan, 1952-07-28, C. H. Hsiung, S. S. Chang & H. L. Tsiang 31802.

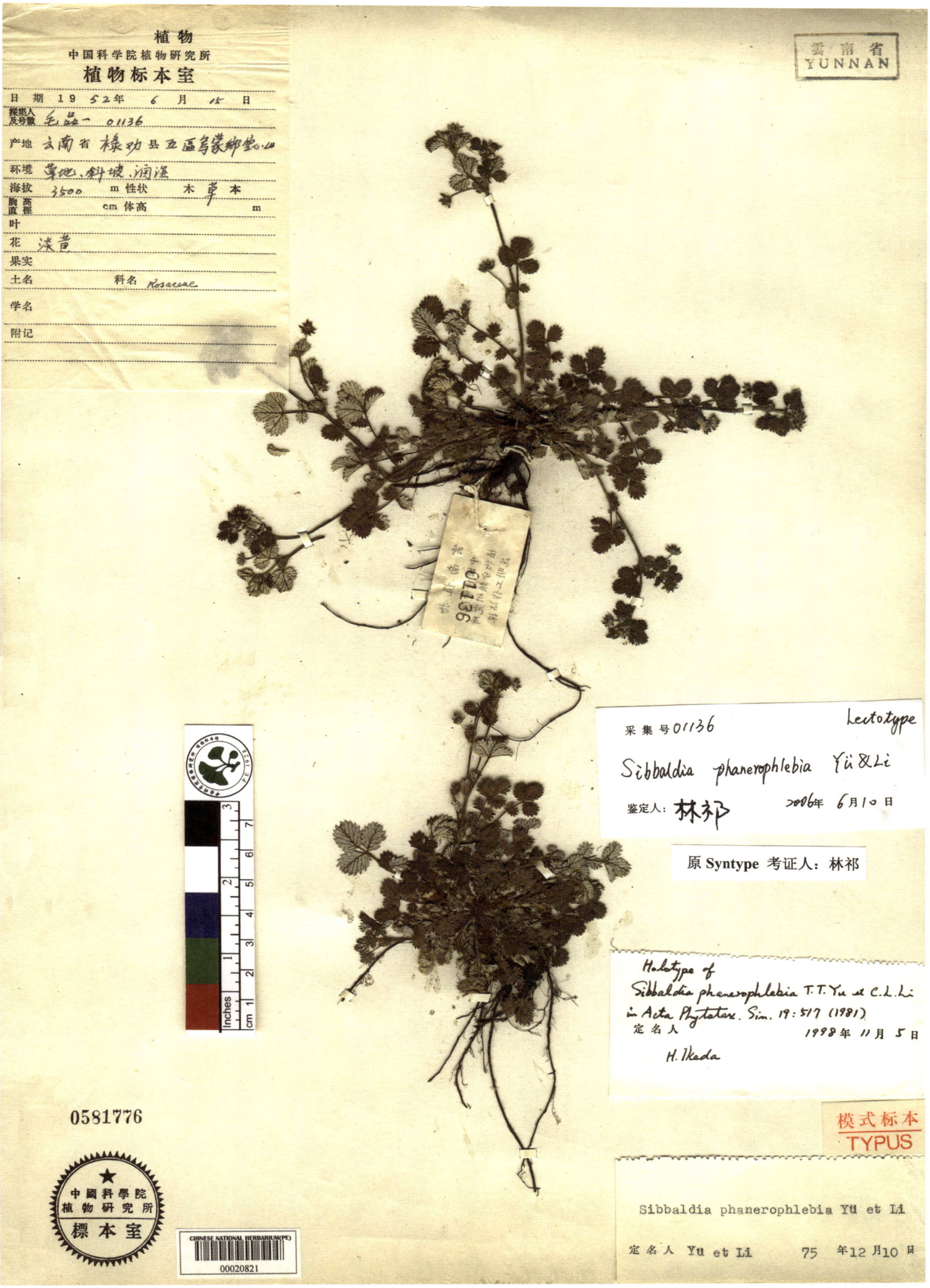

显脉山莓草 ***Sibbaldia phanerophlebia*** Yu & C. L. Li in Acta Phytotax. Sin. 19(4): 517. 1981. **Lectotype** (designated by M. Sun & Q. Lin in Guihaia 28: 296. 2008.): China. Yunnan: Luquan, alt. 3 500 m, 1952-06-15, P. I. Mao 01136.

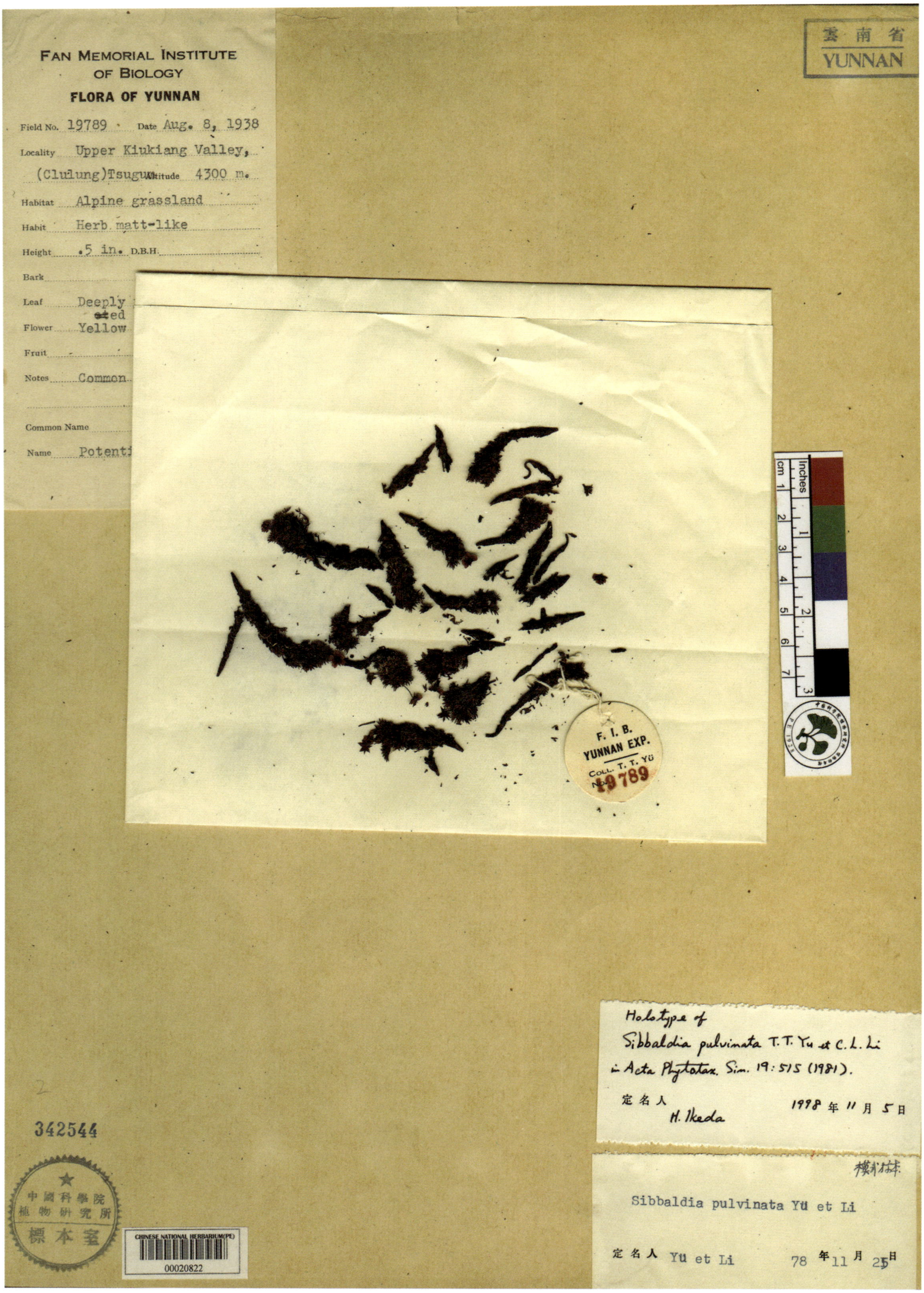

垫状山莓草 ***Sibbaldia pulvinata*** Yu & C. L. Li in Acta Phytotax. Sin. 19(4): 515. 1981. **Holotype:** China. Yunnan: Gongshan, alt. 4 300 m, 1938-08-08, T. T. Yu 19789.

纤细山莓草 ***Sibbaldia tenuis*** Hand.-Mazz. in Acta Horti Gotob. 13: 330. 1939. **Isotype:** China. Sichuan: Songpan, alt. 4 300~4 400 m, 1922-07-20, H. Smith 3806.

无毛鲜卑花 ***Sibiraea glaberrima*** K. S. Hao in Bull. Chin. Bot. Soc. 2(1): 30. 1936. **Lectotype** (designated by Q. Lin & al. in Bull. Bot. Res., Harbin. 28: 537. 2008.): China. Qinghai: Xining, alt. 2 900 m, 1930-08-03, K. S. Hao 807.

白毛花楸 ***Sorbus albopilosa*** Yu & L. T. Lu in Acta Phytotax. Sin. 18(4): 495. 1980. **Holotype:** China. Xizang: Yadong, alt. 3 400 m, 1975-08-10, Qinghai-Xizang Exped. 948.

黄山花楸 ***Sorbus amabilis*** W. C. Cheng ex Yu & K. C. Kuan in Acta Phytotax. Sin. 8(3): 209, 224. 1963. **Holotype:** China. Anhui: Huangshan, alt. 1 830 m, 1933-10-04, M. Chen 1240.

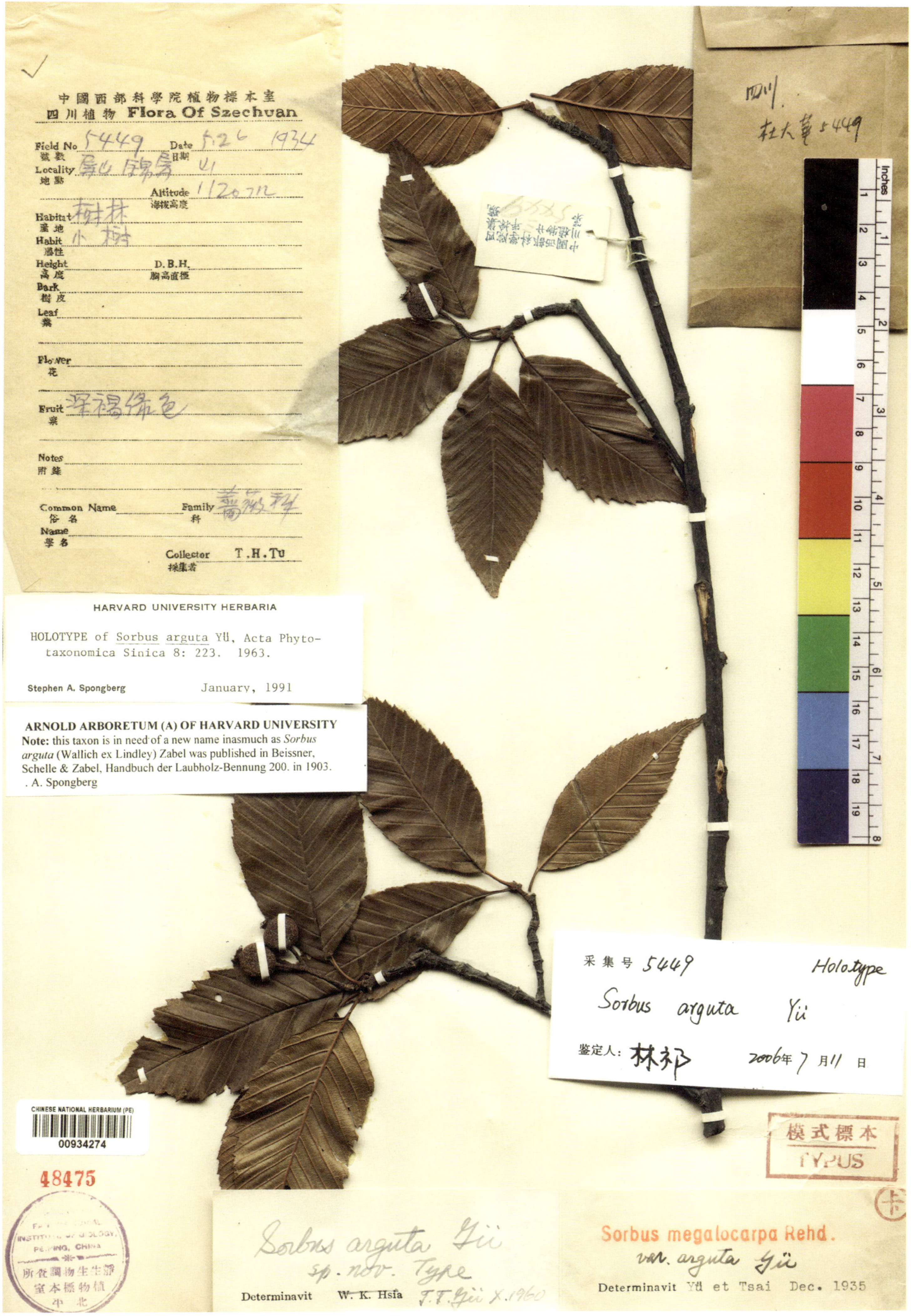

锐齿花楸 ***Sorbus arguta*** Yu in Acta Phytotax. Sin. 8(3): 209, 223. 1963. **Holotype:** China. Sichuan: Pingshan, alt. 1 120 m, 1934-05-26, T. H. Tu 5449.

暗红花楸 ***Sorbus atrosanguinea*** Yu & H. T. Tsia in Bull. Fan Mem. Inst. Biol. 7: 119. 1936. **Holotype:** China. Yunnan: Che-tse-lo (=Bijiang), alt. 3 200 m, 1934-09-09, H. T. Tsai 58454.

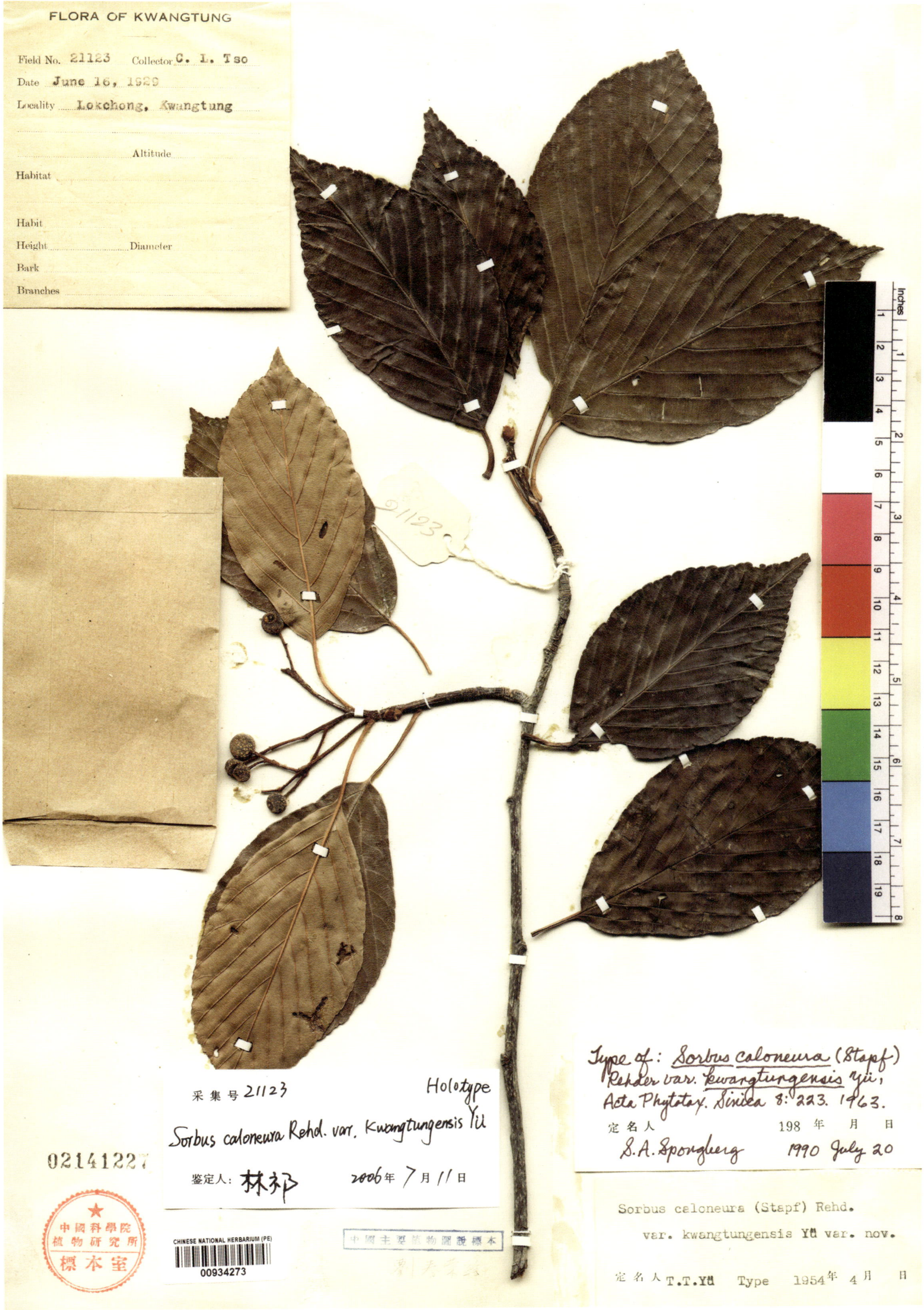

美脉花楸广东变种 ***Sorbus caloneura*** (Stapf) Rehd. var. ***kwangtungensis*** Yu in Acta Phytotax. Sin. 8(3): 209, 223. 1963. **Holotype:** China. Guangdong: Lechang, 1929-06-16, C. L. Tso 21123.

栃叶花楸 ***Sorbus carpinifolia*** Yu & L. T. Lu in Acta Phytotax. Sin. 23(3): 215, pl. 2: 4. 1985. **Holotype:** China. Yunnan: Malipo, alt. 1 600~1 800 m, 1947-11-06, K. M. Feng 12955.

石灰花楸齿叶变种 ***Sorbus folgneri*** (Schneid.) Rehd. var. ***duplicato-dentata*** Yu & L. T. Lu in Acta Phytotax. Sin. 13(1): 99. 1975; Q. Lin & al. in Kew Bull. 64: 574. 2009. **Holotype:** China. Zhejiang: Kaihua, 1964-??-??, J. X. Wang 2098.

球果花楸 ***Sorbus globosa*** Yu & Tsai in Bull. Fan Mem, Inst. Biol., Bot. Ser. 7: 121. 1936. **Lectotype** (designated by M. Sun & Q. Lin in Guihaia 28: 296. 2008.): China. Yunnan: Mongka, alt. 2 100 m, 1934-03-05, H. T. Tsai 56428.

灌县花楸 ***Sorbus guanxianensis*** T. C. Ku in Bull. Bot. Res., Harbin. 10(3): 22, f. 2. 1990. **Holotype:** China. Sichuan: Guan Xian (=Dujiangyan), alt. 2 000 m, 1987-08-25, T. Z. Fu & al. 872102.

钝齿花楸锐齿变种 ***Sorbus helenae*** Koehne var. ***argutiserrata*** Yu in Acta Phytotax. Sin. 8(3): 209, 224. 1963. **Holotype:** China. Sichuan: Tanpa (=Danba), Inst. Occid. Sin. 828.

俅江花楸 ***Sorbus kiukiangensis*** Yu in Acta Phytotax. Sin. 8(3): 209, 225. pl. 27: 1. 1963. **Holotype:** China. Yunnan: Gongshan, alt. 3 450 m, 1938-08-06, T. T. Yu 19710.

俅江花楸无毛变种 ***Sorbus kiukiangensis*** Yu var. ***glabrescens*** Yu in Acta Phytotax. Sin. 8(3): 210, 225. 1963. **Holotype:** China. Yunnan: Gongshan, alt. 2 800 m, 1938-09-03, T. T. Yu 20071.

兰坪花楸 ***Sorbus lanpingensis*** L. T. Lu in Bull. Bot. Res., Harbin. 9(2): 51. 1989. **Holotype:** China. Yunnan: Lanping, alt. 3 200 m, 1981-06-22, Hengduanshan Exped. 01013.

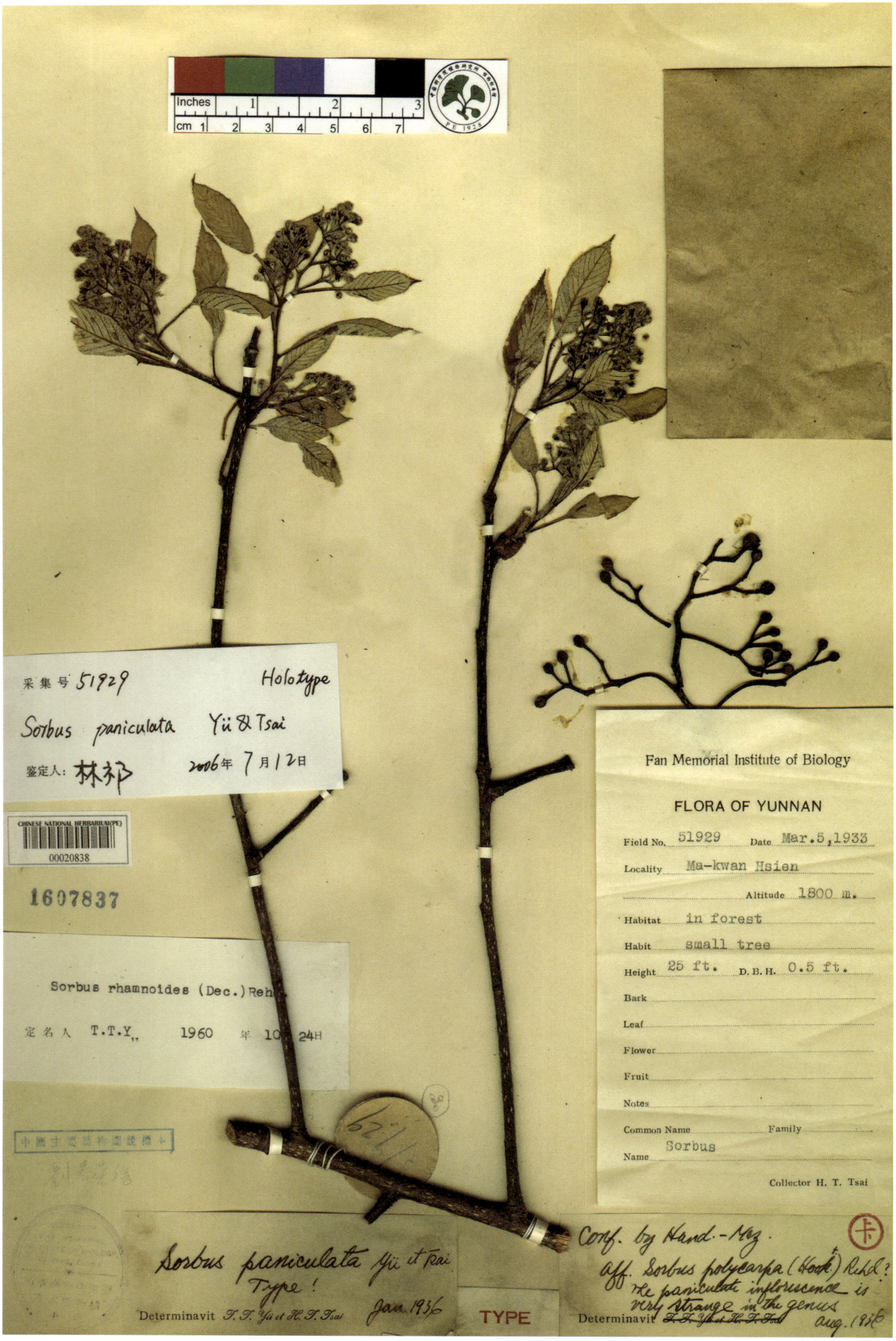

圆锥花序花楸 ***Sorbus paniculata*** Yu & Tsai in Bull. Fan Mem. Inst. Biol., Bot. Ser. 7: 122. 1936. **Holotype:** China. Yunnan: Maguan, alt. 1 800 m, 1933-03-05, H. T. Tsai 51929.

毛萼铺地花楸 ***Sorbus reducta*** Diels var. ***pubescens*** L. T. Lu in Bull. Bot. Res., Harbin. 9(2): 52, f. 3. 1989. **Holotype:** China. Yunnan: Gongshan, alt. 3 400~3 500 m, 1982-07-26, Qinghai-Xizang Exped. 8802.

褐毛花楸 ***Sorbus rubiginosa*** Yu in Acta Phytotax. Sin. 8(3): 209, 223. 1963. **Holotype:** China. Yunnan: Nan-Chiao(=Menghai), alt. 1 900 m, 1936-06-??, C. W. Wang 75374.

怒江花楸 ***Sorbus salwinensis*** Yu & L. T. Lu in Acta Phytotax. Sin. 13(1): 102, pl. 10, f. 6. 1975; Q. Lin & al. in Kew Bull. 64: 574. 2009. **Holotype:** China. Yunnan: Shang-pa (=Fugong), alt. 2 700 m, 1933-10-17, H. T. Tsai 54452.

尾叶花楸 ***Sorbus subochracea*** Yu & L. T. Lu in Acta Phytotax. Sin. 18(4): 494. 1980. **Holotype:** China. Xizang: Mêdog, alt. 2 200 m, 1974-08-30, Qinghai-Xizang Exped. 74-4954.

天山花楸全缘叶变种 ***Sorbus tianshanica*** Rupr. var. ***integrifoliata*** Yu in Acta Phytotax. Sin. 8(3): 209, 224. 1963.
Holotype: China. Xinjiang: Precise locality not known, Coll. Agric. Ba-Yi Exped. 6.

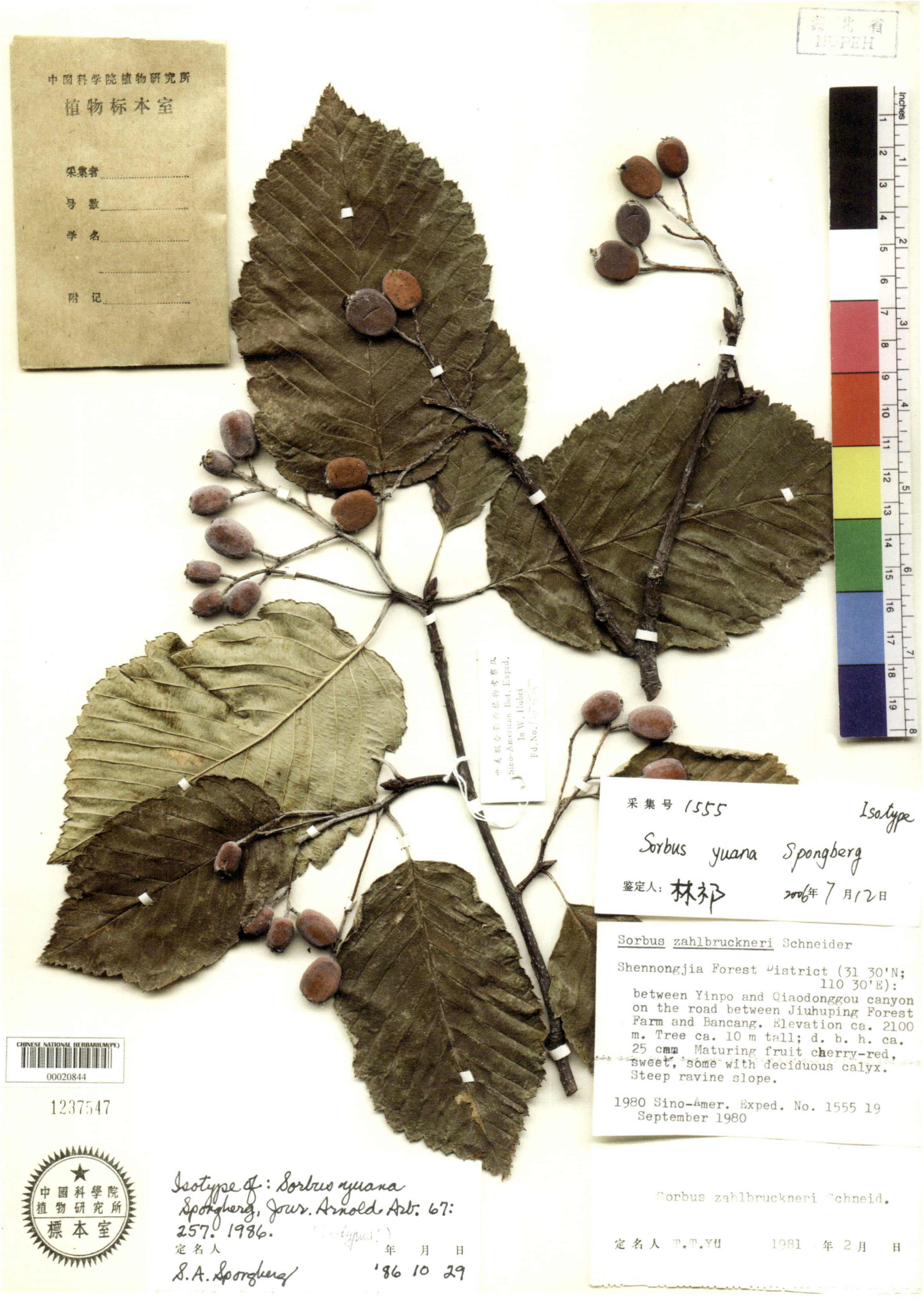

俞氏花楸 ***Sorbus yuana*** Spongberg in Journ. Arn. Arb. 67(2): 257, f. 1. 1986. **Isotype:** China. Hubei: Shennongjia, alt. 2 100 m, 1980-09-19, 1980 Sino-Amer. Exped. 1555.

察隅花楸 ***Sorbus zayuensis*** Yu & L. T. Lu in Acta Phytotax. Sin. 18(4): 494. 1980. **Holotype:** China. Xizang: Zayü, alt. 3 600 m, 1973-06-22, Qinghai-Xizang Exped. 73-314.

毛果藏南绣线菊 ***Spiraea bella*** Sims. var. ***pubicarpa*** Yu & L. T. Lu in Acta Phytotax. Sin. 18(4): 490. 1980. **Holotype:** China. Xizang: Nyalam, alt. 2 300 m, 1972-08-13, Qinghai-Xizang Exped.1131.

麻叶绣线菊毛萼变种 ***Spiraea cantoniensis*** Lour. var. ***pilosa*** Yu in Acta Phytotax. Sin. 8(3): 204, 216. 1963. **Isotype:** China. Hunan: Cili, 1955-04-13, G. X. Chu 007.

海拉尔绣线菊 ***Spiraea chailarensis*** Liou, Ill. Fl. Lign. Pl. NE China 281, 563, pl. 49: 190. **Isotype:** China. Nei Mongol: Hailar, alt. 600 m, 1951-06-07, Z. Wang & al. 532.

直果绣线菊 ***Spiraea chinensis*** Maxim. var. ***erecticarpa*** Y. Q. Zhu & X. W. Li in Bull. Bot. Res., Harbin. 15(4): 437, f. 1995. **Isotype:** China. Shandong: Taian, Taishan, alt. 300 m, 1994-10-23. Y. Q. Zhu & X. W. Li 94121.

中华绣线菊大花变种 ***Spiraea chinensis*** Maxim. var. ***grandiflora*** Yu in Acta Phytotax. Sin. 8(3): 204, 216. 1963. **Isotype:** China. Hubei: Hefeng, 1959-05-03, F. S. Peng 238.

稻城绣线菊 ***Spiraea daochengensis*** L. T. Lu in Bull. Bot. Res., Harbin. 9(2): 49, f. 1. 1989. **Holotype:** China. Sichuan: Daocheng, alt. 2 800 m, 1981-09-01, Qinghai-Xizang Exped. 5947.

翠蓝绣线菊无毛变种 ***Spiraea henryi*** Hemsi. var. ***glabrata*** Yu & L. T. Lu in Acta Phytotax. Sin. 13(1): 100. 1975. **Holotype:** China. Guizhou: Yinjiang, alt. 1 300 m, 1963-06-18, Guizhou Botanic Garden 100.

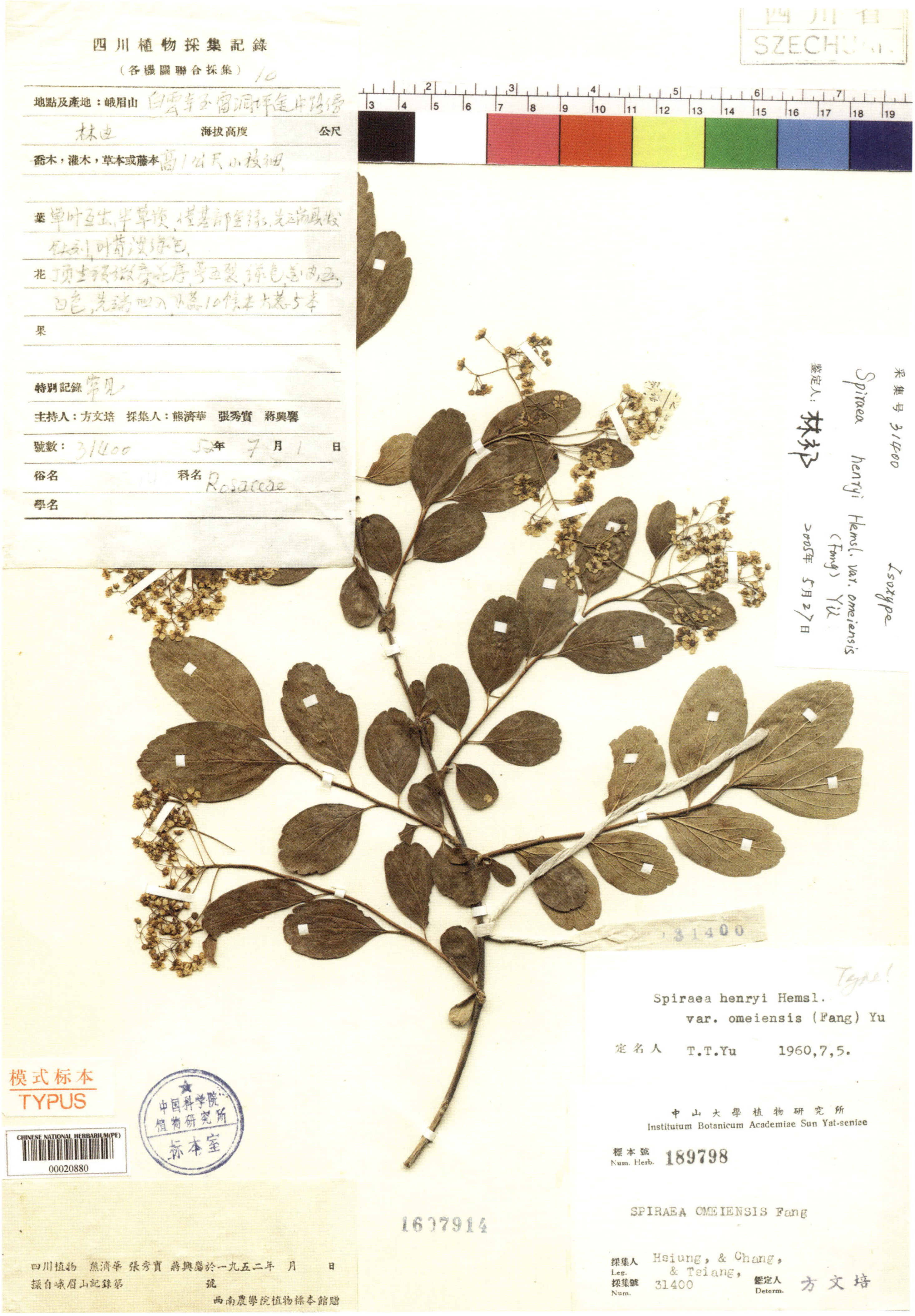

翠蓝绣线菊峨眉变种 ***Spiraea henryi*** Hemsi. var. ***omeiensis*** W. P. Fang ex Yu in Acta Phytotax. Sin. 8(3): 204, 216. 1963. **Isotype:** China. Sichuan: Emei, Emeishan, 1952-07-01, C. H. Hsiung, S. S. Chang & H. L. Tsiang 31400.

兴山绣线菊 ***Spiraea hingshanensis*** Yu & L. T. Lu in Acta Phytotax. Sin. 13(1): 99, pl. 8. f. 1. 1975; Q. Lin & al. in Kew Bull. 64: 574. 2009. **Holotype:** China. Hubei: Xingshan, 1957-07-11, H. J. Li 984.

粉花绣线菊急尖叶变种 ***Spiraea japonica*** L. var. ***acuta*** Yu in Acta Phytotax. Sin. 8(3): 204, 215. 1963. **Holotype:** China. Yunnan: Dali, Cangshan, 1929-06-17, R. C. Ching 22963.

粉花绣线菊裂叶变种 ***Spiraea japonica*** L. var. ***incisa*** Yu in Acta Phytotax. Sin. 8(3): 204, 216. 1963. **Lectotype** (designated by M. Sun & Q. Lin in Guihaia 28: 296. 2008.): China. Yunnan: Weixi, alt. 3 500 m, 1935-06-??, C. W. Wang 63881.

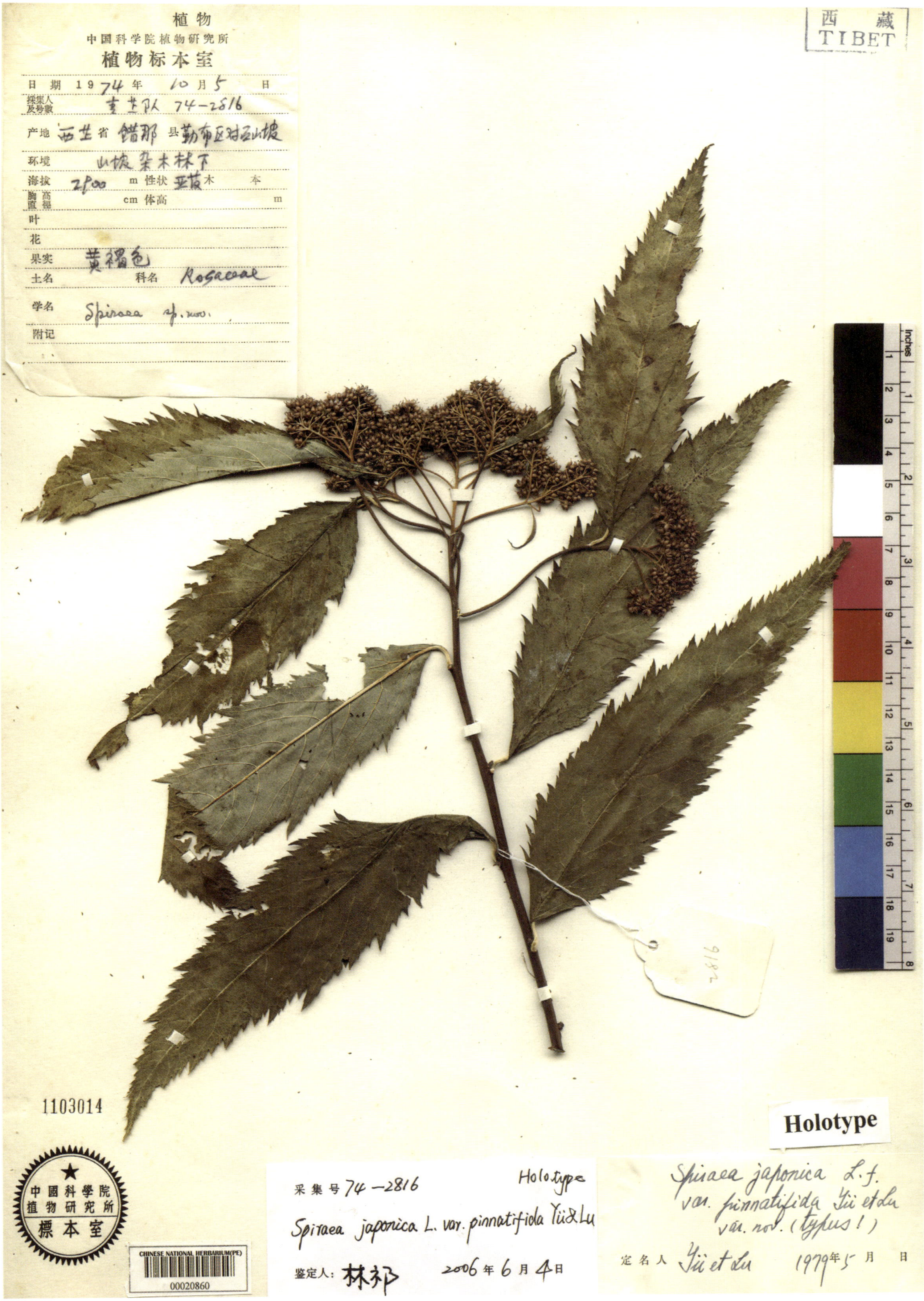

羽叶粉花绣线菊 ***Spiraea japonica*** L. var. ***pinnatifida*** Yu & L. T. Lu in Acta Phytotax. Sin. 18(4): 490. 1980. **Holotype:** China. Xizang: Cona, alt. 2 900 m, 1974-10-05, Qinghai-Xizang Exped. 74-2816.

广西绣线菊 ***Spiraea kwangsiensis*** Yu in Acta Phytotax. Sin. 8(3): 204, 216. pl. 26: 1. 1963. **Holotype:** China. Guangxi: Luocheng, alt. 549 m, 1928-05-25, R. C. Ching 5334.

贵州绣线菊 ***Spiraea kweichowensis*** Yu & L. T. Lu in Acta Phytotax. Sin. 13(1): 100, pl. 8. f. 2. 1975. **Holotype:** China. Guizhou: Yinjiang, Fanjingshan, alt. 200 m, 1963-06-19, Guizhou Botanic Garden 147.

裂叶绣线菊 ***Spiraea lobulata*** Yu & L. T. Lu in Acta Phytotax. Sin. 18(4): 490. 1980. **Holotype:** China. Xizang: Nyingchi, alt. 2 480 m, 1975-08-03, Qinghai-Xizang Suppl. Group 751213.

毛枝绣线菊长梗变种 ***Spiraea martini*** Lévl. var. ***pubescens*** Yu in Acta Phytotax. Sin. 8(3): 205, 217. 1963. **Holotype:** China. Yunnan: Funing, alt. 700 m, 1940-04-11, C. W. Wang 88321.

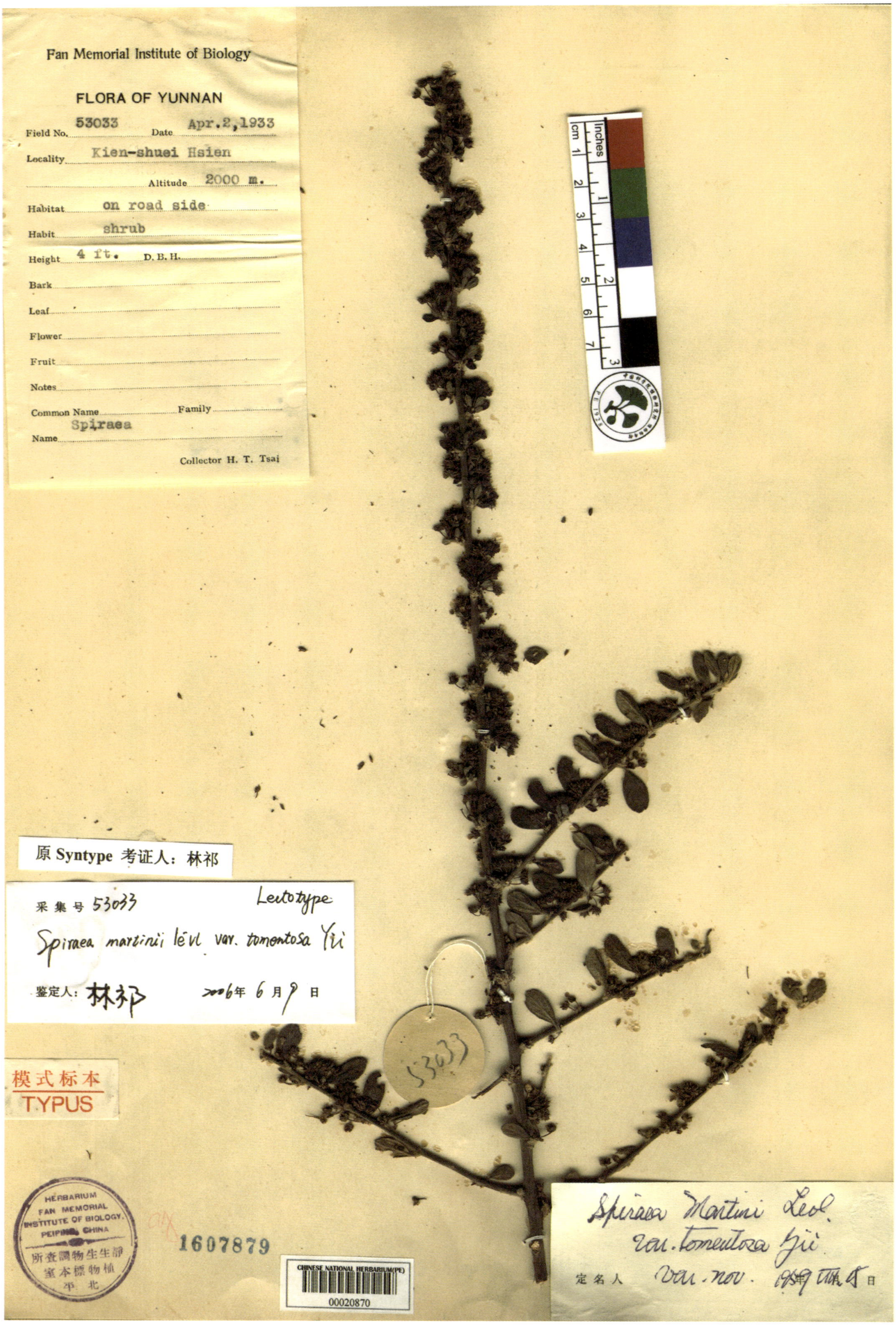

毛枝绣线菊绒毛叶变种 ***Spiraea martini*** Lévl. var. ***tomentosa*** T. T . Yu in Acta Phytotax. Sin. 8(3): 204, 217. 1963. **Lectotype** (designated by M. Sun & Q. Lin in Guihaia 28: 296. 2008.): China. Yunnan: Jianshui, alt. 2 000 m, 1933-04-02, H. T. Tsai 53033.

光秃绣线菊 ***Spiraea mollifolia*** Rehd. var. ***glabrata*** Yu & L. T. Lu in Acta Phytotax. Sin. 18(4): 492. 1980. **Holotype:** China. Xizang: Nyalam, alt. 3 750 m, 1966-06-11, Y. T. Chang & K. Y. Lang 3848.

蒙古绣线菊 ***Spiraea mongolica*** Maxim. in Bull. Acad. Imp. Sci. St.-Petersb. 27: 467. 1881. **Lectotype** (designated by Yun Lin & al. in Bull. Bot. Res., Harbin 35: 809. 2015.): China. Nei Mongol: Alxa Meng, 1873-06-18, N. M. Przewalski s. n.

蒙古绣线菊毛枝变种 ***Spiraea mongolica*** Maxim. var. ***tomentulosa*** Yu & L. T. Lu in Acta Phytotax. Sin. 8(3): 204, 216. 1963. **Holotype:** China. Nei Mongol: Alxa, alt. 1 500 m, 1933-08-27, W. Y. Hsia 3893.

木里绣线菊 ***Spiraea muliensis*** Yu & L. T. Lu in Acta Phytotax. Sin. 13(1): 101, pl. 9. f. 4. 1975. **Holotype:** China. Sichuan: Muli, alt. 2 700 m, 1960-06-21, T. S. Ying 4102.

细枝绣线菊毛果变种 ***Spiraea myrtilloides*** Rehd. var. ***pubicarpa*** Yu & L. T. Lu in Acta Phytotax. Sin. 13(1): 101. 1975. **Holotype:** China. Gansu: Tianzhu, alt. 2 800 m, 1959-07-07, Y. C. Hou 4556.

宁夏绣线菊 ***Spiraea ningshiaensis*** Yu & L. T. Lu in Acta Phytotax. Sin. 13(1): 100, pl. 9. f. 3. 1975. **Holotype:** China. Ningxia: Yinchuan, Helanshan, alt. 1 700 m, 1956-09-20, Yellow River Exped. 7989.

乳突绣线菊云南变种 ***Spiraea papillosa*** Rehd. var. ***yunnanensis*** Yu in Acta Phytotax. Sin. 8(3): 204, 216. 1963. **Holotype:** China. Yunnan: Heqing, alt. 3 300 m, 1929-08-23, R. C. Ching 23967.

绣线菊贫齿变种 ***Spiraea salicifolia*** L. var. ***oligodonta*** Yu in Acta Phytotax. Sin. 8(3): 203, 215. 1963. **Isotype:** China. Nei Mongol: Hulun Buir, alt. 700 m, 1954-07-03, G. Z. Wang 2124.

西藏绣线菊 ***Spiraea tibetica*** Yu & L. T. Lu in Acta Phytotax. Sin. 18(4): 491. 1980. **Holotype:** China. Xizang: Lhünzhub, alt. 4 200 m, 1960-06-11, K. H. Fu 217.

三裂绣线菊毛叶变种 ***Spiraea trilobata*** L. var. ***pubescens*** Yu in Acta Phytotax. Sin. 8(3): 204, 216. 1963. **Holotype:** China: Heilongjiang: Suiyuan (= Fuyuan), 1949-09-19, Y. W. Tsui 1070a.

脱毛绣线菊 ***Spiraea velutina*** Franch. var. ***glabrescens*** Yu & L. T. Lu in Acta Phytotax. Sin. 18(4): 491. 1980. **Holotype:** China. Xizang: Nyalam, alt. 2 440 m, 1975-06-26, Qinghai-Xizang Exped. 5939.

倒披针叶红果树 ***Stranvaesia nussia*** (Buch.-Ham. ex D. Don) Decn. var. ***oblanceolata*** Rehd. & Wils. in Pl. Wils. 1(2): 193. 1912. **Lectotype** (designated here): China. Yunnan: Simao, alt. 1 525 m, A. Henry 11615 E.

绒毛红果树 ***Stranvaesia tomentosa*** Yu & T. C. Ku in Acta Phytotax. Sin. 13(1): 102, pl. 10. f. 5. 1975. **Holotype:** China. Chongqing: Nanchuan, Jinfoshan, alt. 1 350 m, 1964-07-09, K. C. Kuan, J. W. Wang & C. L. Li 1319.

太行花 ***Taihangia rupestris*** Yu & C. L. Li in Acta Phytotax. Sin. 18(4): 469, 472, f. 1: 1-5. 1980. **Holotype:** China. Henan: Lin Xian, alt. 1 100~1 150 m, 1980-05-19, C. L. Li & J. G. Guo 1034.

缘毛太行花 ***Taihangia rupestris*** Yu & C. L. Li var. ***ciliata*** Yu & C. L. Li in Acta Phytotax. Sin. 18(4): 470, 472, f. 1: 6. 1980. **Holotype:** China. Hebei: Wuan, alt. 1 300~1 400 m, 1980-05-15, J. X. Chang, C. L. Li & J. G. Guo 1010.

Leguminosae (Fabaceae)

豆科

dou ke

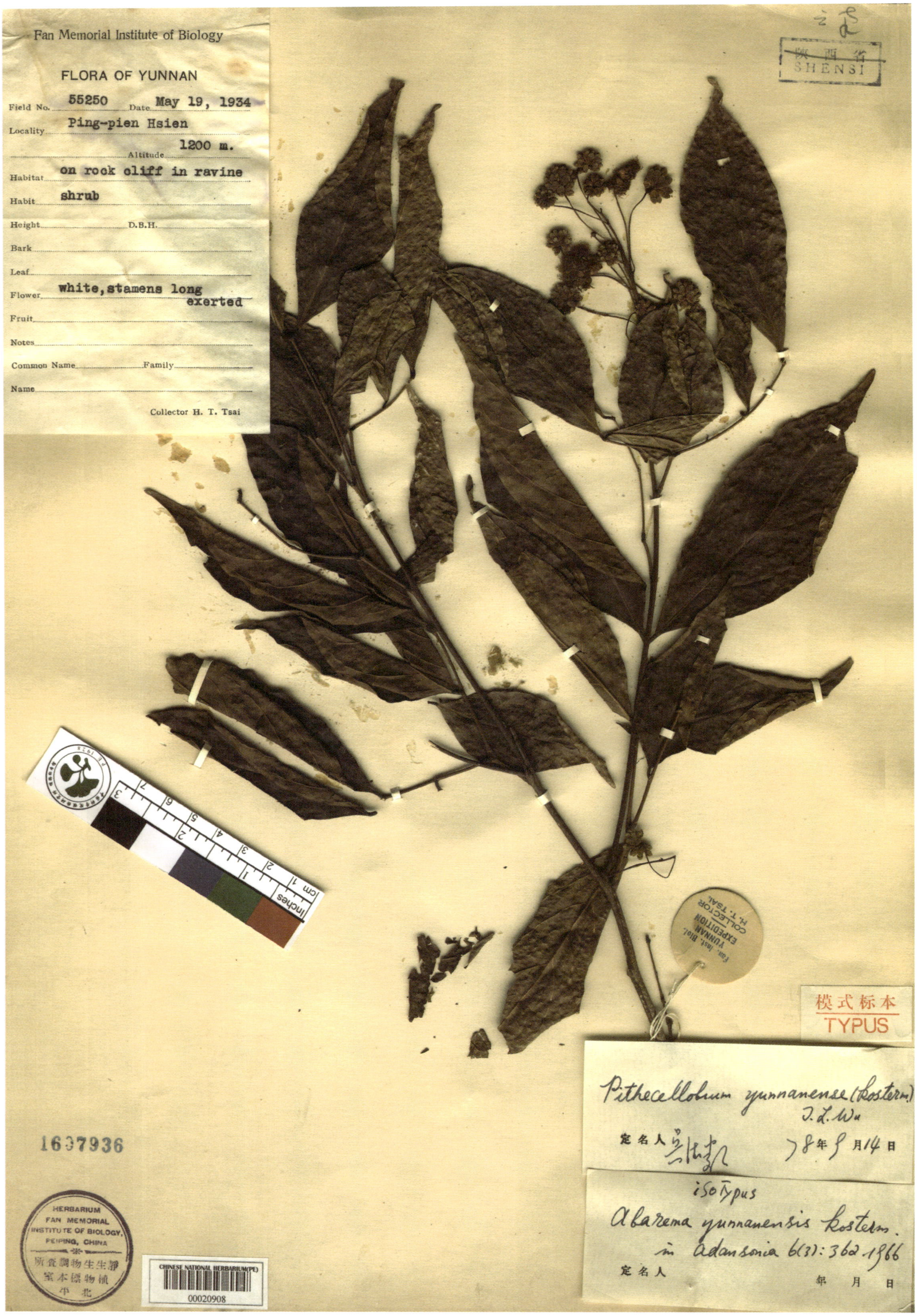

云南棋子豆 ***Abarema yunnanensis*** Kosterm. in Adansonia ser. 2, 6(3): 362. 1966. **Isotype:** China. Yunnan: Pingbian, alt. 1 200 m, 1934-05-19, H. T. Tsai 55250.

克氏合欢 ***Albizia croizatiana*** Metc. in Lingnan Sci. J. 19: 549. 1940. **Isotype:** China. Guangxi: Precise locality not known, Tsen Hung Shan, alt. 1 220 m, 1928-08-15, R. C. Ching 6960.

刘氏合欢 ***Albizia laui*** Merr. in Lingnan Sci. J. 14: 7, f. 1. 1935. **Isotype:** China. Hainan: Sanya, 1932-06-08, S. K. Lau 40.

云南链荚豆 ***Alysicarpus yunnanensis*** Y. C. Yang & P. H. Huang in Bull. Bot. Lab. N.-E. Forest. Inst., Harbin 1980(8): 8, pl. 3. 1980. **Holotype:** China. Yunnan: Yongsheng, alt. 1 300 m, 1963-08-12, Jinshajiang Exped. 6460.

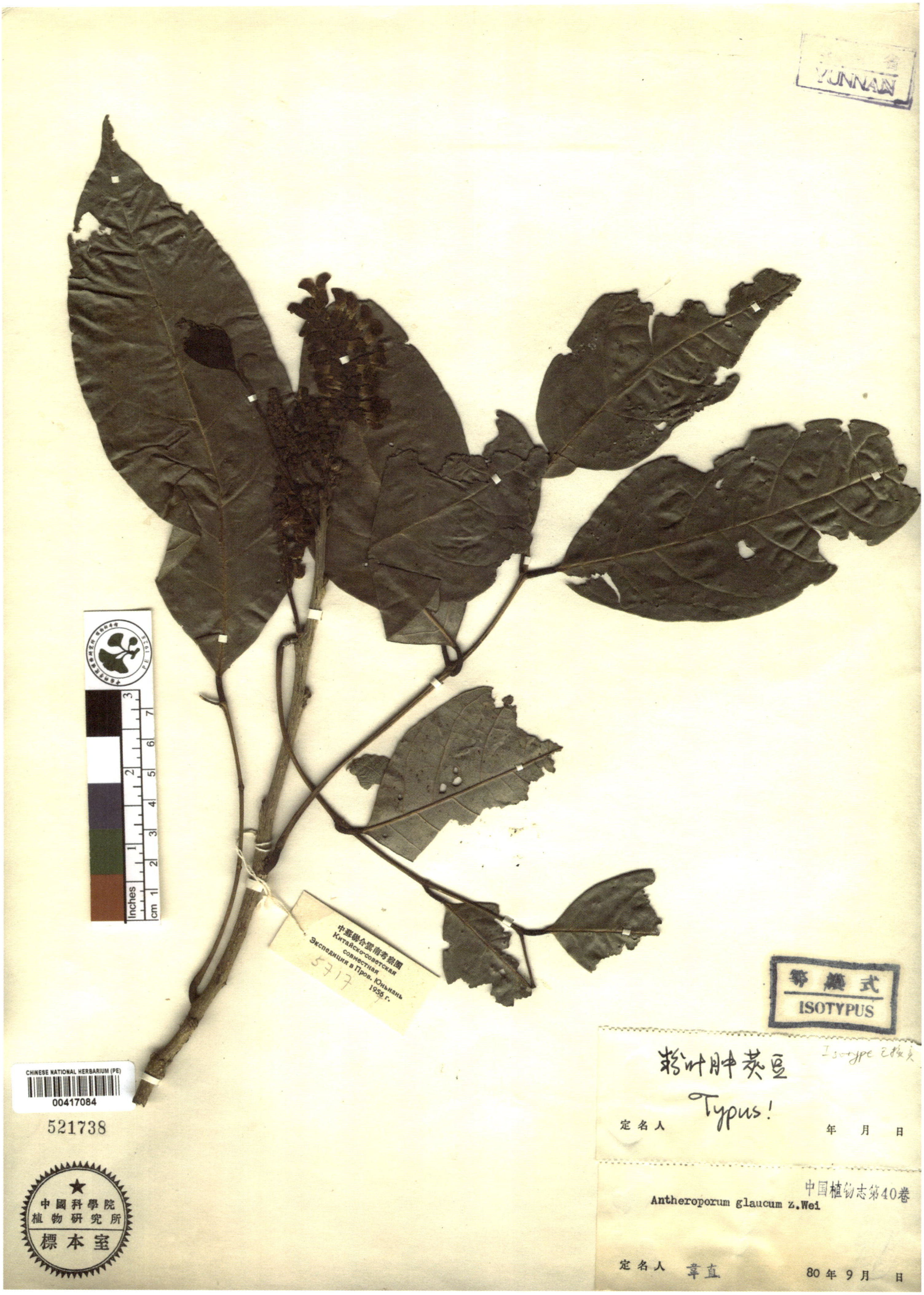

粉叶肿荚豆 ***Antheroporum glaucum*** Z. Wei in Acta Phytotax. Sin. 19(3): 351, f. 1. 1981. **Isotype:** China. Yunnan: Jinghong, alt. 950 m, 1957-??-??, Sino-Russia Yunnan Exped. 5717.

云南土栾儿 ***Apios delavayi*** Franch. in Pl. Delavay. 180. 1890. **Isotype:** China. Yunnan: Precise locality not known, Tapin-tze, 1886-09-14, Delavay 2323.

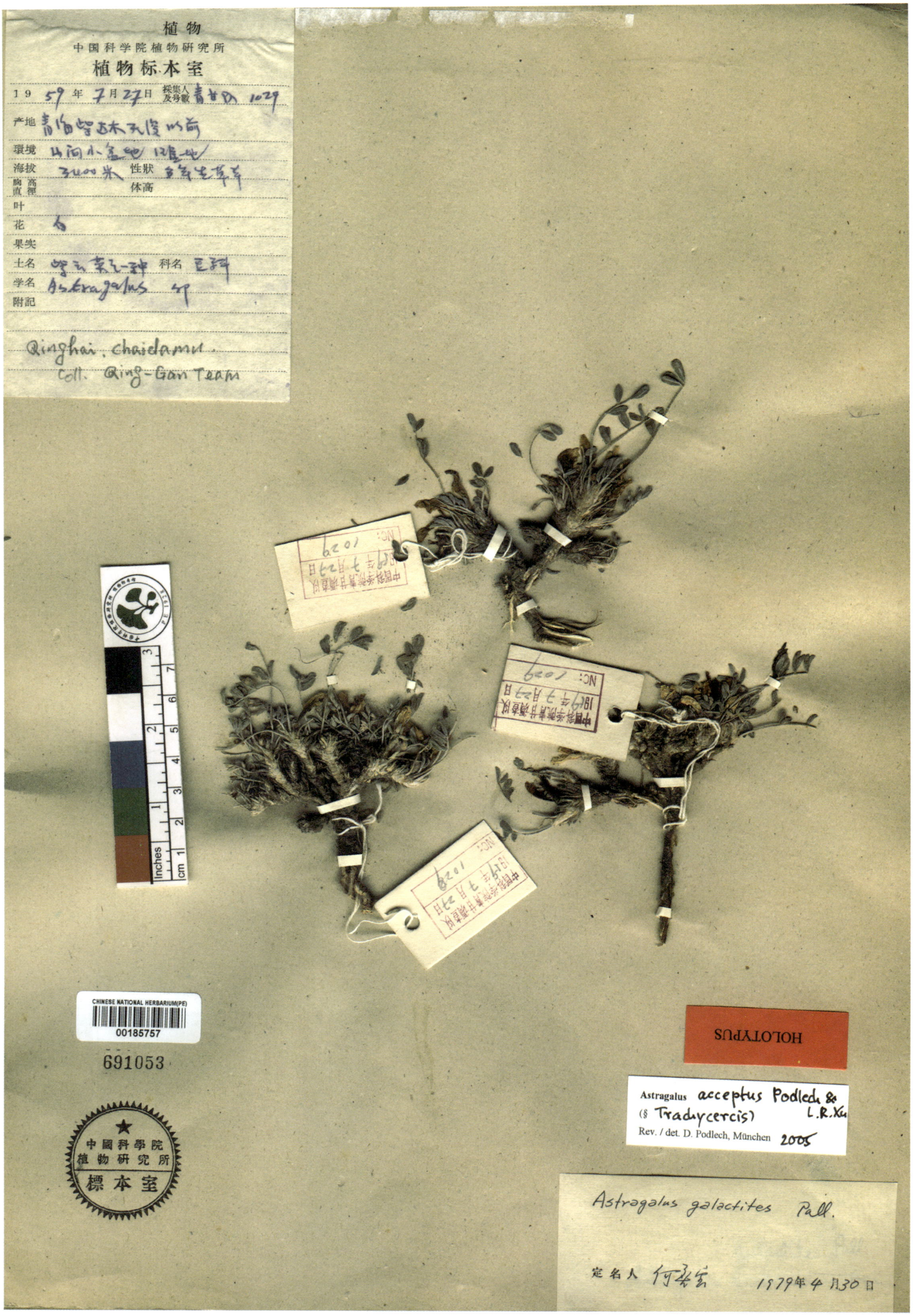

德令哈黄耆 ***Astragalus acceptus*** Podlech & L. R. Xu in Novon 17(2): 243. 2007. **Holotype:** China. Qinghai: Chaidamu, alt. 3 400 m, 1959-07-27, Qinghai-Gansu Exped. 1029.

黄白黄芪 ***Astragalus albido-flavus*** K. T. Fu in Bull. Bot. Res., Harbin 2(1): 124, f. 5. 1982. **Holotype:** China. Xizang: Jomda, 1951-08-18, Y. W. Tsui 5320.

细叶黄芪 ***Astragalus angustifoliolatus*** K. T. Fu in Bull. Bot. Res., Harbin 2(1): 123, f. 4. 1982. **Holotype:** China. Yunnan: Lijiang, alt. 2750 m, 1962-08-08, Zhongdian Exped. 613.

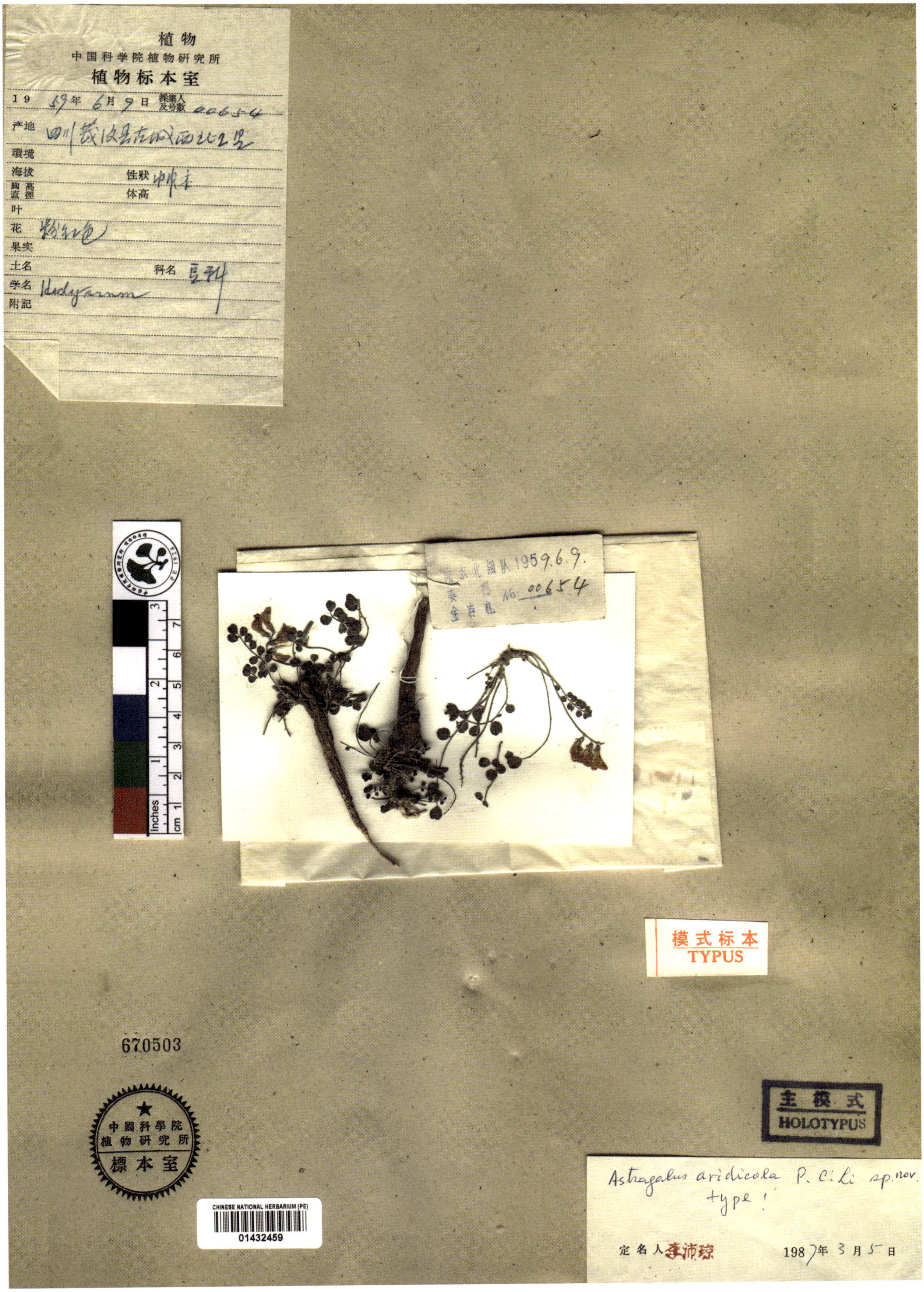

旱生黄芪 ***Astragalus aridicola*** P. C. Li in Acta Bot. Yunnan. 11(3): 295, f. 11. 1989. **Holotype:** China. Sichuan: Maowen, 1959-06-09, S. Jiang & T. L. Chin 00654.

黑药黄耆 ***Astragalus athranthus*** Podlech & L. R. Xu in Novon 17(2): 228. 2007. **Holotype:** China. Qinghai: Chaidamu, alt. 4 020 m, 1959-07-05, Qinghai-Gansu Exped. 578.

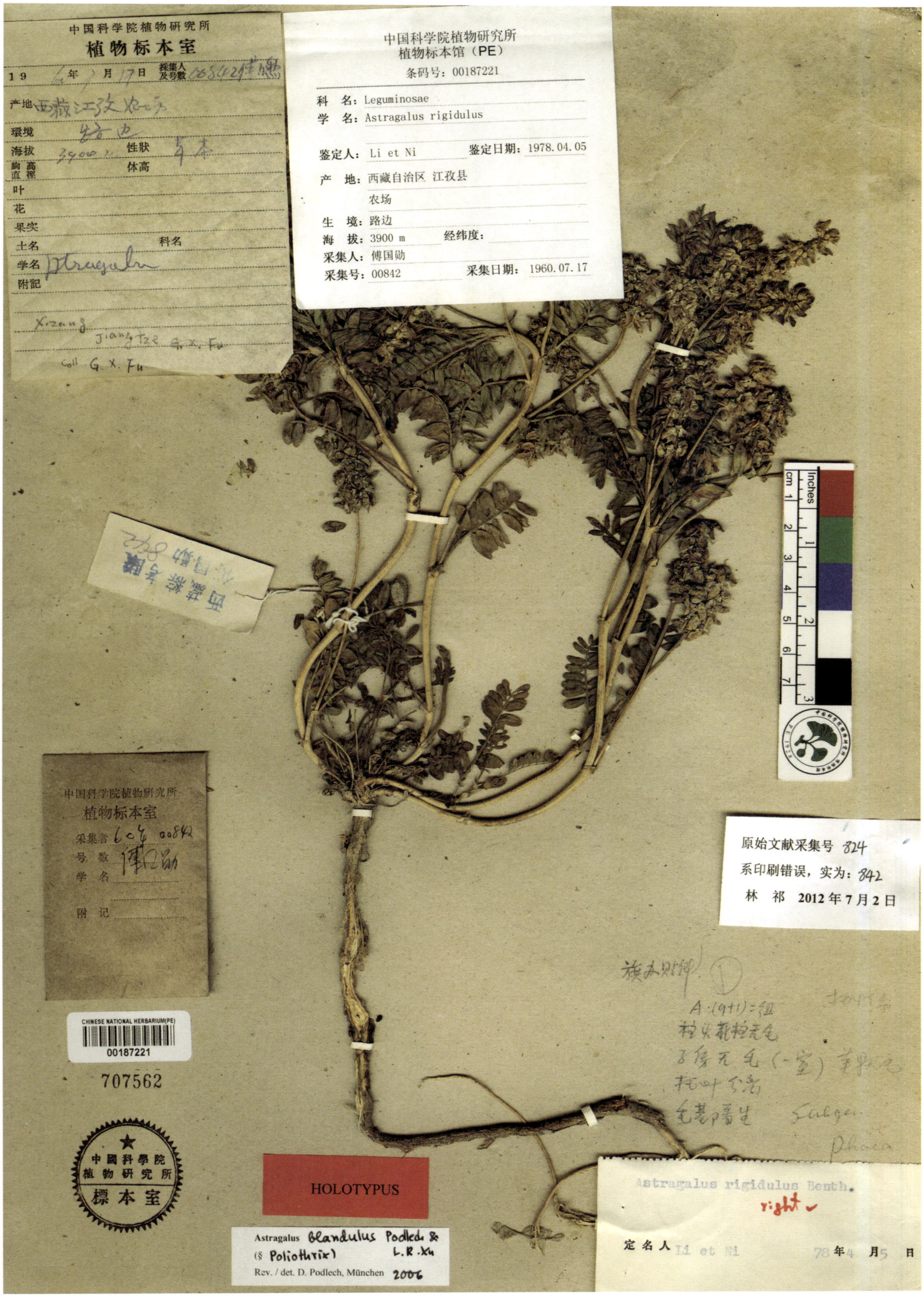

温和黄耆 ***Astragalus blandulus*** Podlech & L. R. Xu in Feddes Repert. 117(3-4): 225. 2006. **Holotype:** China. Xizang: Gyangzê, alt. 3 900 m, 1960-07-17, G. X. Fu 00842.

波密黄芪 ***Astragalus bomiensis*** C. C. Ni & P. C. Li in Acta Phytotax. Sin. 18(3): 367. 1980. **Holotype:** China. Xizang: Bomi, alt. 2 750 m, 1965-06-09, T. S. Ying & D. Y. Hong 650192.

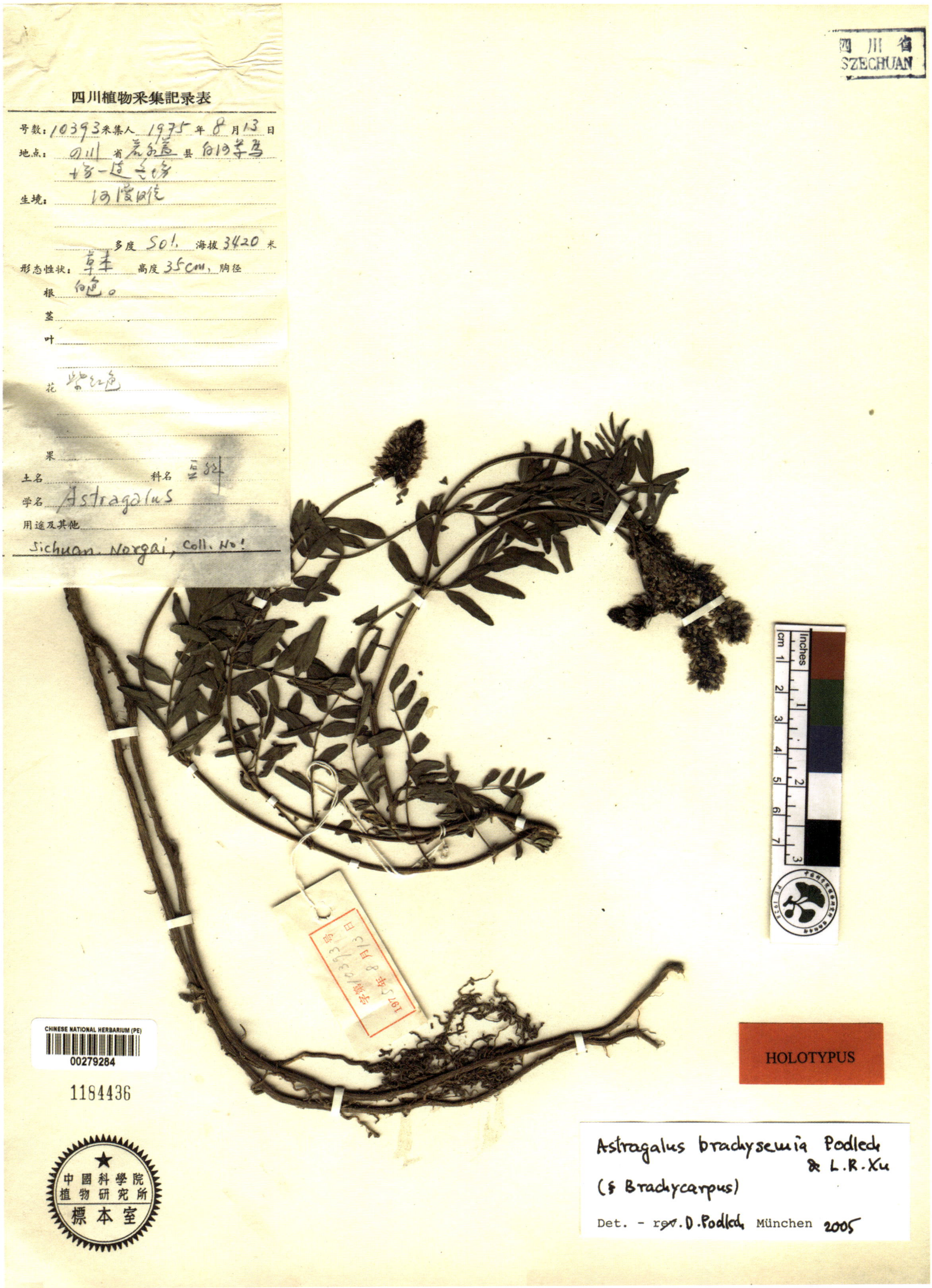

短柄黄耆 ***Astragalus brachysemia*** Podlech & L. R. Xu in Novon 17(2): 229. 2007. **Holotype:** China. Sichuan: Zoigê, alt. 3 420 m, 1975-08-13, Anonymous 10393.

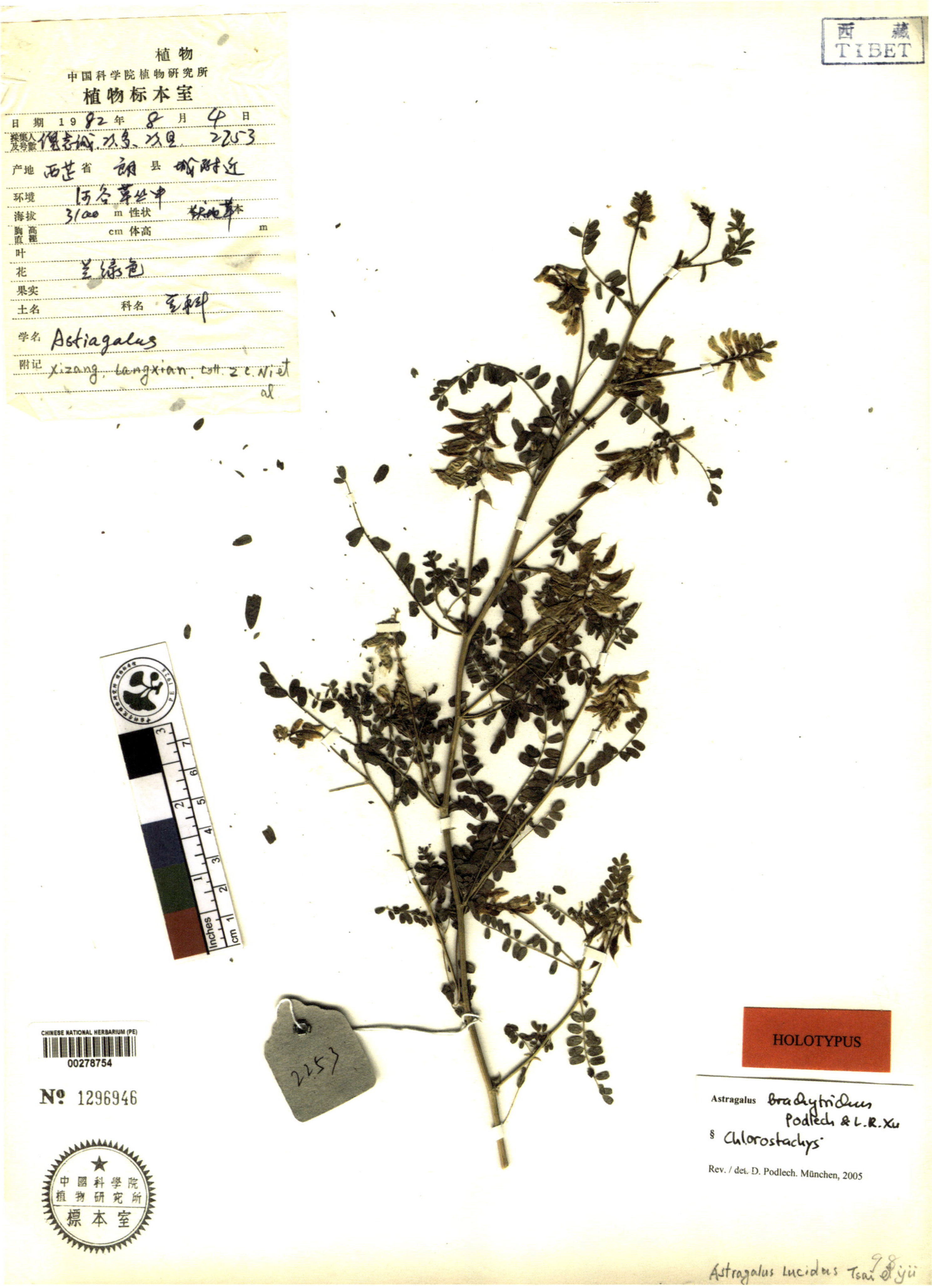

短毛黄耆 ***Astragalus brachytrichus*** Podlech & L. R. Xu in Novon 17(2): 232. 2007. **Holotype:** China. Xizang: Nang Xian, alt. 3 100 m, 1982-08-04, C. C. Ni & al. 2253.

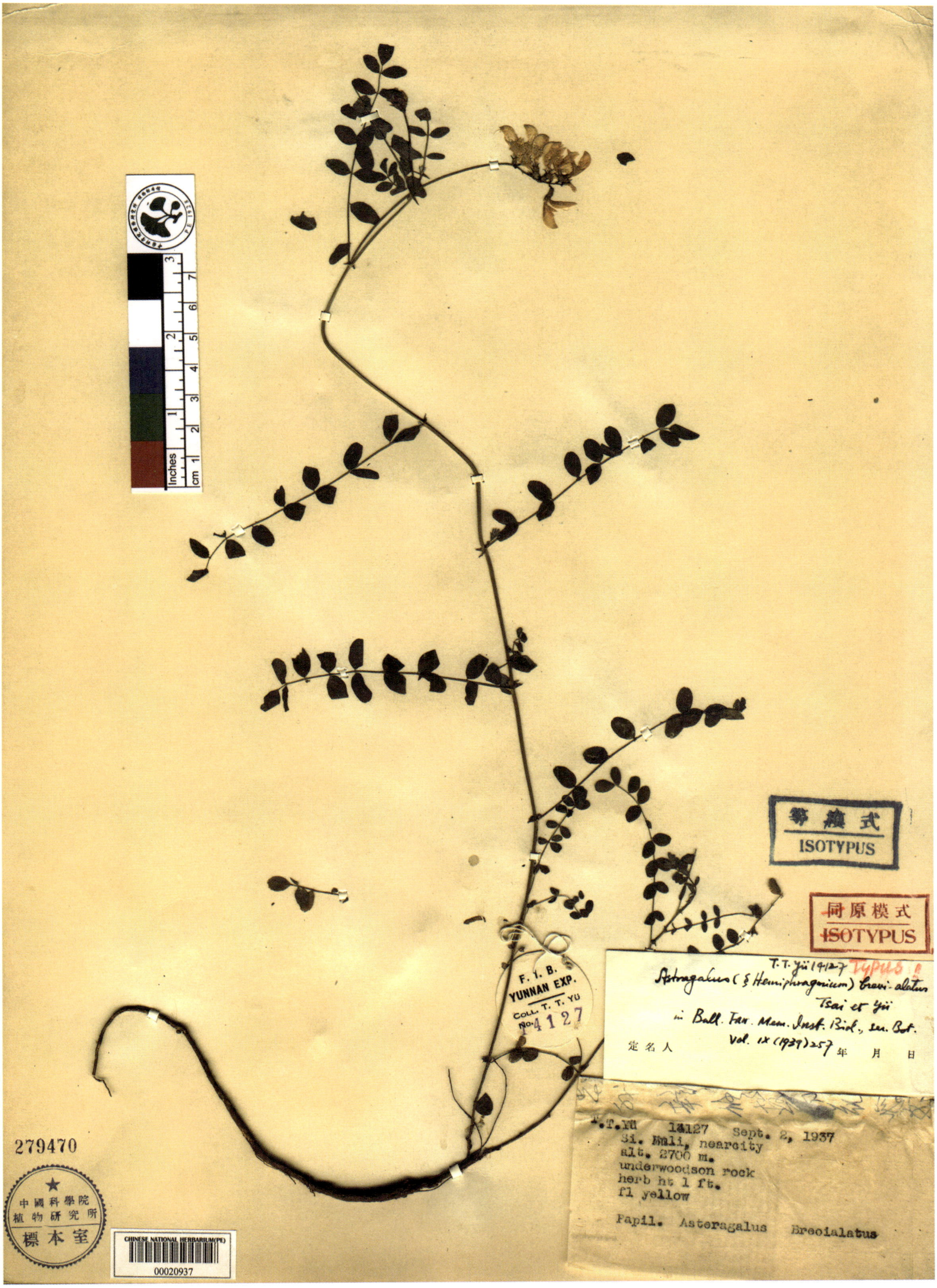

短翼黄耆 ***Astragalus brevi-alatus*** Tsai & Yu in Bull. Fan Mem. Inst. Biol., Bot. Ser. 9(5): 257, f. 1. 1940. **Isotype:** China. Sichuan: Muli, alt. 2 700 m, 1937-09-02, T. T. Yu 14127.

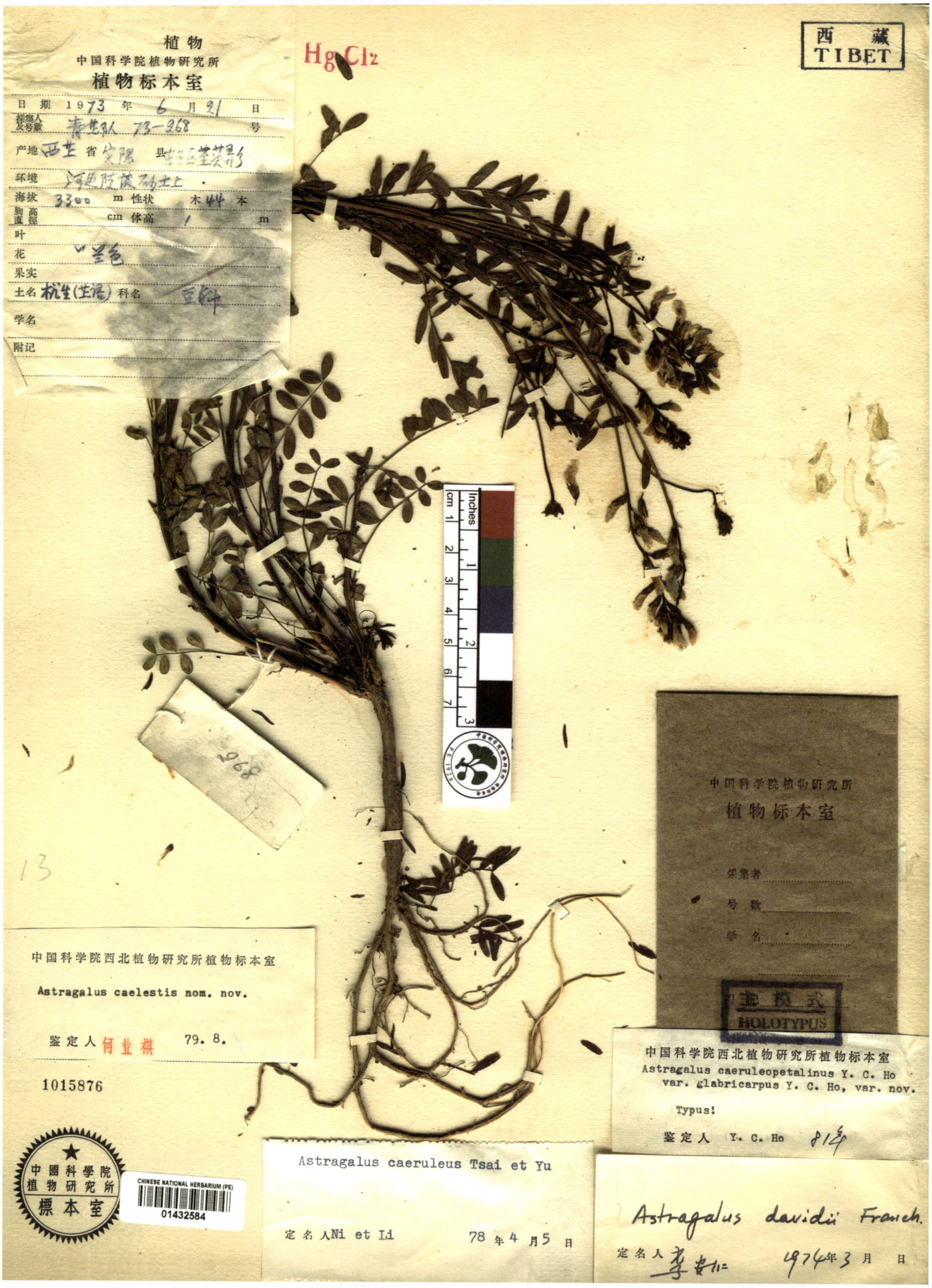

光果蓝花黄芪 ***Astragalus caeruleopetalinus*** Y. C. Ho var. ***glabricarpus*** Y. C. Ho in Bull. Bot. Lab. N.-E. Forest. Inst., Harbin 8(8): 60. 1980. **Holotype:** China. Xizang: Zayü, alt. 3 300 m, 1973-06-21, Qinghai-Xizang Exped. 73-268.

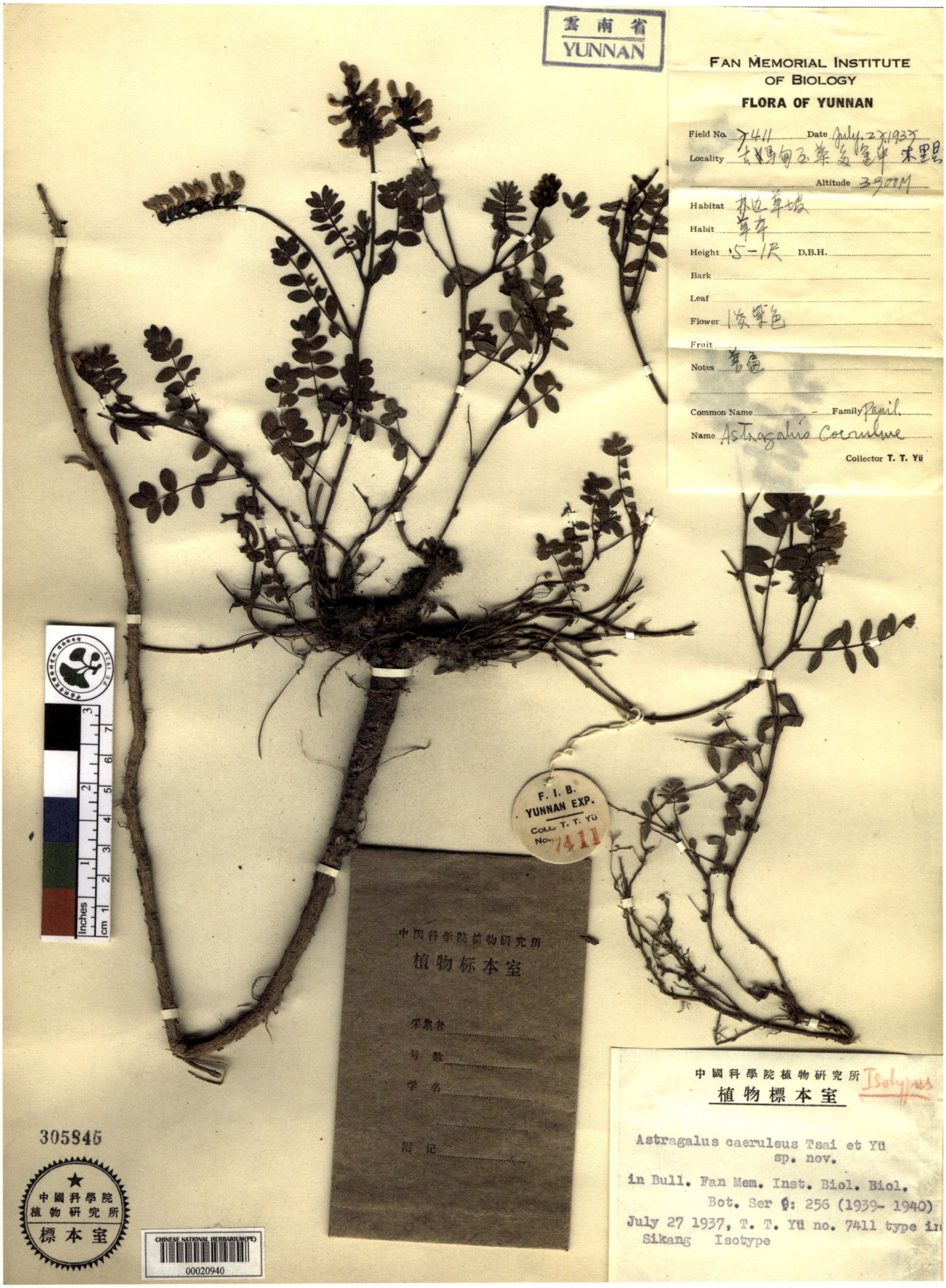

蓝花黄耆 ***Astragalus caeruleus*** Tsai & Yu in Bull. Fan Mem. Inst. Biol., Bot. Ser. 9: 258, f. 2. 1940. **Isotype:** China. Sichuan: Muli, alt. 3 900 m, 1937-07-27, T. T. Yu 7411.

昌都黄芪 ***Astragalus changduensis*** Y. C. Ho in Bull. Bot. Res., Harbin 1(3): 106, f. 11. 1981. **Holotype:** China. Xizang: Qamdo, alt. 3 300 m, 1976-05-27, Qinghai-Xizang Exped. 11617.

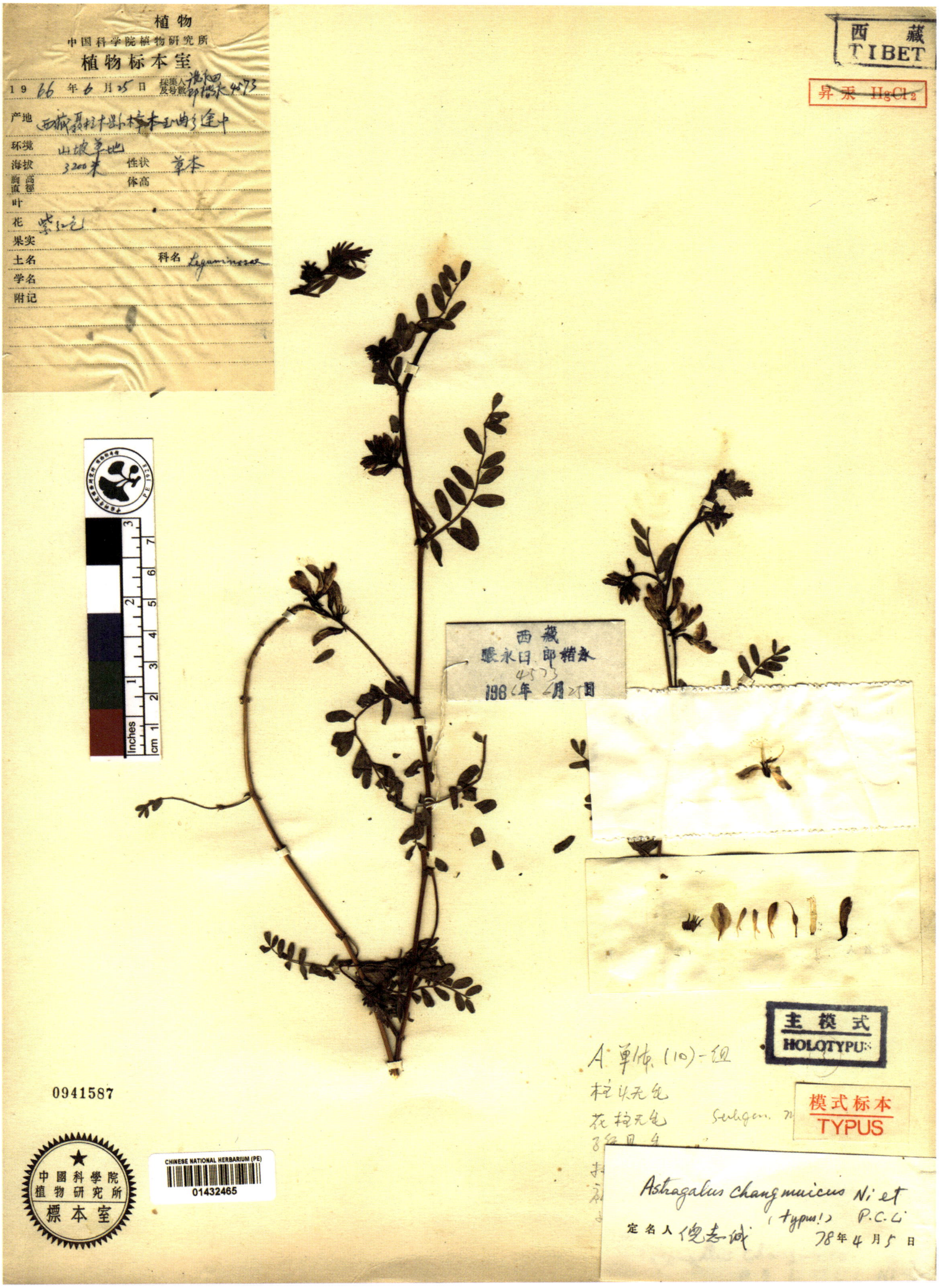

樟木黄芪 ***Astragalus changmuicus*** C. C. Ni & P. C. Li in Acta Phytotax. Sin. 17(2): 105, f. 2. 1979. **Holotype:** China. Xizang: Nyalam, alt. 3 200 m, 1966-06-25, Y. T. Chang & K. Y. Lang 4573.

镇康黄芪 ***Astragalus chengkangensis*** Podlech & L. R. Xu in Novon 17(2): 232. 2007. **Holotype:** China. Yunnan: Zhenkang, alt. 2 900 m, 1938-08-02, T. T. Yu 17225.

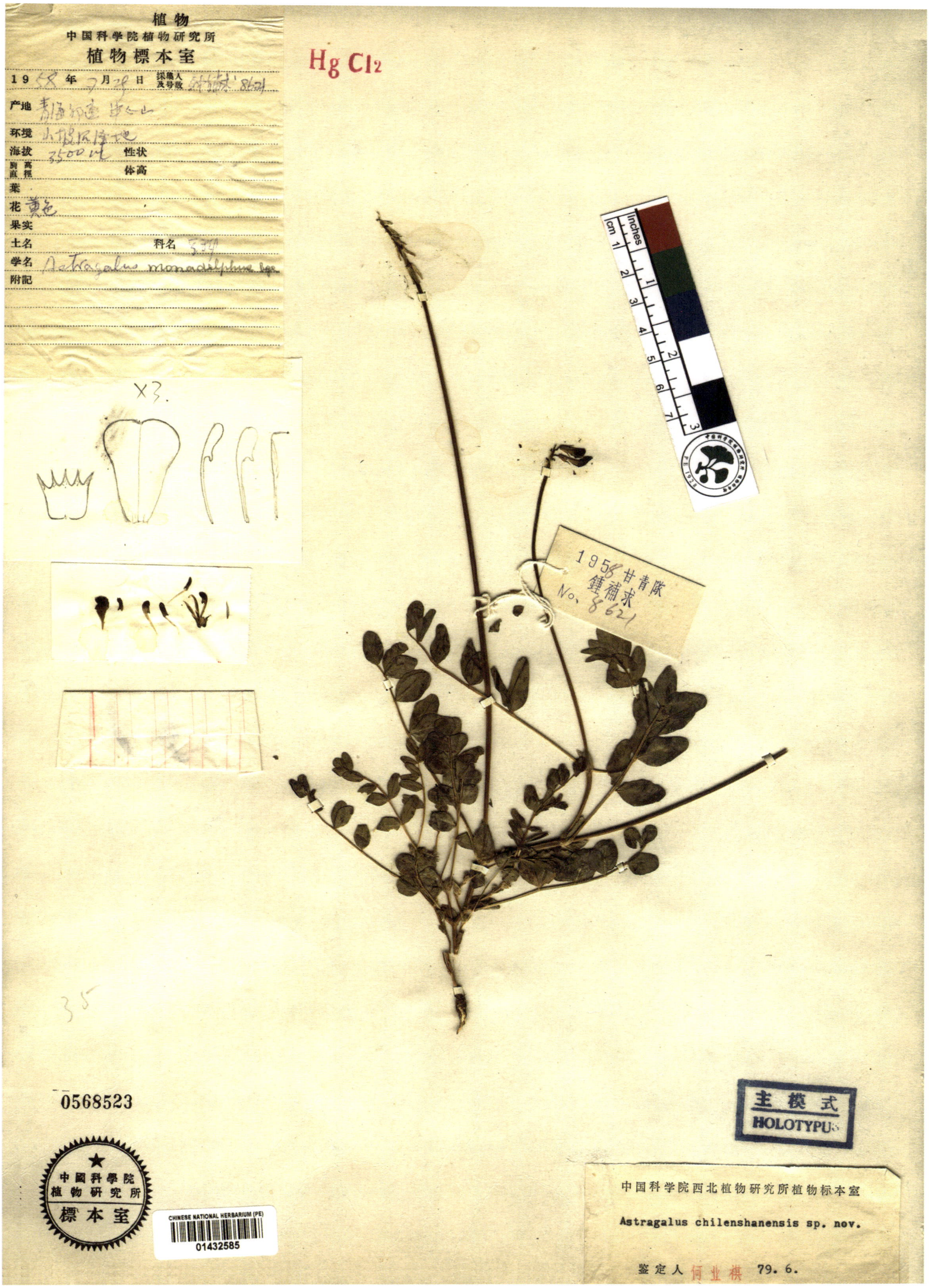

祁连山黄芪 ***Astragalus chilienshanensis*** Y. C. Ho in Bull. Bot. Lab. N.-E. Forest. Inst., Harbin 8(8): 51. 1980. **Holotype:** China. Qinghai: Qilian, alt. 3 500 m, 1958-07-29, P. C. Tsoong 8621.

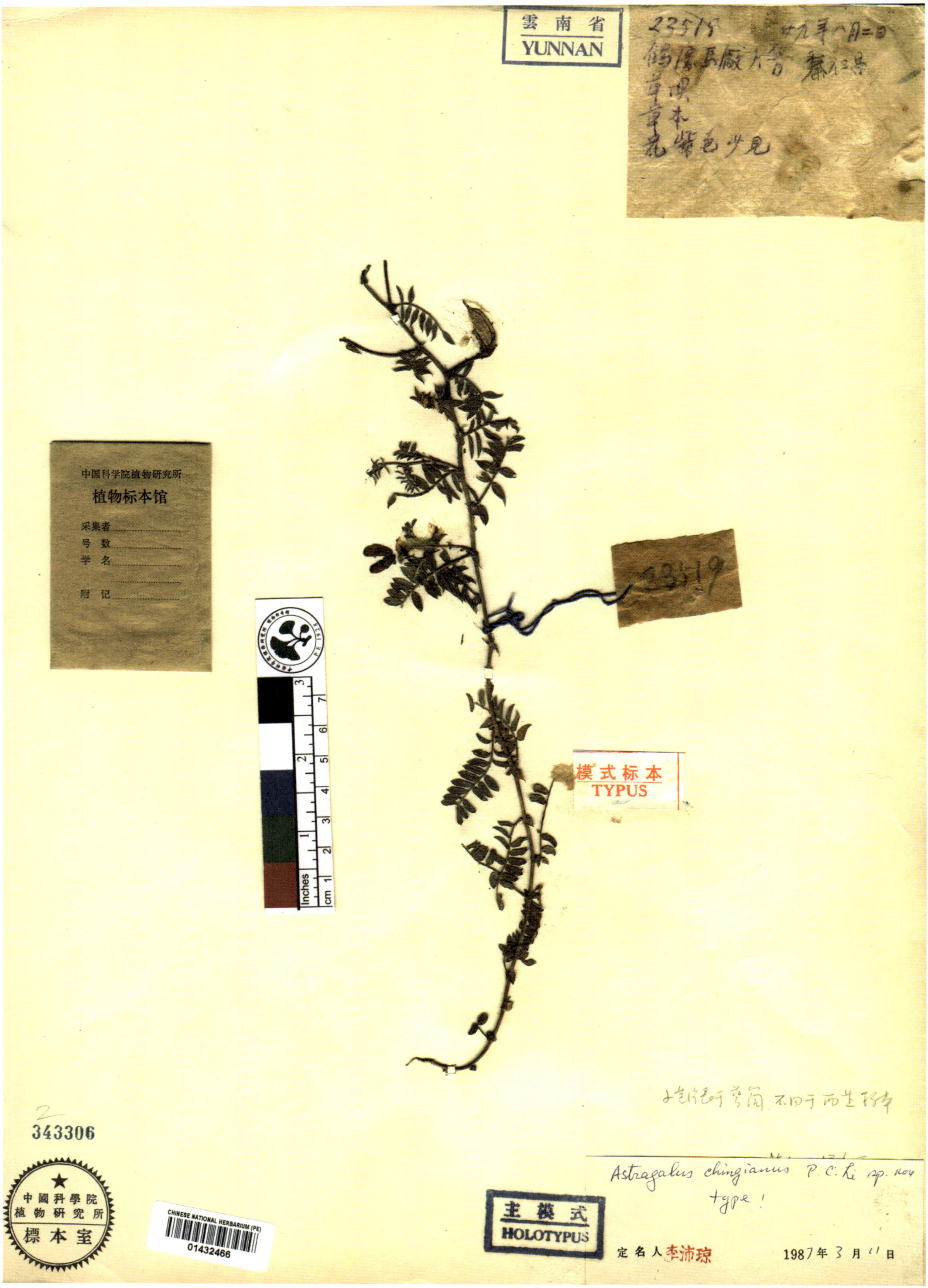

仁昌黄芪 ***Astragalus chingianus*** P. C. Li in Acta Bot. Yunnan. 11(3): 290, f. 5. 1989. **Holotype:** China. Yunnan: Heqing, 1940-08-02, R. C. Ching 23519.

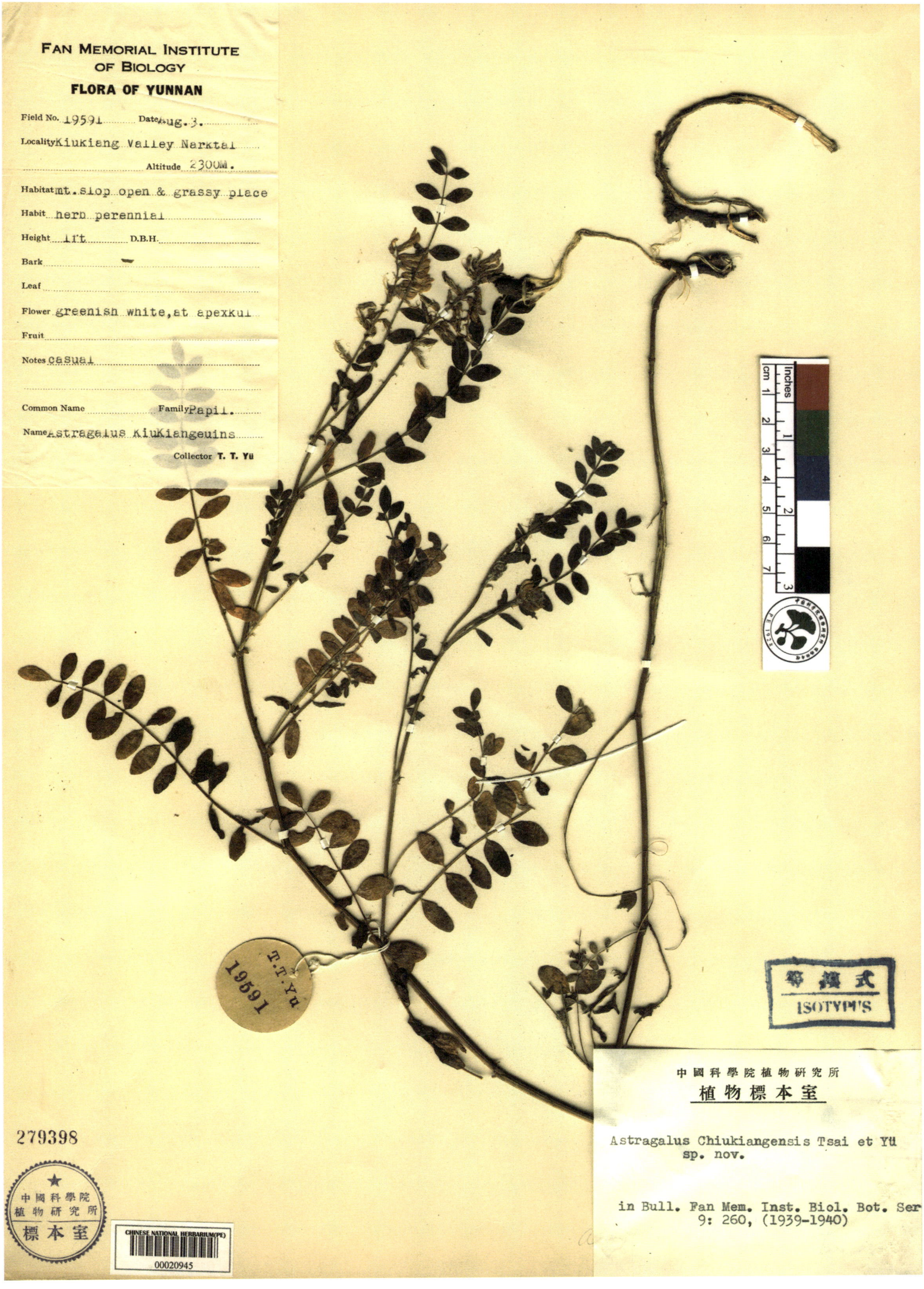

俅江黄耆 ***Astragalus chiukiangensis*** Tsai & Yu in Bull. Fan Mem. Inst. Biol., Bot. Ser. 9: 260, f. 4. 1940. **Isotype:** China. Yunnan: Gongshan, alt. 2 300 m, 1938-08-03, T. T. Yu 19591.

灰色黄芪 ***Astragalus cinerascens*** Tsai & Yu in Bull. Fan Mem. Inst. Biol., Bot. Ser. 9: 259, f. 3. 1940. **Isotype:** China. Sichuan: Xiangcheng, alt. 2 500 m, 1937-09-18, T. T. Yu 13396.

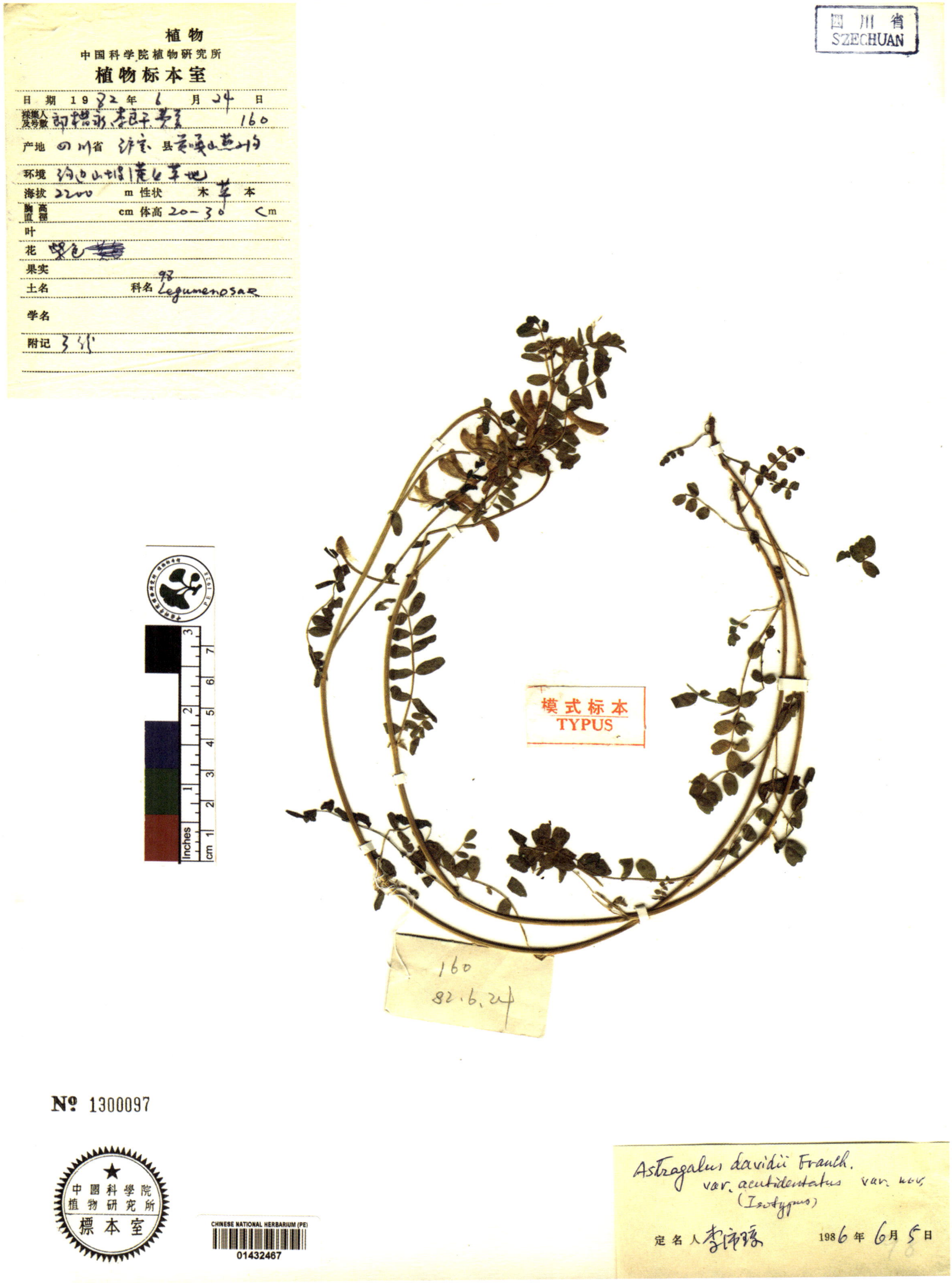

尖齿宝兴黄芪 ***Astragalus davidii*** Franch. var. ***acutidentatus*** P. C. Li in Acta Bot. Yunnan. 11(3): 294. 1989. **Isotype:** China. Sichuan: Luding, alt. 2 200 m, 1982-06-24, K. Y. Lang, L. Q. Li &Y. Fei 160.

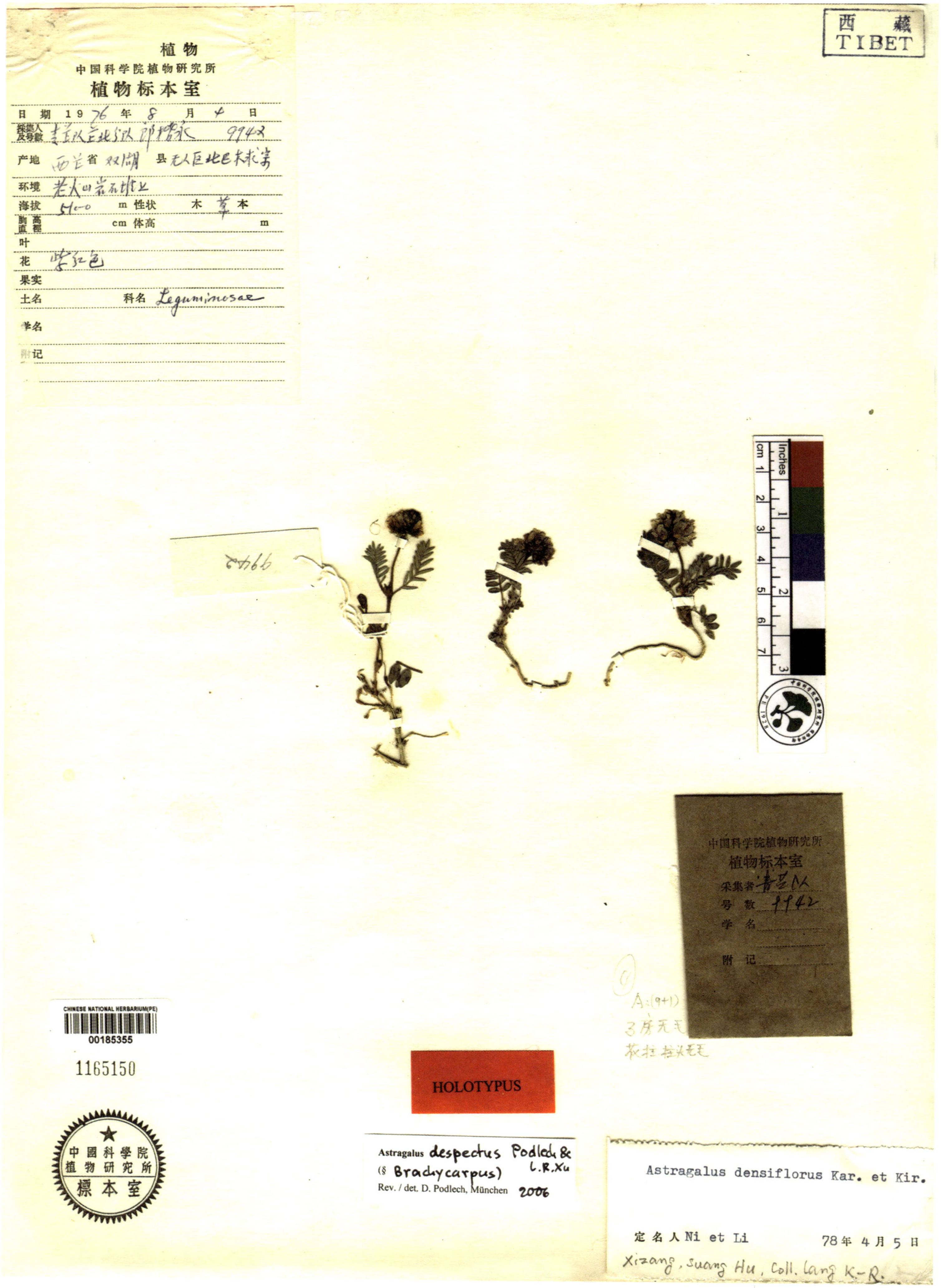

合托叶黄耆 ***Astragalus despectus*** Podlech & L. R. Xu in Novon 17(2): 229. 2007. **Holotype:** China. Xizang: Shuanghu, alt. 5 100 m, 1976-08-04, K. Y. Lang 9942.

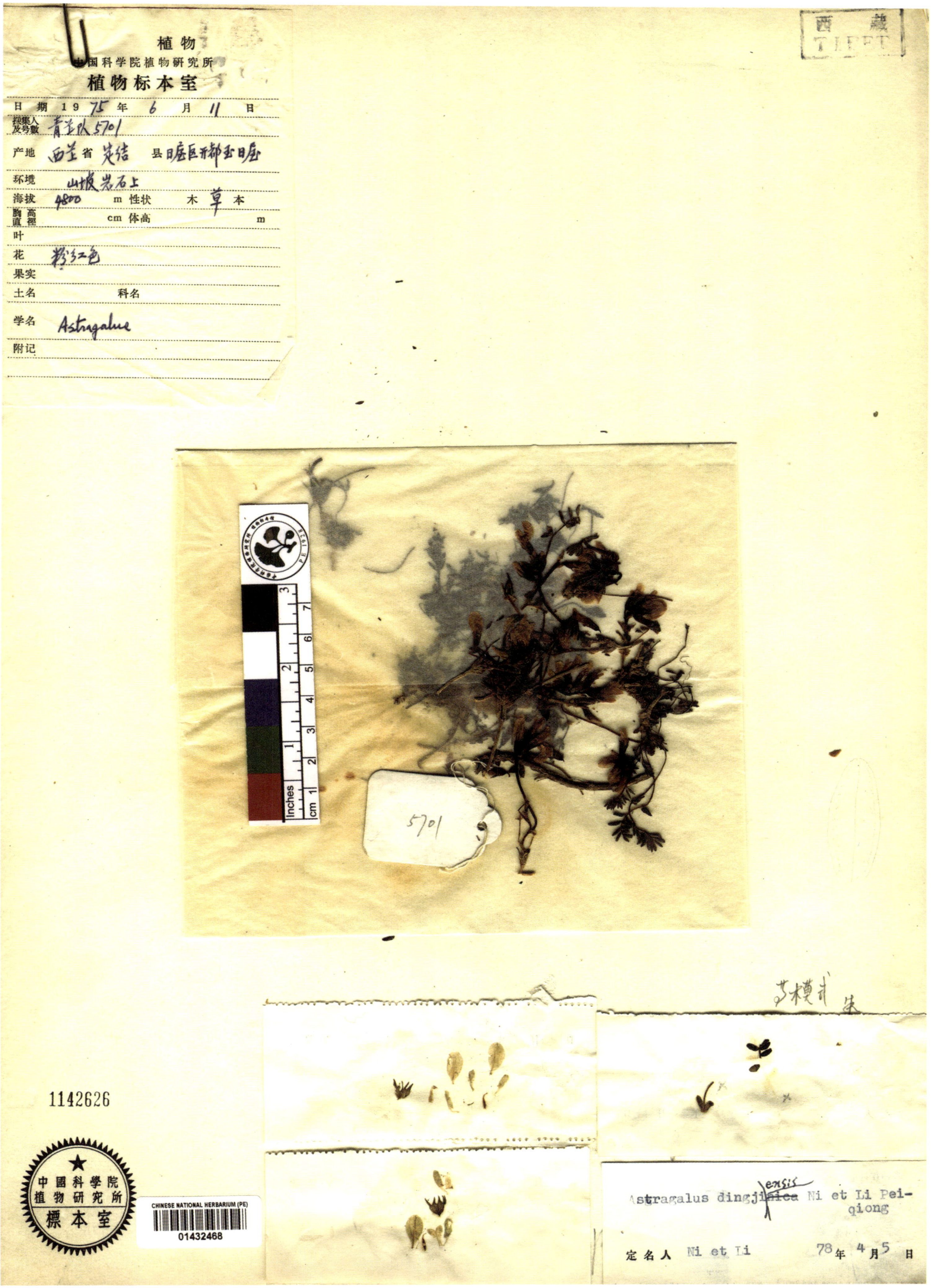

定结黄芪 ***Astragalus dingjiensis*** C. C. Ni & P. C. Li in Acta Phytotax. Sin. 17(2): 109, f. 8:11-20. 1979. **Isotype:** China. Xizang: Dinggyê, alt. 4 800 m, 1975-06-11, Qinghai-Xizang Exped. 5701.

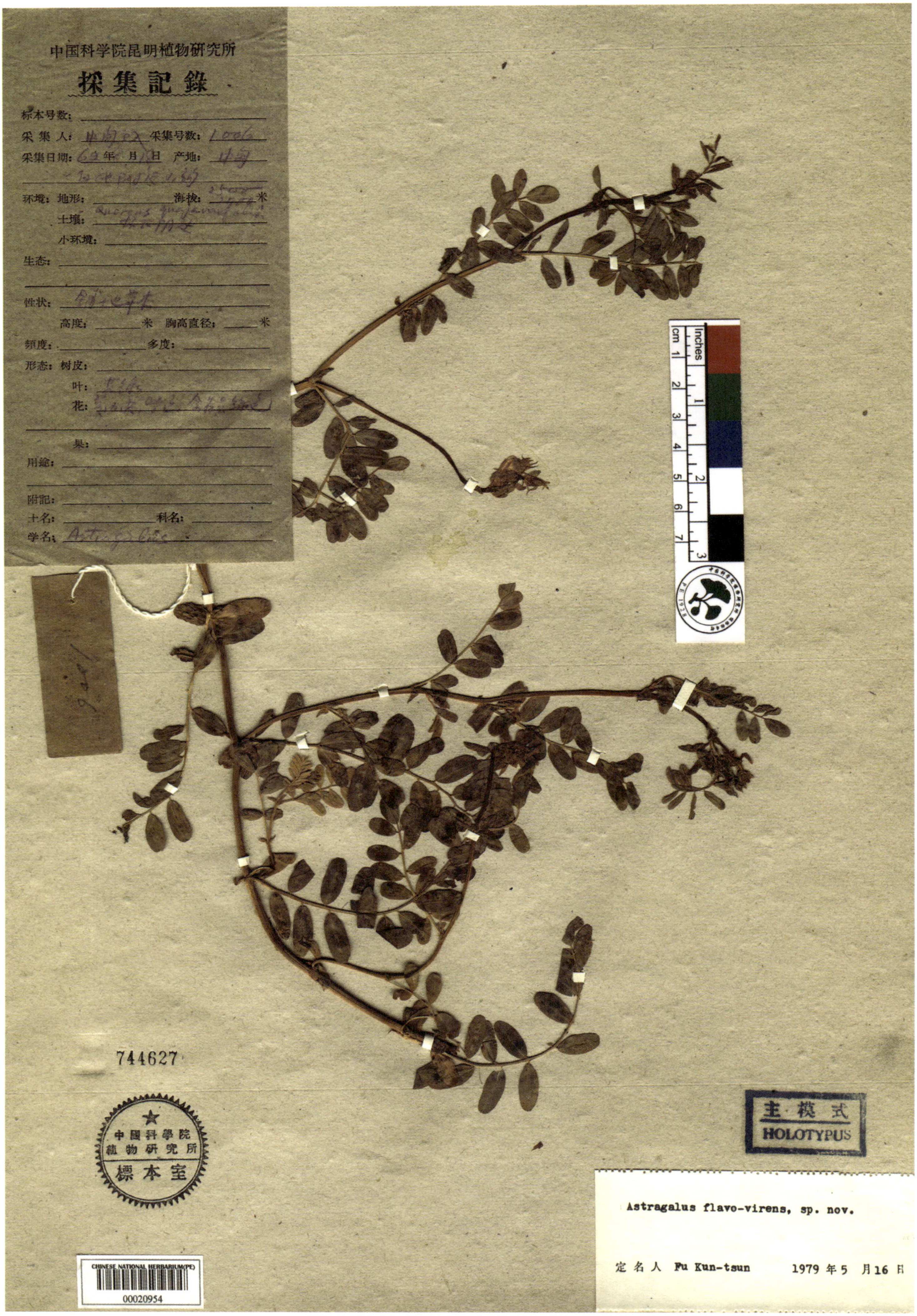

黄绿黄芪 ***Astragalus flavovirens*** K. T. Fu in Bull. Bot. Res., Harbin 2(1): 122, f. 3. 1982. **Holotype:** China. Yunnan: Shangri-La, alt. 2 500~2 600 m, 1962-08-18, Zhongdian Exped. 1006.

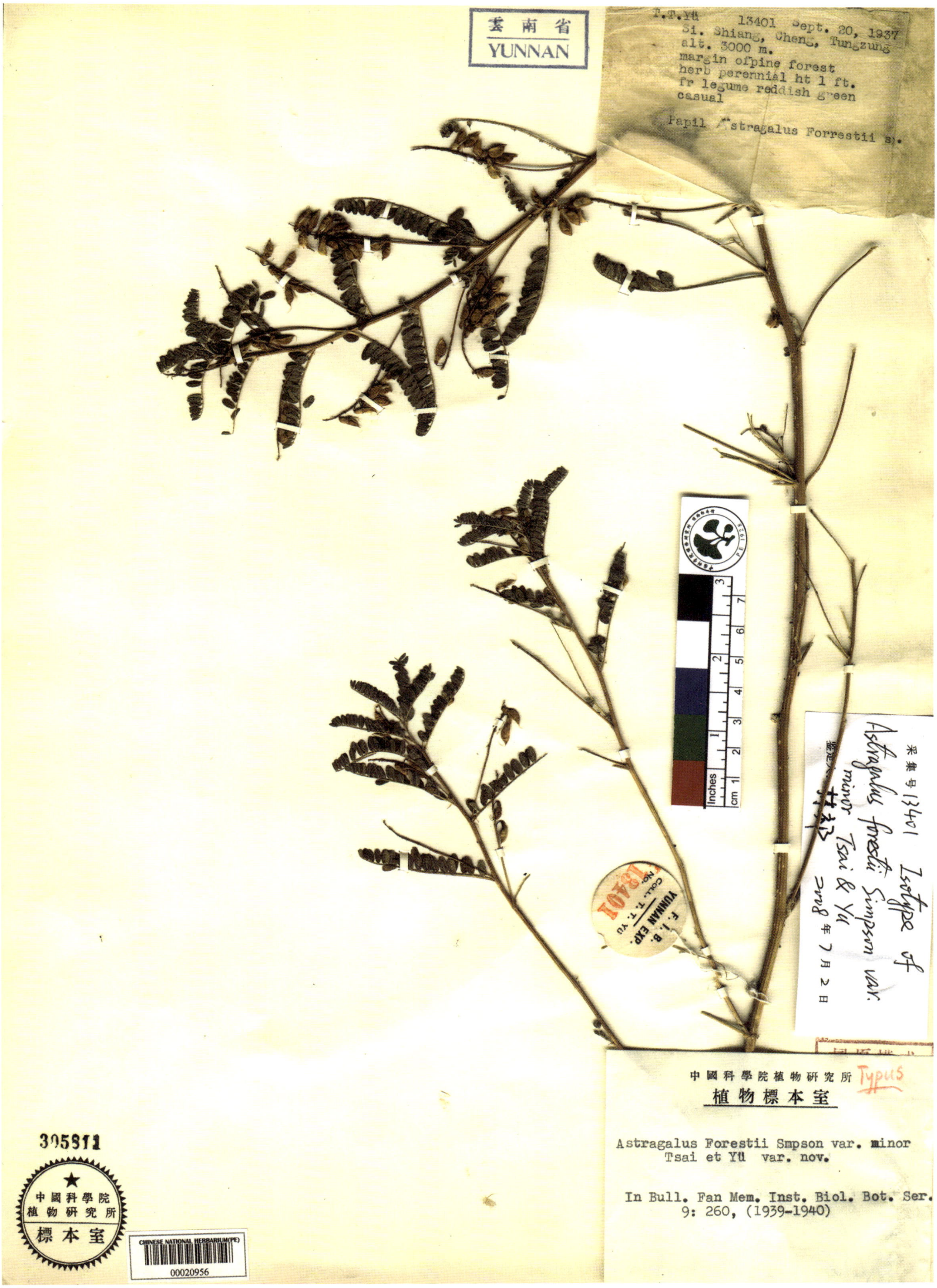

小中甸黄耆 ***Astragalus forestii*** Smpson var. ***minor*** Tsai & Yu in Bull. Fan Mem. Inst. Biol., Bot. Ser. 9(5): 260. 1940. **Isotype:** China. Sichuan: Xiangcheng, alt. 3 000 m, 1937-09-20, T. T. Yu 13401.

格尔木黄芪 ***Astragalus golmunensis*** Y. C. Ho in Bull. Bot. Lab. N.-E. Forest. Inst., Harbin 8(8): 61, f. 5. 1980. **Isotype:** China. Qinghai: Golmud, alt. 4 100 m, 1959-06-15, Qinghai-Gansu Exped. 452.

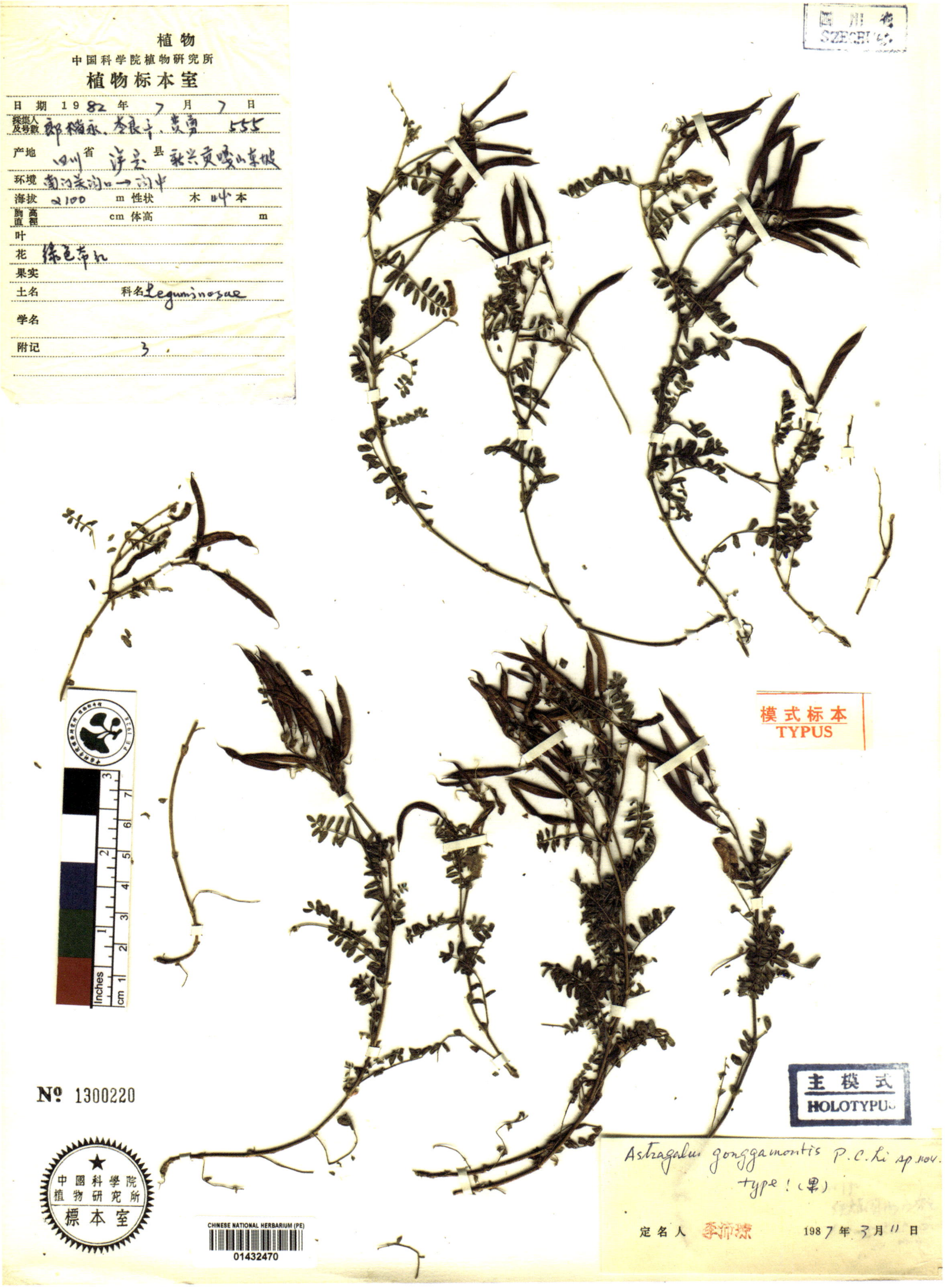

贡嘎黄芪 ***Astragalus gonggamontis*** P. C. Li in Acta Bot. Yunnan. 11(3): 296, f. 12. 1989. **Holotype:** China. Sichuan: Luding, alt. 2 100 m, 1982-07-07, K. Y. Lang, L. Q. Li & Y. Fei 555.

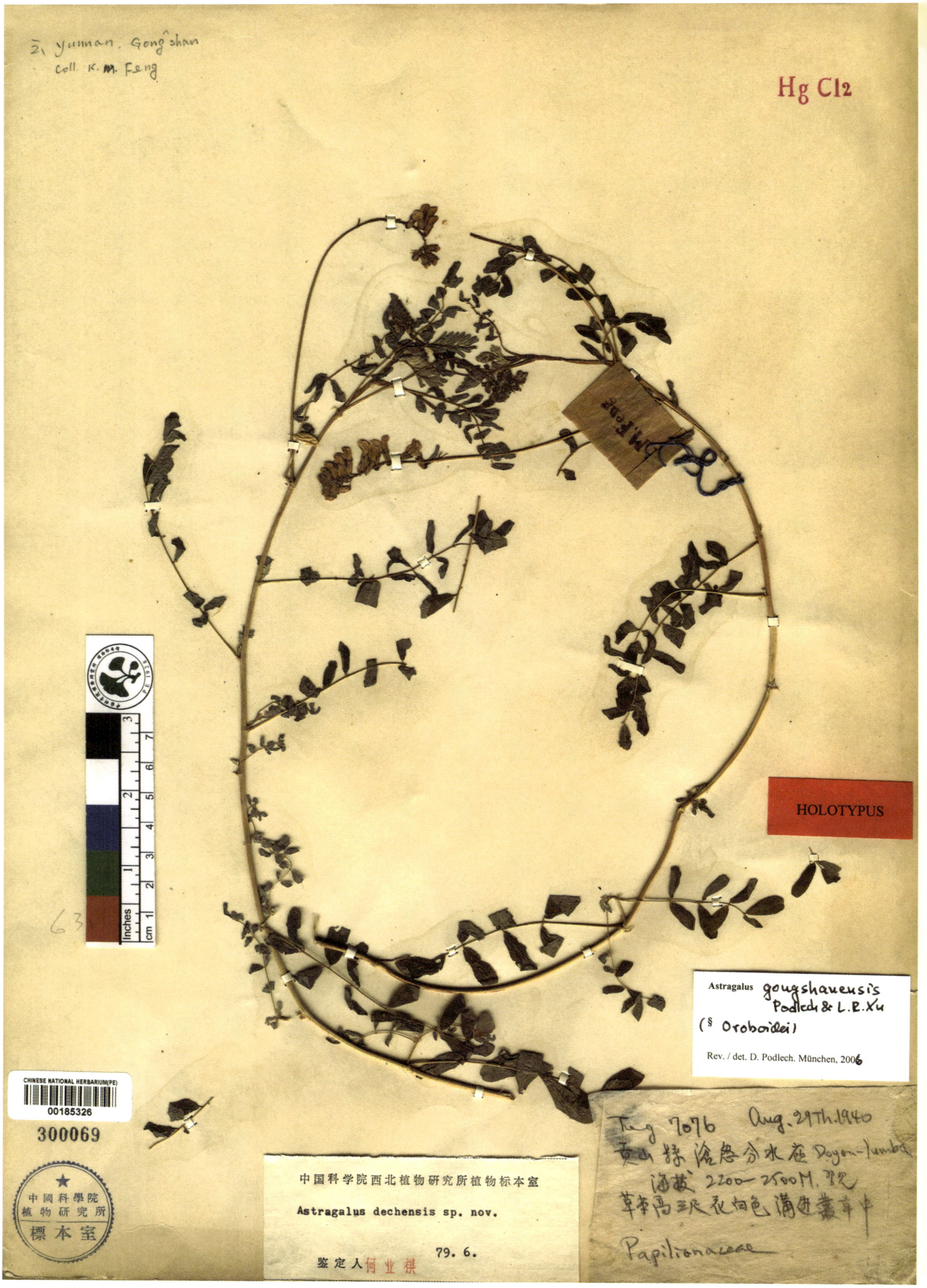

贡山黄芪 ***Astragalus gongshanensis*** Podlech & L. R. Xu in Novon 17(2): 241. 2007. **Holotype:** China. Yunnan: Gongshan, alt. 2 200~2 500 m, 1940-08-29, K. M. Feng 7076.

长序黄芪 ***Astragalus grubovii*** Cheng f. ex P. C. Li in Acta Bot. Yunnan. 11(3): 293, f. 8. 1989. **Holotype:** China. Yunnan: Dêqên, alt. 3 400 m, 1937-08-09, T. T. Yu 9463.

头序黄耆 ***Astragalus handelii*** Tsai & Yu in Bull. Fan Mem. Inst. Biol., Bot. 7(1): 20, f. 1. 1936. **Holotype:** China. Xizang: Radja, alt. 3 660 m, 1926-06-??, J. F. Rock. 14177.

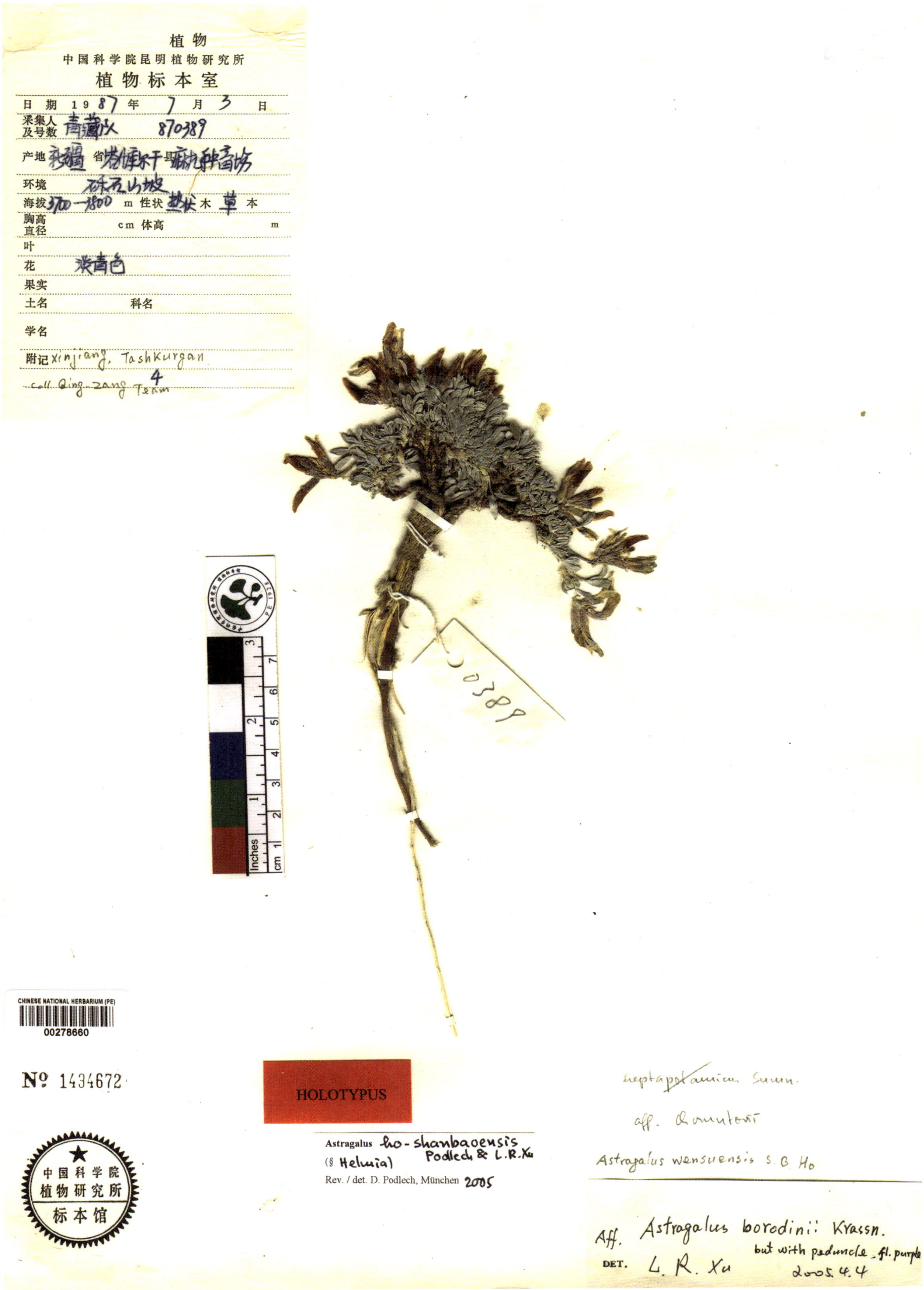

善宝黄耆 ***Astragalus hoshanbaoensis*** Podlech & L. R. Xu in Novon 17(2): 235. 2007. **Holotype:** China. Xinjiang: Taxkorgan, alt. 3 700~3 800 m, 1987-07-03, Qinghai-Xizang Exped. 870389.

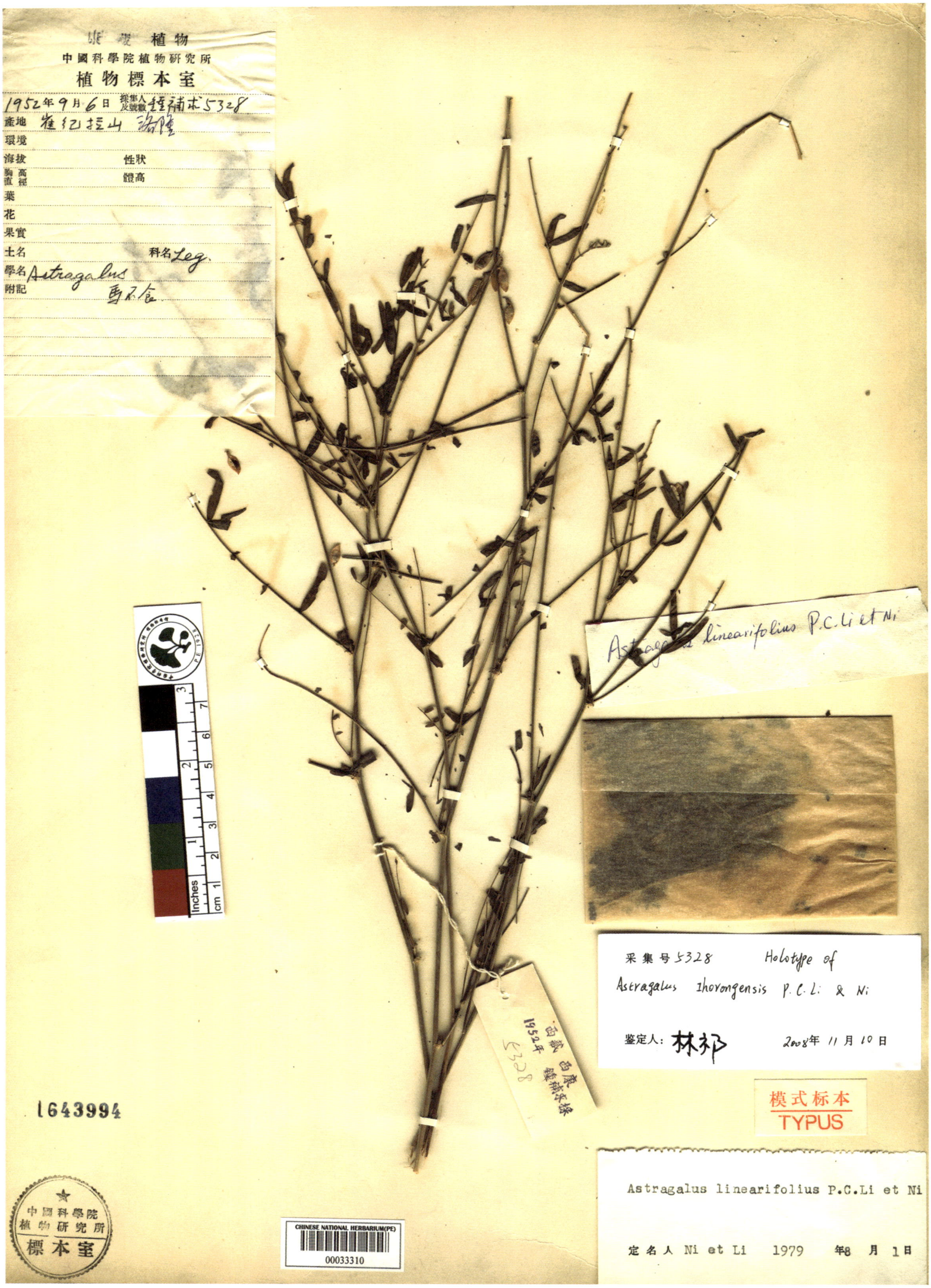

洛隆黄芪 ***Astragalus lhorongensis*** P. C. Li & C. C. Ni in Acta Phytotax. Sin. 18(3): 368. 1980. **Holotype:** China. Xizang: Lhorong, 1952-09-06, P. C. Tsoong 5328.

加查黄芪 ***Astragalus jiazaensis*** Podlech & L. R. Xu in Novon 17(2): 242. 2007. **Holotype:** China. Xizang: Gyaca, alt. 3 400 m, 1982-08-02, C. C. Ni & al. 2729.

柴达木黄芪 ***Astragalus kronenburgii*** Fedtsch. var. ***chaidamuensis*** S. B. Ho in Bull. Bot. Res., Harbin 3(1): 42, f. 1. 1983. **Paratype:** China. Qinghai: Haixi, Dachaidan, alt. 3 700 m, 1959-07-15, Qinghai-Gansu Exped. 307.

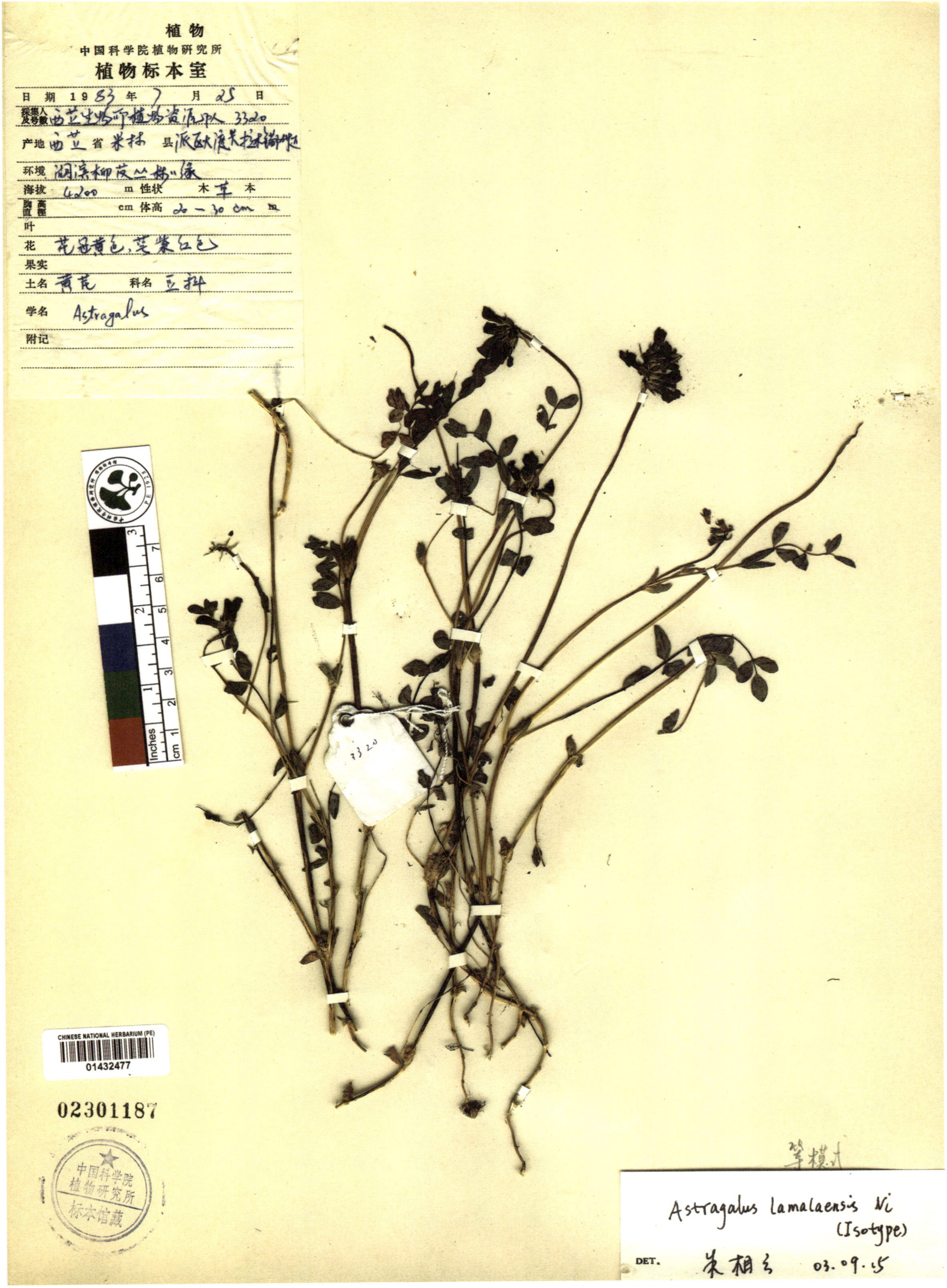

拉木拉黄芪 ***Astragalus lamalaensis*** Z. C. Ni in Acta Phytotax. Sin. 25(3): 232, f. 2: 1-7. 1987. **Isotype:** China. Xizang: Mainling, alt. 4 200 m, 1983-07-25, Xizang Plateau Inst. Biol. Exped. 3320.

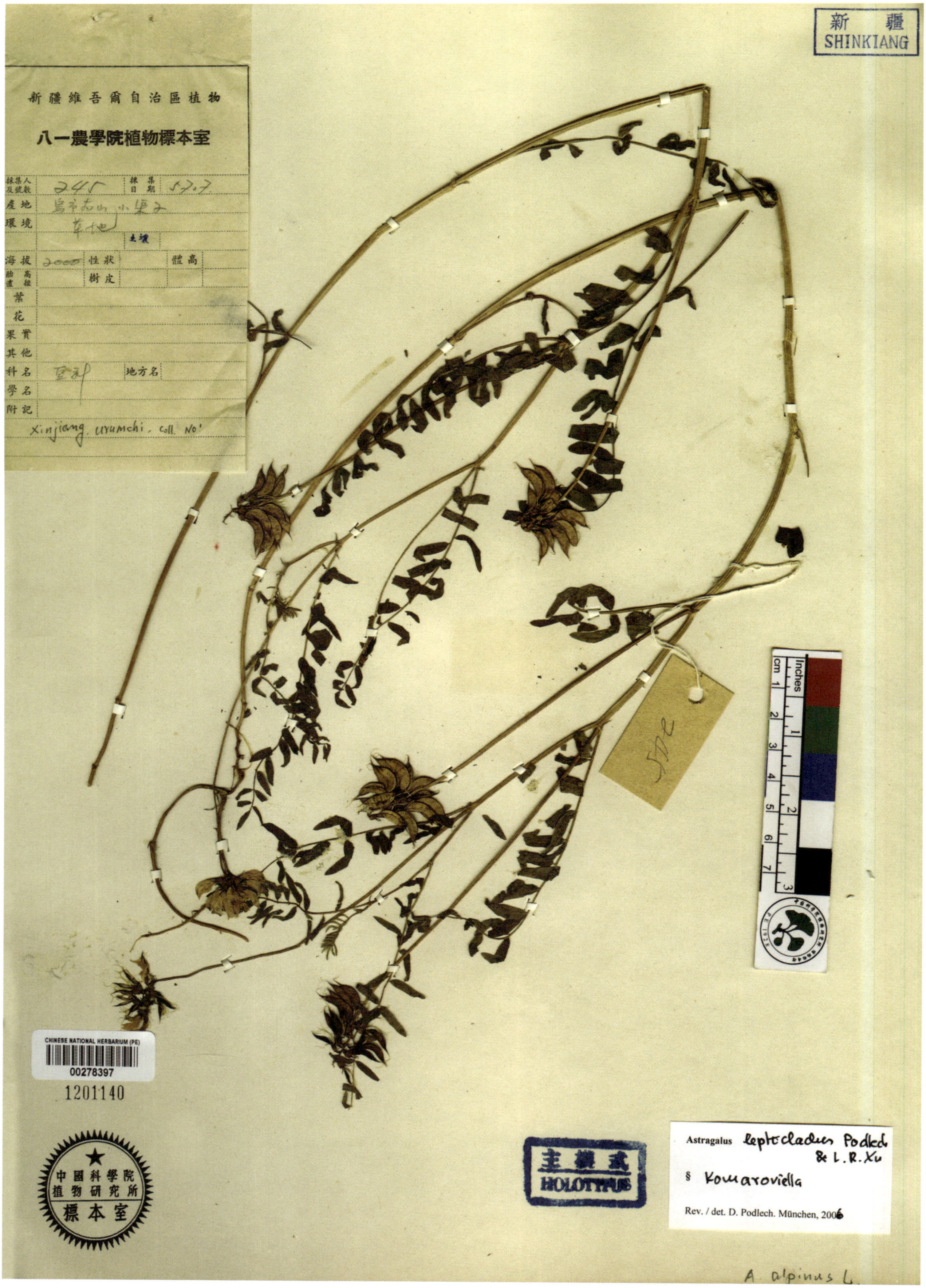

细枝黄耆 ***Astragalus leptocladus*** Podlech & L. R. Xu in Novon 17(2): 237. 2007. **Holotype:** China. Xinjiang: Urumqi, alt. 2 000 m, 1957-07-??, Anonymous 245.

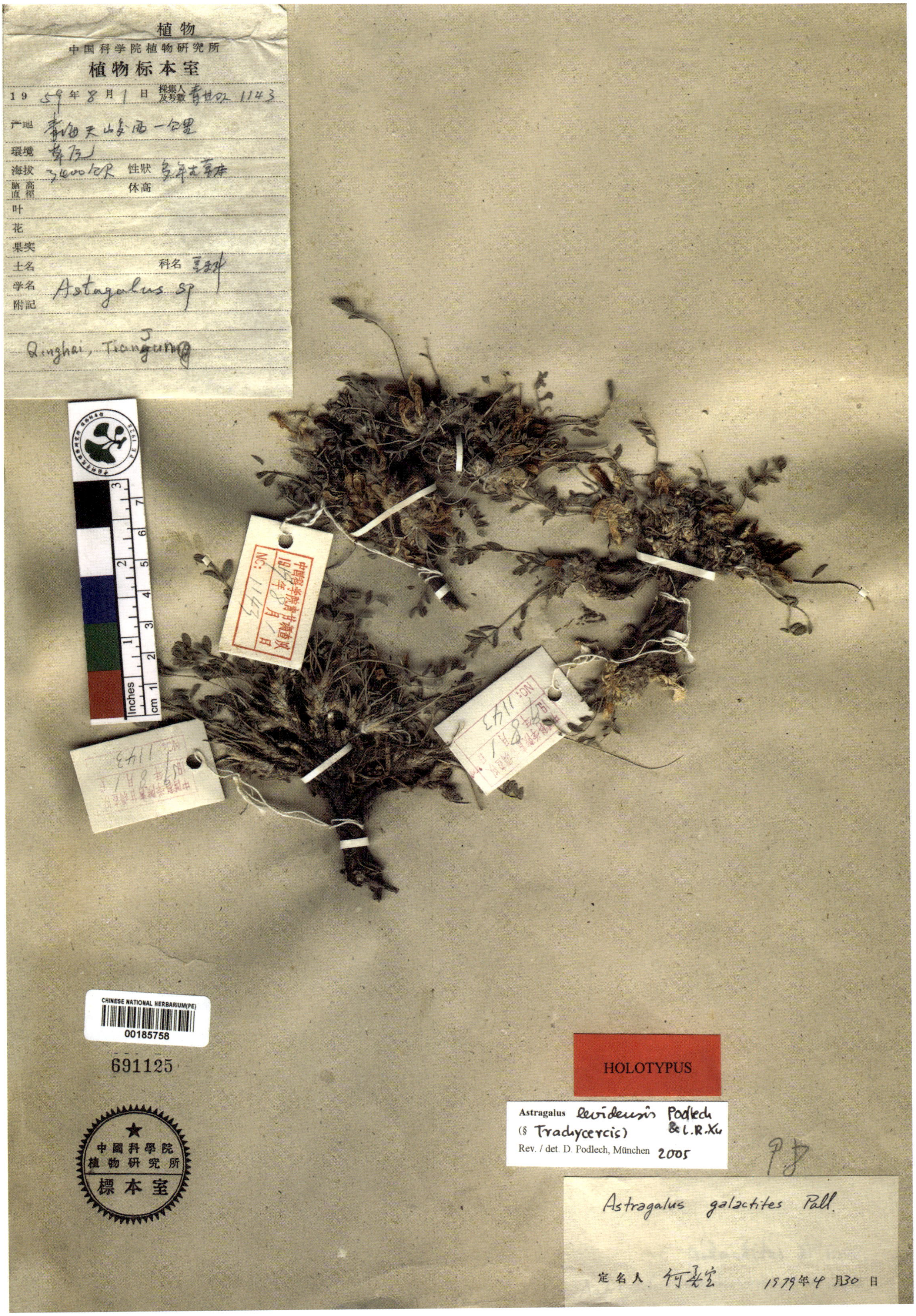

光萼齿黄耆 ***Astragalus levidensis*** Podlech & L. R. Xu in Novon 17(2): 245. 2007. **Holotype:** China. Qinghai: Tianjun, alt. 3 400 m, 1959-08-01, Qinghai-Gansu Exped. 1143.

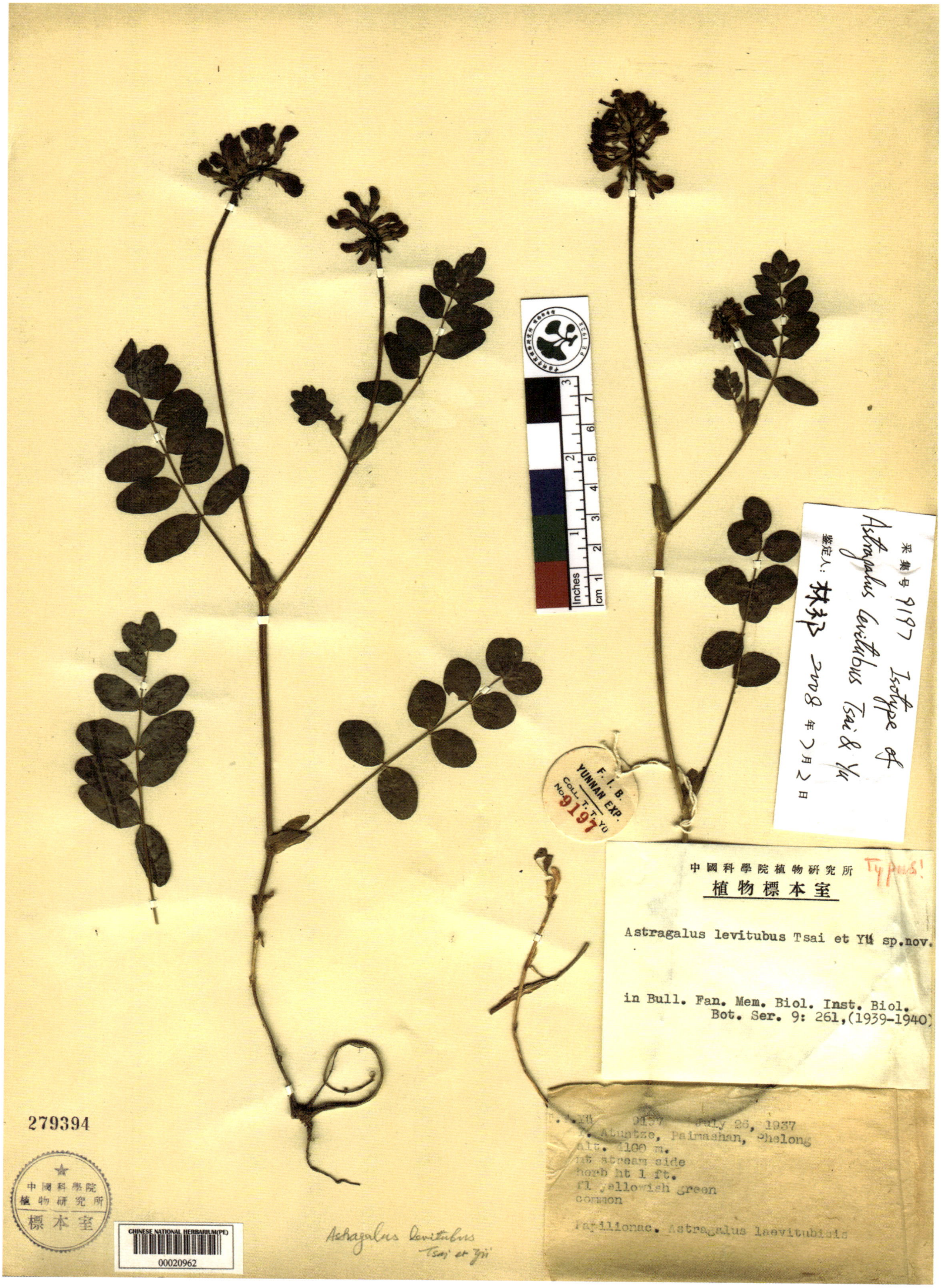

光萼筒黄耆 ***Astragalus levitubus*** Tsai & Yu in Bull. Fan Mem. Inst. Biol., Bot. Ser. 9: 261, f. 5. 1940. **Isotype:** China. Yunnan: Dêqên, alt. 4 100 m, 1937-07-26, T. T. Yu 9197.

刘氏黄芪 ***Astragalus lioui*** Tsai & Yu in Bull. Fan Mem. Inst. Biol., Bot. 7(1): 21, f. 2. 1936. **Holotype:** China. Gansu: Suzhou, alt. 1 500 m, 1931-06-18, T. N. Liou 2315.

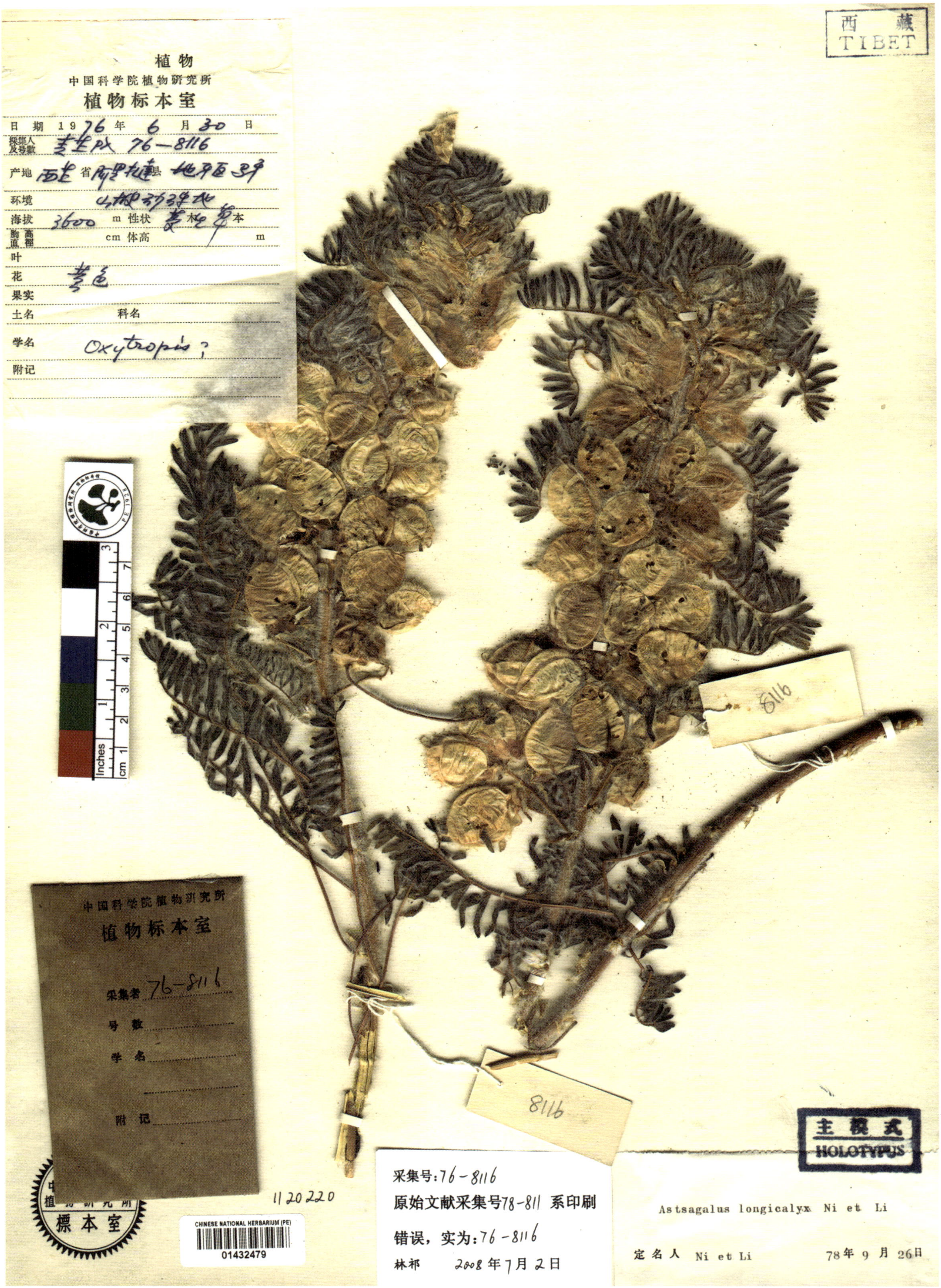

长萼黄芪 ***Astragalus longicalyx*** C. C. Ni & P. C. Li in Acta Phytotax. Sin. 17(2): 110, f. 10. 1979. **Holotype:** China. Xizang: Tsata, alt. 3 600 m, 1976-06-30, Qinghai-Xizang Exped. 76-8116.

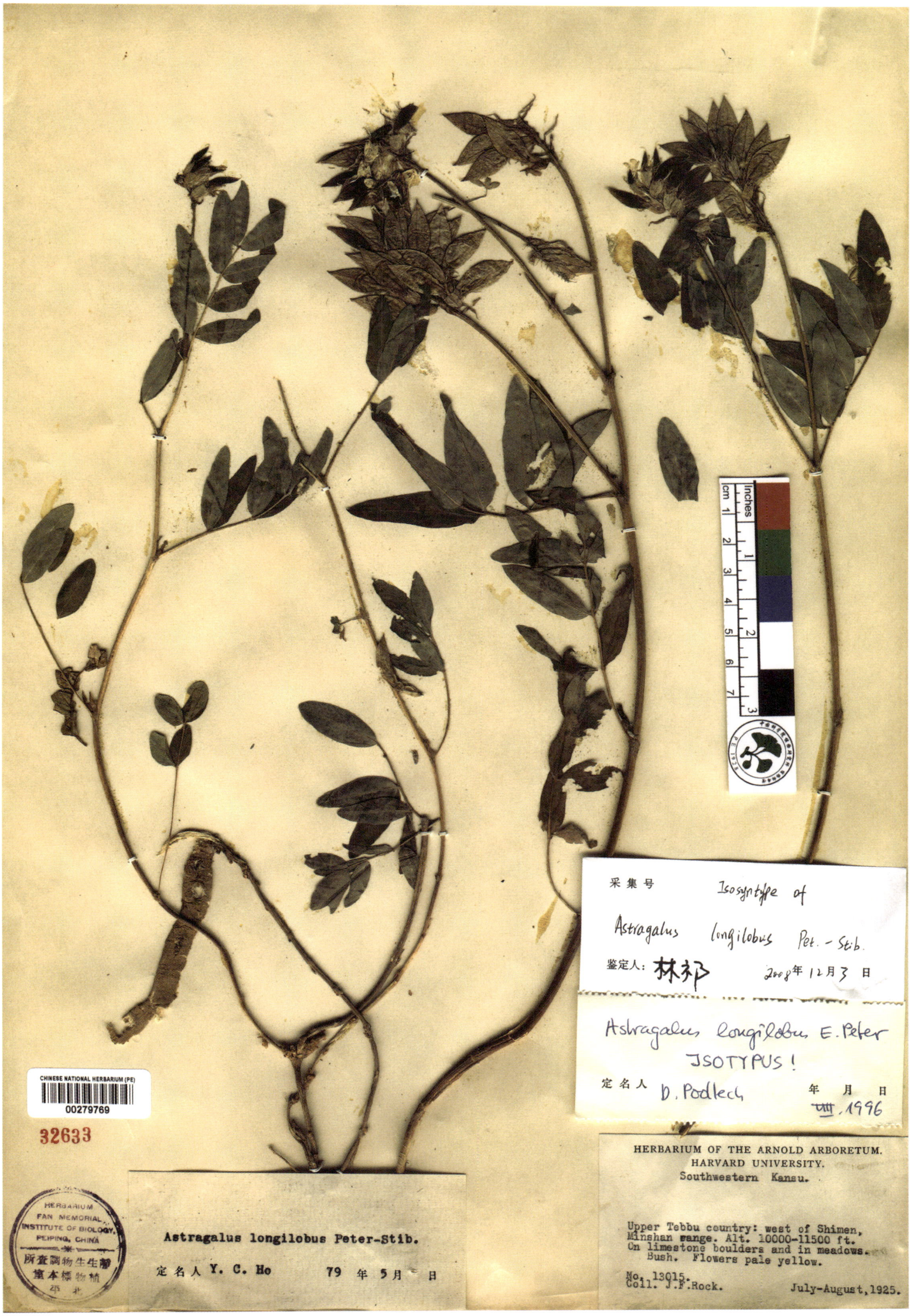

长萼裂黄耆 ***Astragalus longilobus*** Pet.-Stib. in Acta Horti Gothob.12(3): 47. 1937. **Lectotype** (designated here): China. Gansu: Diebu, alt. 3 050~3 508 m, 1925-(07~08)-??, J. F. Rock 13015.

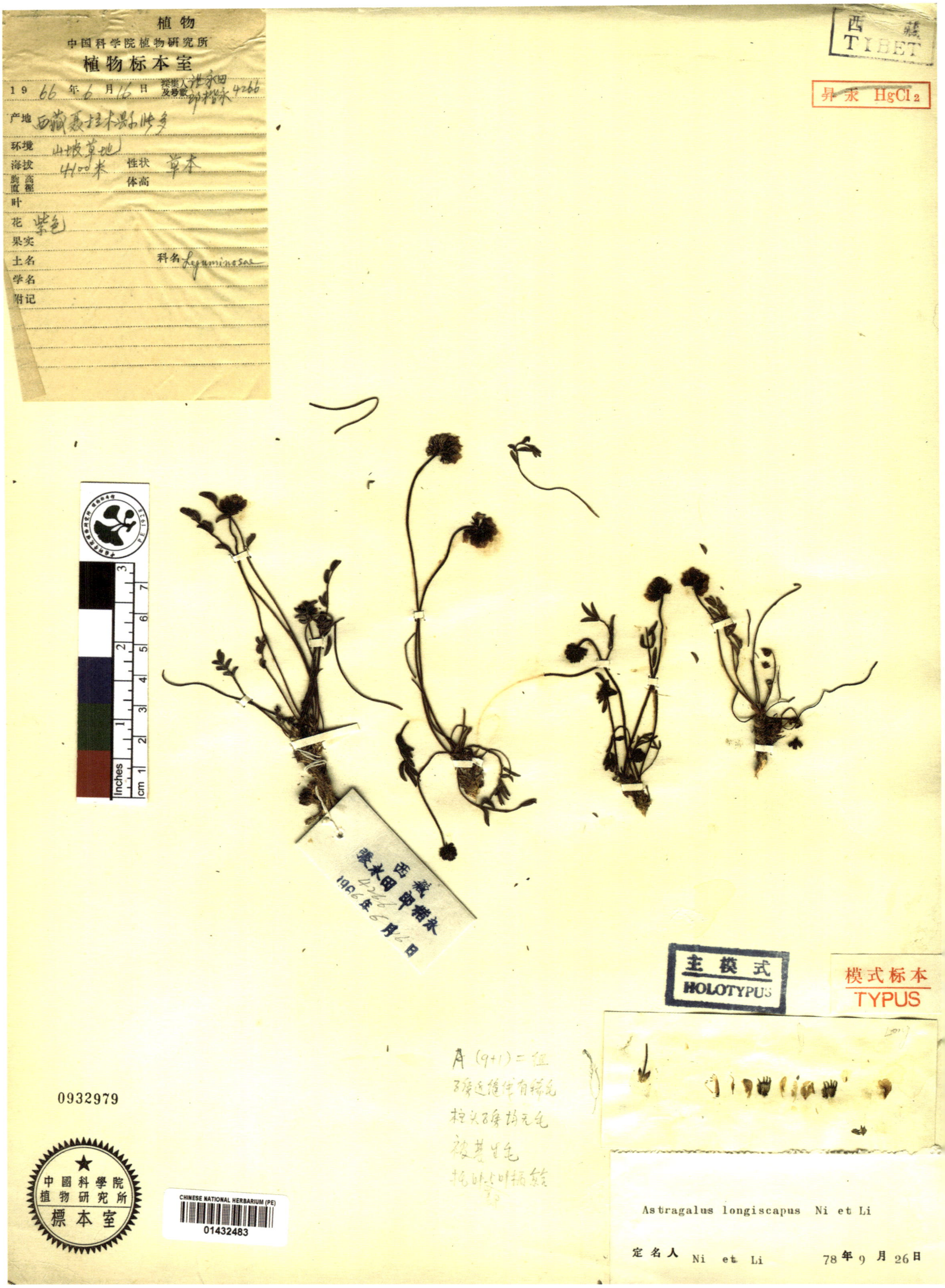

长梗黄芪 ***Astragalus longiscapus*** C. C. Ni & P. C. Li in Acta Phytotax. Sin. 17(2): 108, f. 8: 1-10. 1979. **Holotype:** China. Xizang: Nyalam, alt. 4 100 m, 1966-06-16, Y. T. Chang & K. Y. Lang 4266.

光萼黄耆 ***Astragalus lucidus*** Tsai & Yu in Bull. Fan Mem. Inst. Biol., Bot. Ser. 9: 262, f. 6. 1940. **Isotype:** China. Sichuan: Muli, alt. 3 500 m, 1937-07-28, T. T. Yu 7394.

黄花黄耆 ***Astragalus luteolus*** Tsai & Yu in Bull. Fan Mem. Inst. Biol., Bot. 7(1): 23, f. 3. 1936. **Holotype:** China. Sichuan: Songpan, 1928-08-??, W. P. Fang 4313.

长毛荚黄耆 ***Astragalus macrotrichus*** Pet.-Stib. in Acta Horti Gothob. 12(3): 67. 1937. **Isotype:** China. Nei Mongol: Suiyuan, 1931-05-29, T. N. Liou 2130.

买依尔黄耆 ***Astragalus maiusculus*** Podlech & L. R. Xu in Novon 17(2): 239. 2007. **Holotype:** China. Xinjiang: Toli, alt. 1 650 m, 1993-07-01, D. F. Cui 93050.

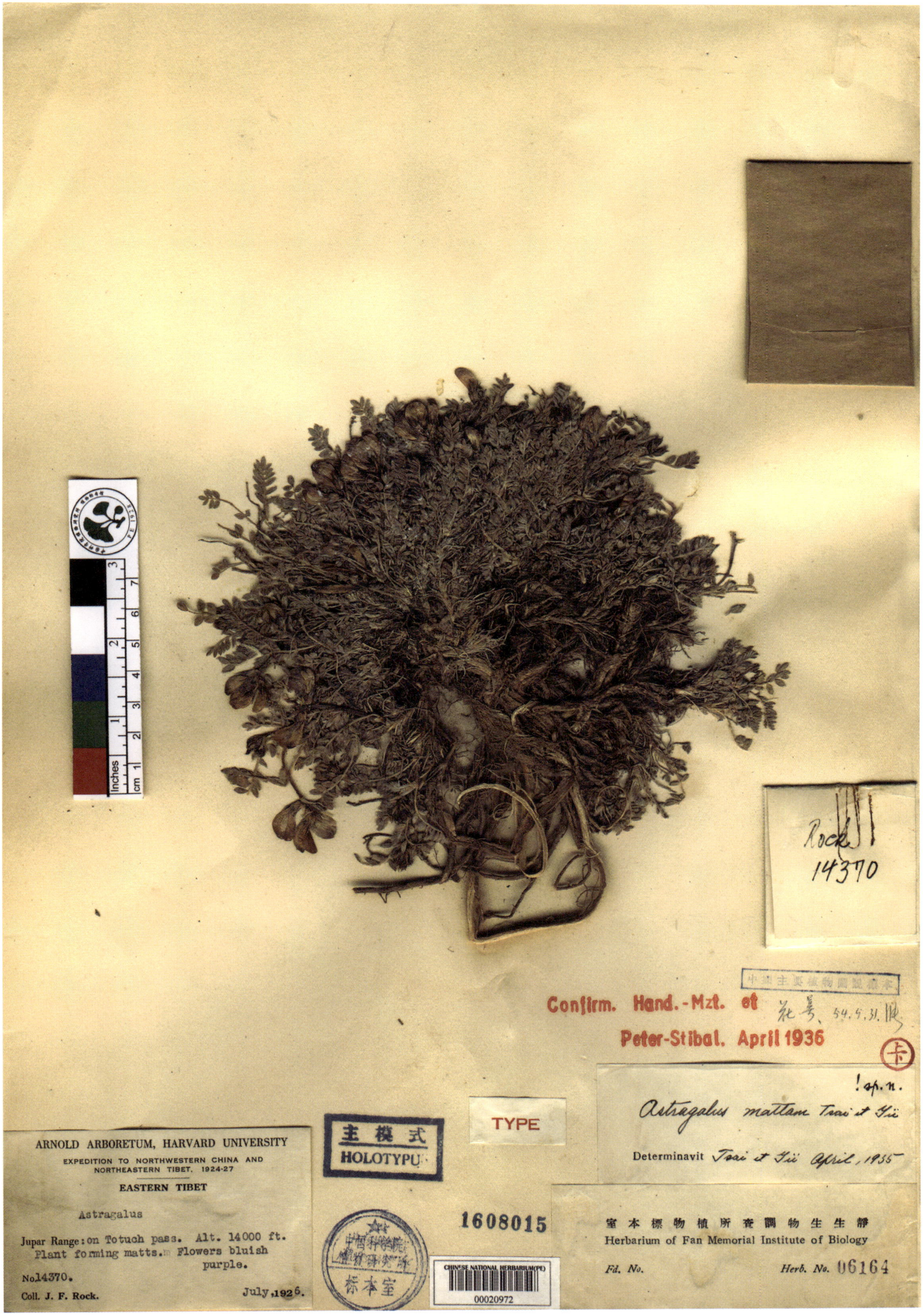

茵垫黄耆 ***Astragalus mattam*** Tsai & Yu in Bull. Fan Mem. Inst. Biol., Bot. 7(1): 24, f. 4. 1936. **Holotype:** China. Xizang: Precise locality not known, alt. 4 270 m, 1926-07-??, J. F. Rock 14370.

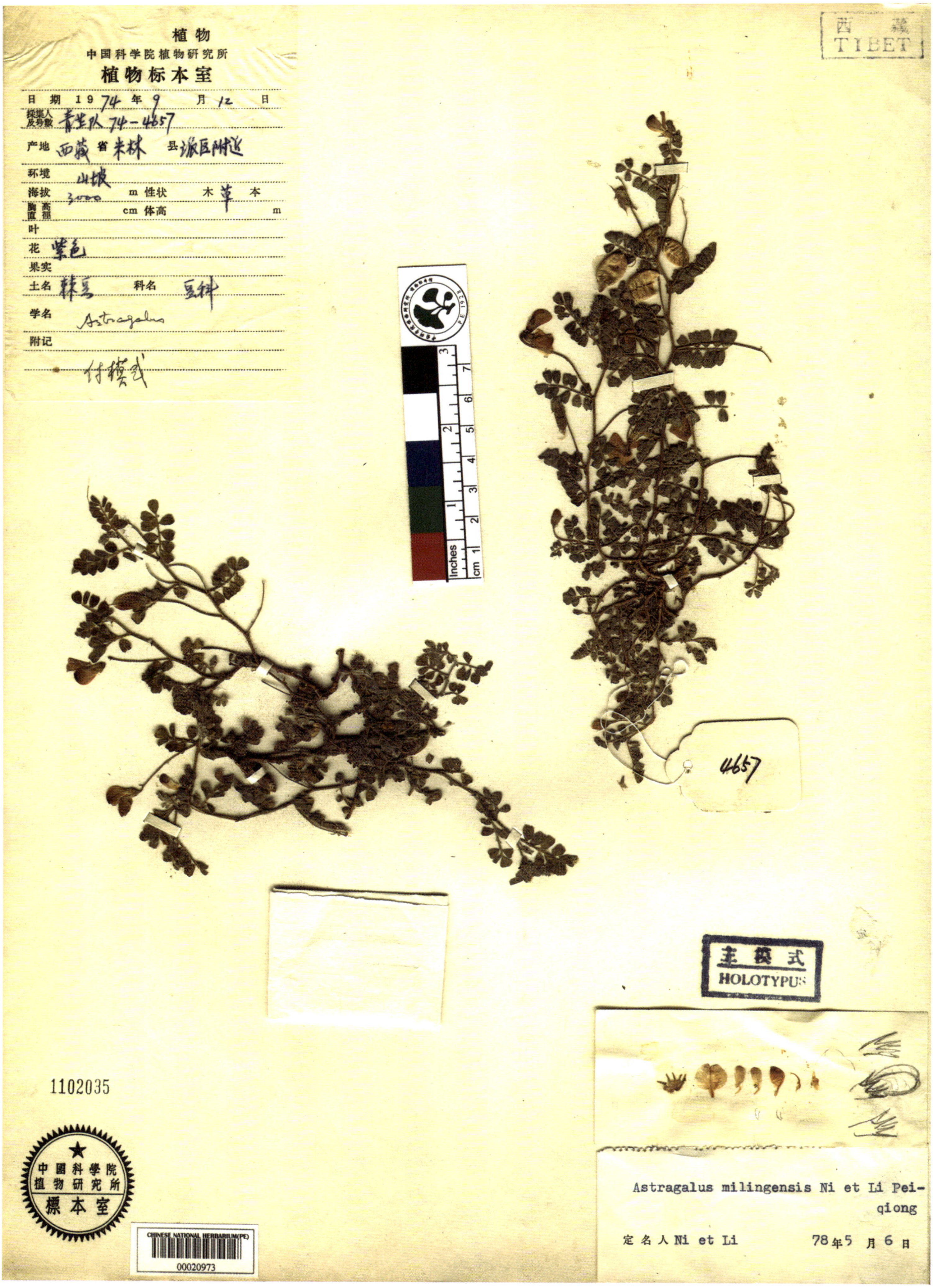

米林黄芪 ***Astragalus milingensis*** C. C. Ni & P. C. Li in Acta Phytotax. Sin. 17(2): 107, f. 7. 1979. **Holotype:** China. Xizang: Milin, alt. 3 000 m, 1974-09-12, Qinghai-Xizang Exped. 74-4657.

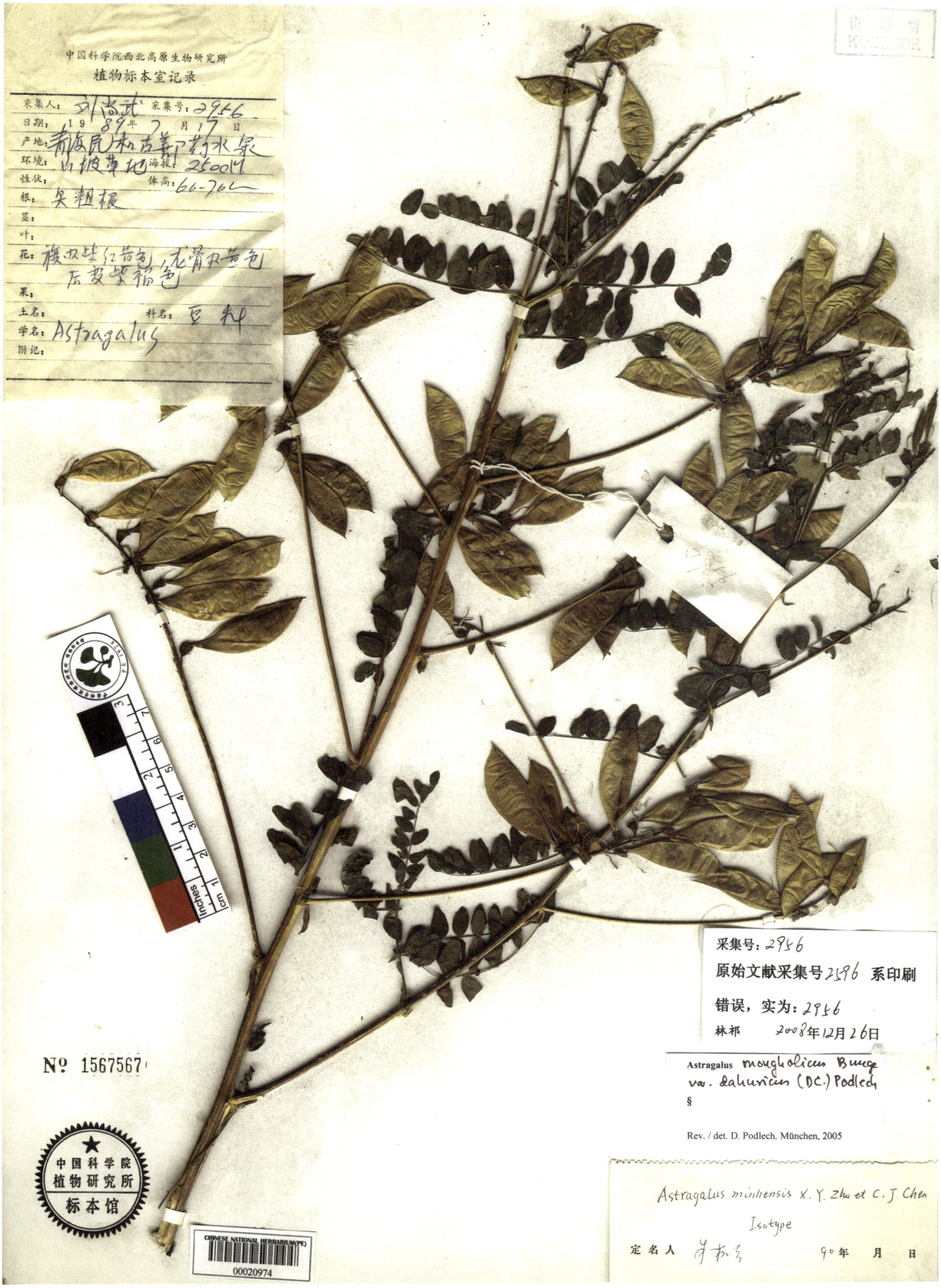

民和黄耆 ***Astragalus minhensis*** X. Y. Zhu & C. J. Chen in Guihaia 15(2): 112, f. 1. 1995. **Isotype:** China. Qinghai: Minhe, alt. 2 500 m, 1989-07-17, S. W. Liu 2956.

米亚罗黄芪 ***Astragalus miyalomontis*** P. C. Li in Acta Bot. Yunnan. 11(3): 288, f. 3. 1989. **Holotype:** China. Sichuan: Li Xian, alt. 2 720 m, 1961-05-30, S. Jiang 7151.

山地黄芪 ***Astragalus monticola*** P. C. Li & C. C. Ni in Acta Phytotax. Sin. 17(2): 105, f. 3. 1979. **Holotype:** China. Xizang: Zhongba, alt. 4 700 m, 1975-08-14, Qinghai-Xizang Exped. 6767.

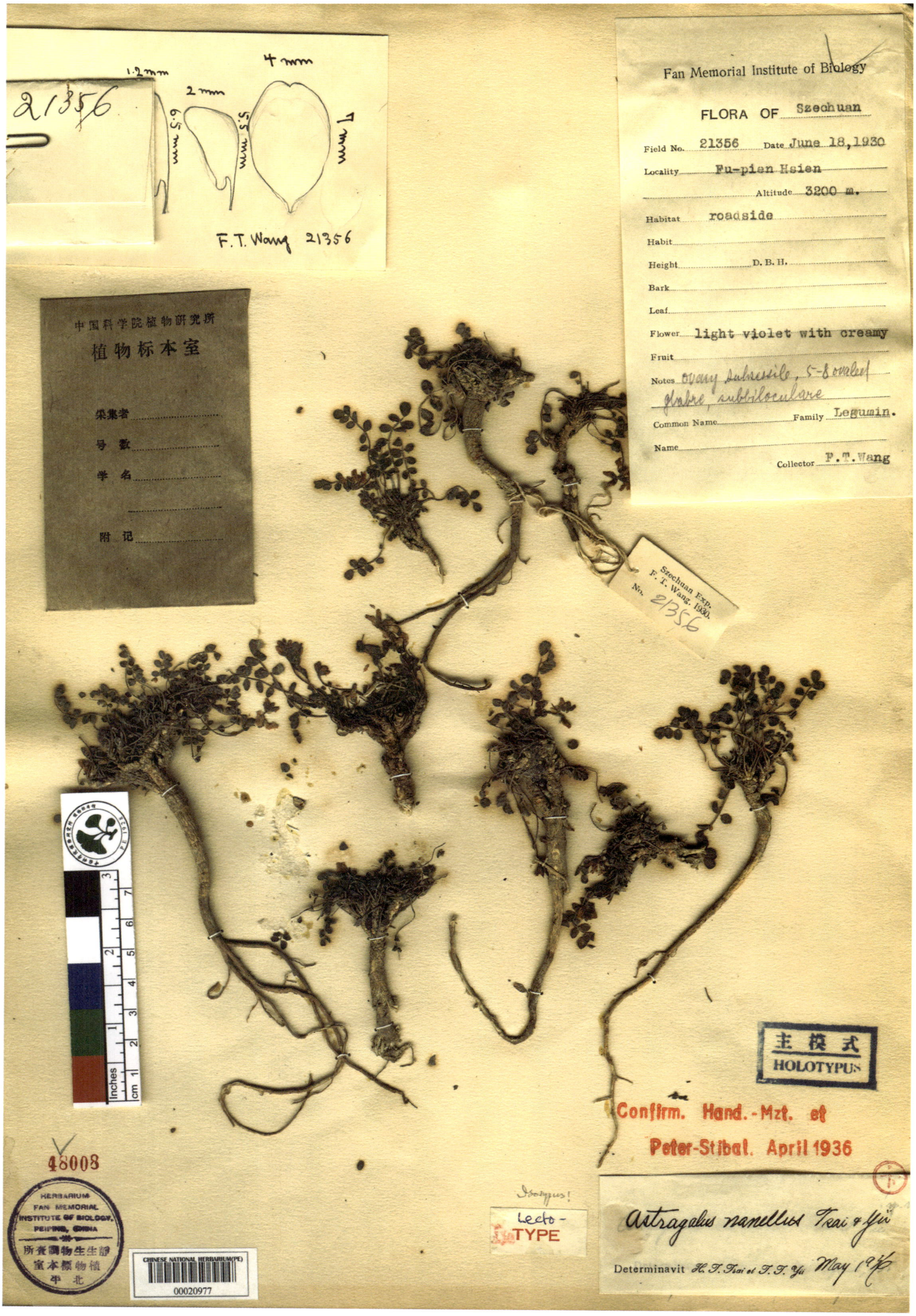

极矮黄耆 ***Astragalus nanellus*** Tsai & Yu in Bull. Fan Mem. Inst. Biol., Bot. 7(1): 25, f. 5. 1936. **Holotype:** China. Sichuan: Fupien, alt. 3 200 m, 1930-06-18, F. T. Wang 21356.

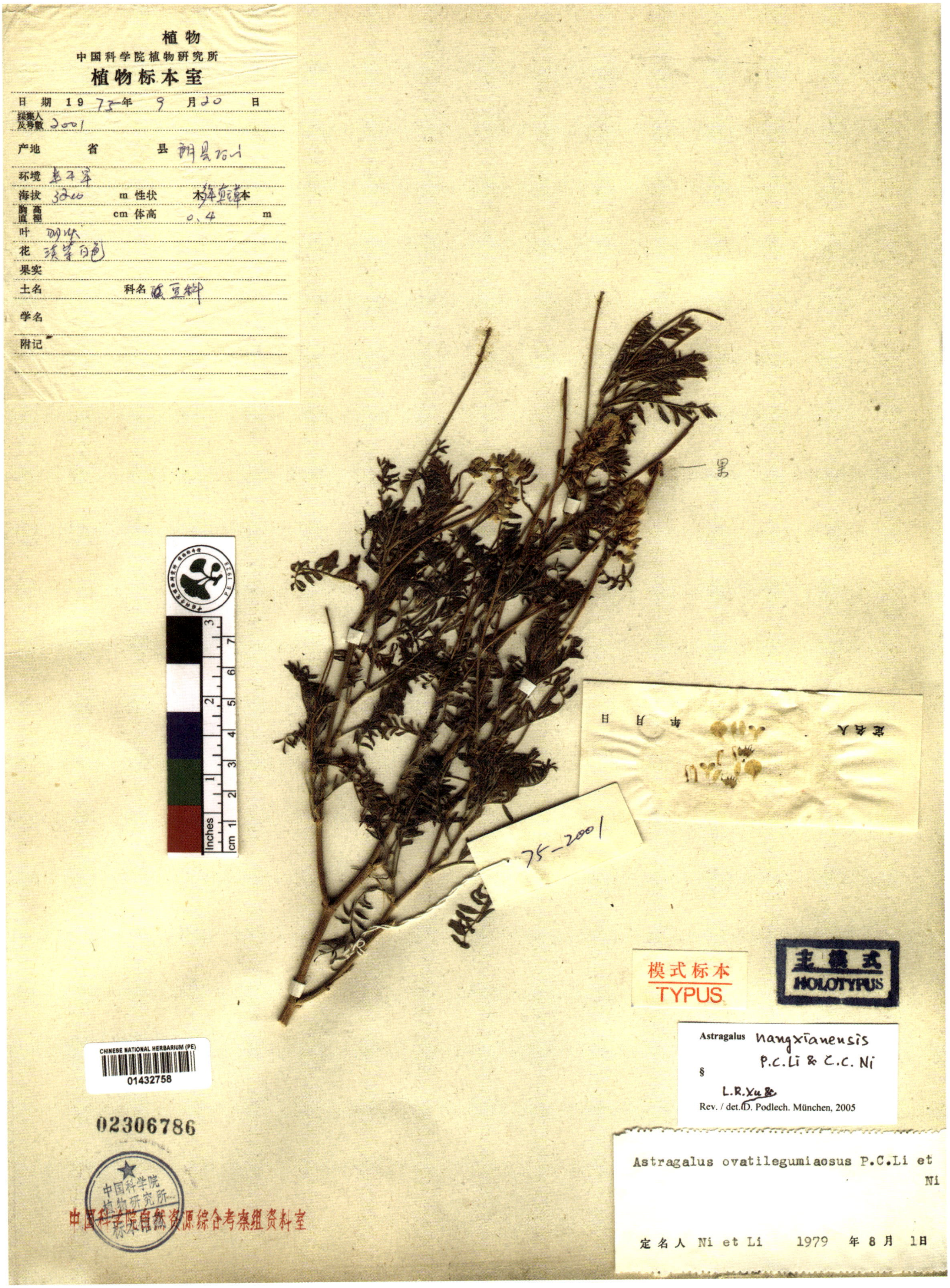

朗县黄芪 ***Astragalus nangxianensis*** P. C. Li & C. C. Ni in Acta Phytotax. Sin. 18(3): 368. 1980. **Holotype:** China. Xizang: Nang Xian, alt. 3 200 m, 1975-09-20, Qinghai-Xizang Exped. 2001.

新单蕊黄耆 ***Astragalus neo-monodelphus*** Tsai & Yu in Bull. Fan Mem. Inst. Biol., Bot. Ser. 9(5): 263, f. 7. 1940.
Isotype: China. Yunnan: Shangri-La, alt. 3 400 m, 1937-07-12, T. T. Yu 12120.

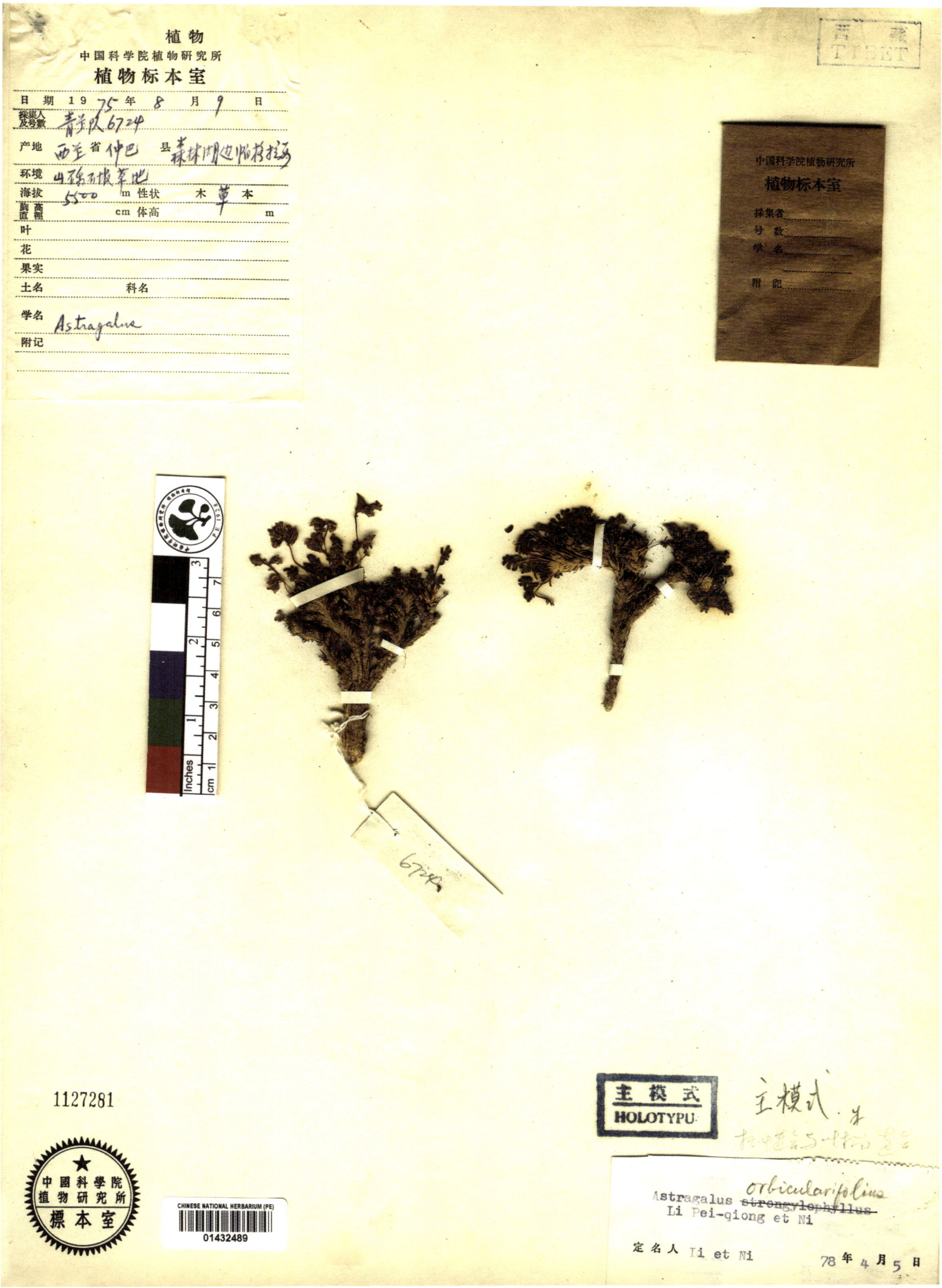

圆叶黄芪 ***Astragalus orbicularifolius*** P. C. Li & C. C. Ni in Acta Phytotax. Sin. 17(2): 112, f. 11: 8-16. 1979. **Holotype:** China. Xizang: Zhongba, alt. 5 500 m, 1975-08-09, Qinghai-Xizang Exped. 6724.

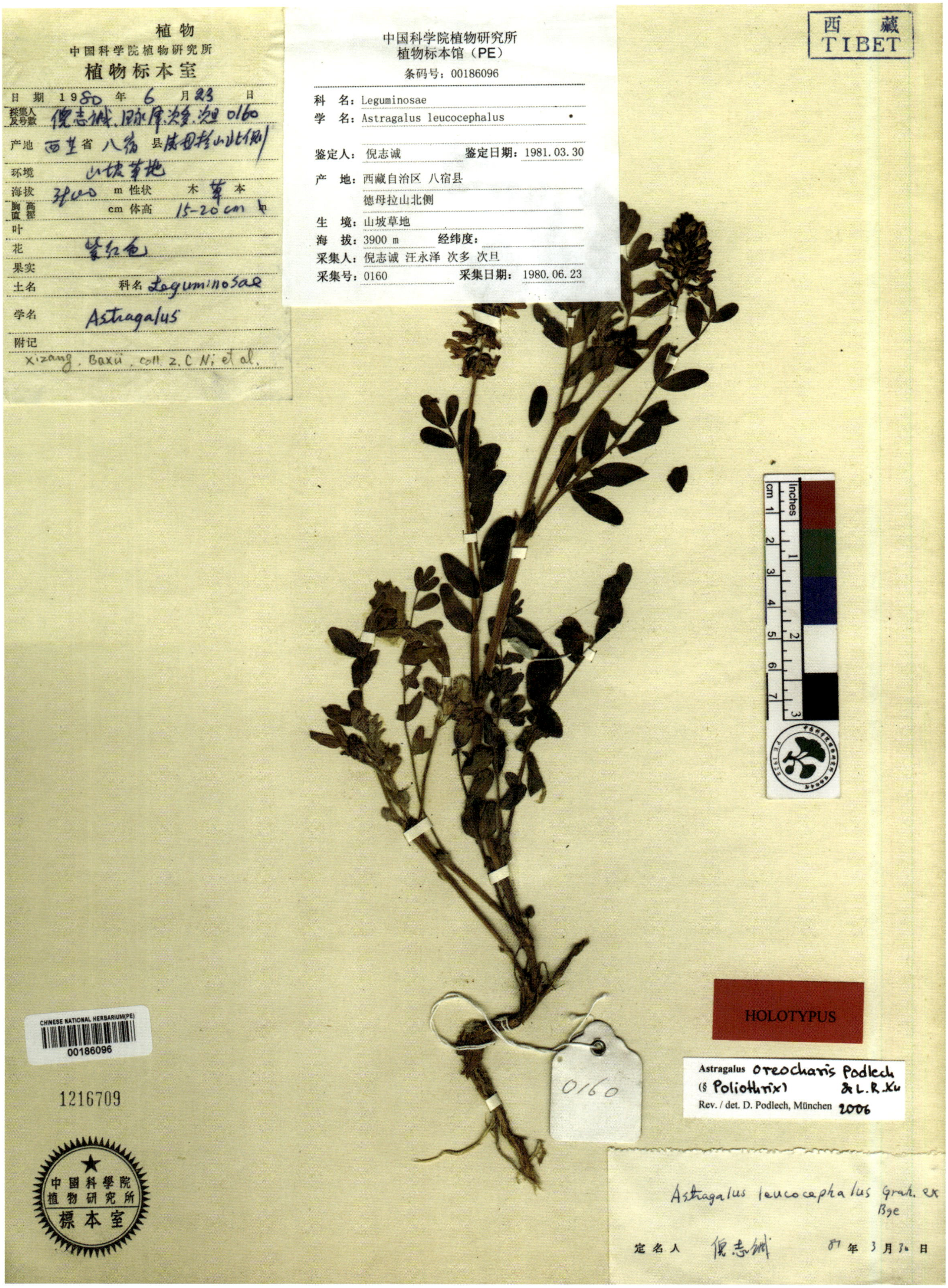

山黄耆 ***Astragalus oreocharis*** Podlech & L. R. Xu in Feddes Repert. 117(3-4): 228. 2006. **Holotype:** China. Xizang: Baxoi, alt. 3 900 m, 1980-06-23, C. C. Ni & al. 0160.

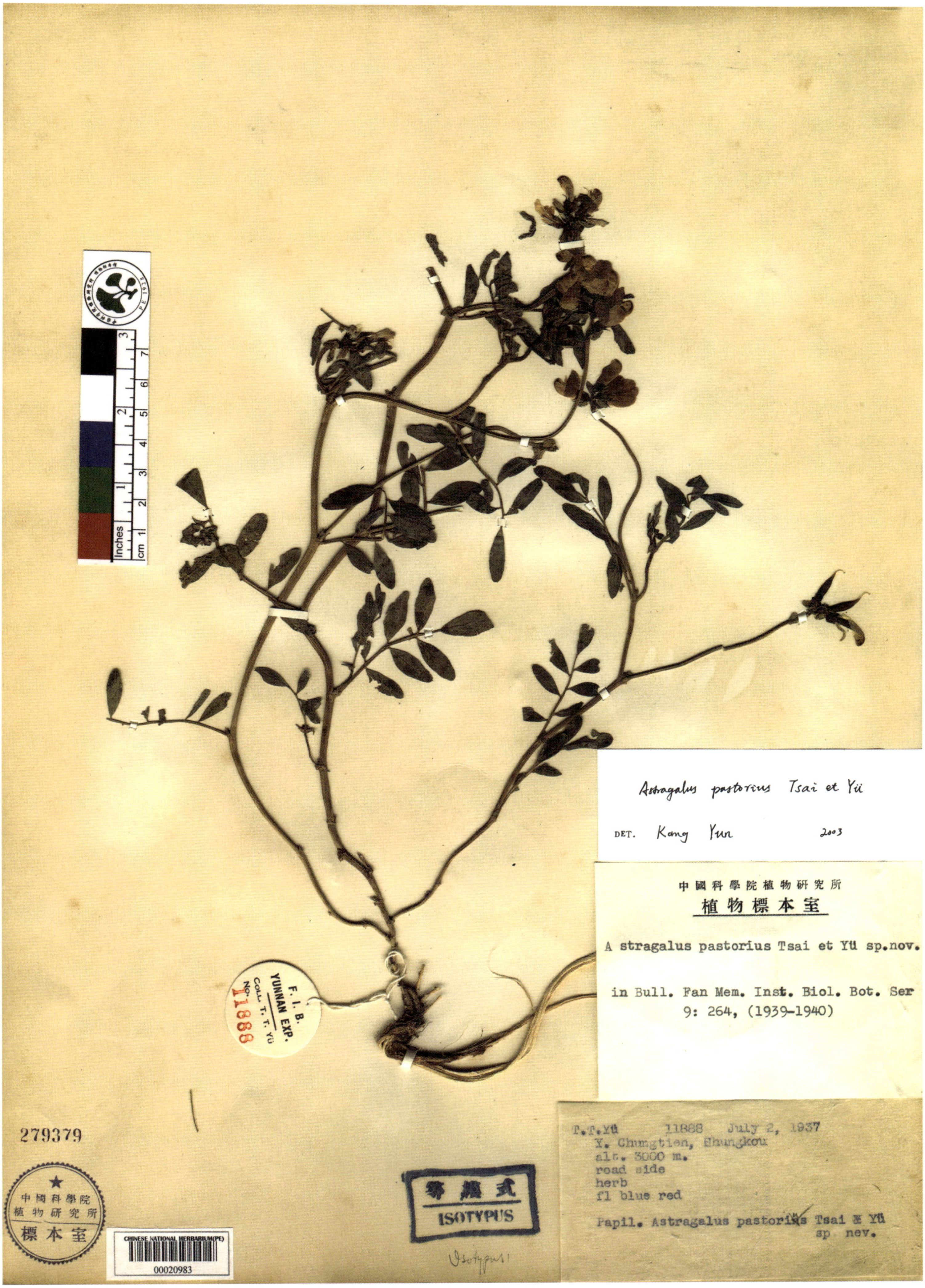

牧场黄耆 ***Astragalus pastorius*** Tsai & Yu in Bull. Fan Mem. Inst. Biol., Bot. Ser. 9(5): 264, f. 8. 1940. **Isotype:** China. Yunnan: Shangri-La, alt. 3 000 m, 1937-07-02, T. T. Yu 11888.

川青黄耆 ***Astragalus peterae*** Tsai &Yu in Bull. Fan Mem. Inst. Biol., Bot. 7(1): 27, f. 6. 1936. **Holotype:** China. Sichuan: Kangding, alt. 3 660 m, 1926-06-??, J. F. Rock 14188.

贡觉黄耆 ***Astragalus praeteritus*** Podlech & L. R. Xu in Feddes Repert. 117(3-4): 228. 2006. **Holotype:** China. Xizang: Gonjo, alt. 3 600 m, 1991-06-29, J. S. Yang 91-479.

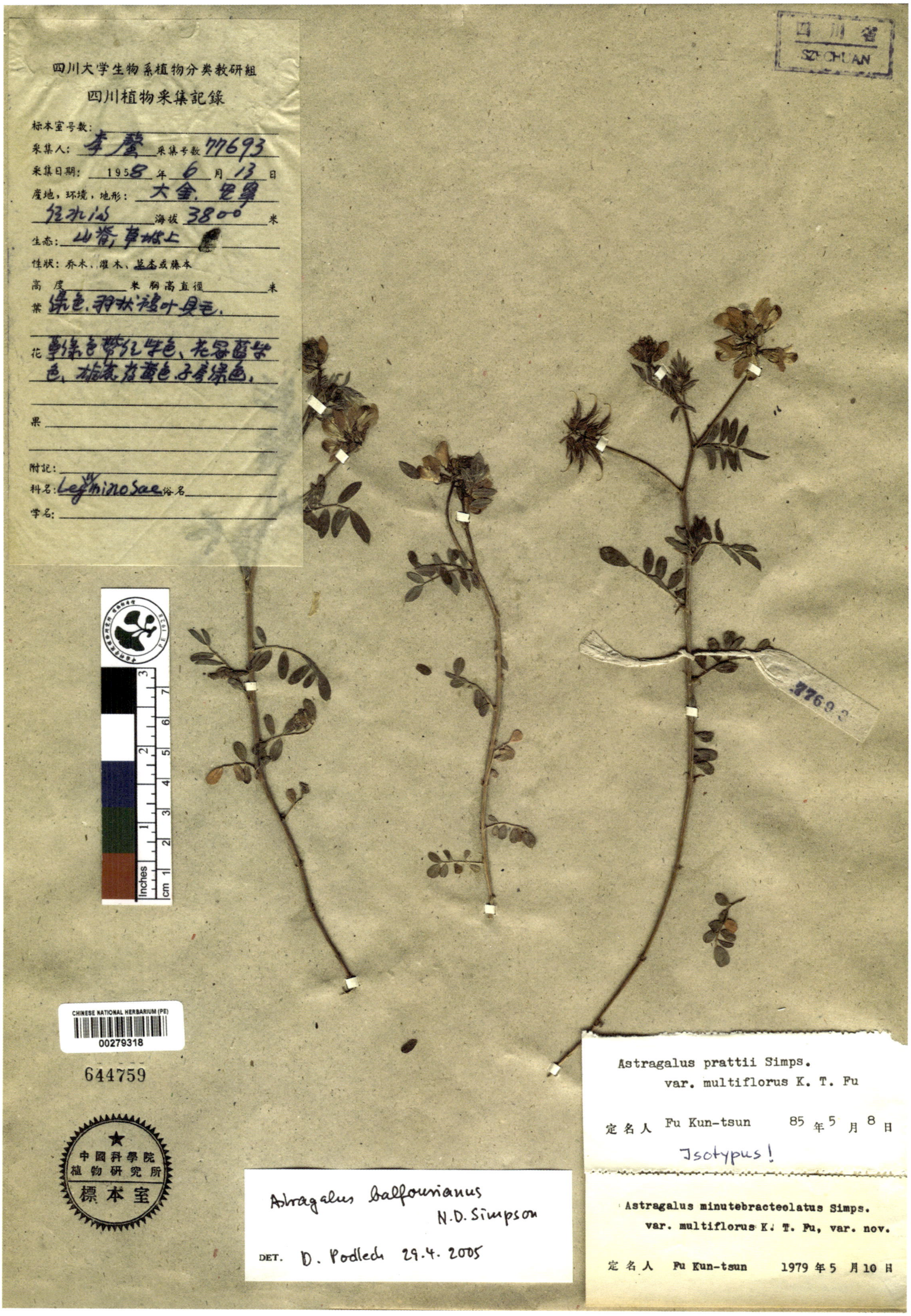

多花黄芪 ***Astragalus prattii*** Simps. var. ***multiflorus*** K. T. Fu in Bull. Bot. Res., Harbin 2(1): 126. 1982. **Isotype:** China. Sichuan: Jinchuan, alt. 3 800 m, 1958-06-13, H. Li 77693.

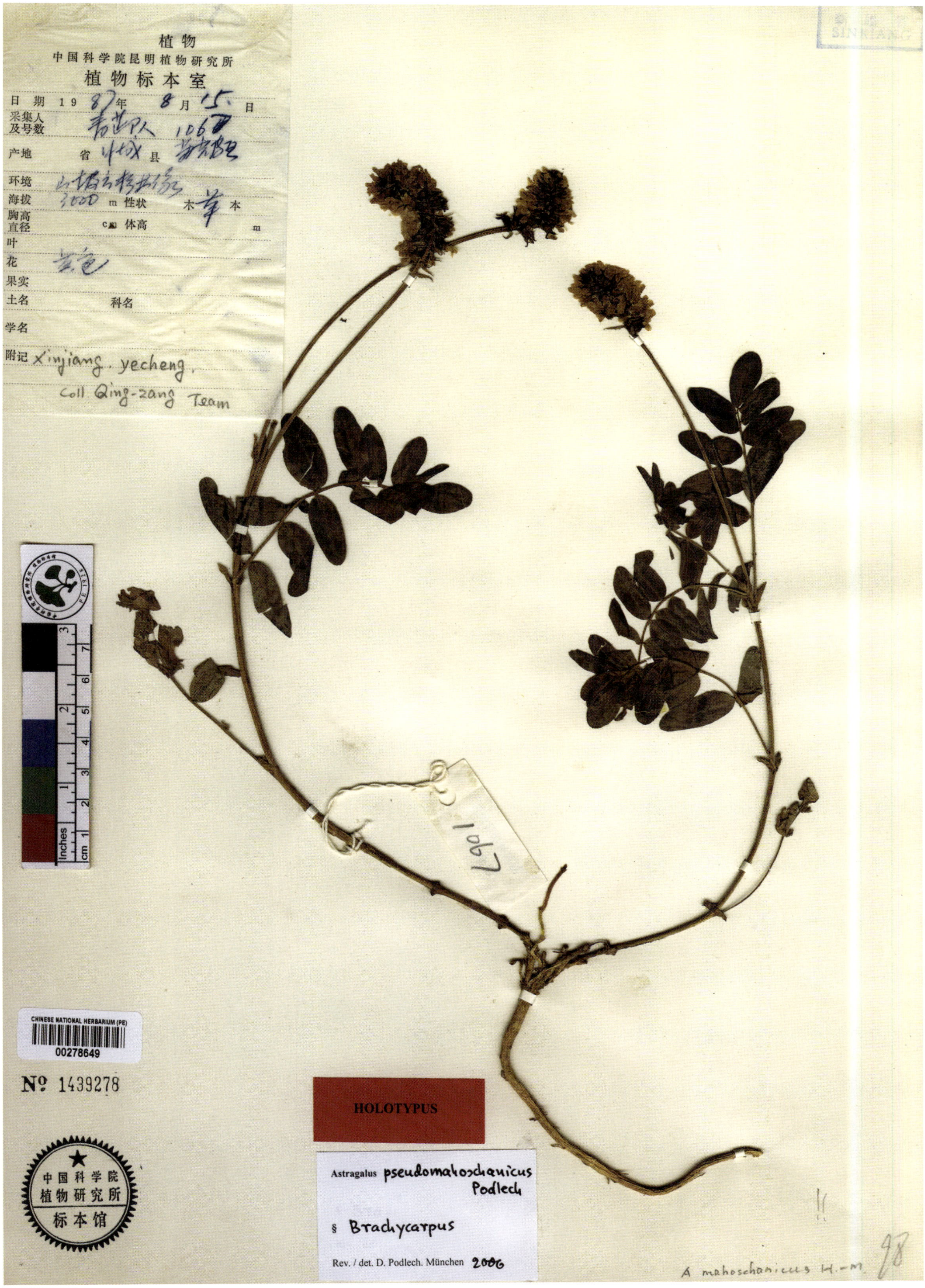

类马衔山黄耆 ***Astragalus pseudomahoschanicus*** Podlech in Feddes Repert. 120(1-2): 48. 2009. **Holotype:** China. Xinjiang: Yecheng, alt. 3 000 m, 1987-08-15, Qinghai-Xizang Exped. 1067.

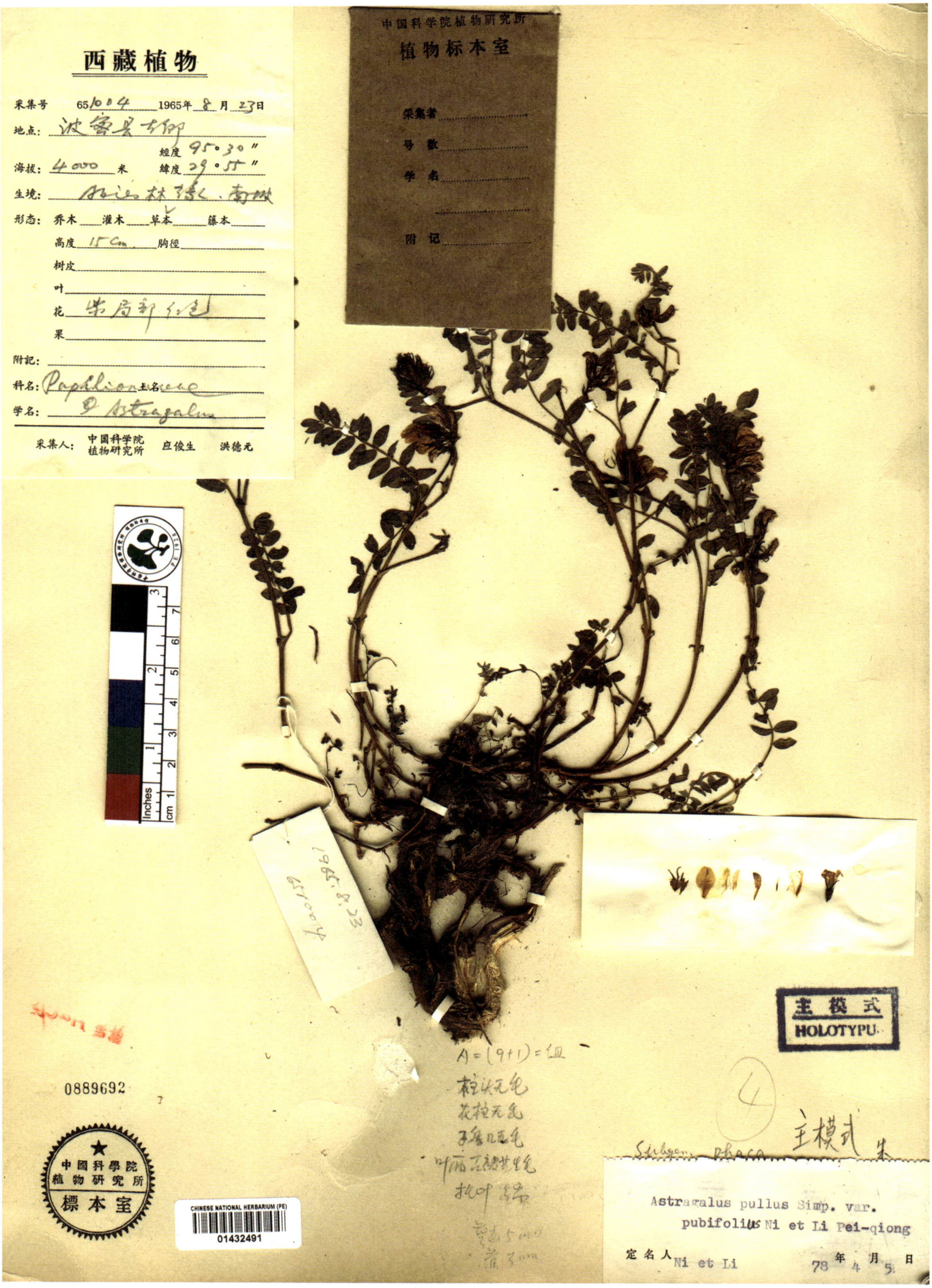

毛叶黄芪 ***Astragalus pullus*** Simp. var. ***pubifolius*** C. C. Ni & P. C. Li in Acta Phytotax. Sin. 17(2): 111. 1979. **Holotype:** China. Xizang: Bomi, alt. 4 000 m, 1965-08-23, T. S. Ying & D. Y. Hong 651004.

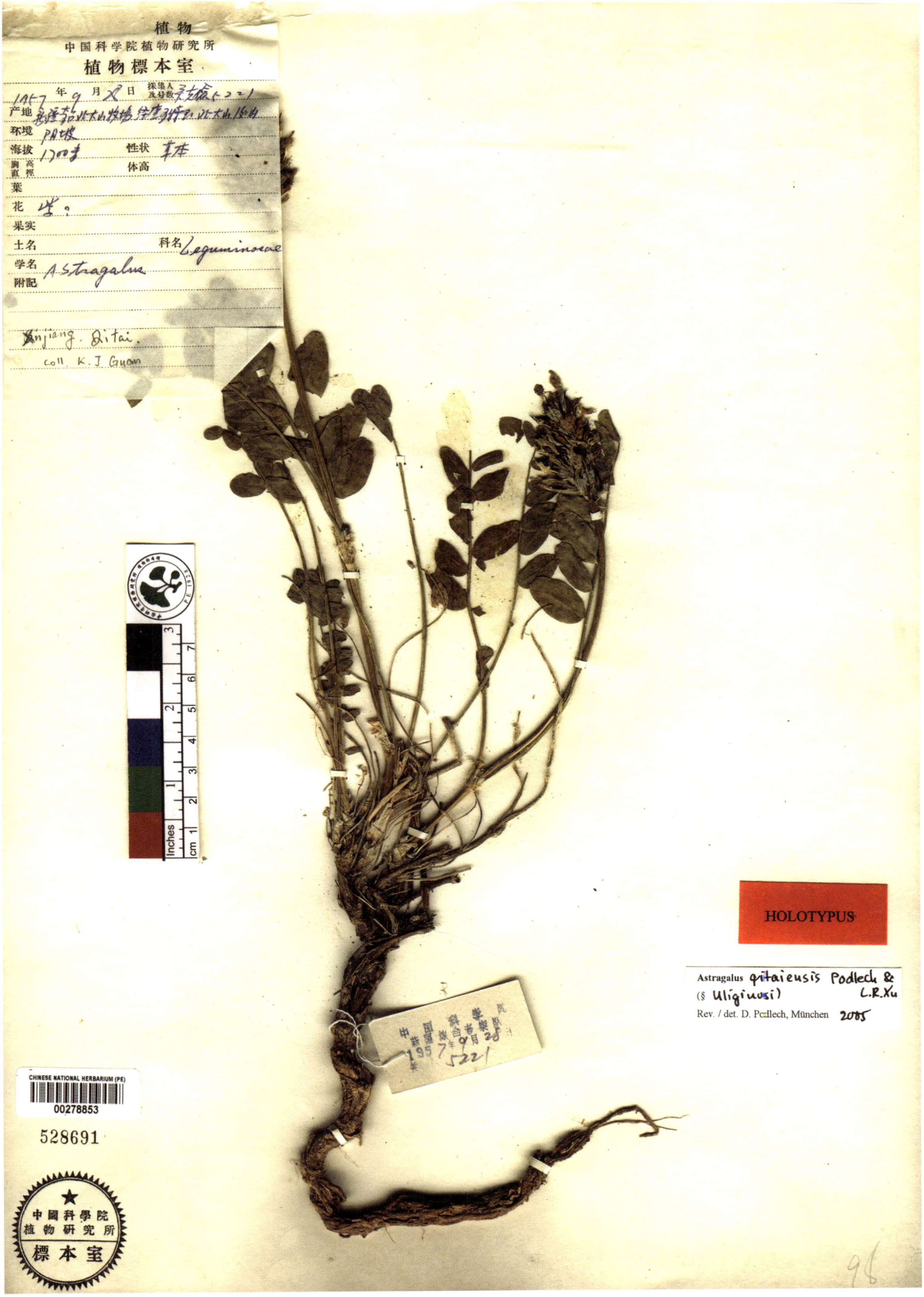

奇台黄耆 ***Astragalus qitaiensis*** Podlech & L. R. Xu in Novon 17(2): 253. 2007. **Holotype:** China. Xinjiang: Qitai, alt. 1 700 m, 1957-09-28, K. C. Kuan 5221.

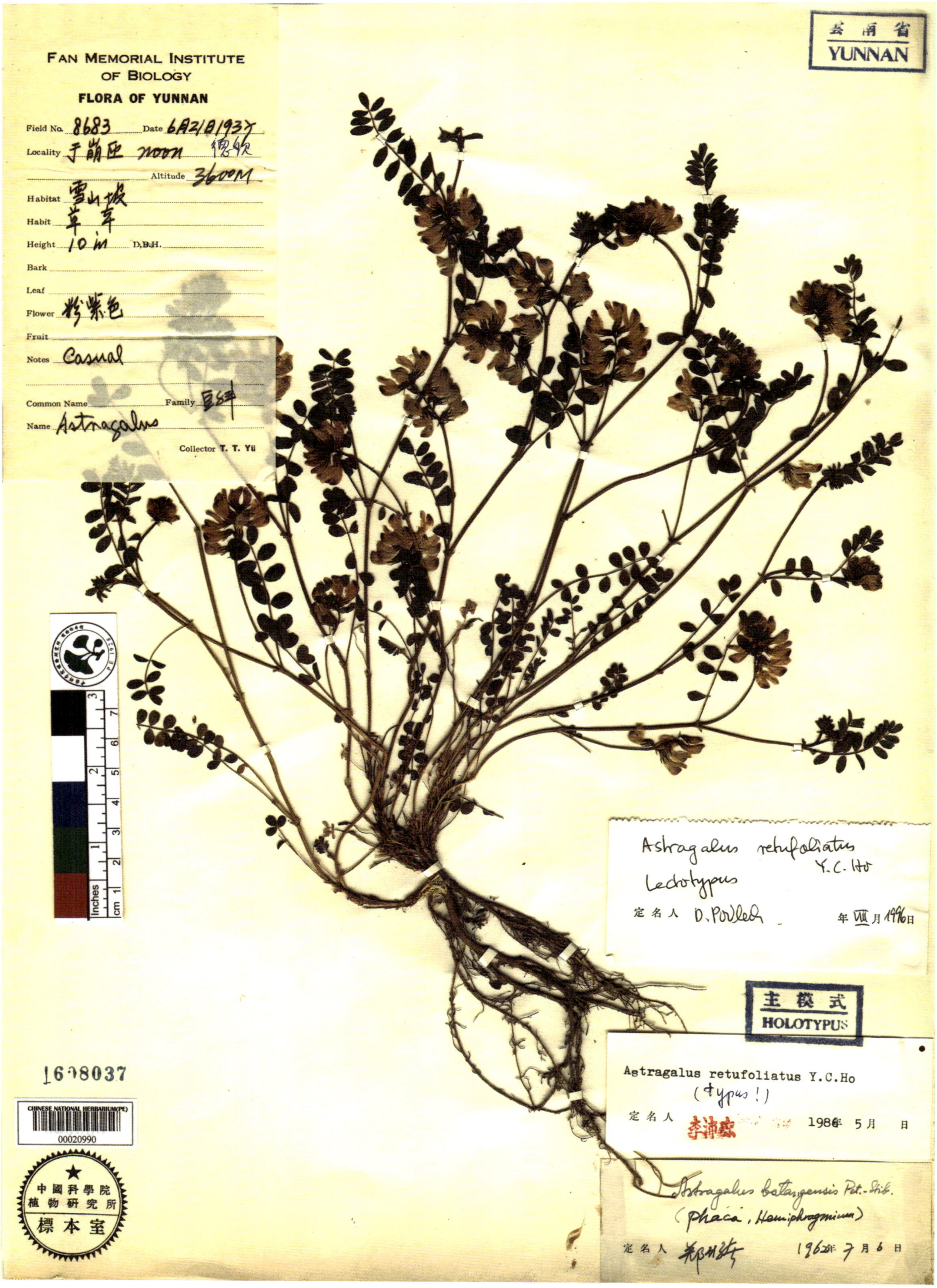

凹叶黄芪 ***Astragalus retufoliatus*** Y. C. Ho in Bull. Bot. Res., Harbin 1(3): 114, f. 14. 1981. **Holotype:** China. Yunnan: Dêqên, alt. 3 600 m, 1937-06-21, T. T. Yu 8683.

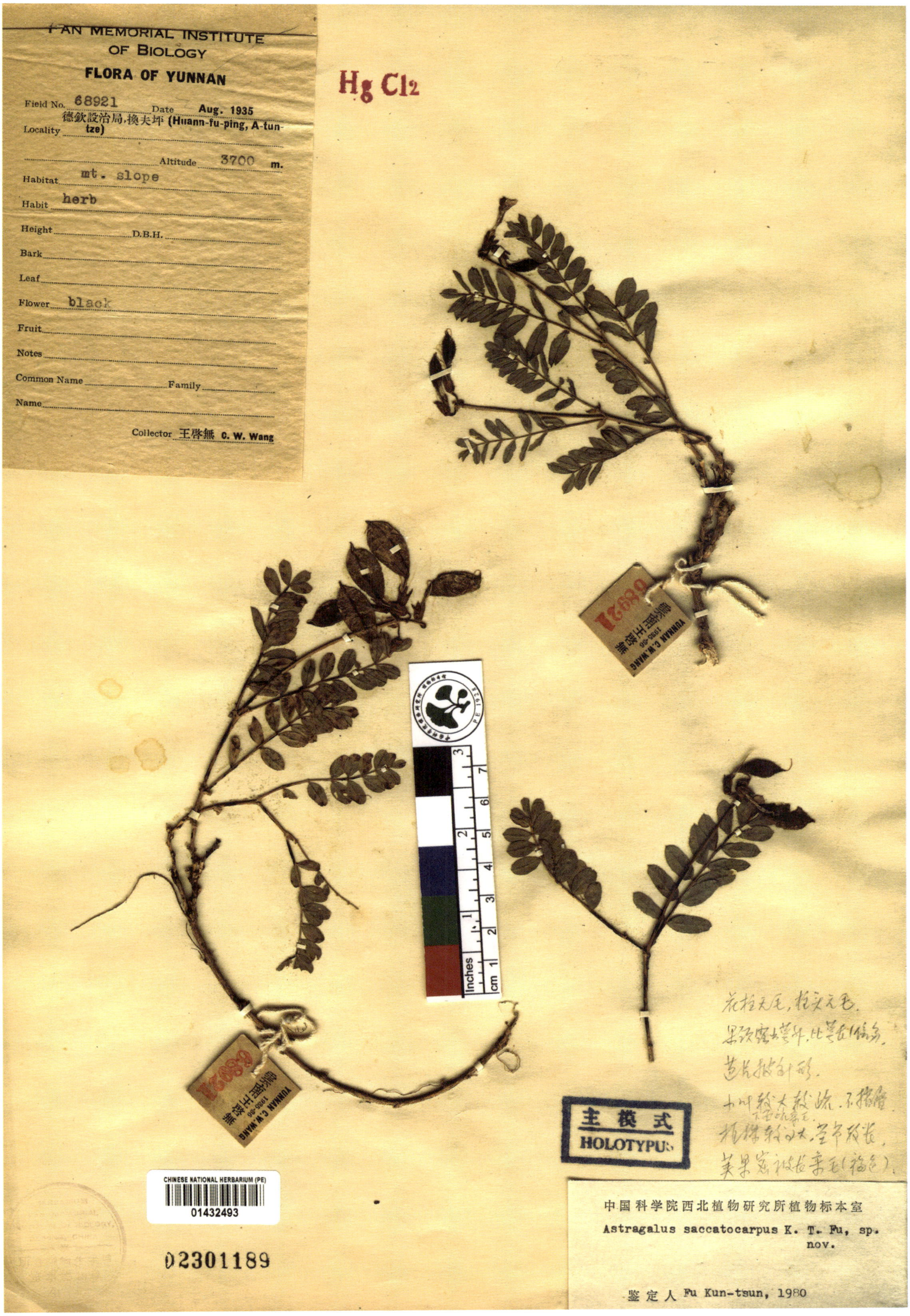

囊果黄芪 ***Astragalus saccatocarpus*** K. T. Fu in Bull. Bot. Res., Harbin 2(1): 118, f. 1. 1982. **Holotype:** China. Yunnan: Dêqên, alt. 3 700 m, 1935-08-??, C. W. Wang 68921.

沙地黄耆 ***Astragalus sadiensis*** Podlech, L. R. Xu & C. Y. Chang in Novon 17(2): 240. 2007. **Isotype:** China. Xinjiang: Taokexun, 1959-05-04, Xin-Tuo 0063.

乡城黄耆 ***Astragalus sanbilingensis*** Tsai & Yu in Bull. Fan Mem. Inst. Biol., Bot. 9(5): 265, f. 9. 1940. **Isotype:** China. Sichuan: Xiangcheng, alt. 3 000 m, 1937-09-17, T. T. Yu 13355.

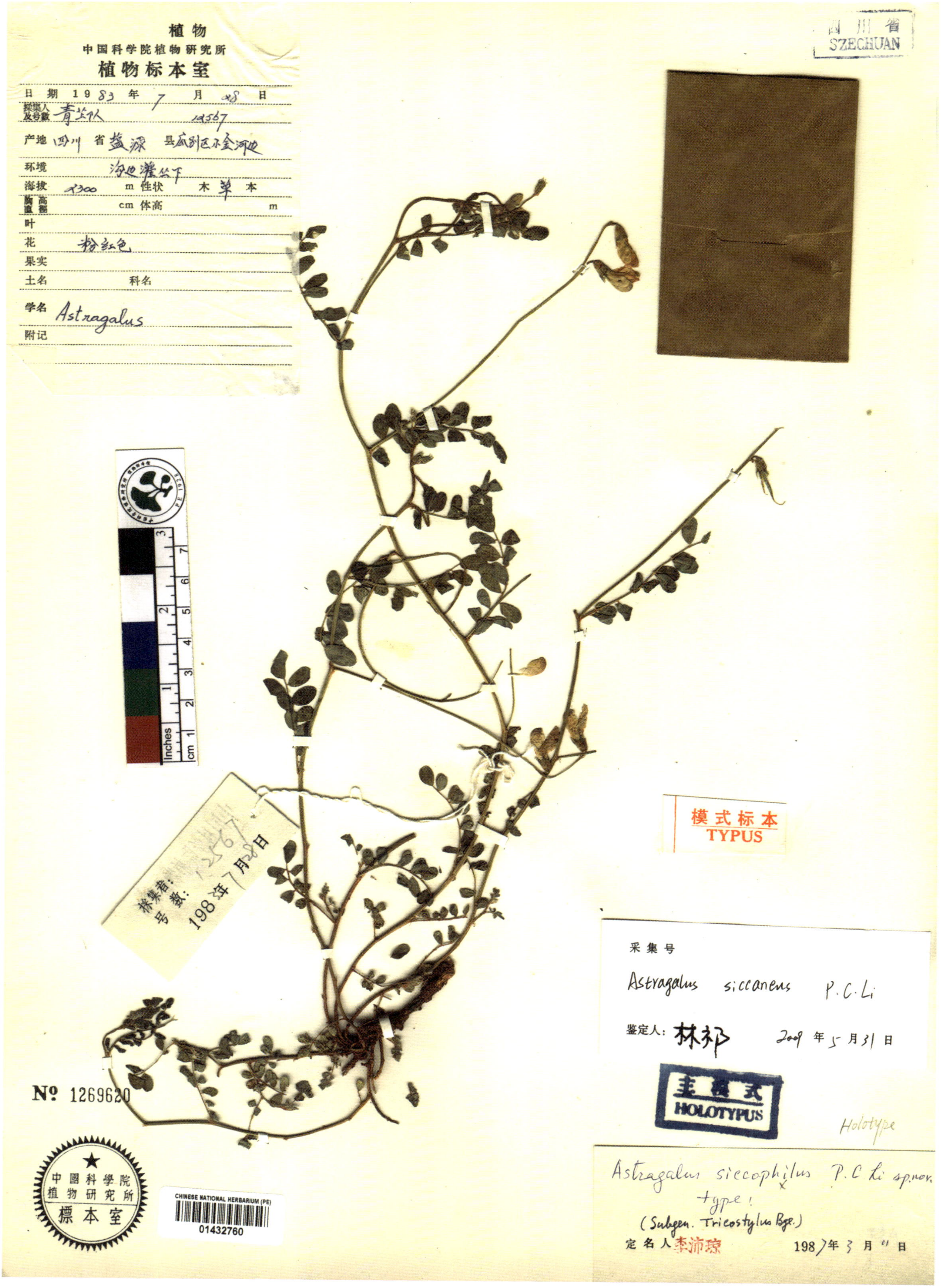

耐旱黄芪 ***Astragalus siccaneus*** P. C. Li in Acta Bot. Yunnan. 11(3): 291, f. 6. 1989. **Holotype:** China. Sichuan: Yanyuan, alt. 2 300 m, 1983-07-28, Qinghai-Xizang Exped. 12567.

松潘黄芪 ***Astragalus sungpanensis*** Pet.-Stib. in Acta Horti Gothob. 12(3): 34. 1937. **Isotype:** China. Sichuan: Songpan, alt. 3 100 m, 1922-07-06, H. Smith 2238.

德钦黄芪 ***Astragalus tenchingensis*** S. S. Cheng & K. T. Fu in Bull. Bot. Res., Harbin 2(1): 129, f. 7. 1982. **Isotype:** China. Yunnan: Dêqên, alt. 3 000 m, 1935-09-??, C. W. Wang 69776.

定日黄芪 ***Astragalus tingriensis*** C. C. Ni & P. C. Li in Acta Phytotax. Sin. 18(3): 367. 1980. **Holotype:** China. Xizang: Tingri, alt. 4 500 m, 1959-05-29, Qomolangma Feng Exped. 85.

小花黄耆 ***Astragalus tongolensis*** Ulbr. var. ***breviflorus*** Tsai & Yu in Bull. Fan Inst. Biol., Bot. Ser. 9: 266. 1939. **Isotype:** China. Sichuan: Jiulong, alt. 4 100 m, 1937-07-07, T. T. Yu 6939.

光东俄洛黄耆 ***Astragalus tongolensis*** Ulbr. var. ***glaber*** Pet.-Stib. in Acta Horti Gothob. 12(3): 49. 1937. **Isotype:** China. Qinghai: Amnyi Machen, alt. 3 965 m, 1926-07-??, J. F. Rock. 14420.

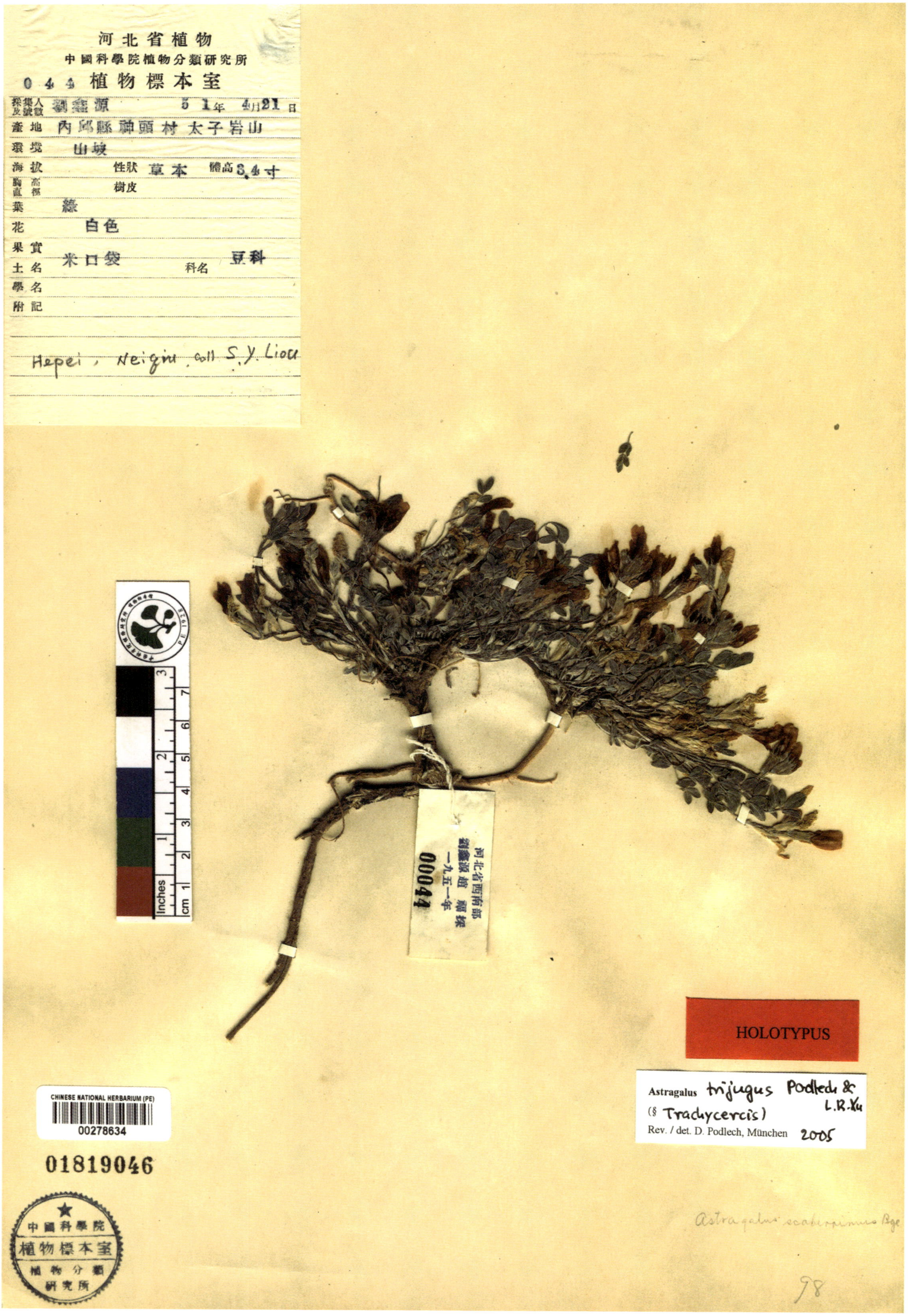

三棱黄耆 ***Astragalus trijugus*** Podlech & L. R. Xu in Novon 17(2): 252. 2007. **Holotype:** China. Hebei: Neiqiu, 1951-04-21, X. Y. Liu 044.

札达黄芪 ***Astragalus tsataensis*** C. C. Ni & P. C. Li in Acta Phytotax. Sin. 17(2): 106, f. 5. 1979. **Holotype:** China. Xizang: Zanda, alt. 3 100 m, 1976-07-02, Qinghai-Xizang Exped. 76-8147.

变异黄耆 ***Astragalus variabilis*** Bge. in Bull. Acad. Imp. Sci. St.-Petersbourg, Sér. 3 24(1): 33. 1877. **Isotype:** China. Nei Mongol: Precise locality not known, 1872-(04~05)-??, Przewalski 34.

维西黄芪 ***Astragalus weixinensis*** Y. C. Ho in Bull. Bot. Res., Harbin 1(3): 112, f. 13. 1981. **Holotype:** China. Yunnan: Weixi, alt. 3 200 m, 1935-07-??, C. W. Wang 67994.

温宿黄芪 ***Astragalus wensuensis*** S. B. Ho in Bull. Bot. Res., Harbin 3(1): 60, f. 15. 1983. **Isoparatype:** China. Xinjiang: Baicheng, alt. 2 000 m, 1958-09-06, A. J. Li & J. N. Zhu 8219.

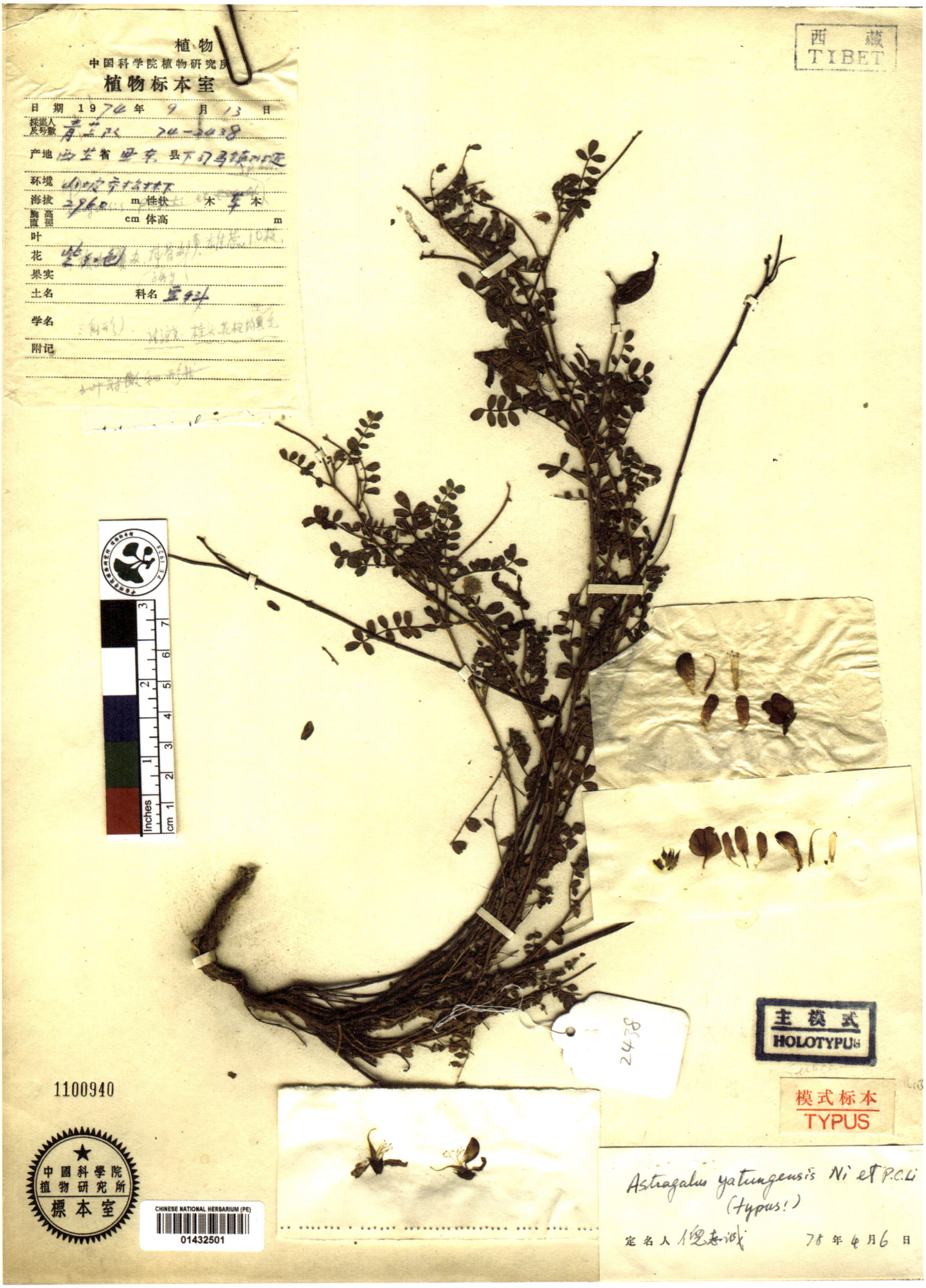

亚东黄芪 ***Astragalus yatungensis*** C. C. Ni & P. C. Li in Acta Phytotax. Sin. 17(2): 104, f. 1. 1979. **Holotype:** China. Xizang: Yadong, alt. 2 960 m, 1974-09-13, Qinghai-Xizang Exped. 74-2438.

叶城黄耆 ***Astragalus yechengensis*** Podlech & L. R. Xu in Novon 17(2): 236. 2007. **Holotype:** China. Xinjiang: Yecheng, alt. 3 100 m, 1987-08-17, Qinghai-Xizang Exped. 1126.

岗仁布齐黄芪 ***Astragalus yunnanensis*** Franch. var. ***kangrenbuchiensis*** C. C. Ni & P. C. Li in Acta Phytotax. Sin. 17(2): 110, f. 9. 1979. **Holotype:** China. Xizang: Purang, alt. 5 100 m, 1976-07-26, Qinghai-Xizang Exped. 76-8305.

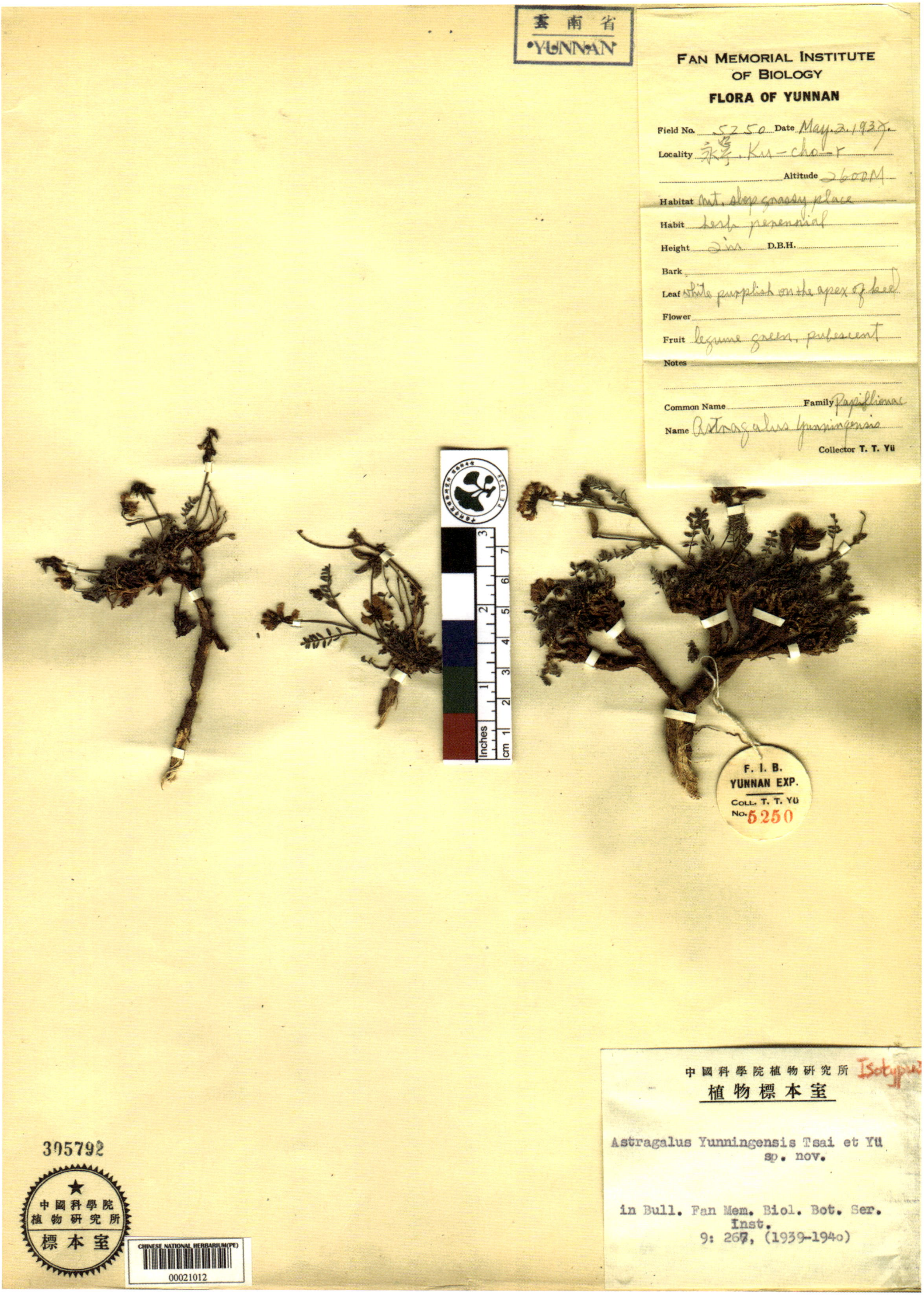

永宁黄耆 ***Astragalus yunningensis*** Tsai & Yu in Bull. Fan Mem. Inst. Biol., Bot. Ser. 9: 267, f. 10. 1940. **Isotype:** China. Yunnan: Yongning (=Ninglang), alt. 2 600 m, 1937-05-02, T. T. Yu 5250.

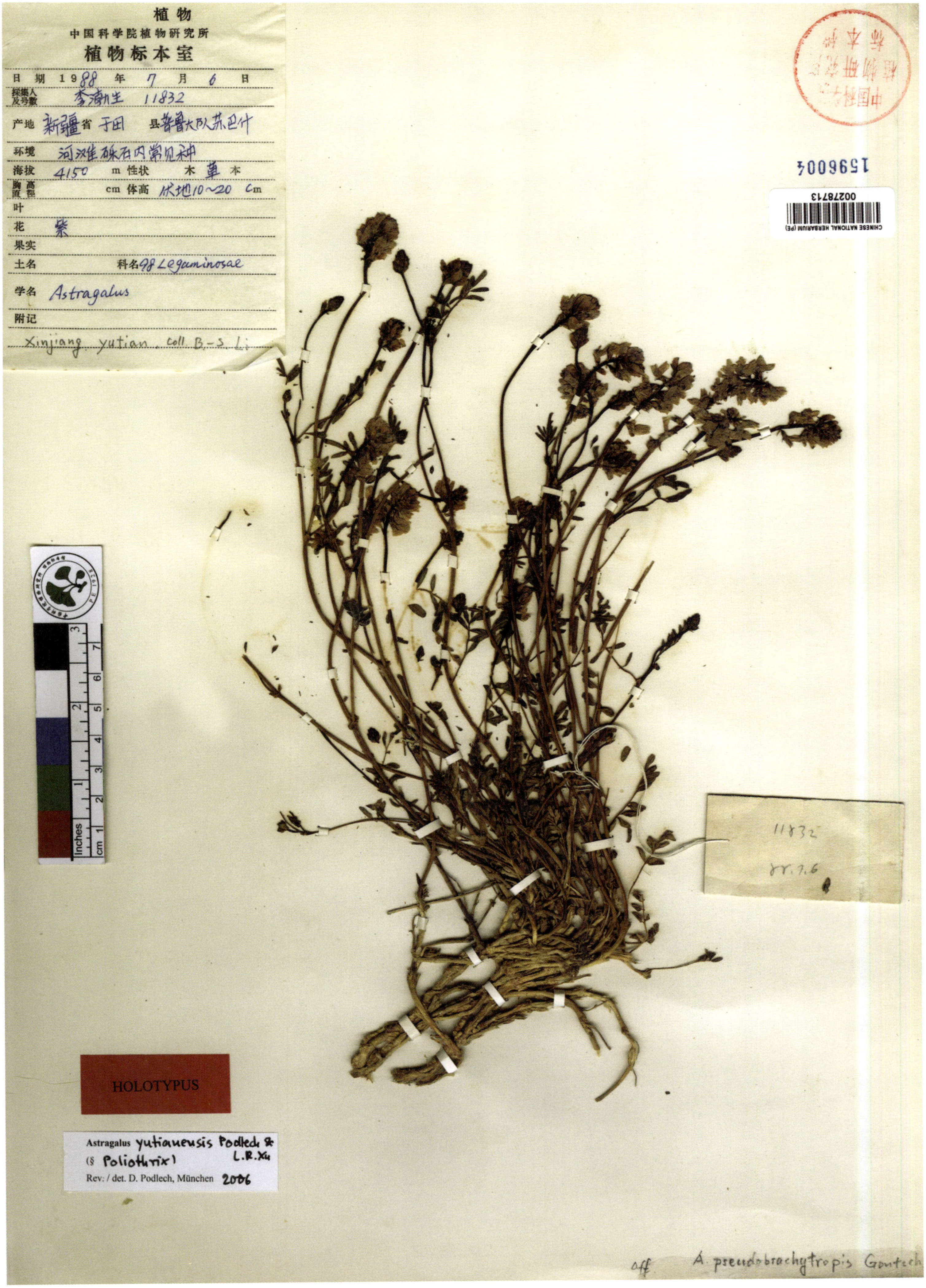

于田黄耆 ***Astragalus yutianensis*** Podlech & L. R. Xu in Feddes Repert. 117(3-4): 229. 2006. **Holotype:** China. Xinjiang: Yutian, alt. 4 150 m, 1988-07-06, B. S. Li 11832.

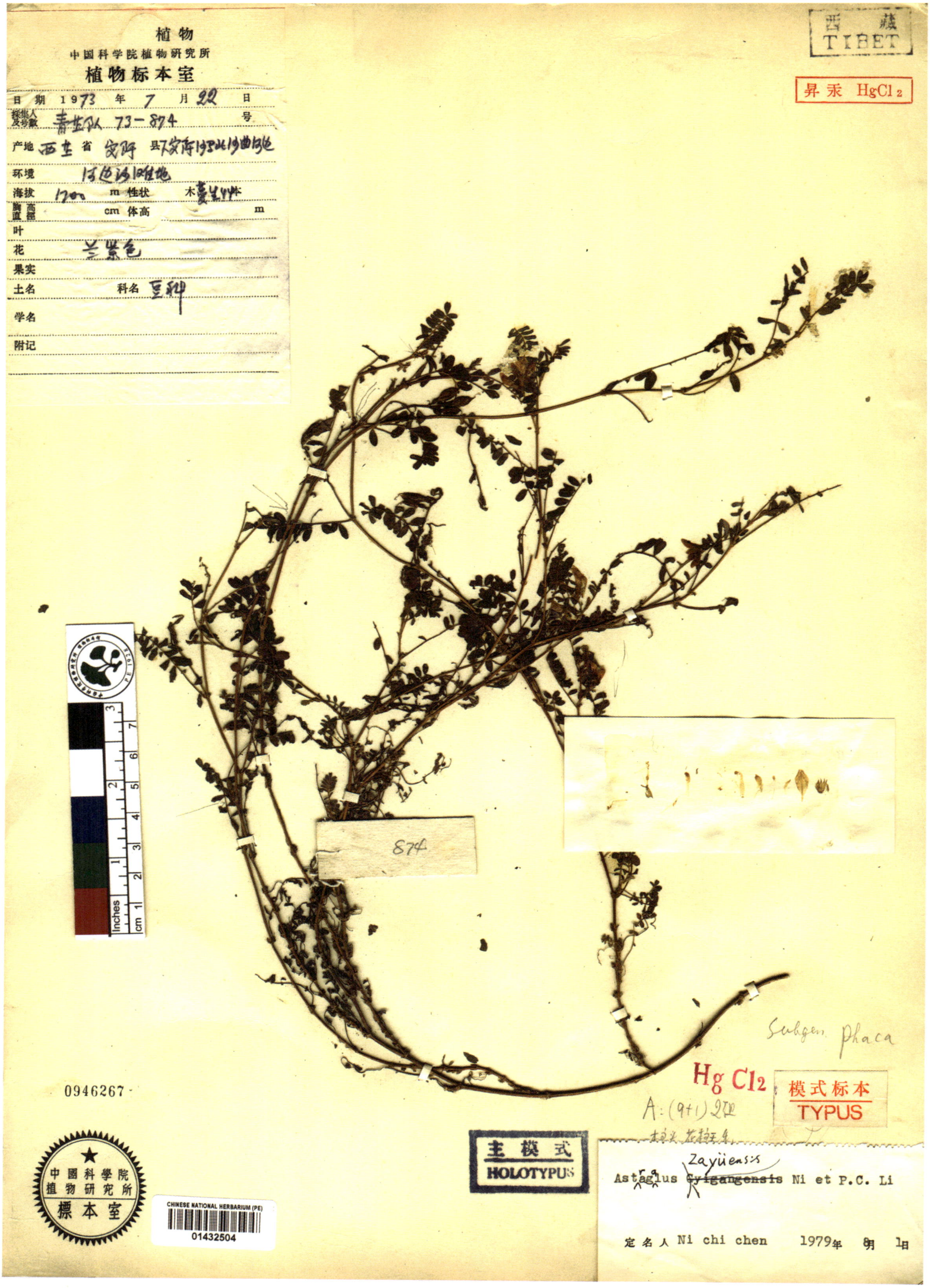

察隅黄芪 ***Astragalus zayuensis*** C. C. Ni & P. C. Li in Acta Phytotax. Sin. 18(3): 369. 1980. **Holotype:** China. Xizang: Zayü, alt. 1 700 m, 1973-07-22, Qinghai-Xizang Exped. 73-874.

阔裂叶羊蹄甲 ***Bauhinia apertilobata*** Merr. & Metc. in Lingnan Sci. J. 16(1): 83, f. 4. 1937. **Isotype:** China. Guangdong: Dapu, 1932-07-01, W. T. Tsang 21042.

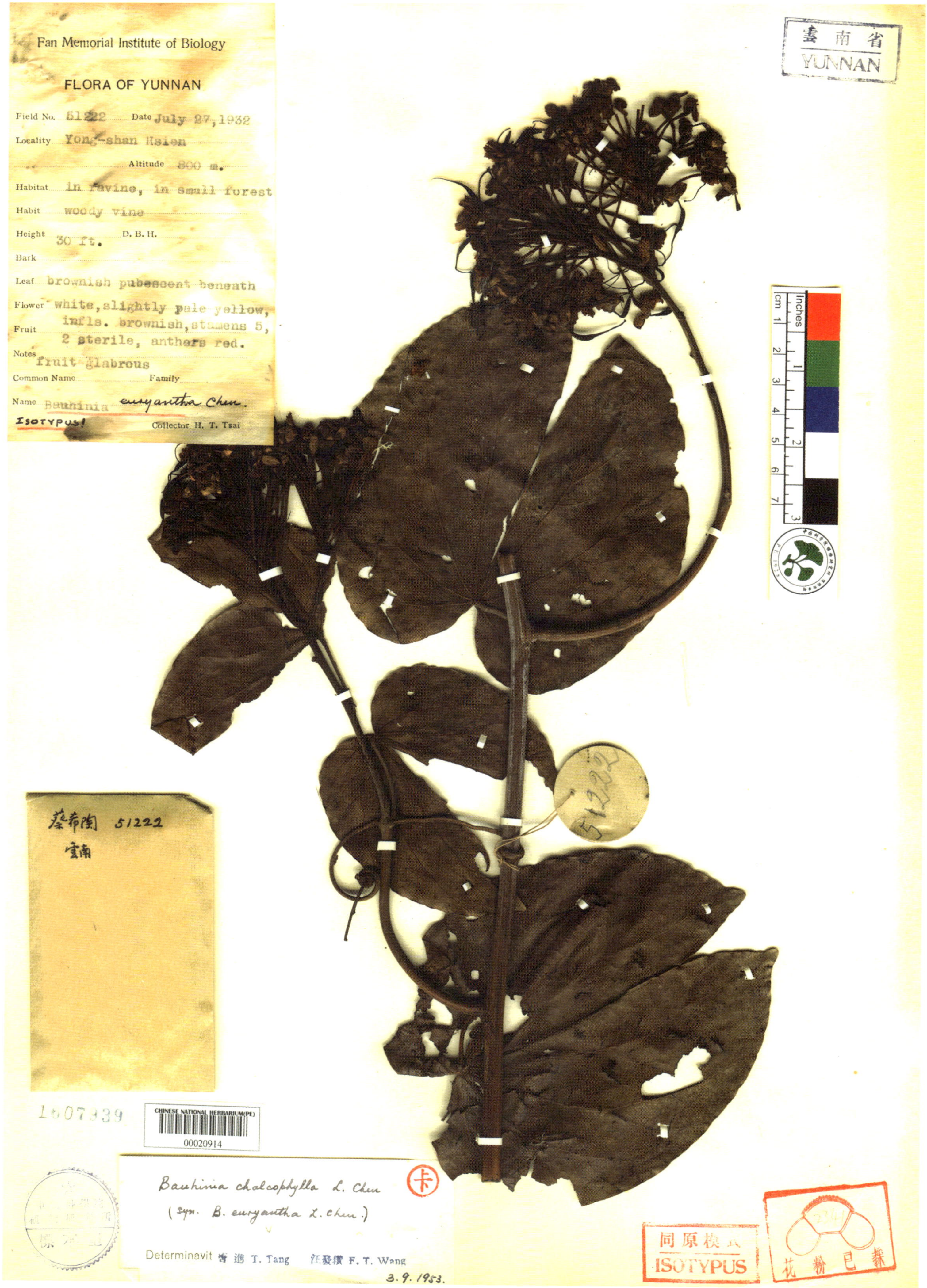

多花羊蹄甲 ***Bauhinia chalcophylla*** L. Chen in J. Arnold Arb. 19(2): 130. 1938. **Isotype:** China. Yunnan: Yongshan, alt. 800 m, 1932-07-27, H. T. Tsai 51222.

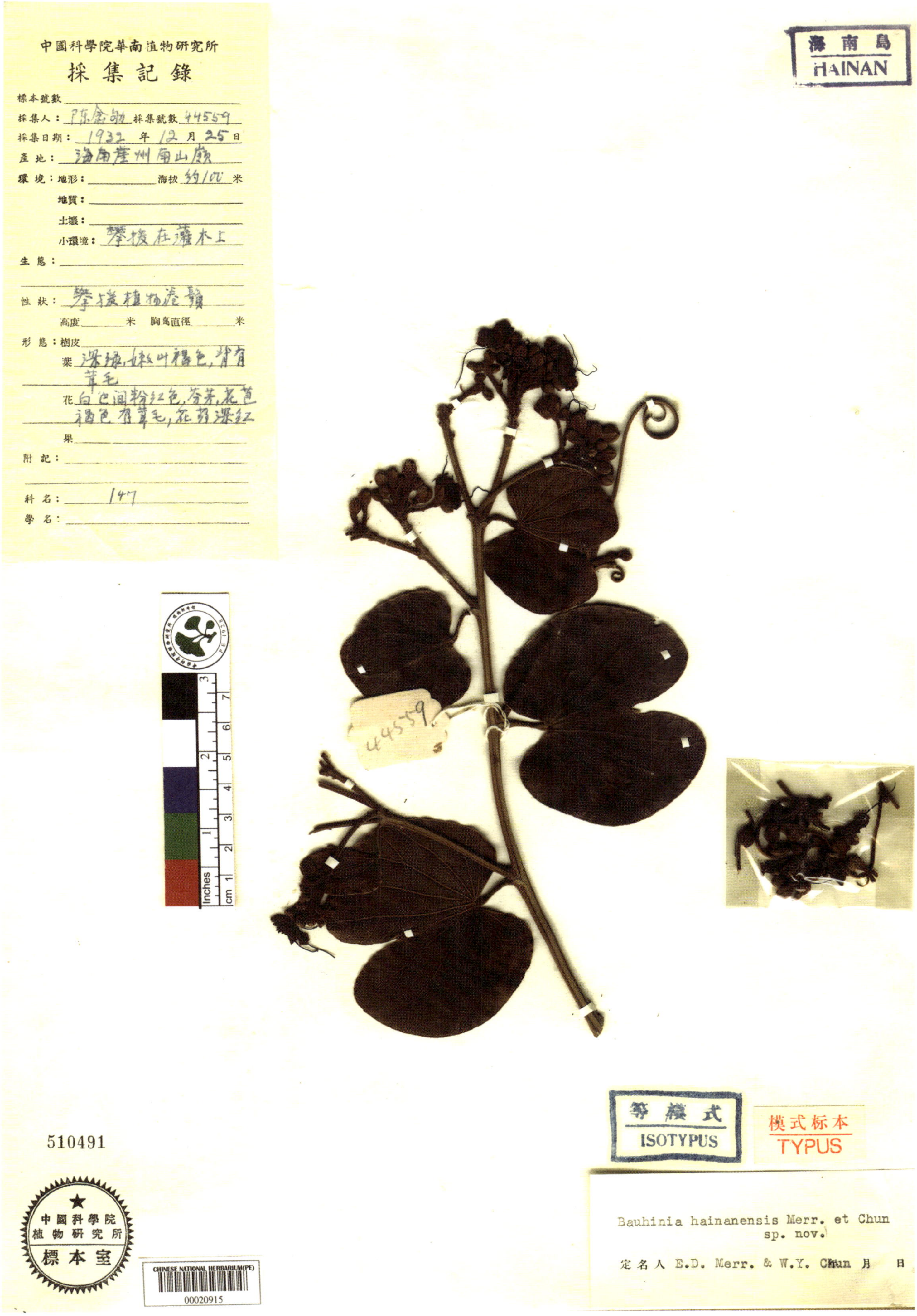

海南羊蹄甲 ***Bauhinia hainanensis*** Merr. & Chun in J. Arnold Arb. 19(2): 132. 1938. **Isotype:** China. Hainan: Sanya, alt. 100 m, 1932-12-25, N. K. Chun 44559.

白枝羊蹄甲 ***Bauhinia laui*** Merr. in Lingnan Sci. J. 14(1): 9, f. 3. 1935. **Isotype:** China. Hainan: Sanya, 1932-07-17, S. K. Lau 278.

婆罗洲长柄羊蹄甲 ***Bauhinia longipes*** Merr. in Univ. Calif. Publ. Bot. 15: 102. 1929. **Isotype:** Borneo: Tawao, 1922-10-??, A. D. E. Elmer 21435.

奇异羊蹄甲 ***Bauhinia mirabilis*** Merr. in Univ. Calif. Publ. Bot. 15: 103. 1929. **Isotype:** Borneo: Tawao, 1922-10-??, A. D. E. Elmer 21432.

近菱果羊蹄甲 ***Bauhinia subrhombicarpa*** Merr. in Lingnan Sci. J. 14(1): 9, f. 2. 1935. **Isotype:** China. Hainan: Sanya, 1932-08-(07~25), S. K. Lau 386.

西藏紫矿 ***Butea xizangensis*** X. Y. Zhu & Y. F. Du in Legum. China 627, f. 1-2. 2007. **Holotype:** China. Xizang: Gyirong, alt. 1 850~2 000 m, 1975-07-15, Qinghai-Xizang Veget. Exped. 4579.

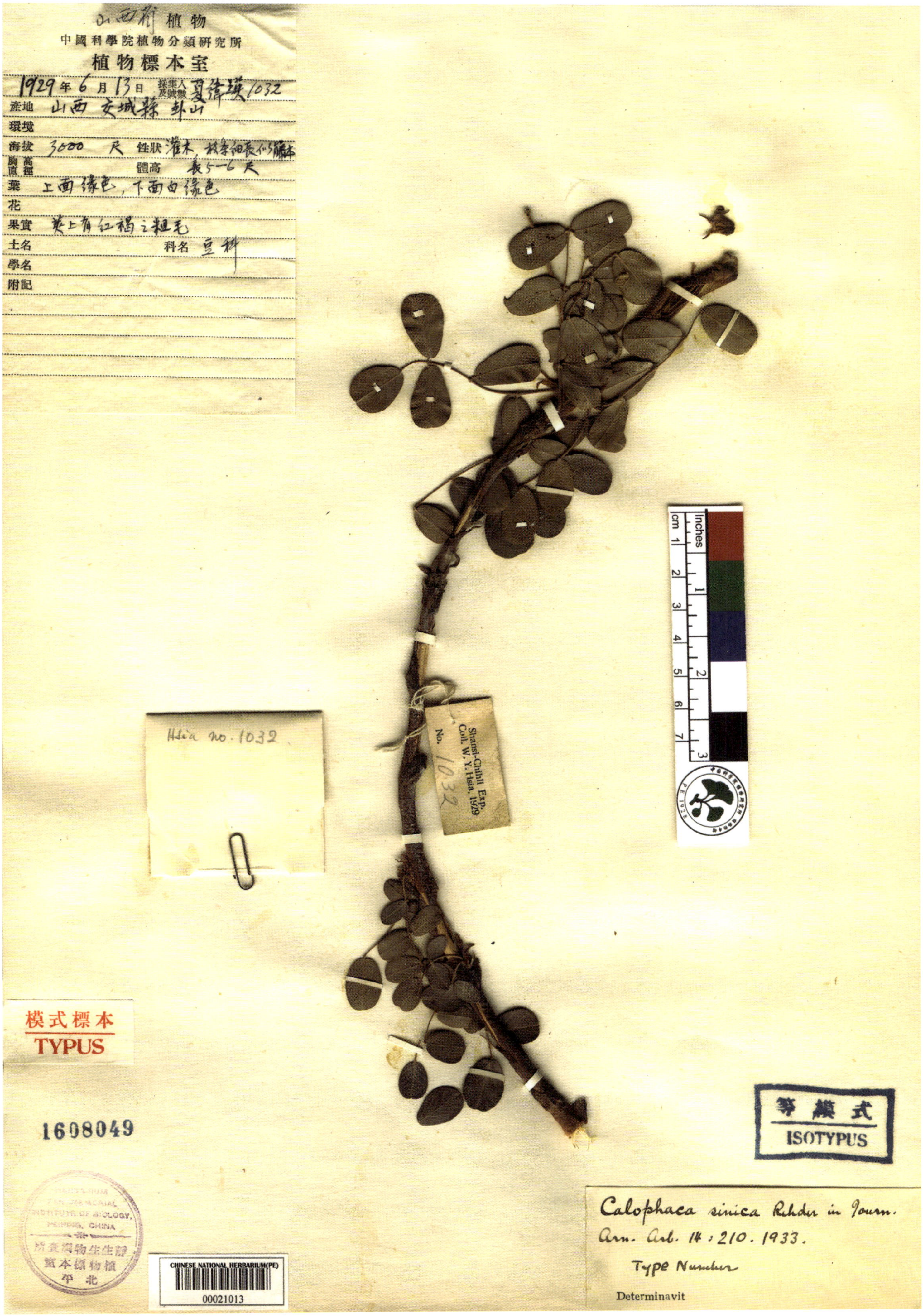

丽豆 ***Calophaca sinica*** Rehd. in J. Arnold Arbor. 14(3): 210. 1933. **Isotype:** China. Shanxi: Jiaocheng, alt. 1 000 m, 1929-06-13, W. Y. Hsia 1032.

银叶杭子梢 ***Campylotropis argentea*** in Repert. Spec. Nov. Regni Veg. 11: 426. 1912. **Isotype:** China. Yunnan: Mengzi, alt. 1 500 m, 1912-04-26, A. Henry 10384.

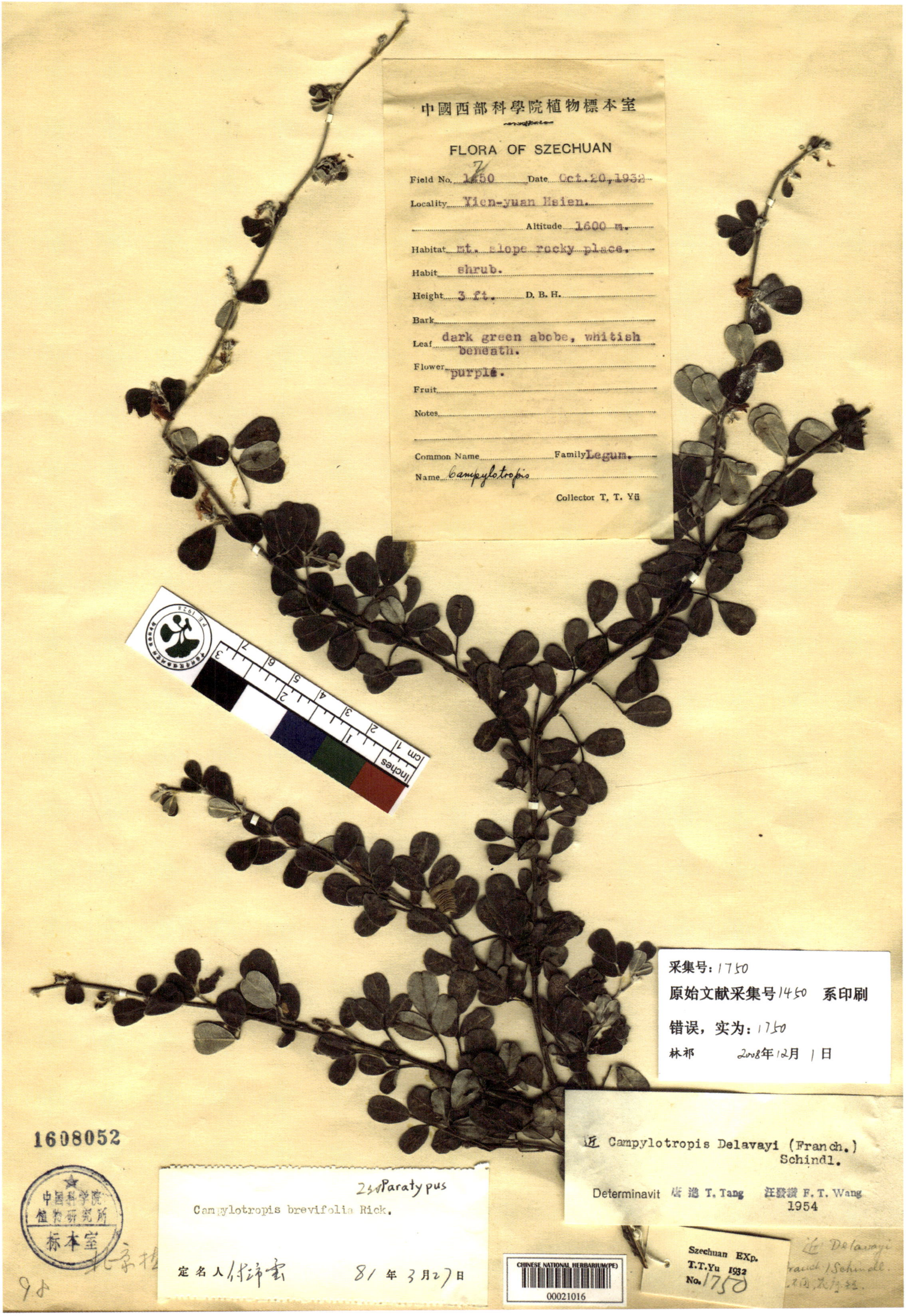

短序杭子梢 ***Campylotropis brevifolia*** Rick in J. Wash. Acad. Sci. 36(2): 37. 1946. **Isoparatype:** China. Sichuan: Yanyuan, alt. 1 600 m, 1932-10-20, T. T. Yu 1750.

横断山杭子梢 ***Campylotropis macrocarpa*** (Bunge) Rehd. subsp. ***hengduanshanensis*** C. J. Chen in Acta Bot. Yunnan. 10(4): 435, f. 1: 5. 1988. **Holotype:** China. Sichuan: Maowen, 1928-09-20, W. P. Fang 5512.

披针叶杭子梢 ***Campylotropis macrocarpa*** (Bge.) Rehd. f. ***lanceolata*** P. Y. Fu in Bull. Bot. Res., Harbin 7(4): 41. 1987. **Holotype:** China. Chongqing: Beibei, 1956-05-??, G. Z. Wang 1030.

小杭子梢 ***Campylotropis macrocarpa*** (Bge.) Rehd. f. ***microphylla*** K.T. Fu in Bull. Bot. Res., Harbin 7(4): 43. 1987.
Isotype: China. Gansu: Xigu, alt. 2 300 m, 1951-07-16, T. P. Wang 15207.

少花杭子梢 ***Campylotropis pauciflora*** C. J. Chen in Acta Bot. Yunnan. 10(4): 433, f. 1. 1988. **Holotype:** China. Yunnan: Heqing, alt. 2 300 m, 1940-08-31, R. C. Ching 24235.

密花小雀花 ***Campylotropis polyantha*** (Franch.) Schindl. var. ***tomentosa*** P. Y. Fu in Bull. Bot. Res., Harbin 7(4): 46. 1987. **Isotype:** China. Sichuan: Shimian, alt. 900 m, 1955-03-27, C. C. Hsieh 39550.

网脉杭子梢 ***Campylotropis reticulata*** Chien in Contr. Biol. Lab. Sci. Soc. China, Bot. Ser. 8: 129. 1932. **Holotype:** China. Sichuan: Xichang, alt. 1 860 m, 1930-11-08, W. P. Fang 9409.

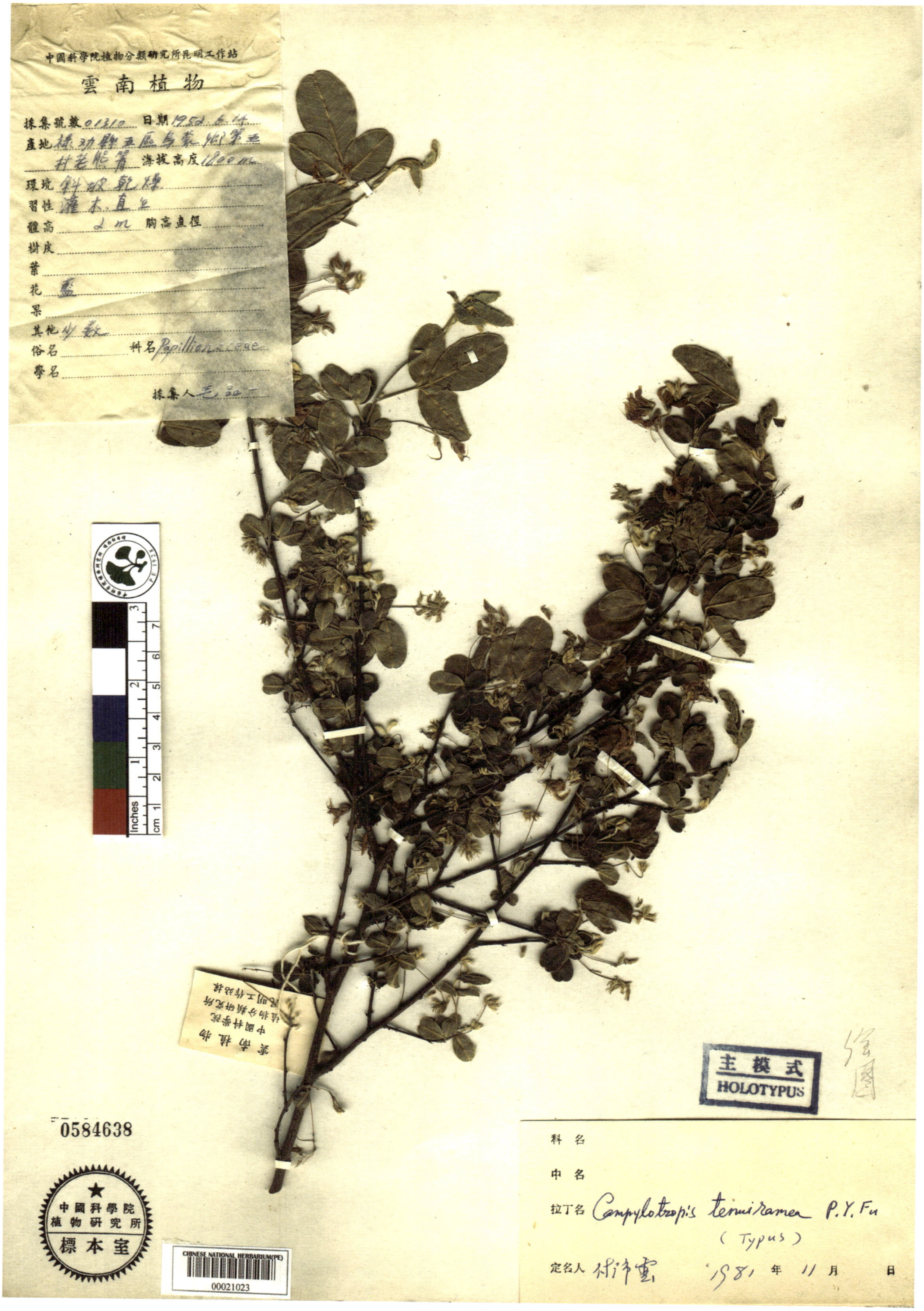

细枝杭子梢 ***Campylotropis tenuiramea*** P. Y. Fu in Bull. Bot. Res., Harbin 7(4): 37, f. 5. 1987. **Holotype:** China. Yunnan: Luquan, alt. 1 800 m, 1952-06-14, P. I Mao 01310.

柱序杭子梢 ***Campylotropis teretiracemosa*** P. C. Li & C. J. Chen ex C. J. Chen in Acta Bot. Yunnan. 10(5): 434, f. 1: 9 18. 1988. **Holotype:** China. Sichuan: Miyi, alt. 2 450 m, 1959-08-14, S. F. Zhu 20048.

绒柄杭子梢 ***Campylotropis tomentosipetiolata*** P. Y. Fu in Bull. Bot. Res., Harbin 7(4): 47, f. 6. 1987. **Isotype:** China. Sichuan: Muli, alt. 1 830 m, 1959-09-11, S. K. Wu 2552.

小叶杭子梢 ***Campylotropis wilsonii*** Schindl in Repert. Spec. Nov. Regni Veg. 11: 343. 1912. **Lectotype** (designated here): China. Sichuan: Kangding, 1893-??-??, G. N. Potanin. s. n.

中甸杭子梢 ***Campylotropis yunnanensis*** (Franch.) Schindl. var. ***zhongdianensis*** P. Y. Fu in Bull. Bot. Res., Harbin 7(4): 52. 1987. **Isotype:** China. Yunnan: Shangri-La, alt. 2 750 m, 1962-09-17, Zhongdian Exped. 2095.

弯枝锦鸡儿 ***Caragana arcuata*** Y. X. Liou in Acta Phytotax. Sin. 22(3): 210, f. 1: 3a-f. 1984. **Holotype:** China. Xinjiang: Gongliu, alt. 920 m, 1959-05-05, A. J. Li & J. N. Zhu 10305.

昌都锦鸡儿 ***Caragana changduensis*** Y. X. Liou in Acta Phytotax. Sin. 22(3): 212, f. 2: 1a-1f. 1984. **Holotype:** China. Xizang: Qamdo, alt. 4 200 m, 1973-06-06, Qinghai-Xizang Exped. 73-85.

二连锦鸡儿 ***Caragana erenensis*** Y. X. Liou in Acta Phytotax. Sin. 22(3): 210, f. 1: 2a-2f. 1984. **Holotype:** China. Nei Mongol: Xilin Gol Meng, Erenhot, alt. 900 m, 1961-08-19, T. C. Zhu 18.

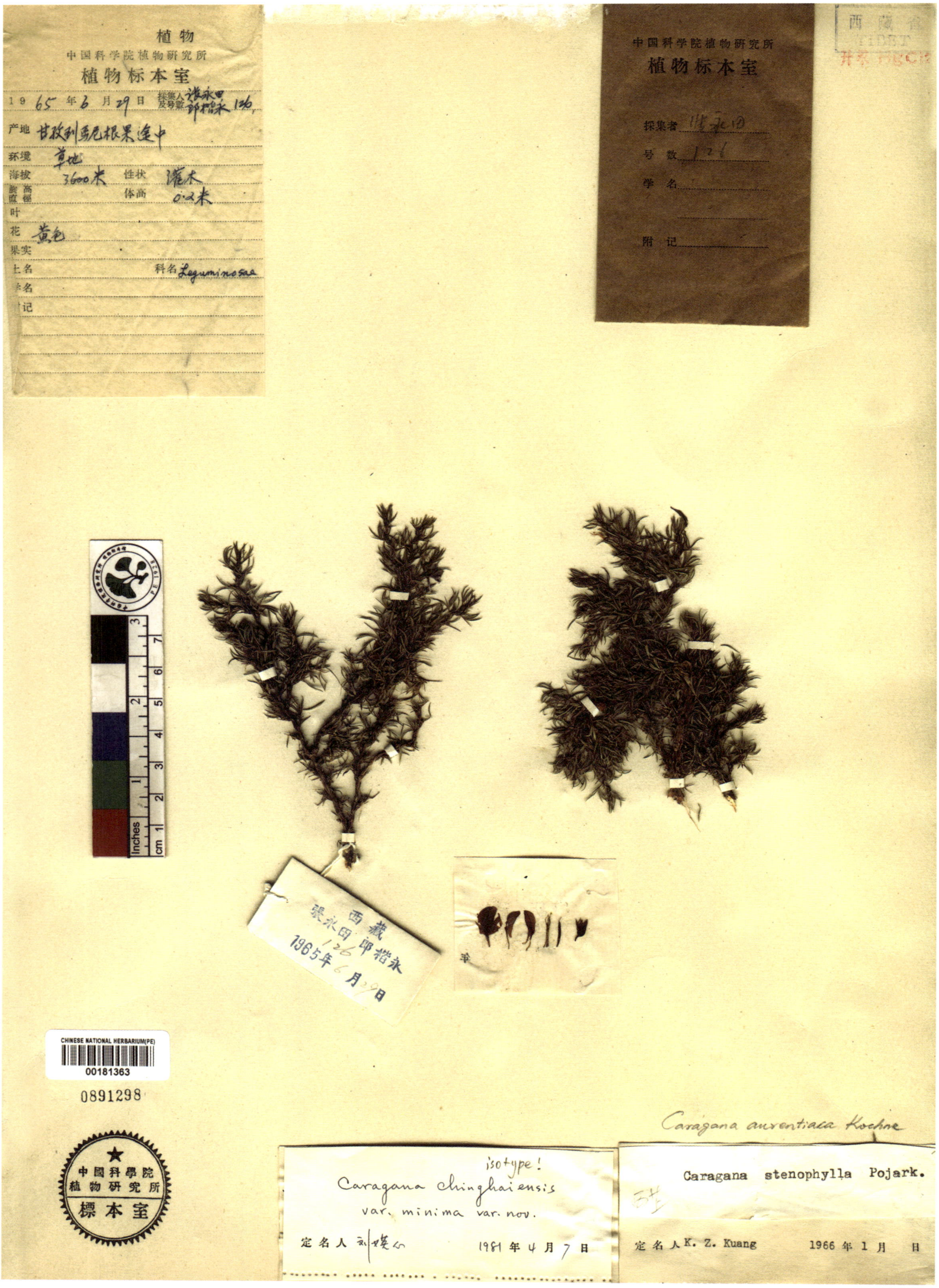

小青海锦鸡儿 ***Caragana chinghaiensis*** Y. X. Liou var. ***minima*** Y. X. Liou in Acta Phytotax. Sin. 22(3): 209. 1984.
Isotype: China. Sichuan: Garzê, alt. 3 600 m, 1965-06-29, Y. T. Chang & K. Y. Lang 126.

楔翼锦鸡儿 ***Caragana cuneato-alata*** Y. X. Liou in Acta Phytotax. Sin. 22(3): 212, f. 2: 2a-2f. 1984. **Holotype:** China. Xizang: Lhünzê, alt. 4 700 m, 1962-08-20, J. W. Zhang 1147.

吉隆锦鸡儿 ***Caragana gyirongensis*** C. C. Ni in Acta Phytotax. Sin. 18(3): 367. 1980. **Holotype:** China. Xizang: Gyirong, alt. 2 900 m, 1972-06-01, Xizang Med. Pl. Exped. 58.

双耳鬼箭 ***Caragana jubata*** (Pall.) Poir. var. ***biaurita*** Y. X. Liou in Acta Phytotax. Sin. 22(3): 214. 1984. **Holotype:** China. Hebei: Zhuolu, 1953-06-15, C. G. Yang 1710.

广西紫荆 ***Cercis chuniana*** Metc. in Lingnan Sci. J. 19(4): 551, f. 2. 1940. **Isotype:** China. Guangxi: Luocheng, alt. 1 158 m, 1928-06-20, R. C. Ching 6188.

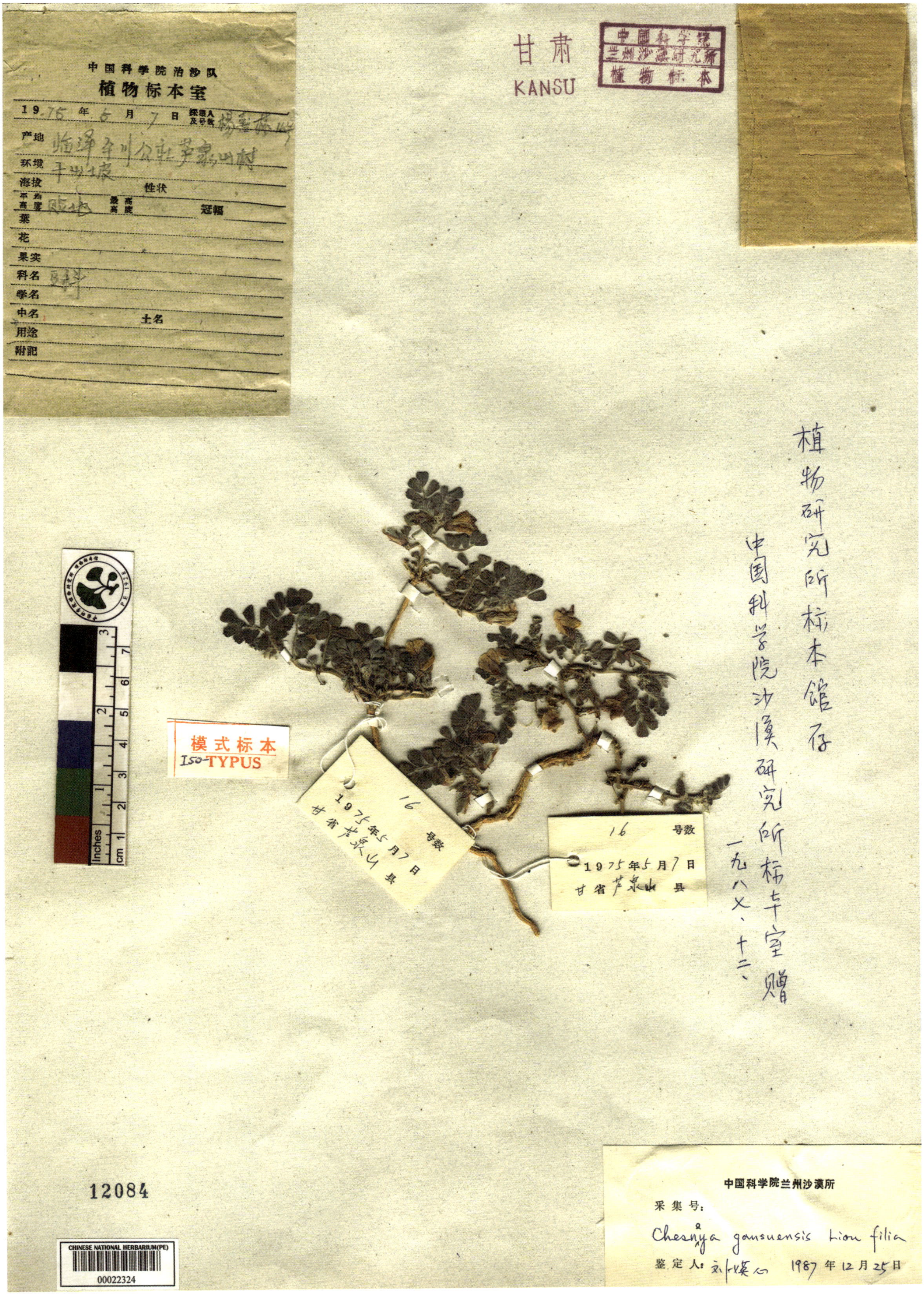

甘肃雀儿豆 ***Chesneya gansuensis*** Y. X. Liou in Acta Phytotax. Sin. 22(3): 215, f. 3. 1984. **Isotype:** China. Gansu: Linze, 1975-05-07, X. L. Yang 016.

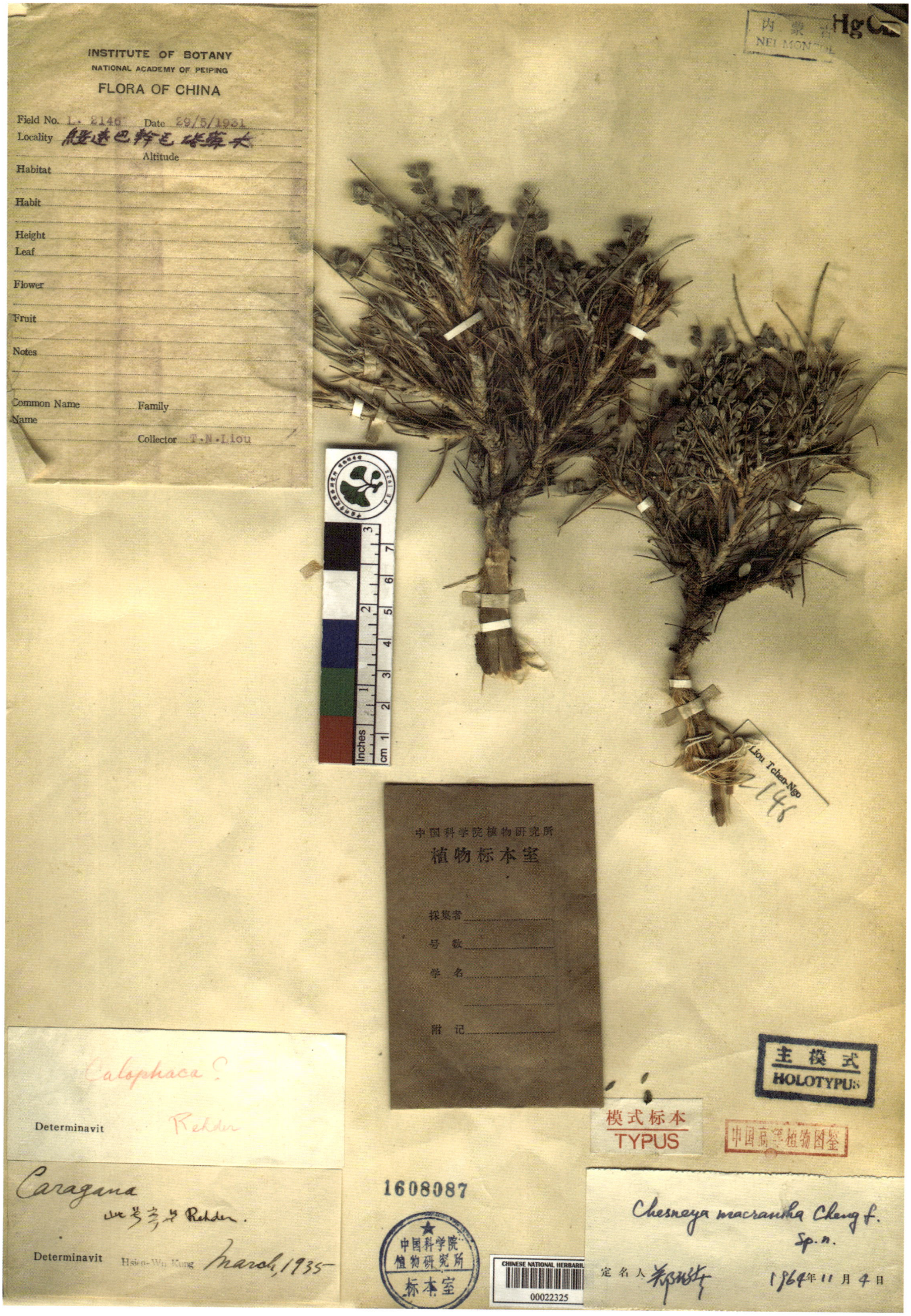

大花雀儿豆 ***Chesneya macrantha*** S. H. Cheng ex P. C. Li in Acta Phytotax. Sin. 19(2): 237. 1981. **Holotype:** China. Nei Mongol: Ba-gan-mao, 1931-05-29, T. N. Liou 2146.

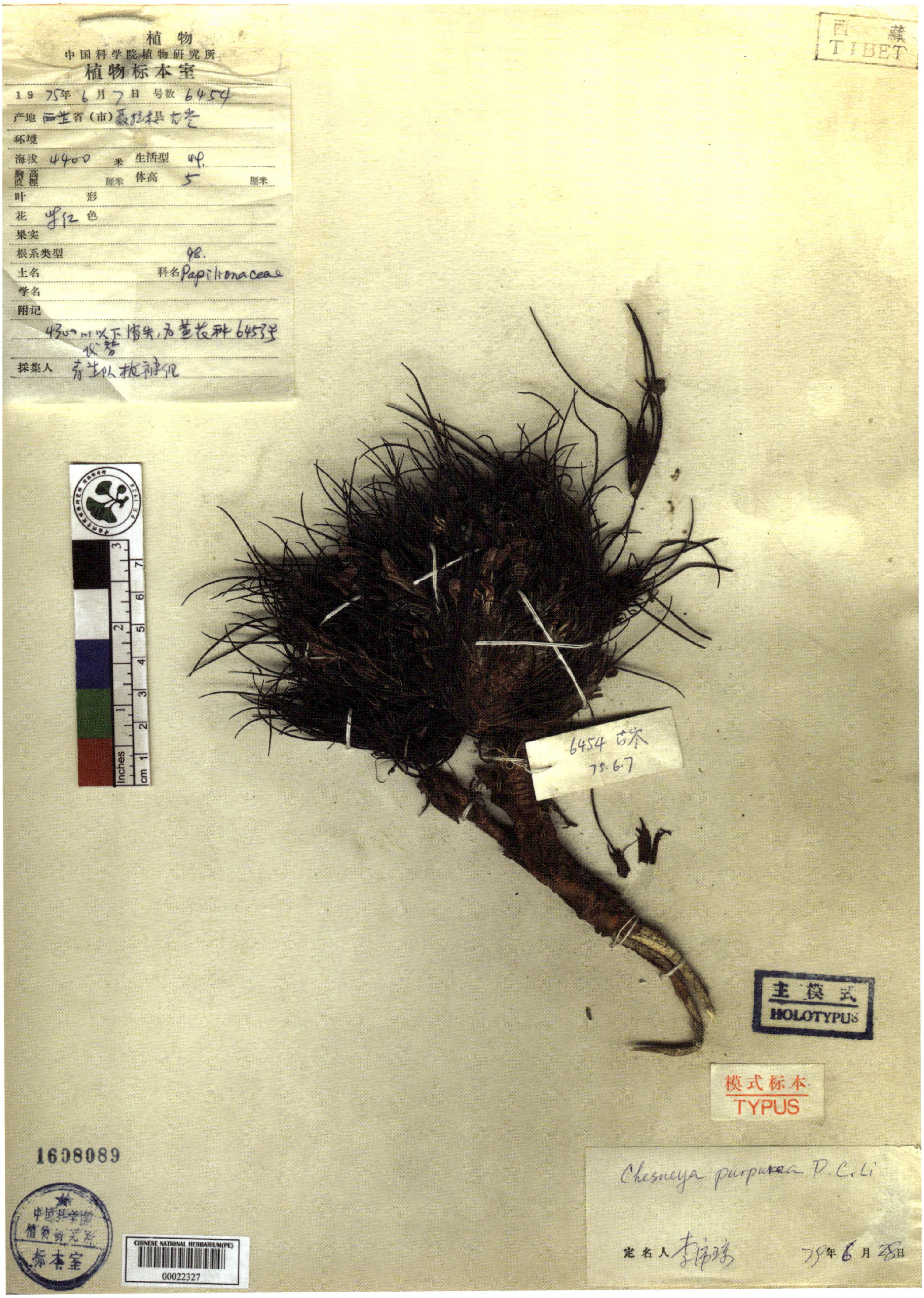

紫花雀儿豆 ***Chesneya purpurea*** P. C. Li in Acta Phytotax. Sin. 19(2): 236. 1981. **Holotype:** China. Xizang: Nyalam, alt. 4 400 m, 1975-06-07, Qinghai-Xizang Exped. 6454.

刺柄雀儿豆 ***Chesneya spinosa*** P. C. Li in Acta Phytotax. Sin. 19(2): 236. 1981. **Holotype:** China. Xizang: Xigazê, alt. 4 200 m, 1975-05-30, Qinghai-Xizang Exped. 5423.

海南蝙蝠草 ***Christia hainanensis*** Y. C. Yang & P. H. Huang in Bull. Bot. Lab. N.-E. Forest. Inst., Harbin 8: 5, pl. 1. 1980. **Paratype:** China. Hainan: Ledong, alt. 100 m, 1936-06-12, S. K. Lau 27104.

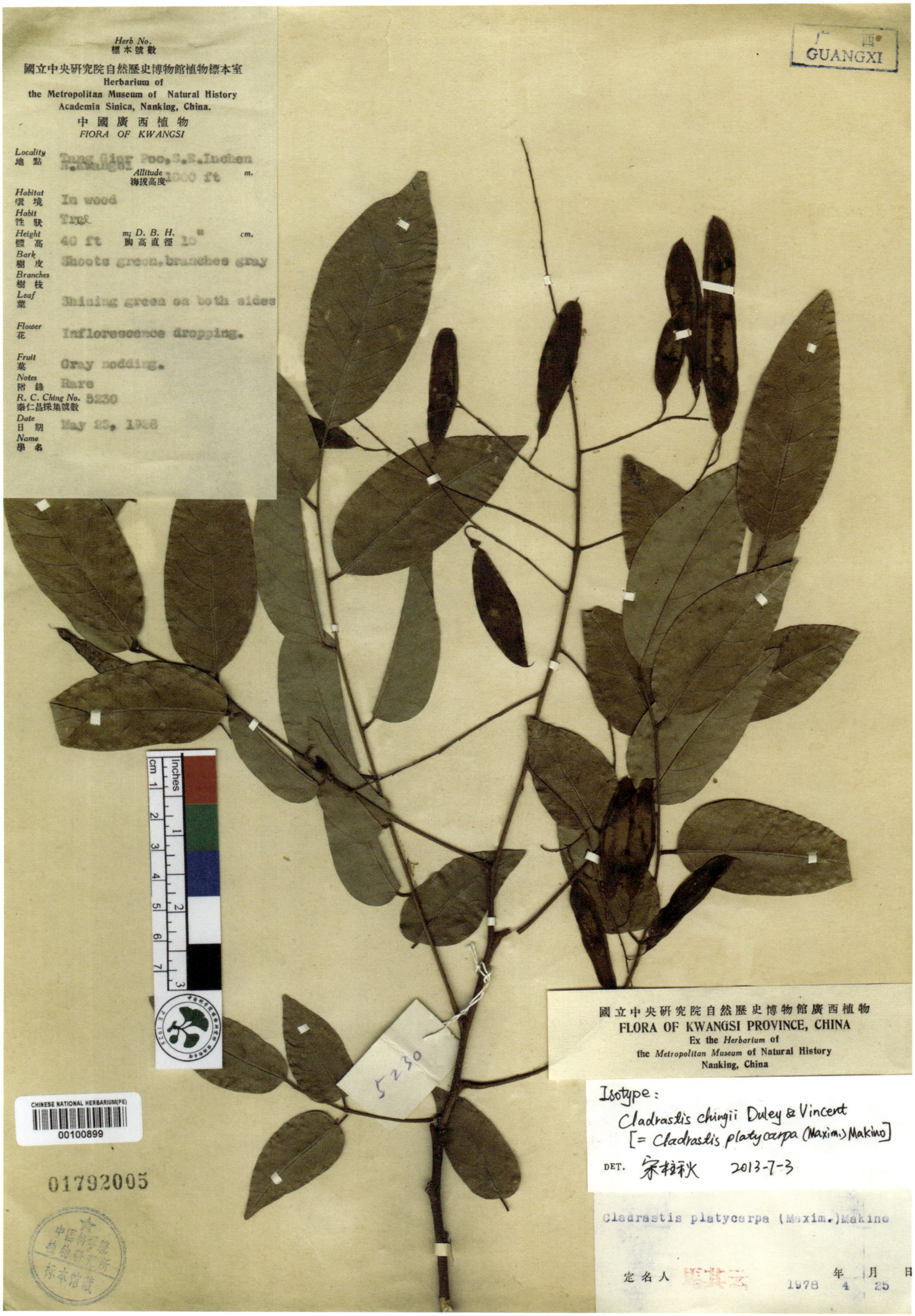

仁昌香槐 *Cladrastis chingii* Duley & Vincent in Rhodora 105: 217, f. 7. 2003. **Isotype:** China. Guangxi: Luocheng, alt. 305 m, 1928-05-23, R. C. Ching 5230.

藤香槐 ***Cladrastis scandens*** C. Y. Ma in Bull. Bot. Res., Harbin 2(1): 112. 1982. **Holotype:** China. Guizhou: Anlong, alt. 1 130 m, 1960-05-19, Z. S. Zhang & Y. T. Chang 3547.

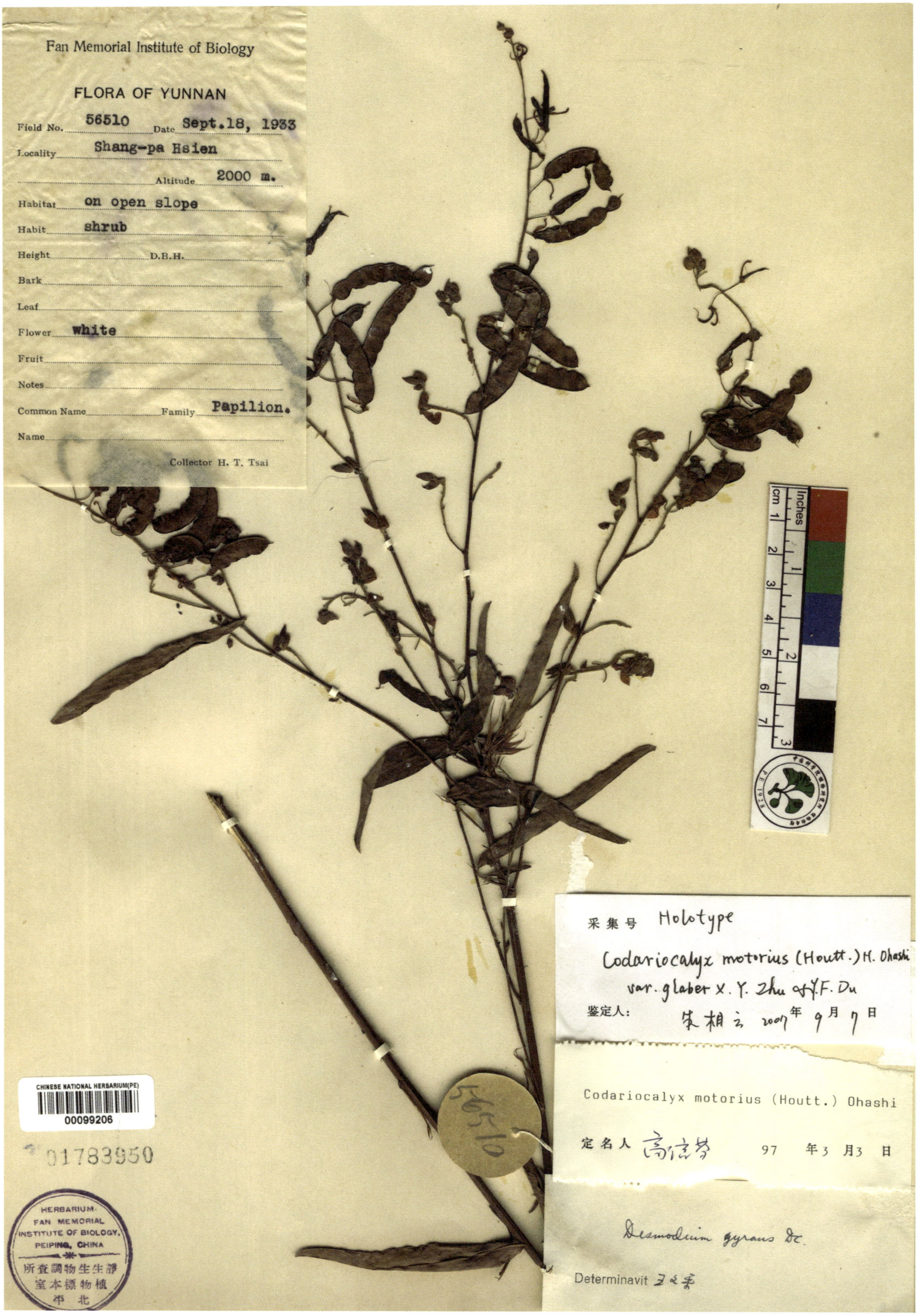

光舞草 ***Codariocalyx motorius*** (Houtt.) H. Ohashi var. ***glaber*** X. Y. Zhu & Y. F. Du in Legum. China 634. 2007. **Holotype:** China. Yunnan: Shang-pa (=Fugong), alt. 2 000 m, 1933-09-18, H. T. Tsai 56510.

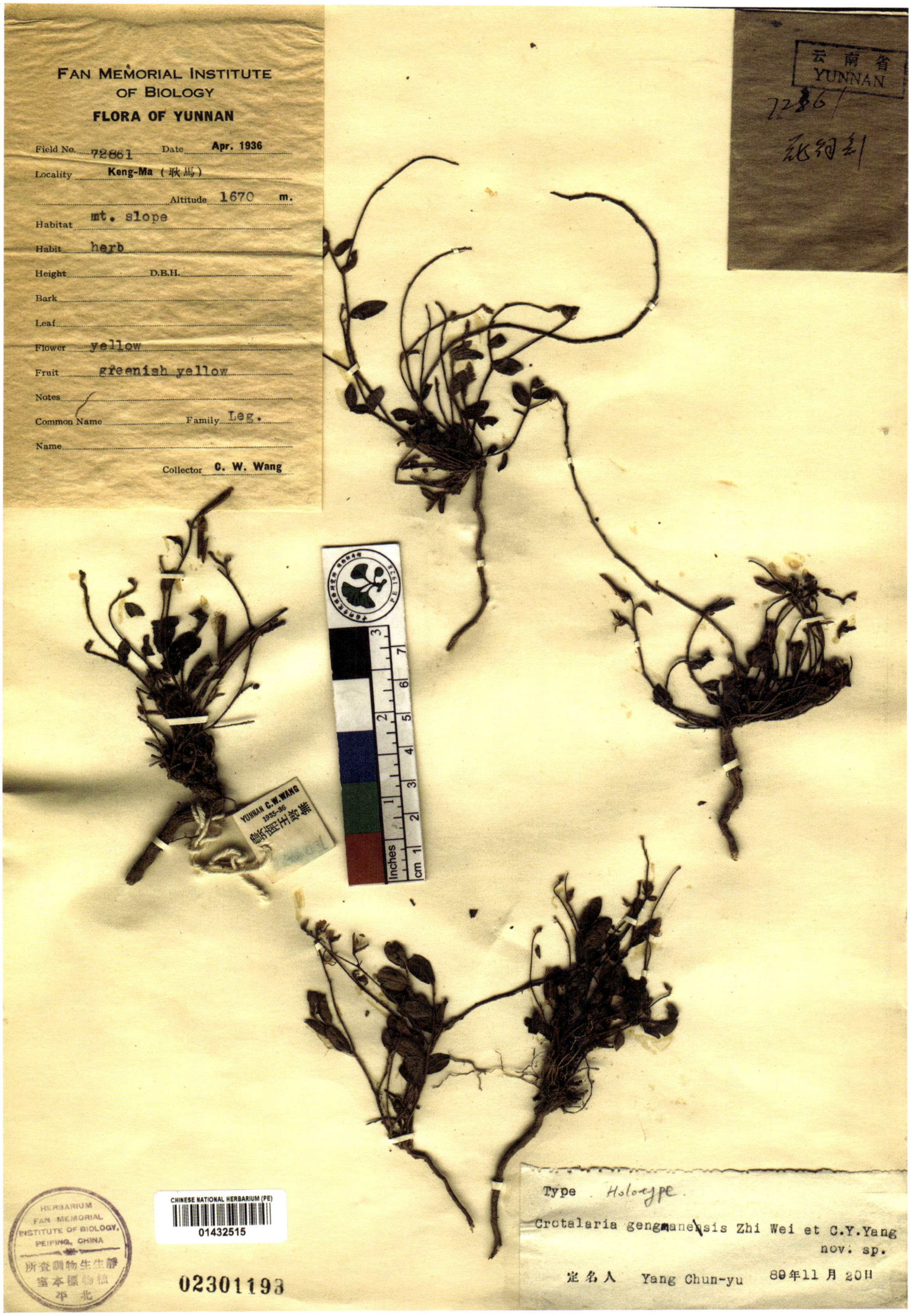

耿马猪屎豆 ***Crotalaria gengmaensis*** Z. Wei & C. Y. Yang in Acta Phytotax. Sin. 20(4): 479, f. 1: 7-12. 1982. **Holotype:** China. Yunnan: Gengma, alt. 1 670 m, 1936-04-??, C. W. Wang 72861.

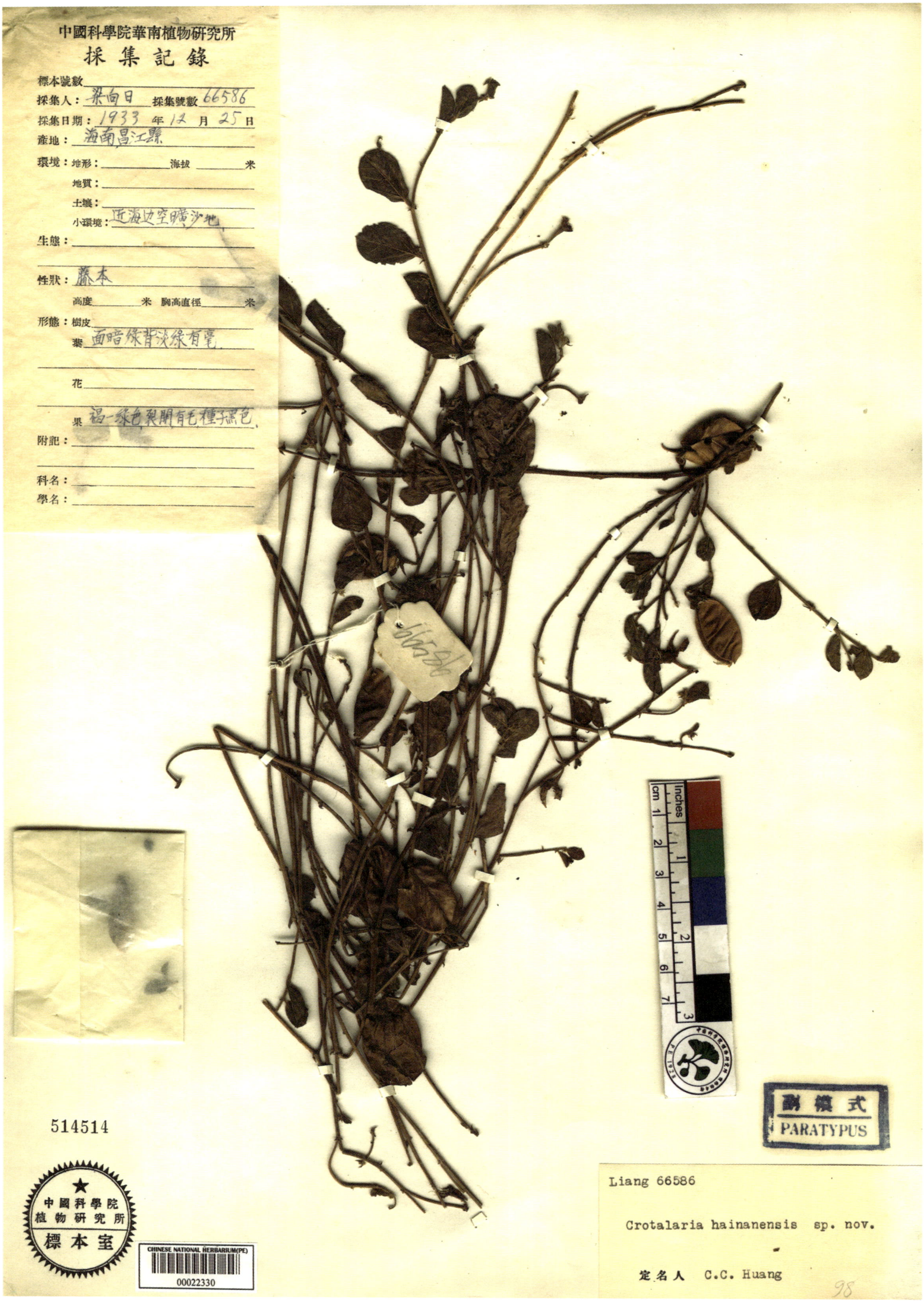

海南猪屎豆 ***Crotalaria hainanensis*** C. C. Huang in Acta Phytotax. Sin. 6(4): 395. 1957. **Paratype:** China. Hainan: Changjiang, 1933-12-25, H. Y. Liang 66586.

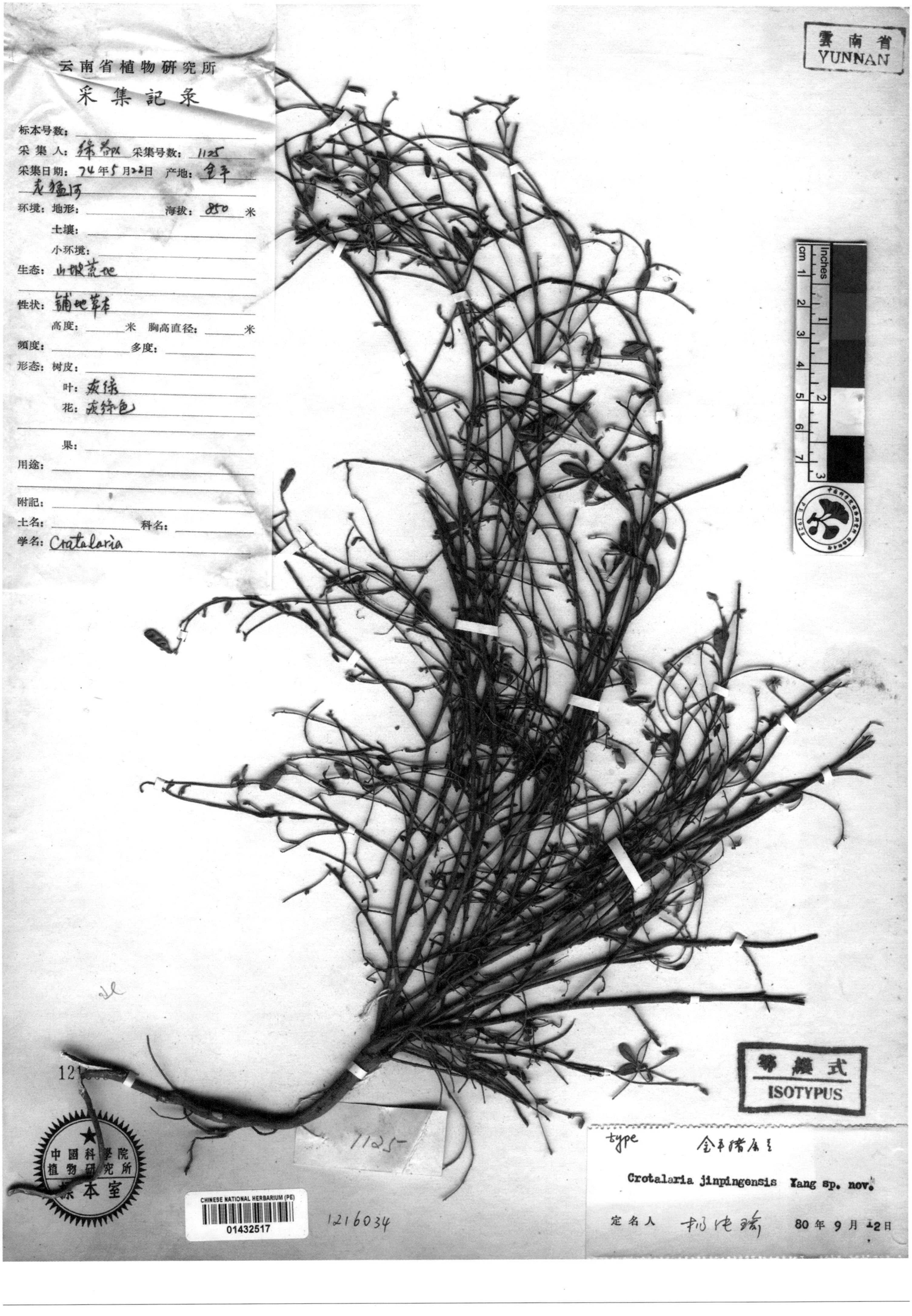

金平猪屎豆 ***Crotalaria jinpingensis*** C. Y. Yang in Bull. Bot. Lab. N.-E. Forest. Inst., Harbin 7: 113, f. 1: 7-12. 1980.
Isotype: China. Yunnan: Jinping, alt. 850 m, 1974-05-22, Luchun Exped. 1125.

湿生猪屎豆 ***Crotalaria uliginosa*** C. C. Huang in Acta Phytotax. Sin. 6(4): 396, pl. 60. 1957. **Holotype:** China. Yunnan: Yanshan, alt. 1 200 m, 1939-10-23, C. W. Wang & Y. Liu 84620.

长叶棋子豆 ***Cylindrokelupha alternifoliolata*** T. L. Wu in Acta Phytotax. Sin. 19(2): 219, pl. 9: 3. 1981. **Holotype:** China. Yunnan: Pingbian, alt. 1 500 m, 1939-11-14, C. W. Wang 82790.

光叶棋子豆 ***Cylindrokelupha glabrifolia*** T. L. Wu in Acta Phytotax. Sin. 19(2): 217, pl. 8: 2. 1981. **Isotype:** China. Yunnan: Fo-Hai (=Menghai), alt. 2 000 m, 1936-07-??, C. W. Wang 77378.

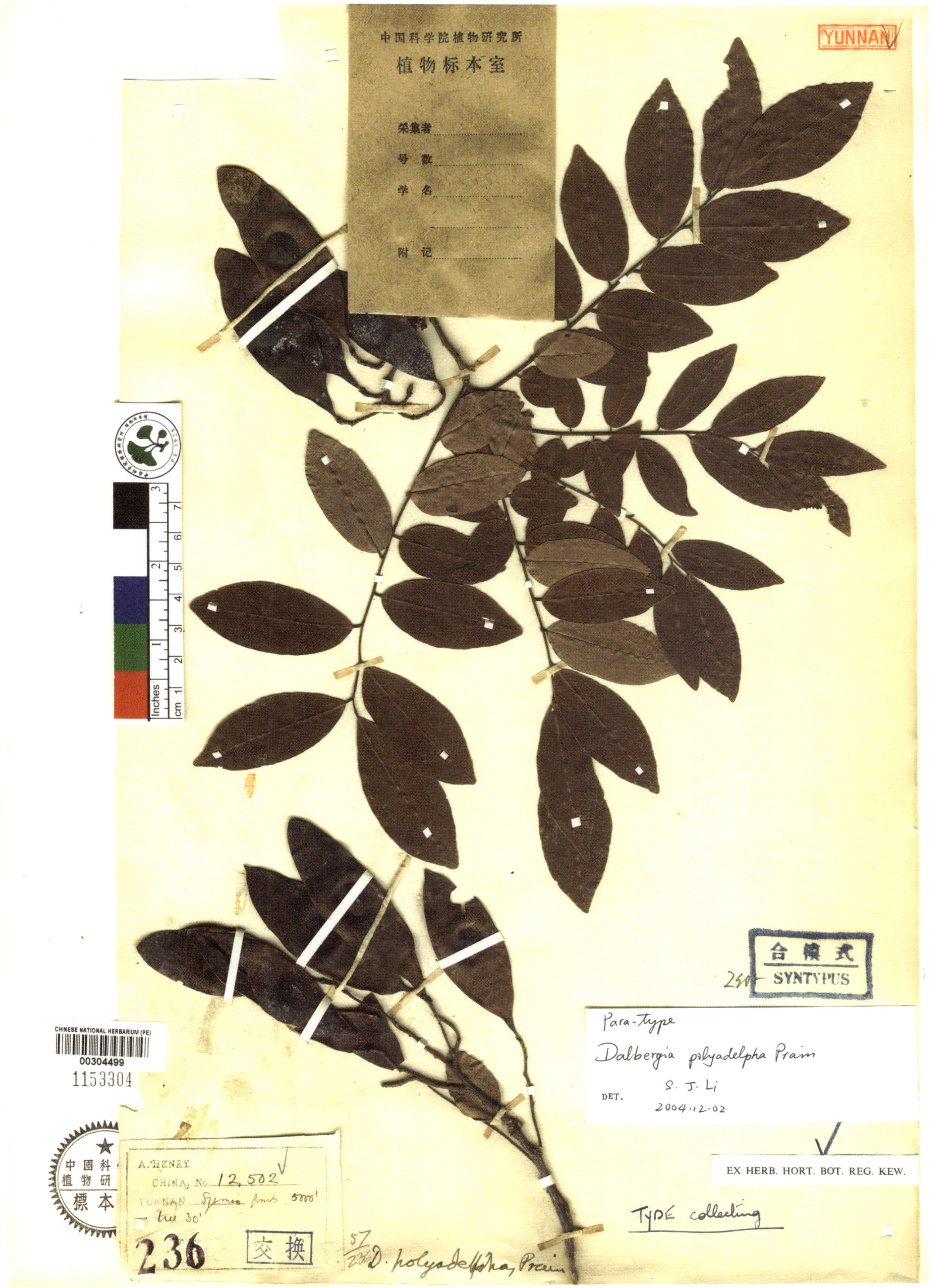

多体蕊黄檀 ***Dalbergia polyadelpha*** Prain in Ann. Roy. Bot. Gard. (Calcutta) 10(1): 84, pl. 65. 1904. **Lectotype** (designated here): China. Yunnan: Simao, alt. 1 525 m, A. Henry 12502.

思茅黄檀 ***Dalbergia szemaoensis*** Prain in Ann. Roy. Bot. Gard. (Calcutta) 10(1): 91. 1904. **Isotype:** China. Yunnan: Simao, alt. 1 525 m, A. Henry 11895.

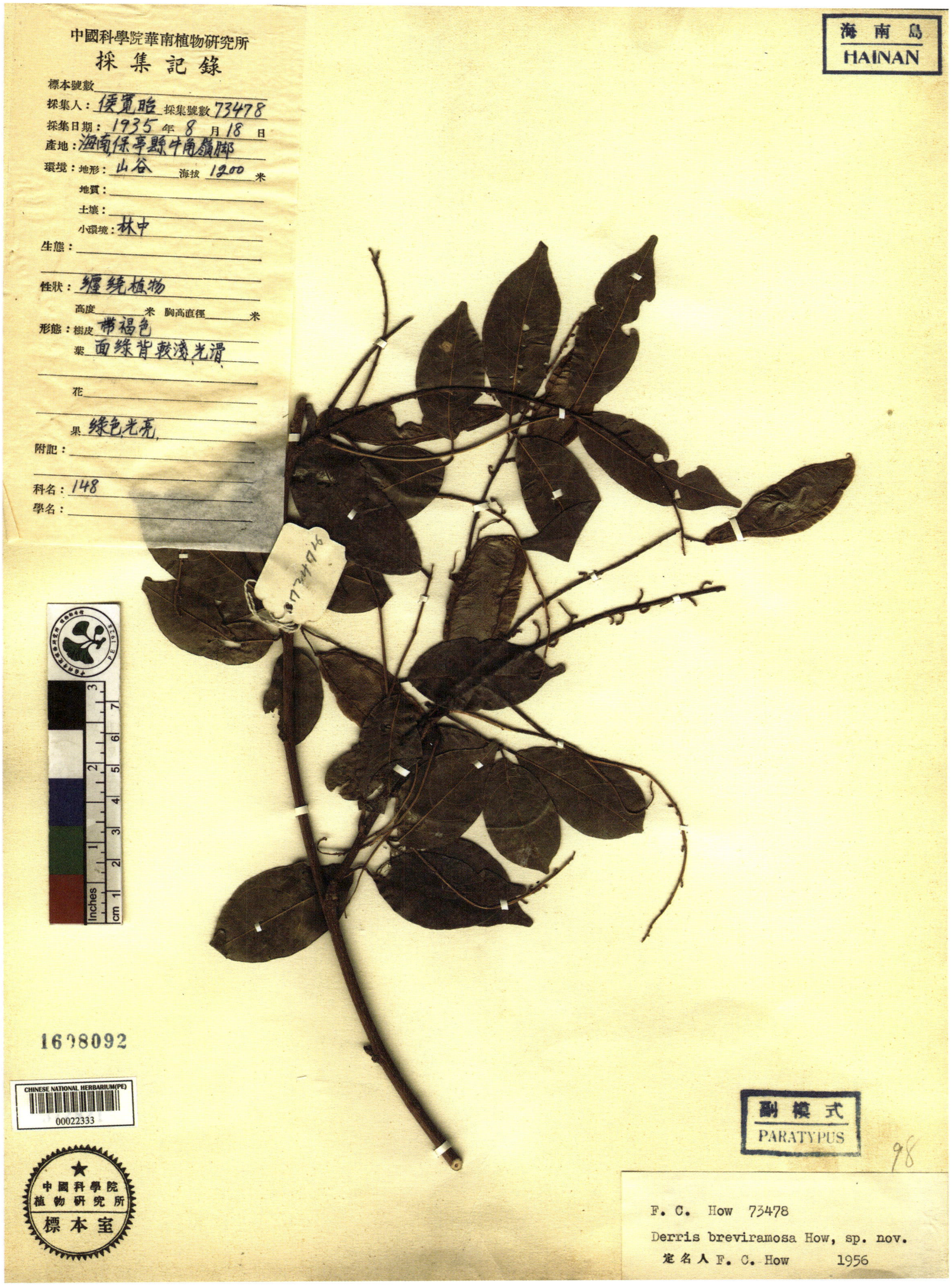

短枝鱼藤 ***Derris breviramosa*** How in Acta Phytotax. Sin. 3(2): 219, pl. 28: 5-12. 1954. **Paratype:** China. Hainan: Baoting, alt. 1 200 m, 1935-08-18, H. C. How 73478.

白花山马蝗 ***Desmodium elegans*** DC. var. ***albiflorum*** P. C. Li, Fl. Xizang. 2: 892. 1985. **Holotype:** China. Xizang: Nyalam, alt. 2 400 m, 1966-06-22, Y. T. Chang & K. Y. Lang 4392.

三小叶山豆根 ***Euchresta trifoliolata*** Merr. in Philipp. J. Sci. 21(5): 496. 1922. **Isotype:** China. Guangdong: Maan Chi Shan, 1921-10-10, W. T. Tsang 8740.

椭圆叶乳豆 ***Galactia elliptifoliola*** Merr. in Lingnan Sci. J. 14(1): 12, f. 4. 1935. **Isotype:** China. Hainan: Sanya, 1932-10-18, S. K. Lau 596.

羽叶大豆 ***Glycine pinnata*** Merr. in Lingnan Sci. J. 14(1): 15. 1935. **Isotype:** China. Hainan: Sanya, 1932-08-27, S. K. Lau 448.

黄甘草 ***Glycyrrhiza eurycarpa*** P. C. Li in Acta Bot. Boreal.-Occid. Sin. 4(2): 118, f. 2. 1984. **Holotype:** China. Xinjiang: Yanqi, alt. 1 200 m, 1958-07-29, A. J. Li & J. N. Zhu 6889.

圆果甘草 ***Glycyrrhiza squamulosa*** Franch. in Nouv. Arch. Mus. Hist. Nat., sér. 2, 5: 245. 1883. **Isotype:** China. Nei Mongol: Precise locality no known, 1866-09-??, A. David. 2902.

云南甘草 *Glycyrrhiza yunnanensis* S. H. Cheng & L. K. Tai ex P. C. Li in Acta Bot. Boreal.-Occid. Sin. 4(2): 117, f. 1. 1984. **Holotype:** China. Yunnan: Lijiang, alt. 2 500 m, 1935-07-??, C. W. Wang 71519.

白花米口袋 ***Gueldenstaedtia delavayi*** Franch. f. ***alba*** H. P. Tsui in Bull. Bot. Lab. N.-E. Forest. Inst., Harbin 5: 43. 1979. **Holotype:** China. Yunnan: Yunning (=Ninglang), alt. 2 600 m, 1937-05-02, T. T. Yu 5247.

异叶米口袋 ***Gueldenstaedtia diversifolia*** Maxim. in Bull. Acad. Imp. Sci. St.-Petersb. 27: 462. 1881. **Isotype:** China. Qinghai: Datong He, 1880-06-(09~21), Przewalski 339.

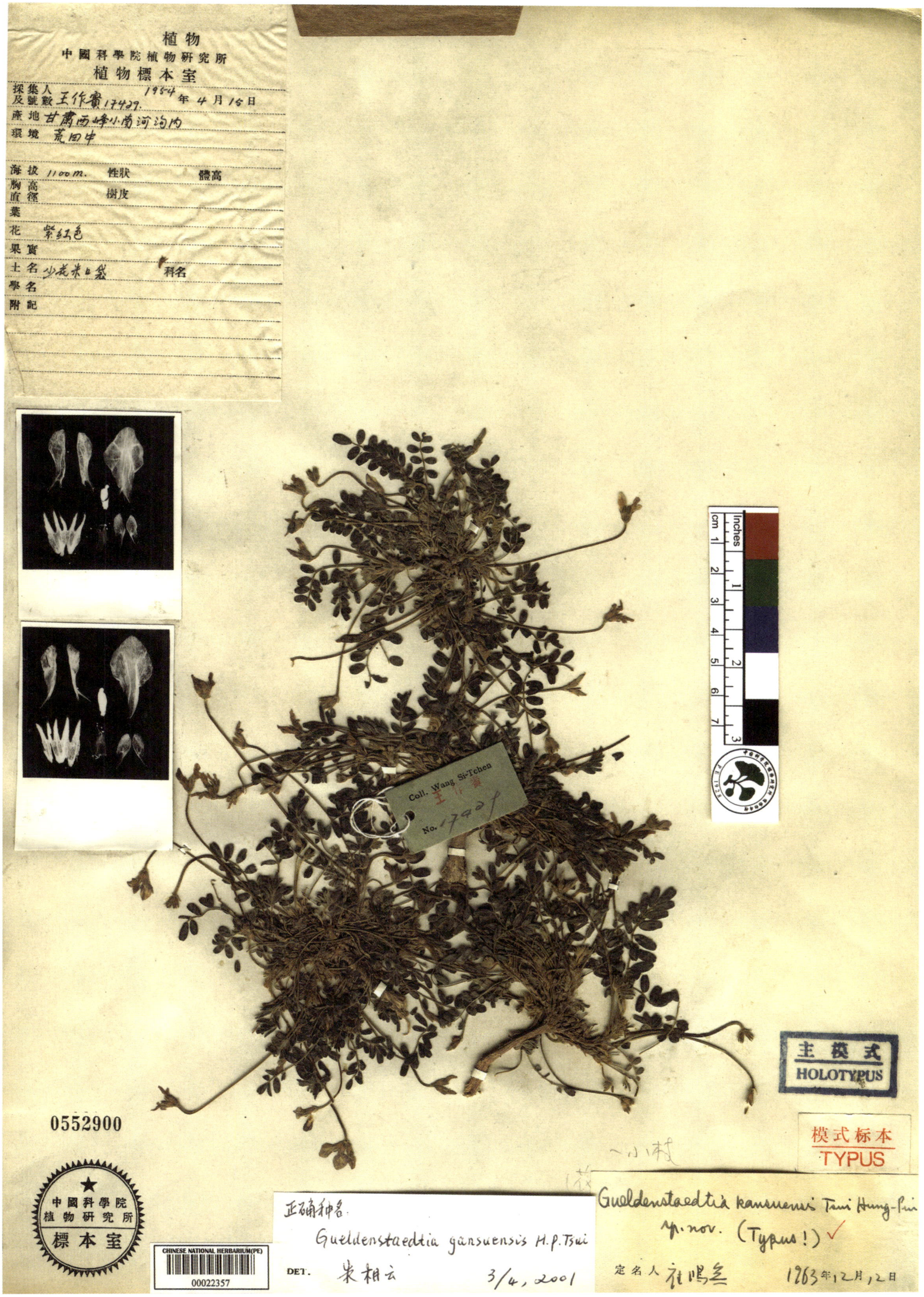

甘肃米口袋 ***Gueldenstaedtia gansuensis*** H. P. Tsui in Bull. Bot. Lab. N.-E. Forest. Inst., Harbin 5: 44. 1979. **Holotype:** China. Gansu: Xifeng, alt. 1 100 m, 1954-04-15, T. P. Wang 17429.

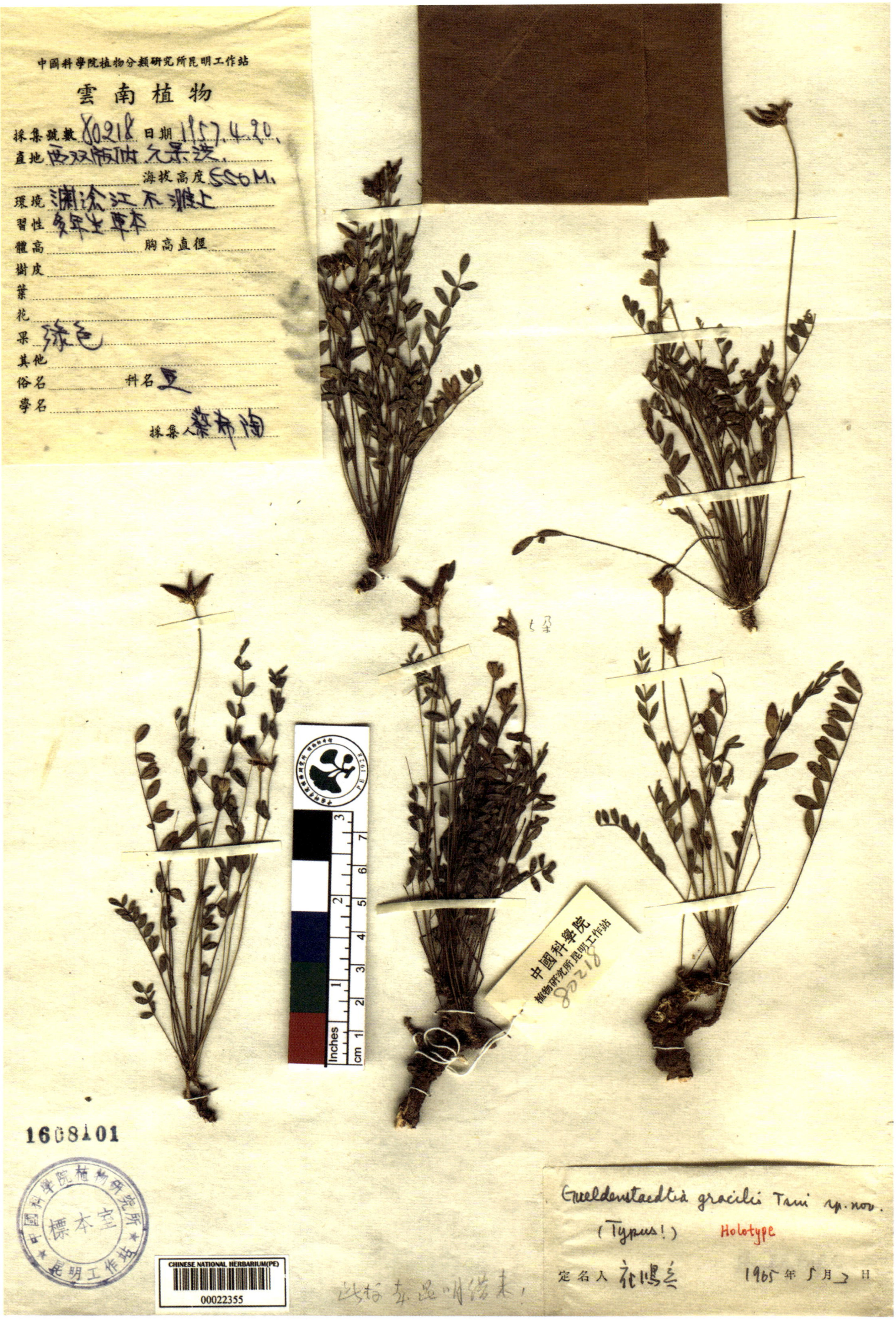

细瘦米口袋 ***Gueldenstaedtia gracilis*** H. P. Tsui in Bull. Bot. Lab. N.-E. Forest. Inst., Harbin 5: 45. 1979. **Holotype:** China. Yunnan: Jinghong, alt. 550 m, 1957-04-20, H. T. Tsai 80218.

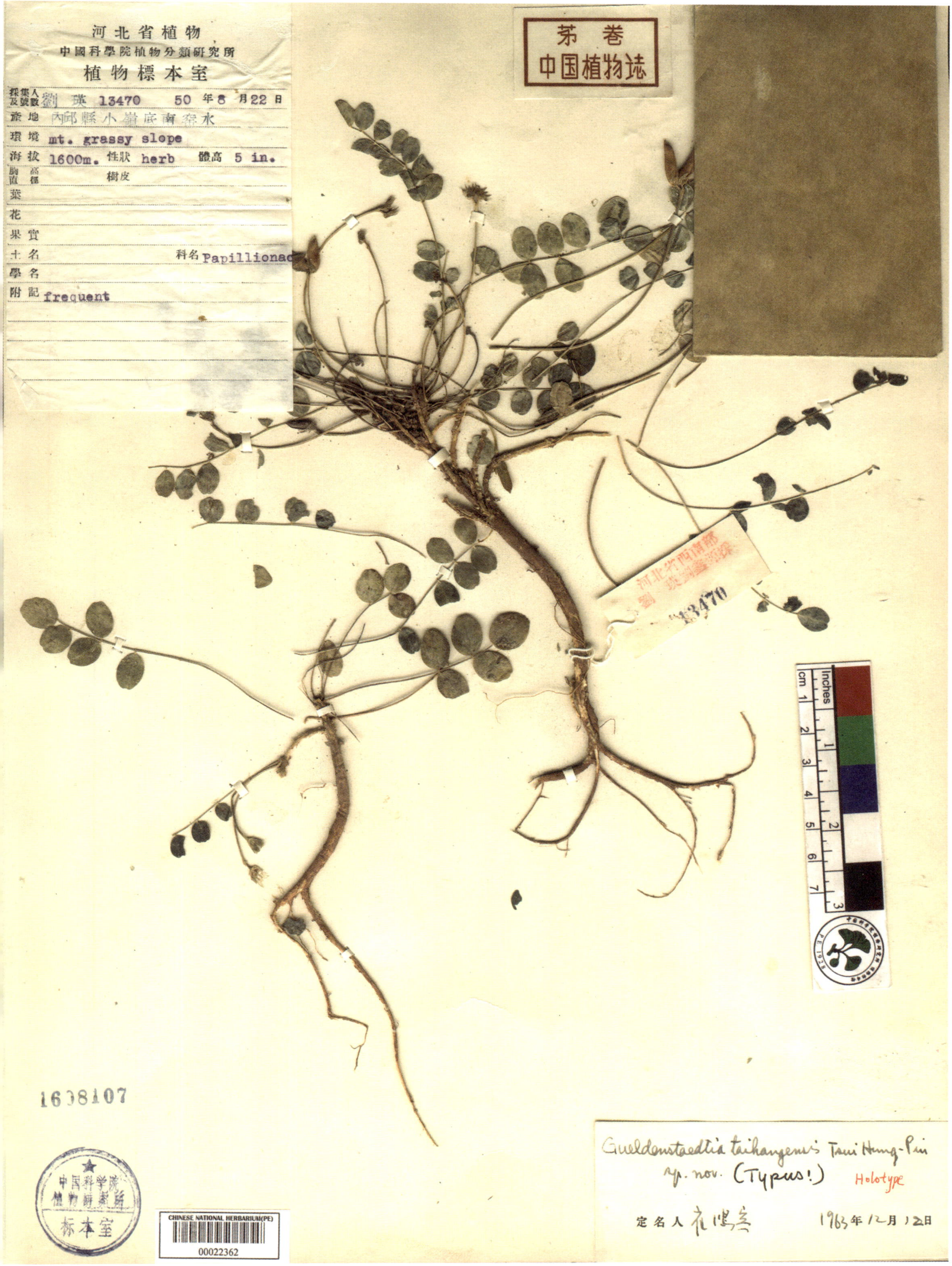

太行米口袋 ***Gueldenstaedtia taihangensis*** H. P. Tsui in Bull. Bot. Lab. N.-E. Forest. Inst., Harbin 5: 40. 1979; S. Y. Jin, Catal. Type Specim. (Cormophyta) Herb. China 425. 1994. **Holotype:** China. Hebei: Neiqiu, alt. 1 600 m, 1950-08-22, Y. Liu 13470.

小乔木状黄耆 ***Hedysarum arbuscula*** Maxim. in Bull. Acad. Imp. Sci. St.-Petersb. 27: 464. 1881. **Isotype:** China. Nei Mongol: Alaschan, 1880-08-(16~28), N. M. Przewalski 872.

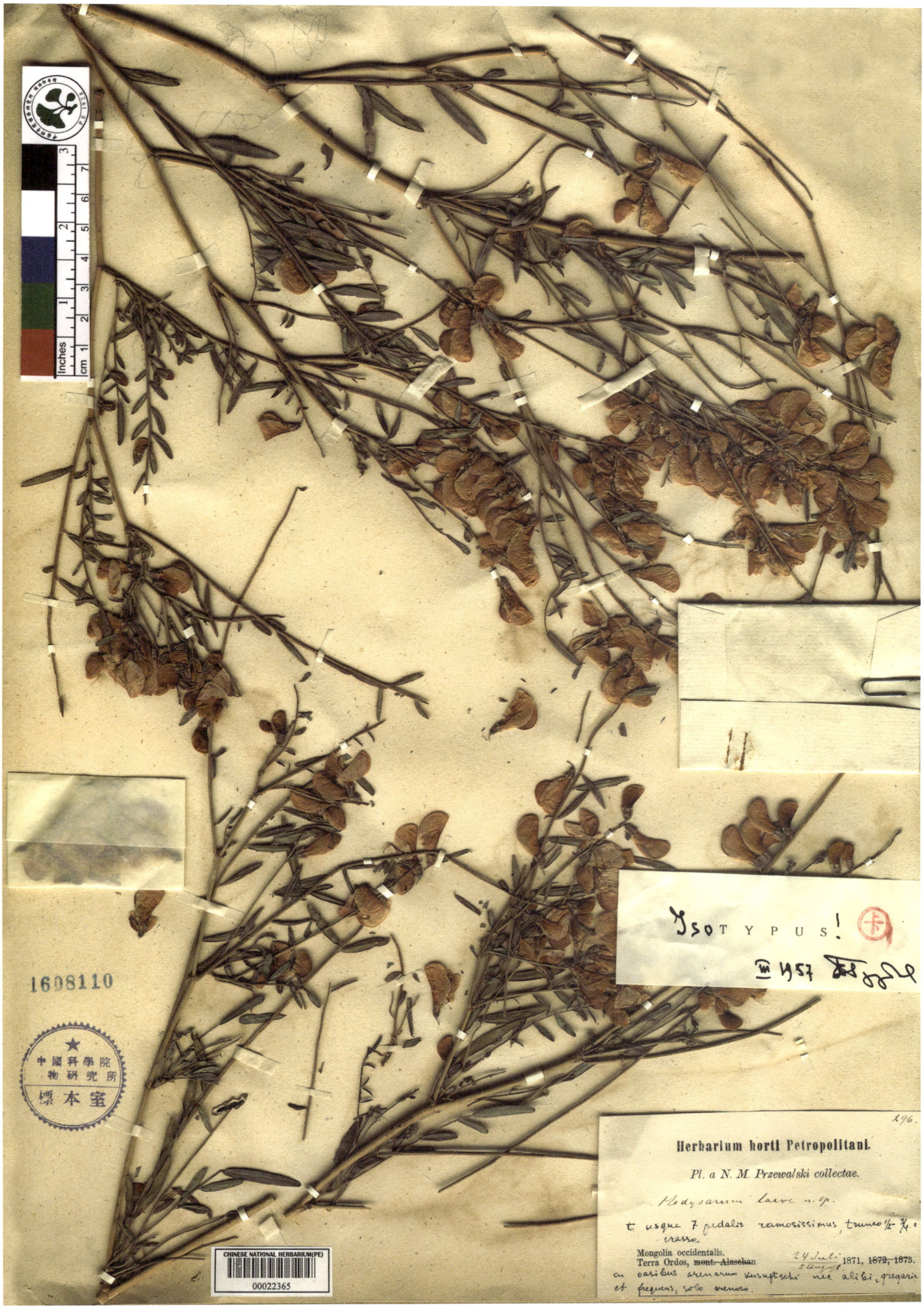

塔落岩黄耆 ***Hedysarum laeve*** Maxim. in Bull. Acad. Imp. Sci. St.-Petersb. 27(4): 464. 1881. **Isotype:** China. Nei Mongol: Ordos, 1871-07-24, Przewalski 296.

六盘山岩黄耆 ***Hedysarum liupanshanicum*** L. Z. Shue in Bull. Bot. Res., Harbin 5(3): 135, f. 4. 1985. **Isotype:** China. Gansu: Huining, 1956-07-06, Yellow River Exped. 5183.

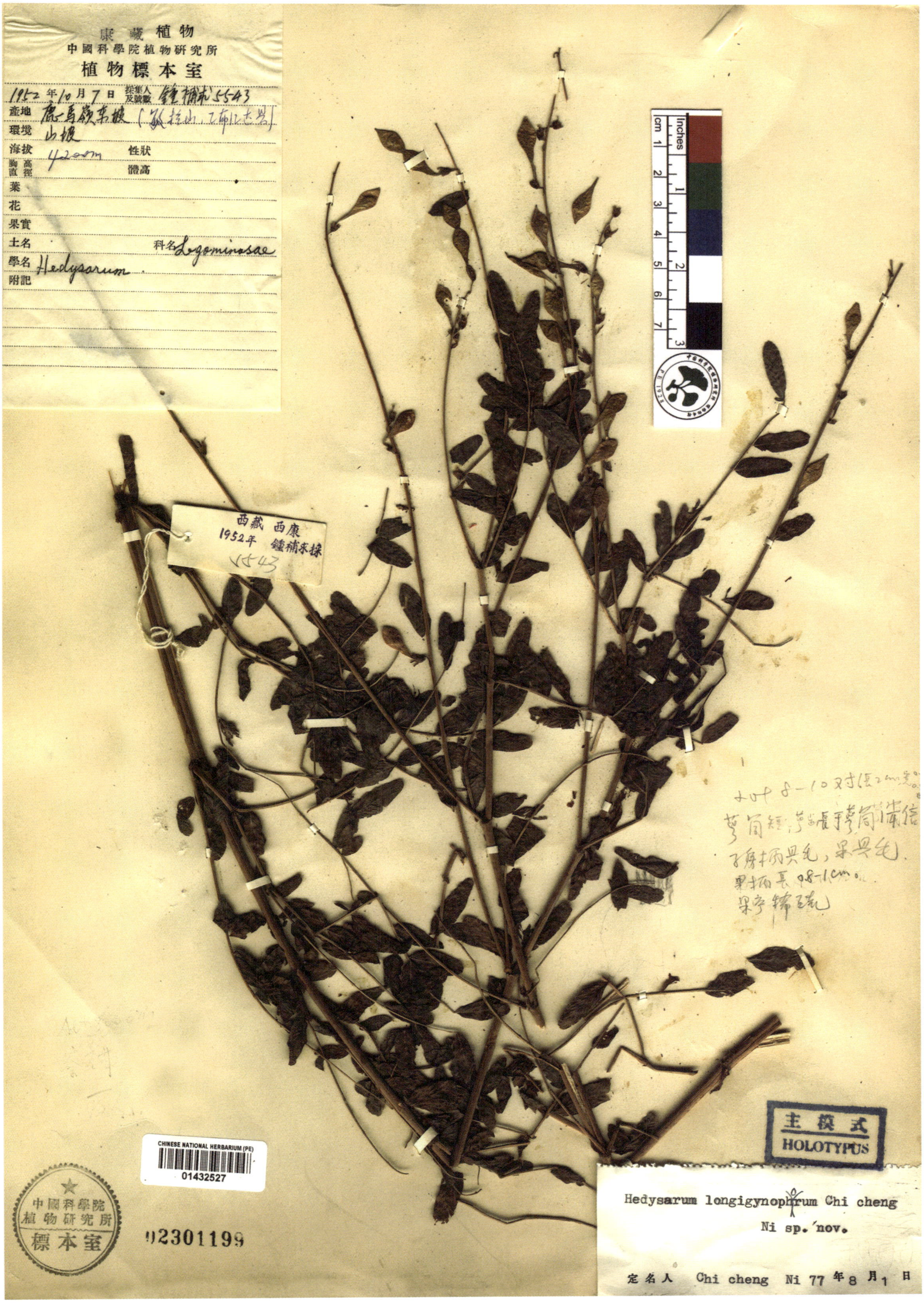

长柄岩黄芪 ***Hedysarum longigynophorum*** C. C. Ni in Acta Phytotax. Sin. 18(3): 373. 1980. **Holotype:** China. Xizang: Gongbo'gyamda, alt. 4 200 m, 1952-10-07, P. C. Tsoong 5543.

红花岩黄耆 ***Hedysarum multijugum*** Maxim. in Bull. Acad. Imp. Sci. St.-Petersb. 27: 464. 1881. **Lectotype**(designated here): China. Gansu: Nanshan, 1879-06-23, Przewalski 251.

浪卡子岩黄芪 ***Hedysarum nagarzense*** C. C. Ni in Acta Phytotax. Sin. 18(3): 372. 1980. **Holotype:** China. Xizang: Nagarze, alt. 4 500 m, 1975-09-04, Qinghai-Xizang Veg. Exped. 7712.

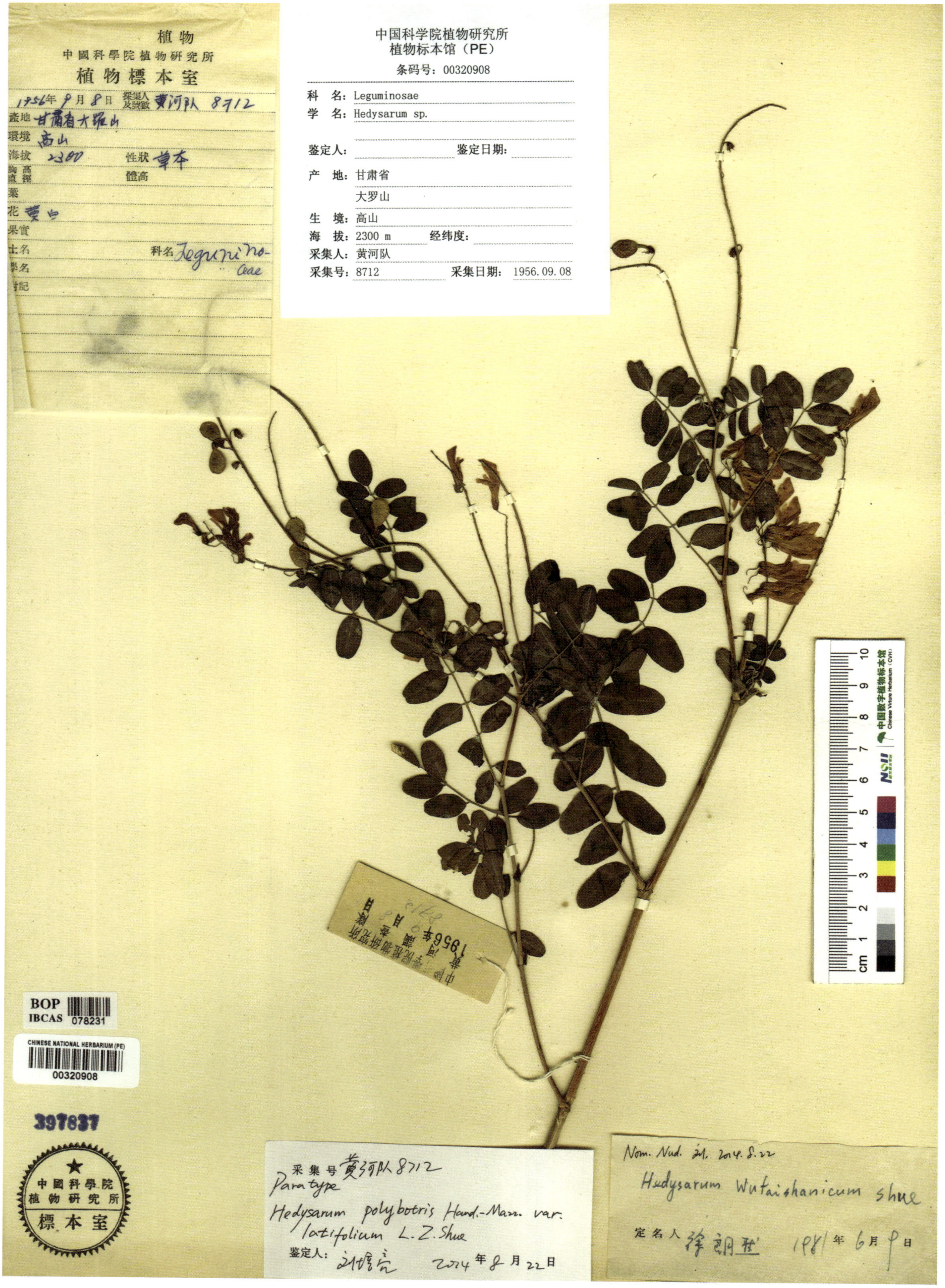

宽叶多序岩黄耆 ***Hedysarum polybotrys*** Hand.-Mazz. var. ***latifolium*** L. Z. Shue in Bull. Bot. Res., Harbin 5(3): 133. 1985.
Paratype: China. Ningxia: Tongxin, alt. 2 300 m, 1956-09-08, Yellow River Exped. 8712.

乌鲁木齐岩黄耆 ***Hedysarum songaricum*** Bong. var. ***urumqiense*** L. Z. Shue in Bull. Bot. Res., Harbin 5(3): 135. 1985. **Isotype:** China. Xinjiang: Ülümqi, alt. 1 500 m, 1931-08-07, T. N. Liou 3135.

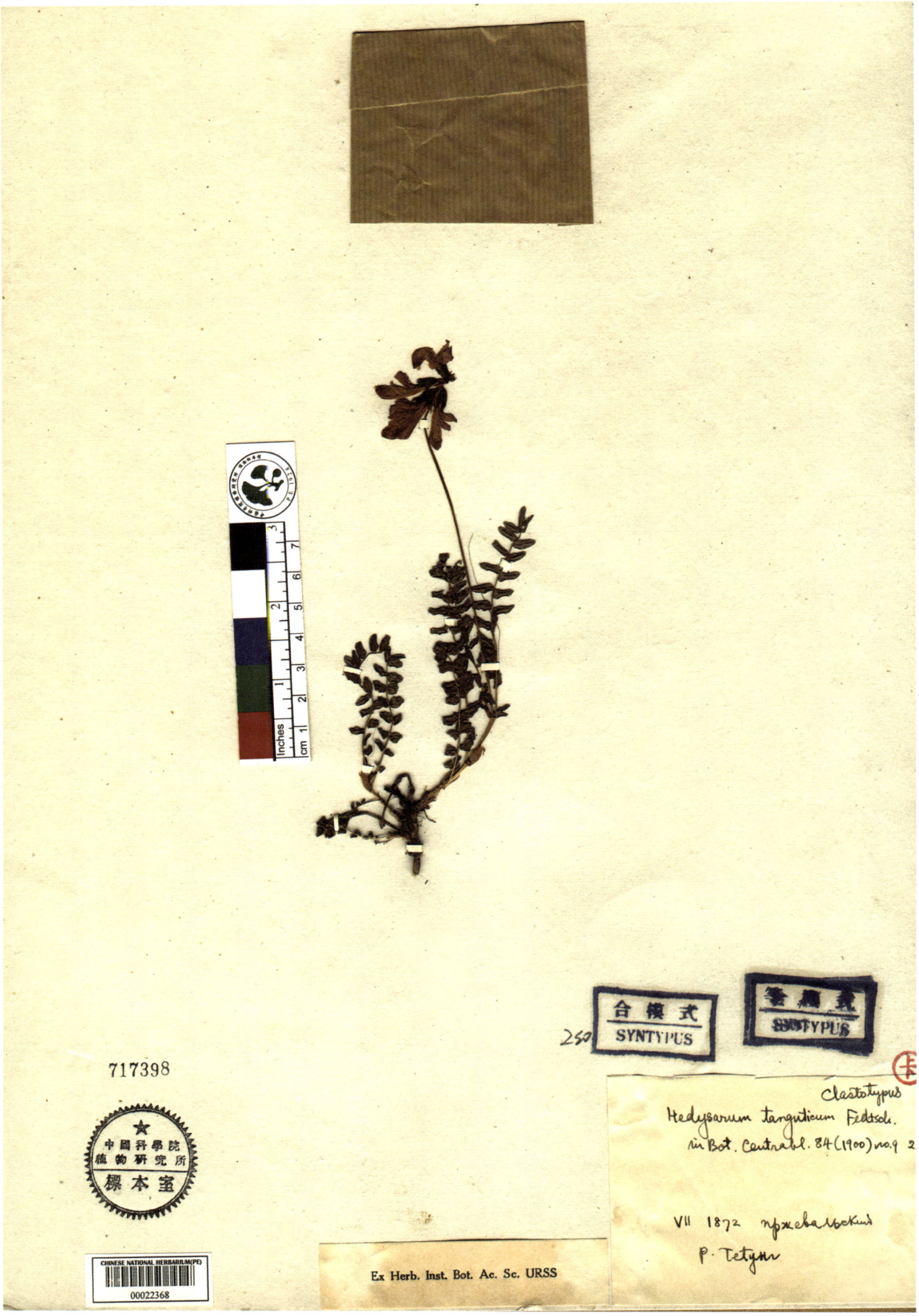

唐古特岩黄耆 ***Hedysarum tanguticum*** B. Fedtsch. in Bot. Centralbl. 84(9): 274. 1900. **Lectotype** (designated here): China. Qinghai: Datong He, 1872-07-??, Przewalski s. n.

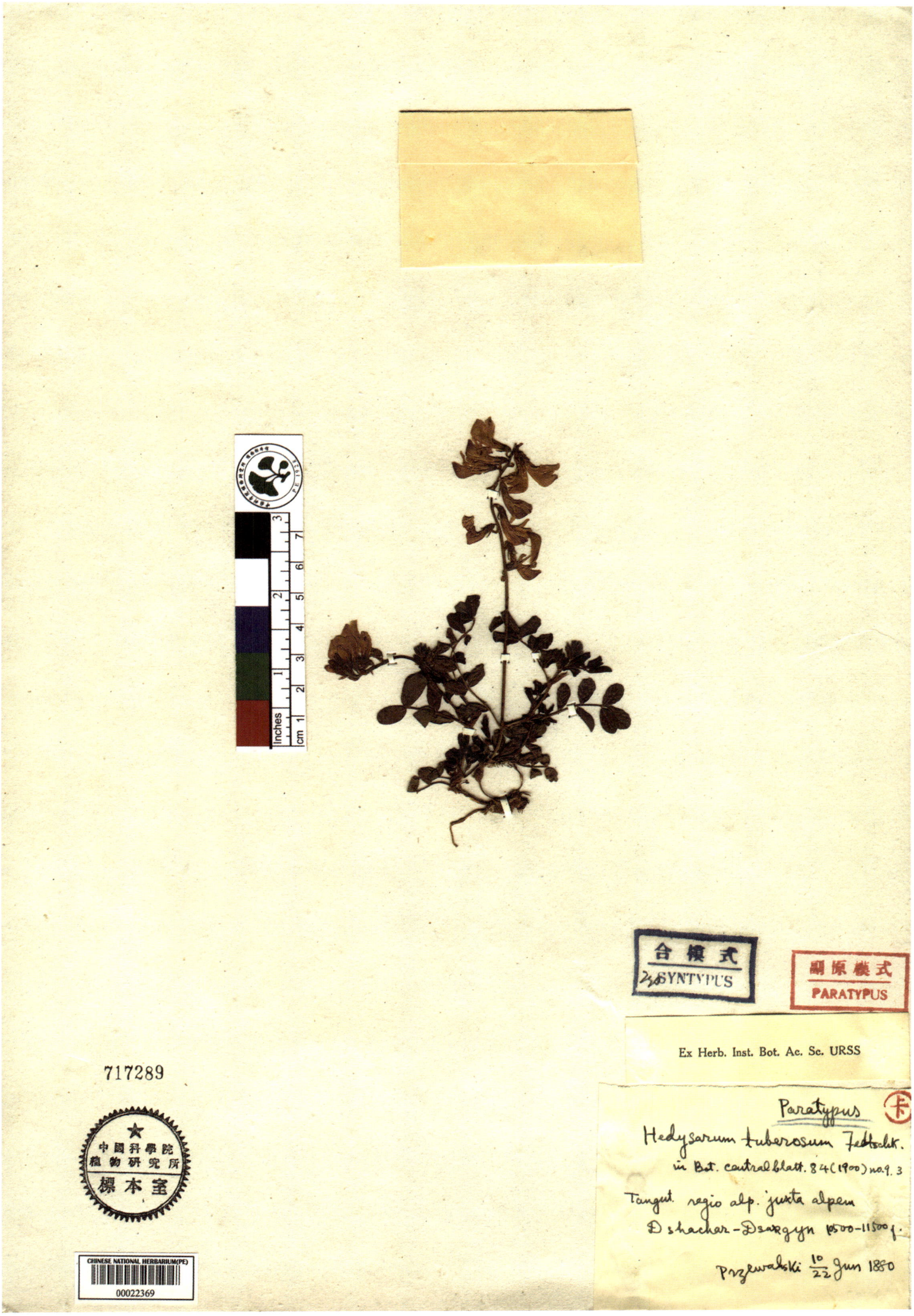

块茎岩黄耆 ***Hedysarum tuberosum*** B. Fedtsch. in Bot. Centraibl. 84: 274. 1900. **Lectotype**(designated here): China. Qinghai: Datong He, alt. 3 200~3 505 m, 1880-06-(10~22), Przewalski s. n.

秀丽薄果豆 ***Hymenostegia elegans*** Wieringa & Mackinder in Nordic J. Bot. 30(2): 145, f. 1. 2012. **Paratype:** Gabon. Ogooué-Lolo, 1991-11-25, F. J. Breteler & C. C. H. Jongkind 10739.

尖瓣木蓝 ***Indigofera acutipetala*** Y. Y. Fang & C. Z. Zheng in Acta Phytotax. Sin. 21(3): 325, f. 1. 1983. **Holotype:** China. Sichuan: Jiulong, alt. 2 400 m, 1937-07-03, T. T. Yu 6725.

丽江木蓝 ***Indigofera balfouriana*** Craib. in Notes Roy. Bot. Gard. Edinburgh 8(36): 48. 1913. **Isotype:** China. Yunnan: Lijiang, alt. 2 745~3 050 m, 1910-05-??, G. Forrest 5627.

南京木蓝 ***Indigofera chenii*** Chien in Contr. Biol. Lab. Sci. Soc. China, Bot. Ser. 9: 150. 1934. **Holotype:** China. Jiangsu: Nanjing, 1926-09-11, C. N. Chen 2011.

密果木蓝 ***Indigofera densifructa*** Y. Y. Fang & C. Z. Zheng in Acta Phytotax. Sin. 21(3): 327, f. 3. 1983. **Isotype:** China. Hunan: Qianyang, 1954-??-??, Z. T. Lee 2453.

光木蓝 ***Indigofera glabra*** Chien in Contr. Biol. Lab. Sci. Soc. China, Bot. Ser. 8(2): 130. 1932. **Holotype:** China. Zhejiang: Xianju, 1924-05-30, R. C. Ching 1685.

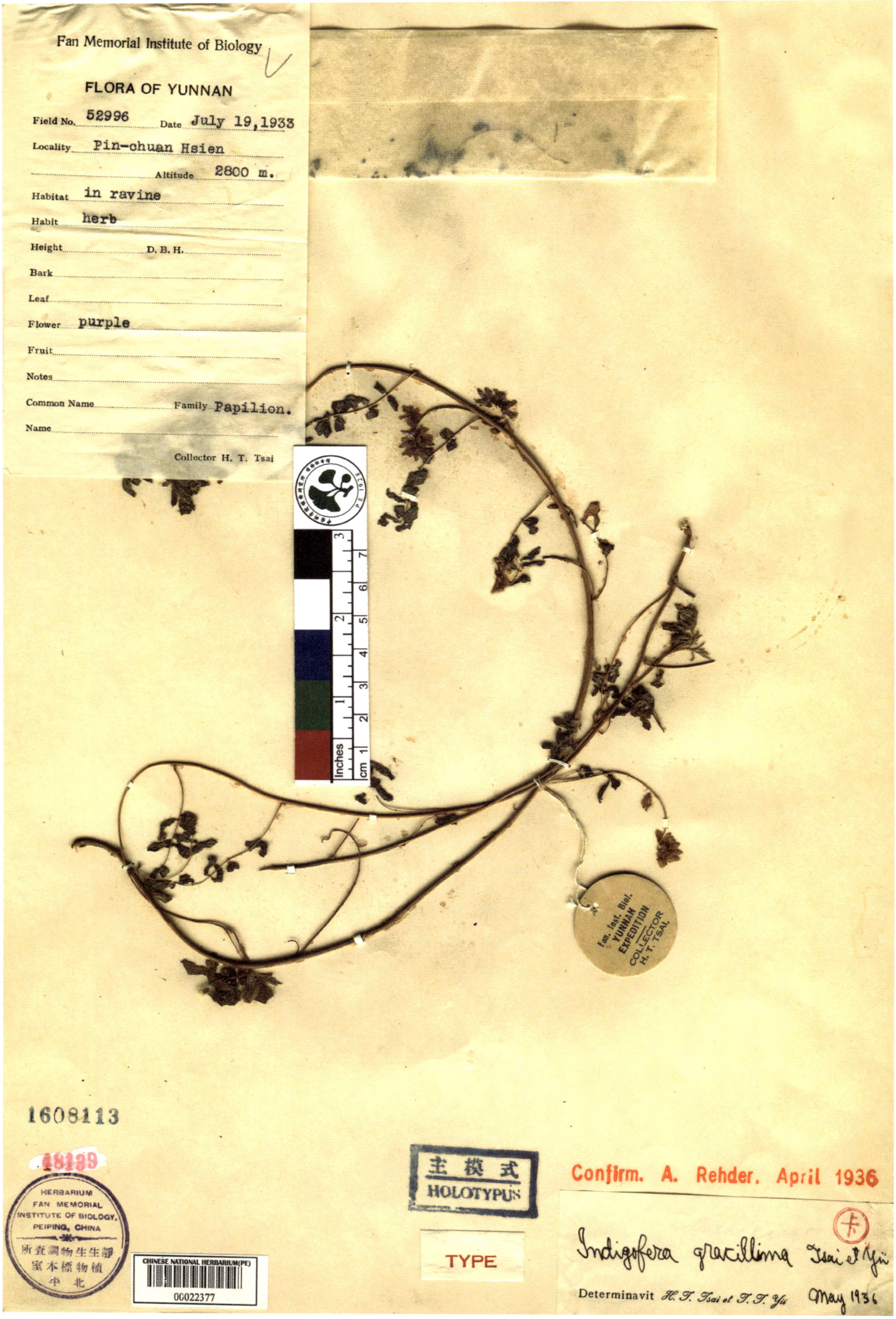

纤细木蓝 ***Indigofera gracillima*** Tsai & Yu in Bull. Fan Mem. Inst. Biol., Bot. 7(1): 29. 1936. **Holotype:** China. Yunnan: Binchuan, alt. 2 800 m, 1933-07-19, H. T. Tsai 52996.

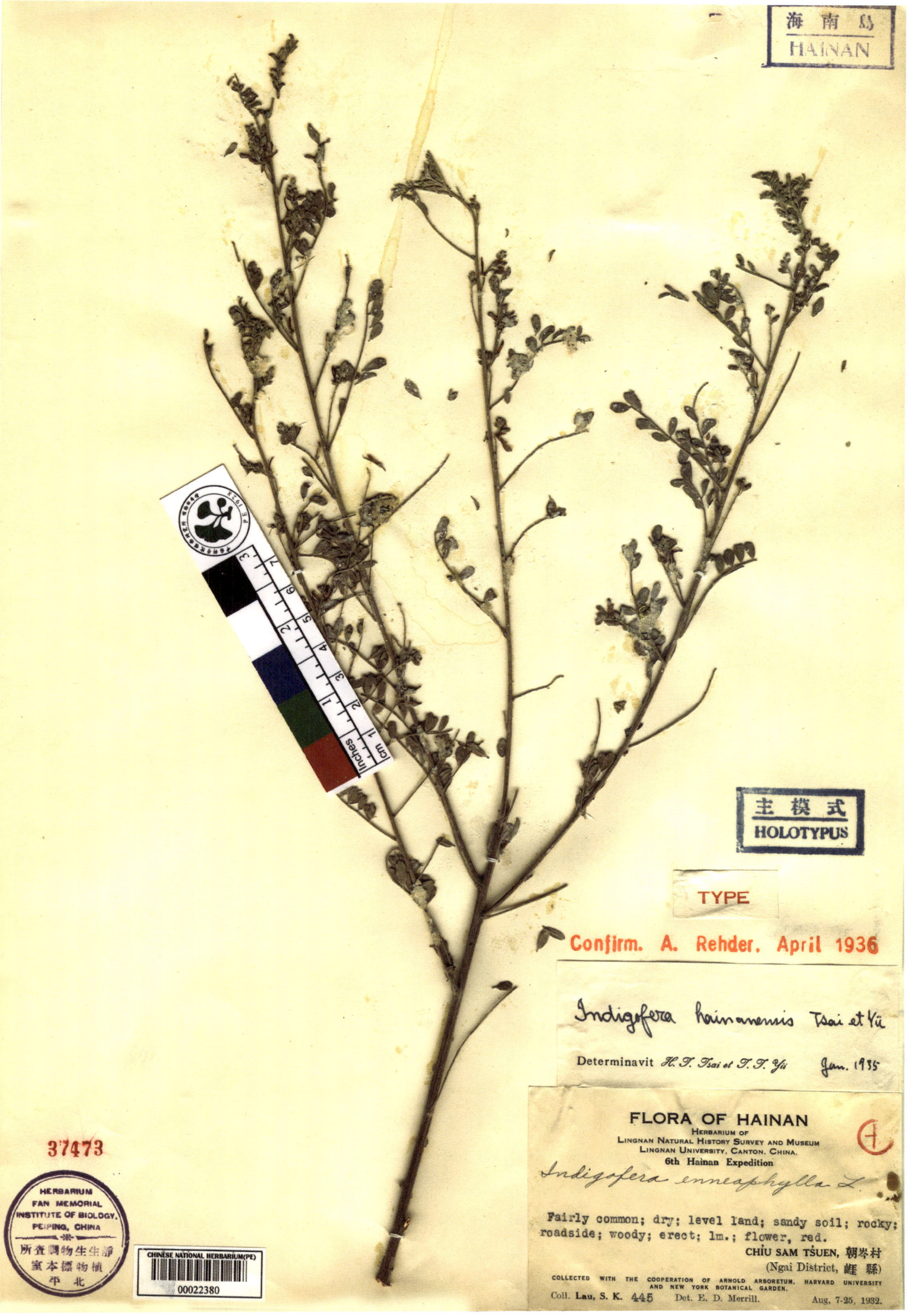

海南木蓝 ***Indigofera hainanensis*** Tsai & Yu in Bull. Fan Mem. Inst. Biol., Bot. 7(1): 30. 1936. **Holotype:** China. Hainan: Sanya, 1932-08-(07~25), S. K. Lau 445.

亨利木蓝 ***Indigofera henryi*** Craib in Notes Roy. Bot. Gard. Edinburgh 8: 54. 1913. **Isotype:** China. Yunnan: Mengzi, alt. 1 950 m, A. Henry 10050A.

鸡公木蓝 *Indigofera jikongensis* Y. Y. Fang & C. Z. Zheng in Acta Phytotax. Sin. 21(3): 329, f. 5. 1983. **Holotype:** China. Henan: Xinyang, 1960-05-26, K. C. Kuan 48.

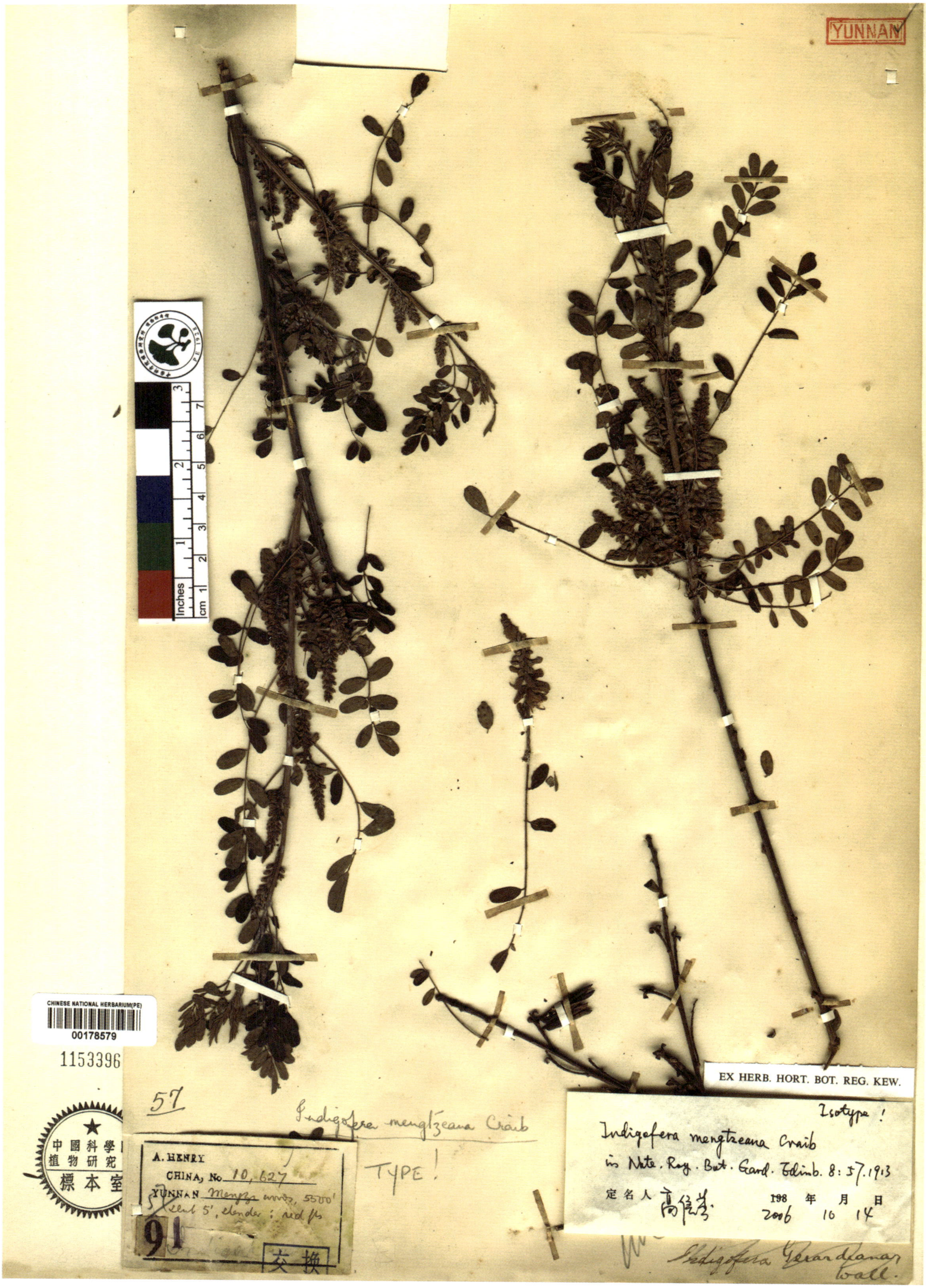

蒙自木蓝 ***Indigofera mengtzeana*** Craib in Notes Roy. Bot. Gard. Edinburgh 8: 57. 1913. **Isotype:** China. Yunnan: Mengzi, alt. 1 678 m, A. Henry 10627.

木里木蓝 ***Indigofera muliensis*** Y. Y. Fang & C. Z. Zheng in Acta Phytotax. Sin. 31(3): 333, f. 8. 1983. **Isotype:** China. Sichuan: Muli, alt. 3 200 m, 1937-06-12, T. T. Yu 6154.

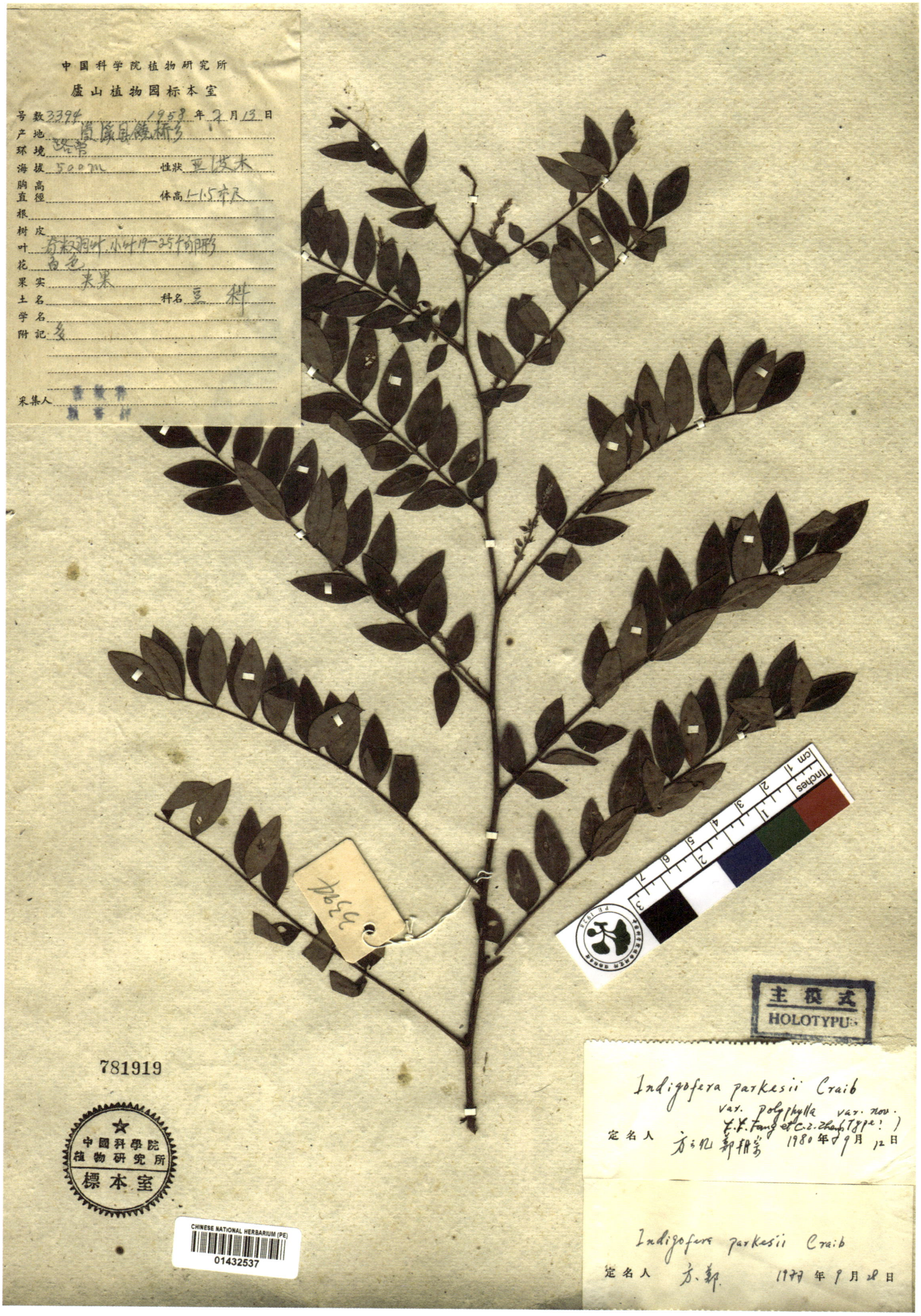

多叶浙江木蓝 ***Indigofera parkesii*** Craib var. ***polyphylla*** Y. Y. Fang & C. Z. Zheng in Acta Phytotax. Sin. 21(3): 336. 1983. **Holotype:** China. Jiangxi: Zixi, alt. 500 m, 1958-07-13, M. X. Nie & S. S. Lai 3394.

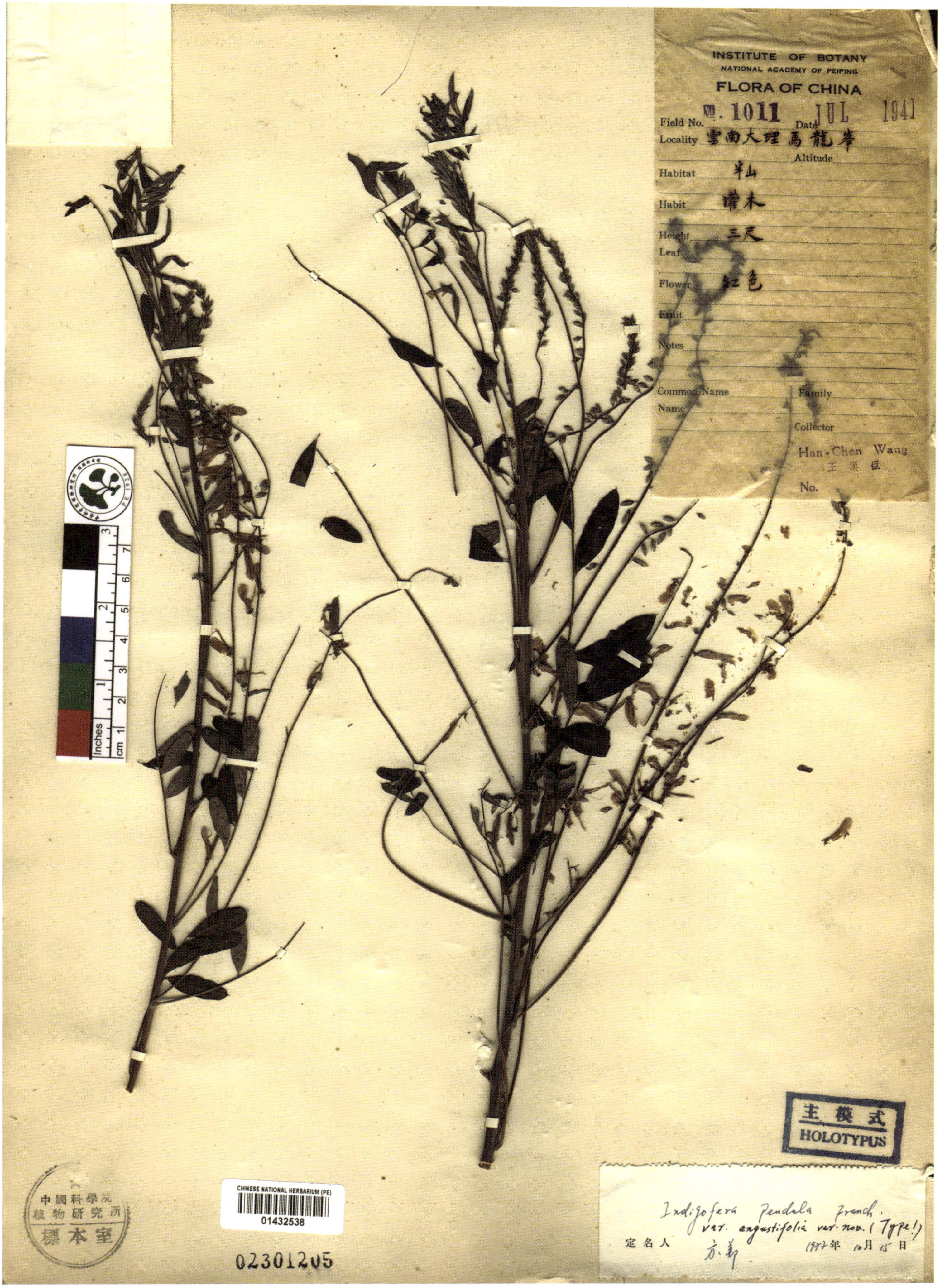

狭叶垂序木蓝 ***Indigofera pendula*** Franch. var. ***angustifolia*** Y. Y. Fang & C. Z. Zheng in Acta Phytotax. Sin. 21(3): 336. 1983. **Holotype:** China. Yunnan: Dali, 1941-07-??, H. C. Wang 1011.

尾叶山黧豆 ***Lathyrus caudatus*** Z. Wei & H. P. Tsui in Bull. Bot. Res., Harbin 4(1): 49, f. 4. 1984. **Holotype:** China. Zhejiang: Jiande, alt. 150 m, ZM Exped. 4253.

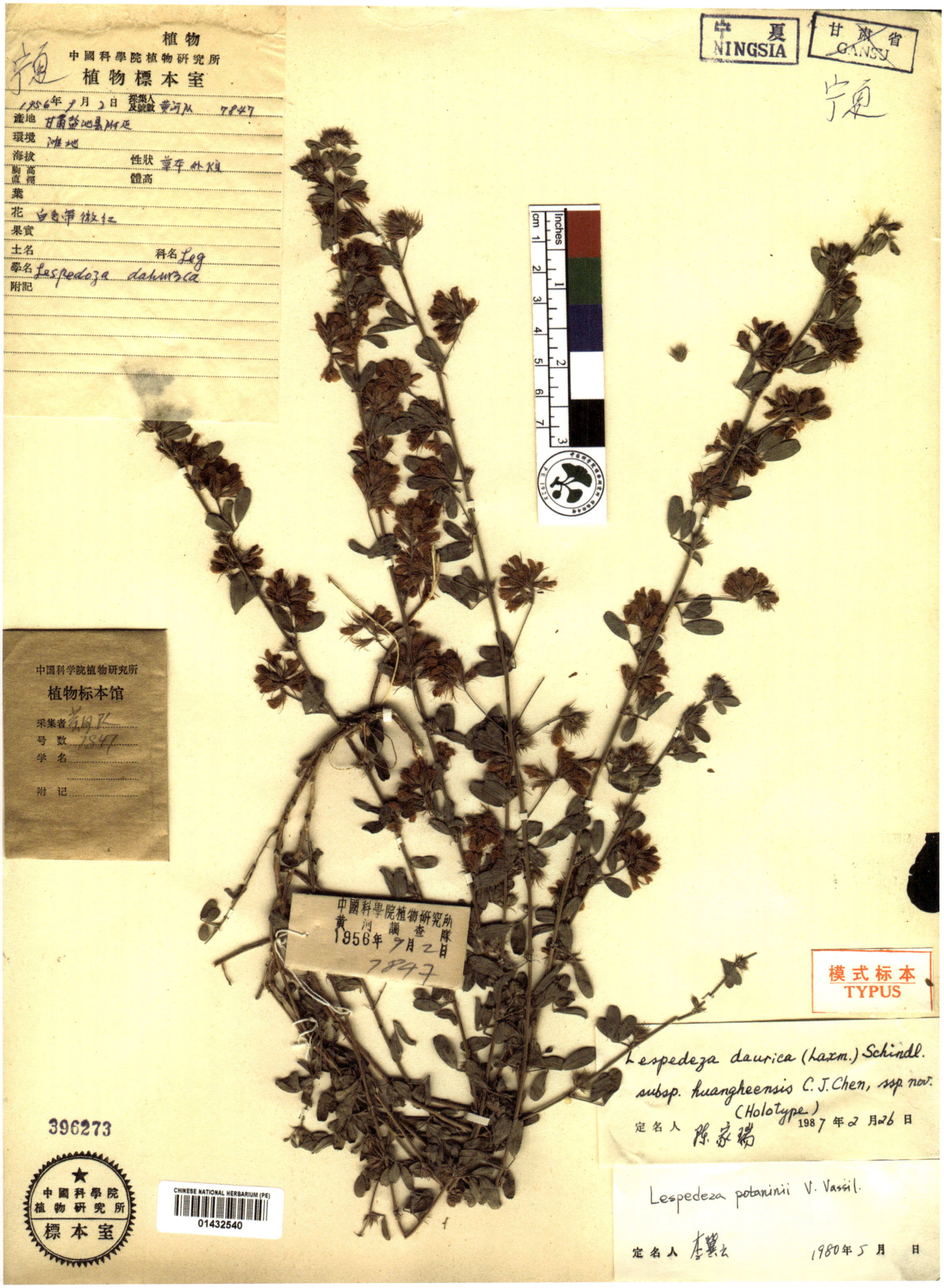

黄河胡枝子 ***Lespedeza davurica*** (Laxm.) Schindl. subsp. ***huangheensis*** C. J. Chen in Acta Phytotax. Sin. 30(4): 376. 1992. **Holotype:** China. Ningxia: Yanchi, 1956-09-02, Huanghe Exped. 7847.

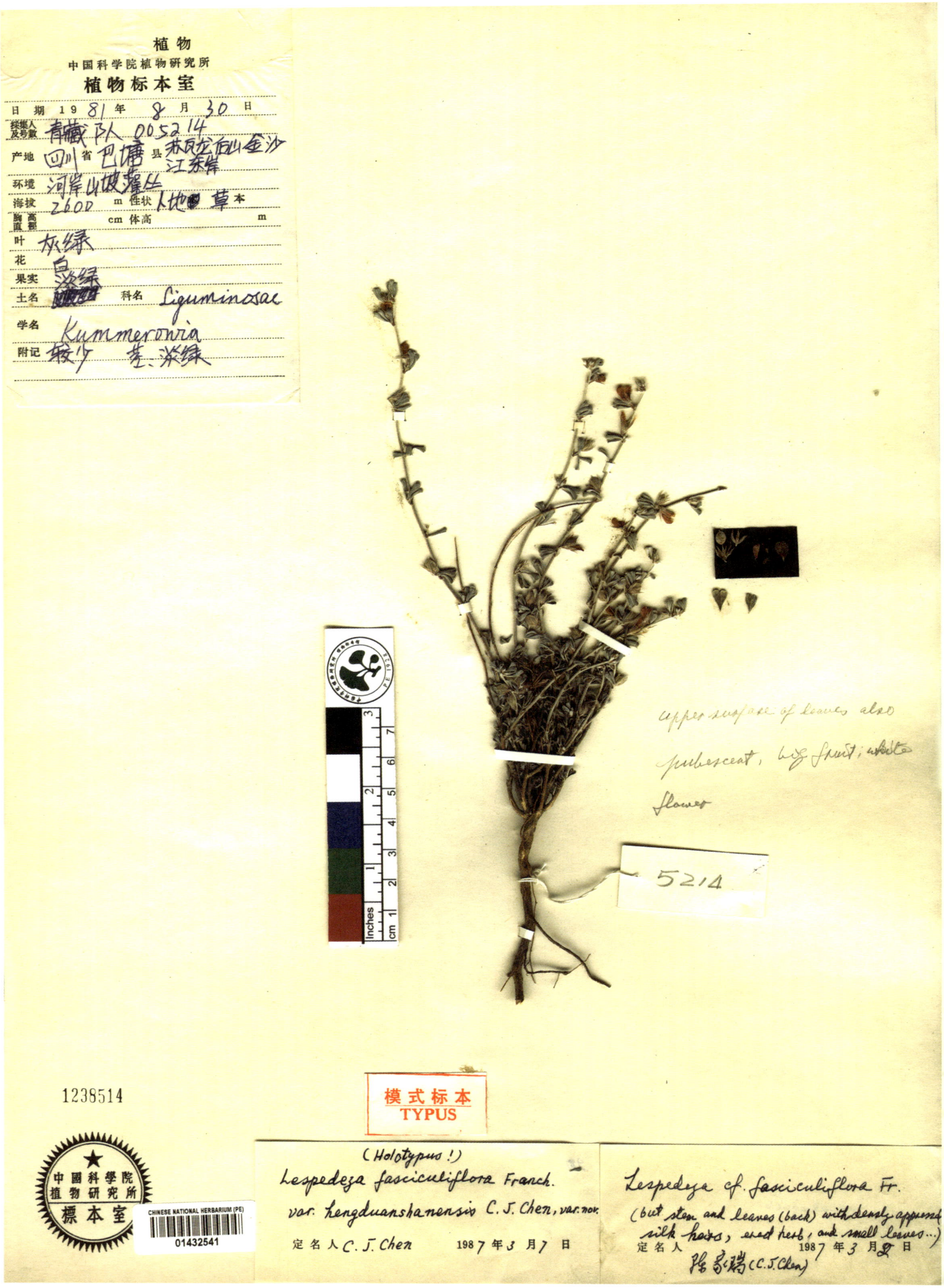

横断山铁马鞭 ***Lespedeza fasciculiflora*** Franch. var. ***hengduanshanensis*** C. J. Chen in Acta Phytotax. Sin. 30(4): 375. 1992.
Holotype: China. Sichuan: Batang, alt. 2 600 m, 1981-08-30, Qinghai-Xizang Exped. 5214.

德岛胡枝子 ***Lespedeza lichiyuniae*** T. Nemoto, H. Ohashi & T. Itoh in J. Japan. Bot. 82(4): 223, f. 2-3. 2007. **Isotype:** Japan. Shikoku: Tokushima, alt. 970 ~1 007 m, 2005-09-24, T. Nemoto & T. Itoh 30060.

大细梗胡枝子 ***Lespedeza macrovirgata*** Kitagawa in Bot. Mag. (Tokyo) 48: 100, f. 13. 1934. **Isotype:** China. Liaoning: Dalian, Lushun, 1928-08-22, J. Sato 3176.

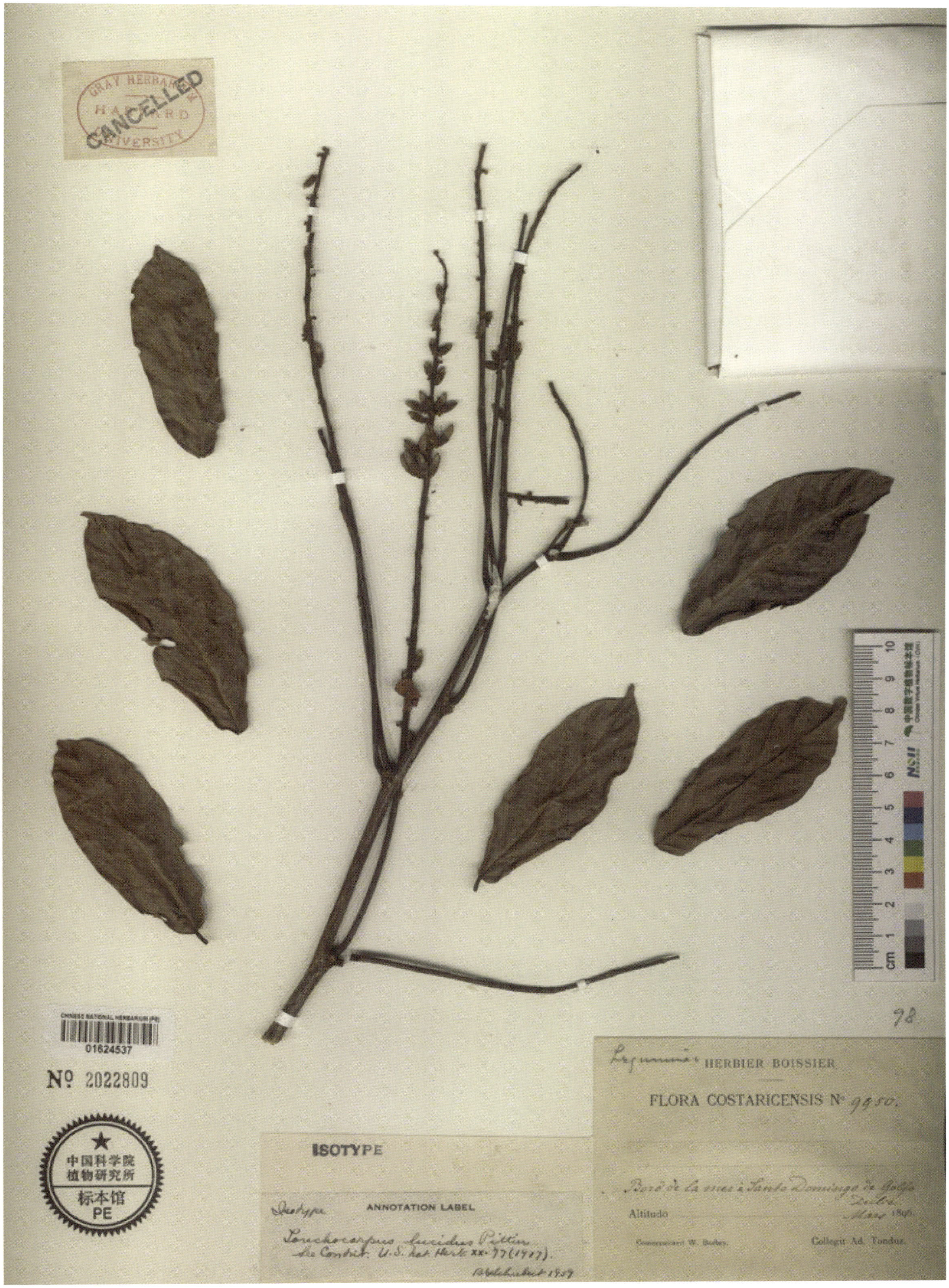

光亮矛果豆 ***Lonchocarpus lucidus*** Pittier in Contr. U.S. National Herb. 20(2): 77. 1917. **Isotype:** Panama. Costa Rica, 1896-03-??, A. Tonduz. 9950.

浙江马鞍树 ***Maackia chekiangensis*** Chien in Contr. Biol. Lab. Sci. Soc. China, Bot. Ser. 8: 132. 1932. **Holotype:** China. Zhejiang: Zhuji, 1932-07-15, T. S. Chen 3684.

华山马鞍树 ***Maackia hwashanensis*** W. T. Wang ex C. W. Chang, Fl. Tsinling. 1(3): 444. 1981. **Holotype:** China. Shaanxi: Huayin, Huashan, alt. 1 600 m, 1932-08-04, K. S. Hao 3884.

滇南崖豆 ***Millettia austro-yunnanensis*** Y. Y. Qian. in Acta Phytotax. Sin. 35(2): 183, f. 1. 1997. **Holotype:** China. Yunnan: Lancang, alt. 2 000 m, 1994-04-27, Y. Y. Qian 3240.

菖蒲桶崖豆藤 ***Millettia champutongensis*** Hu in Acta Phytotax. Sin. 3(3): 358. 1955. **Holotype:** China. Yunnan: Dali, alt. 1 800 m, 1938-06-02, T. T. Yu 19128.

镇康崖豆藤 ***Millettia chenkangensis*** Hu in Acta Phytotax. Sin. 3(3): 355. 1955. **Holotype:** China. Yunnan: Zhenkang, alt. 1 000 m, 1936-03-??, C. W. Wang 72795.

富宁崖豆藤 ***Millettia fooningensis*** Hu in Acta Phytotax. Sin. 3(3): 360. 1955. **Holotype:** China. Yunnan: Funing, alt. 550 m, 1940-04-11, C. W. Wang 88378.

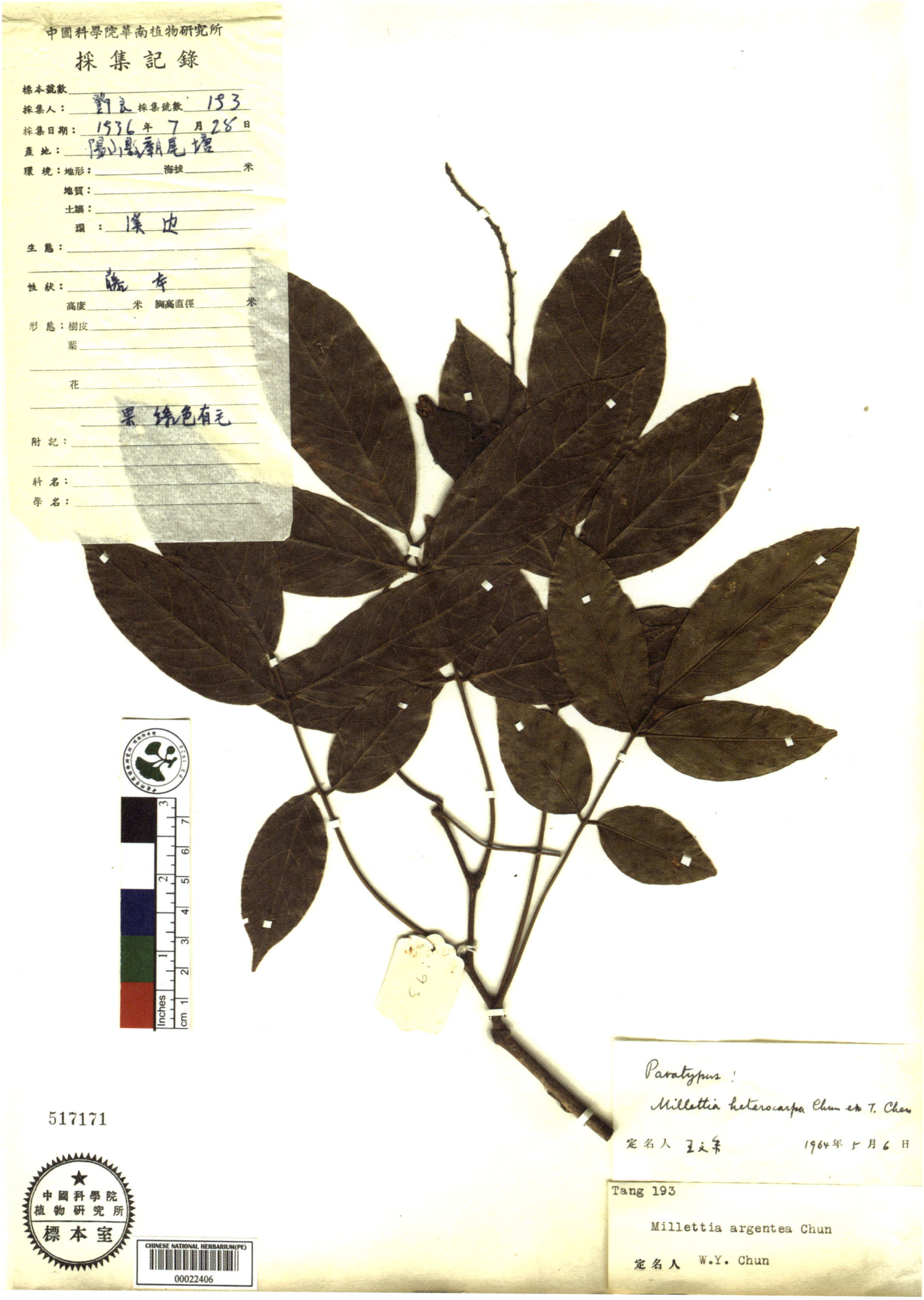

异果崖豆藤 ***Millettia heterocarpa*** Chun & T. Chen in Acta Phytotax. Sin. 3(3): 364, pl. 51. 1955. **Paratype:** China. Guangdong: Yangshan, 1936-07-28, L. Deng 193.

贵州崖豆藤 ***Millettia kweichouensis*** Hu in Acta Phytotax. Sin. 3(3): 356. 1955. **Holotype:** China. Guizhou: Yanhe, 1928-06-10, P. C. Tsoong 749.

澜沧崖豆藤 ***Millettia lantsangensis*** Z. Wei in Acta Phytotax. Sin. 23(4): 277, f. 6. 1985. **Isotype:** China. Yunnan: Hohai (=Menghai), alt. 1 370 m, 1936-07-??, C. W. Wang 76171.

峨眉崖豆藤 ***Millettia nitida*** Benth. var. ***minor*** Z. Wei in Acta Phytotax. Sin. 23(4): 288. 1985. **Holotype:** China. Sichuan: Emei, Emeishan, alt. 900 m, 1957-09-04, G. H. Yang 57095.

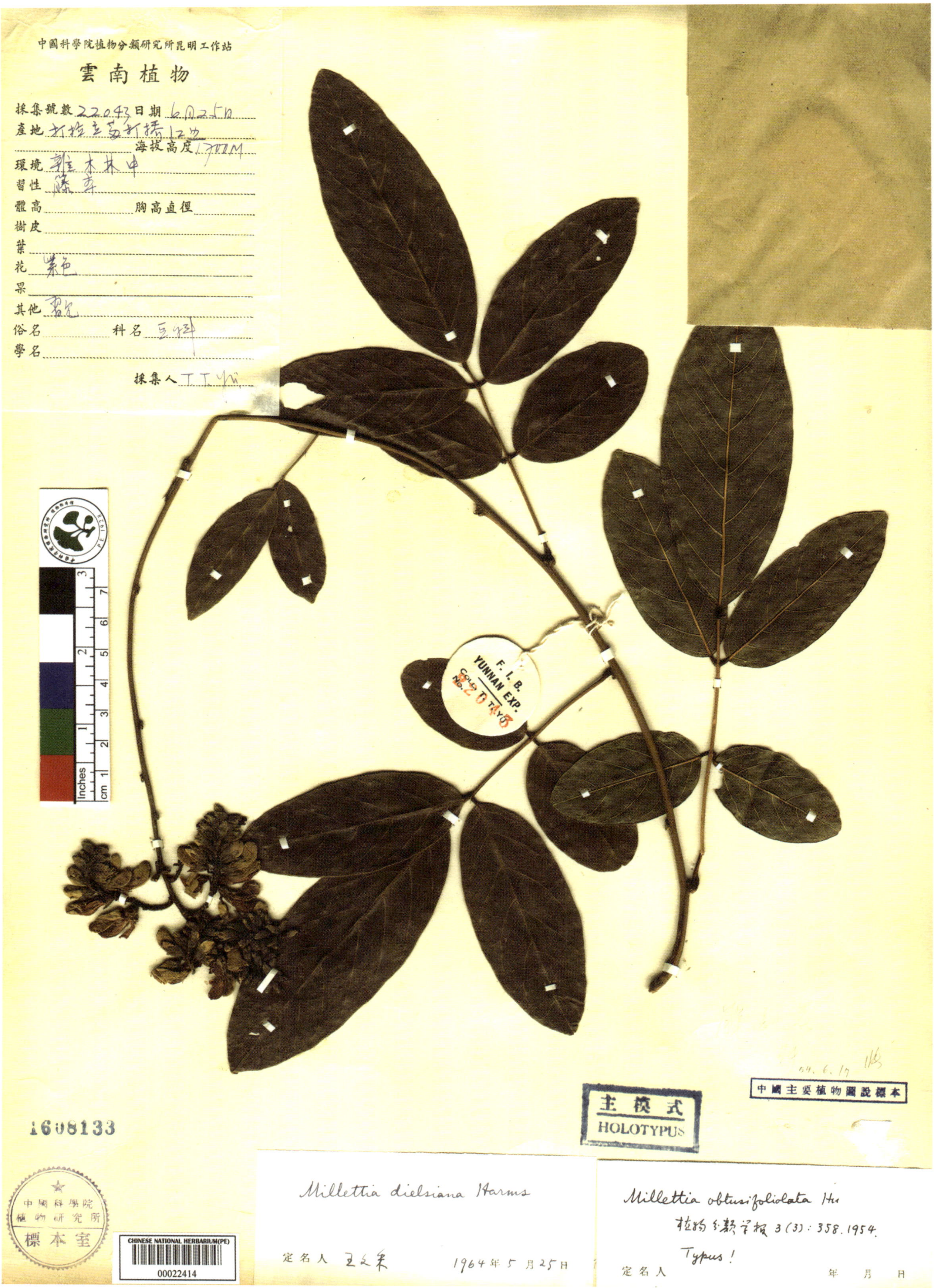

钝叶崖豆藤 ***Millettia obtusifoliolata*** Hu in Acta Phytotax. Sin. 3(3): 358. 1955. **Holotype:** China. Yunnan: Gongshan, alt. 1 700 m, 1938-06-25, T. T. Yu 22043.

无患子叶崖豆藤 ***Millettia sapindifolia*** T. Chen in Acta Phytotax. Sin. 3(3): 361, pl. 50. 1955. **Isosyntype:** China. Guangxi: Nandan, 1937-06-28, C. Wang 40935.

顺宁崖豆藤 ***Millettia shunningensis*** Hu in Acta Phytotax. Sin. 3(3): 357. 1955. **Holotype:** China. Yunnan: Shunning (=Fengqing), alt. 1 900 m, 1938-06-16, T. T. Yu 16297.

喙果鸡血藤 ***Millettia tsui*** Metc. in Lingnan Sci. J. 19(4): 554, f. 5. 1940. **Isoparatype:** China. Guangdong: Yangshan, 1932-(07~09)-??, T. M. Tsui 715.

褐毛黎豆 ***Mucuna castanea*** Merr. in Lingnan Sci. J. 11(1): 44. 1932. **Isotype:** China. Hainan: Hongmaoshan, 1929-07-16, Tsang & Fung 504.

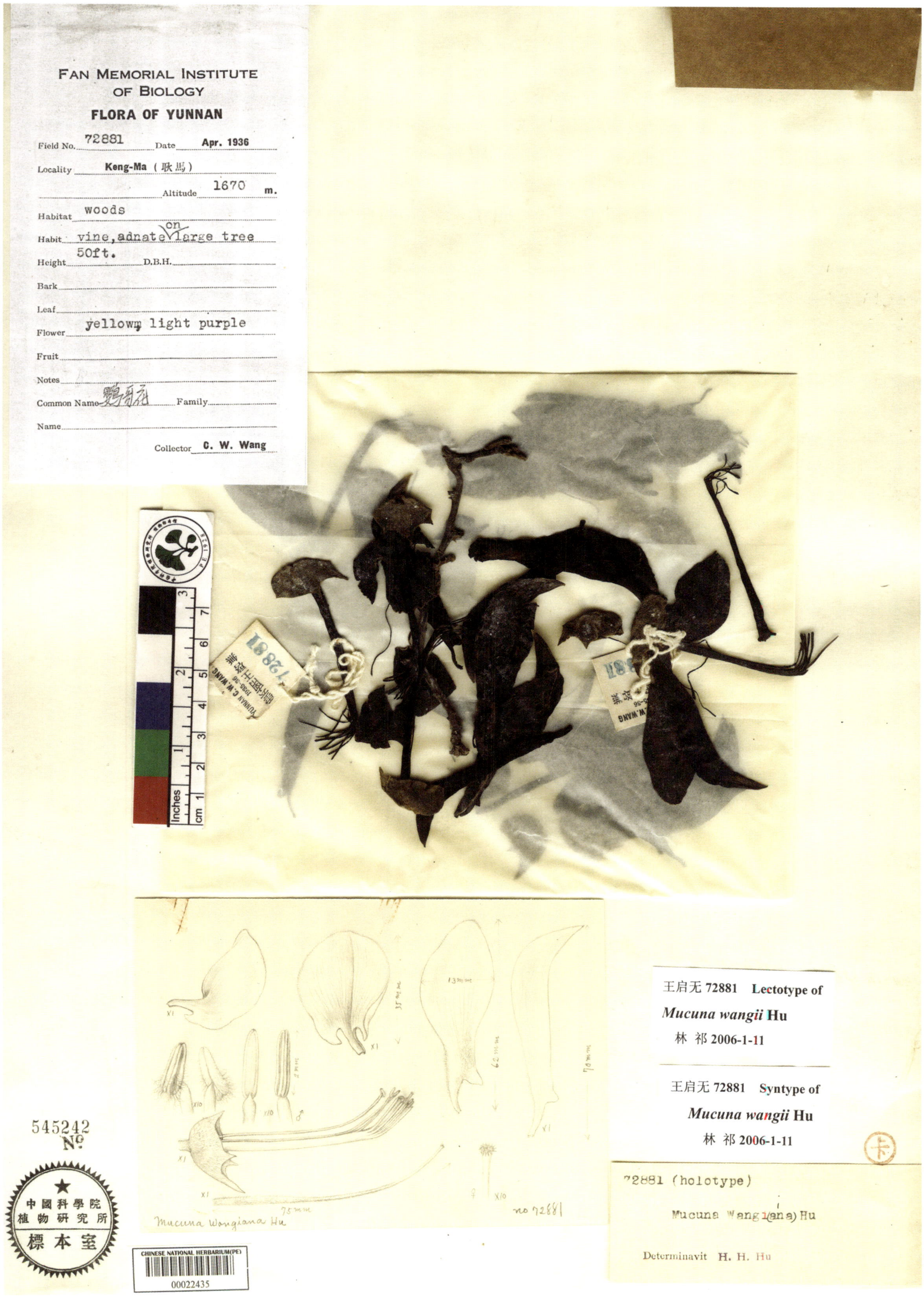

王氏油麻藤 ***Mucuna wangii*** Hu in Bull. Fan Mem. Inst. Biol., Bot. Ser. 10: 146. 1940. **Lectotype** (designated by Q. Lin & al. in Bull. Bot. Res., Harbin 28: 538. 2008.): China. Yunnan: Gengma, alt. 1 670 m, 1936-04-??, C. W. Wang 72881.

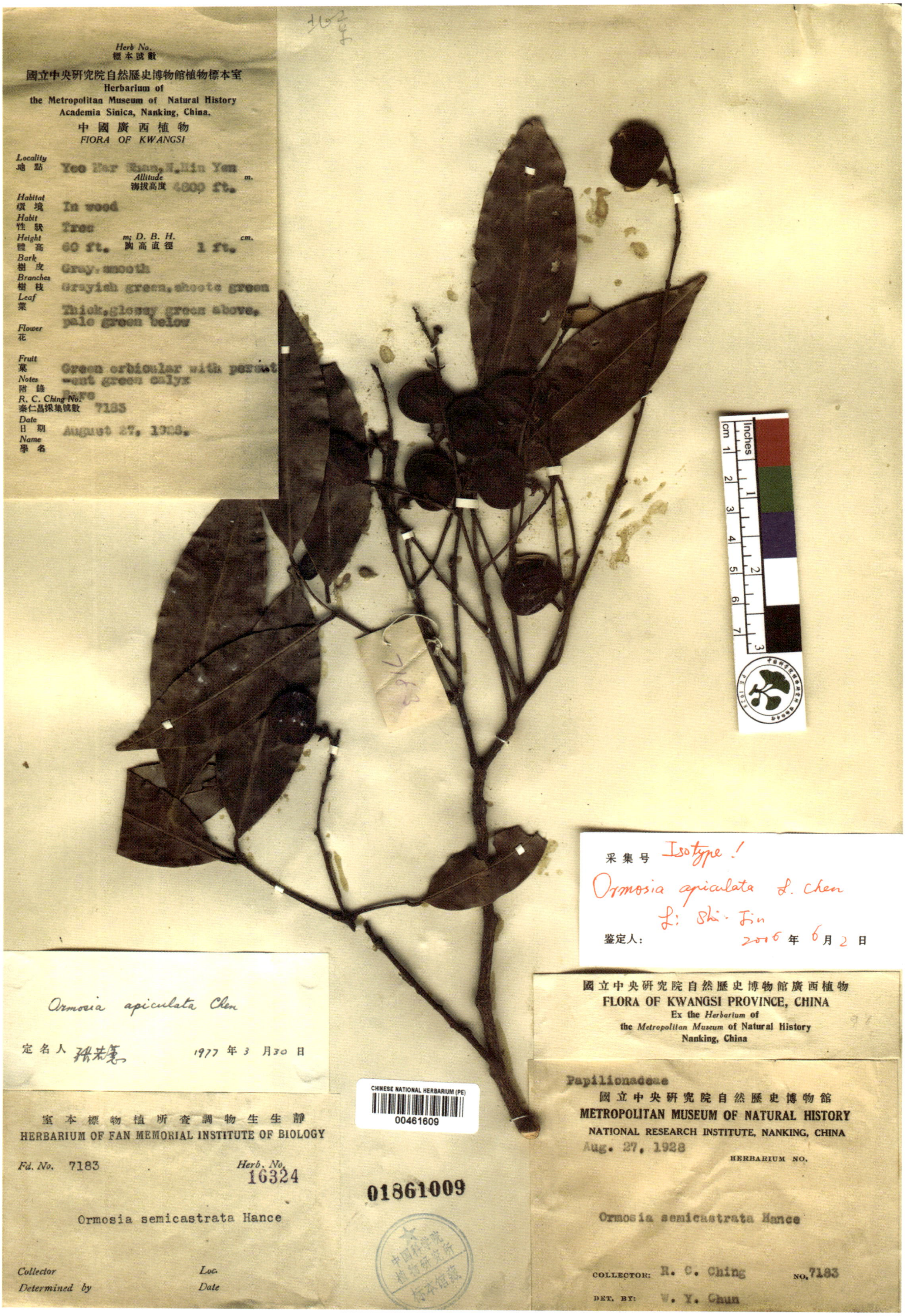

喙顶红豆 ***Ormosia apiculata*** L. Chen in Sargentia 3: 111. 1943. **Isotype:** China. Guangxi: Lingyun, alt. 1 464 m, 1928-08-27, R. C. Ching 7183.

缘毛红豆 ***Ormosia howii*** Merr. & Chun in Sargentia 3: 112. 1943. **Isotype:** China. Hainan: Baoting, alt. 1 800 m, 1935-09-07, F. C. How 73646.

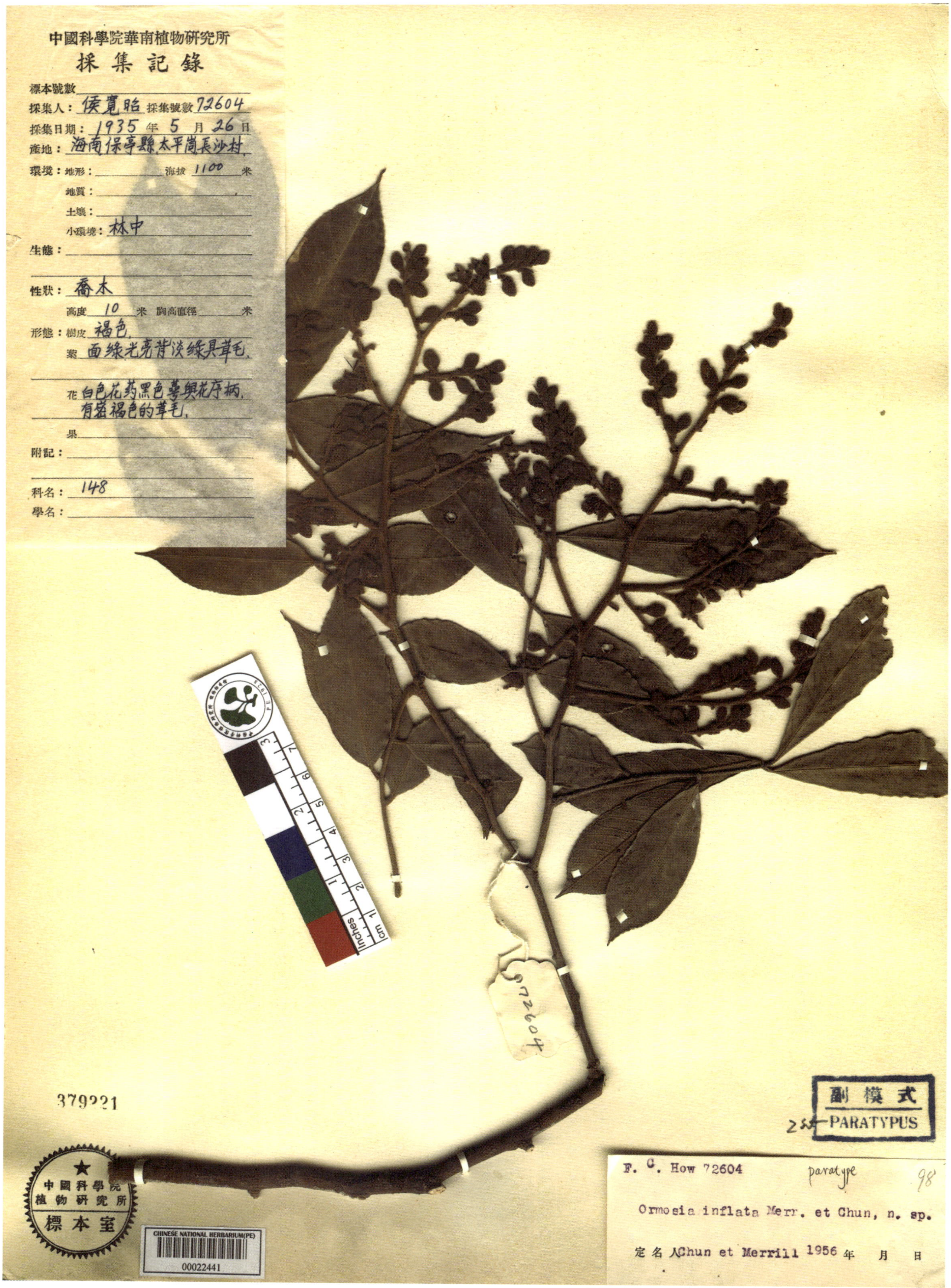

胀荚红豆 ***Ormosia inflata*** Merr. & Chun in Sargentia 3: 100. 1943. **Isoparatype:** China. Hainan: Baoting, alt. 1 100 m, 1935-05-26, F. C. How 72604.

榄绿红豆 ***Ormosia olivacea*** L. Chen in Sargentia 3: 110. 1943. **Isotype:** China. Yunnan: Fohai (=Menghai), alt. 1 800 m, 1936-07-??, C. W. Wang 77291.

柔毛红豆 ***Ormosia pubescens*** R. H. Chang in Acta Phytotax. Sin. 22(2): 115, f. 6: 1-2. 1984. **Holotype:** China. Guangxi: Shangsi, 1973-11-02, Veget. Exped. 2130.

荔枝叶红豆 ***Ormosia semicastrata*** Hance f. ***litchiifolia*** How in Acta Phytotax. Sin. 2(1): 235. 1951. **Isotype:** China. Hainan: Sanya, 1933-08-13, H. Y. Liang 62561.

亮毛红豆 ***Ormosia sericeolucida*** L. Chen in Sargentia 3: 107. 1943. **Isotype:** China. Guangxi: Nanning, alt. 366 m, 1928-10-16, R. C. Ching 7931.

槽纹红豆 ***Ormosia striata*** Dunn in J. Linn. Soc., Bot. 35: 492. 1903. **Lectotype** (designated here): China. Yunnan: Simao, alt. 1 373 m, A. Henry 12979B.

鸟状棘豆 ***Oxytropis avisoides*** P. C. Li in Acta Phytotax. Sin. 18(3): 371. 1980. **Holotype:** China. Xizang: Baxoi, alt. 4 650 m, 1976-07-04, Qinghai-Xizang Veg. Exped. 8871.

八里坤棘豆 ***Oxytropis barkolensis*** X. Y. Zhu, H. Ohashi & Y. B. Deng in J. Jap. Bot. 74(2): 65. 1999. **Holotype:** China. Xinjiang: Hami, 1987-07-02, XJU Exped. 87-01914.

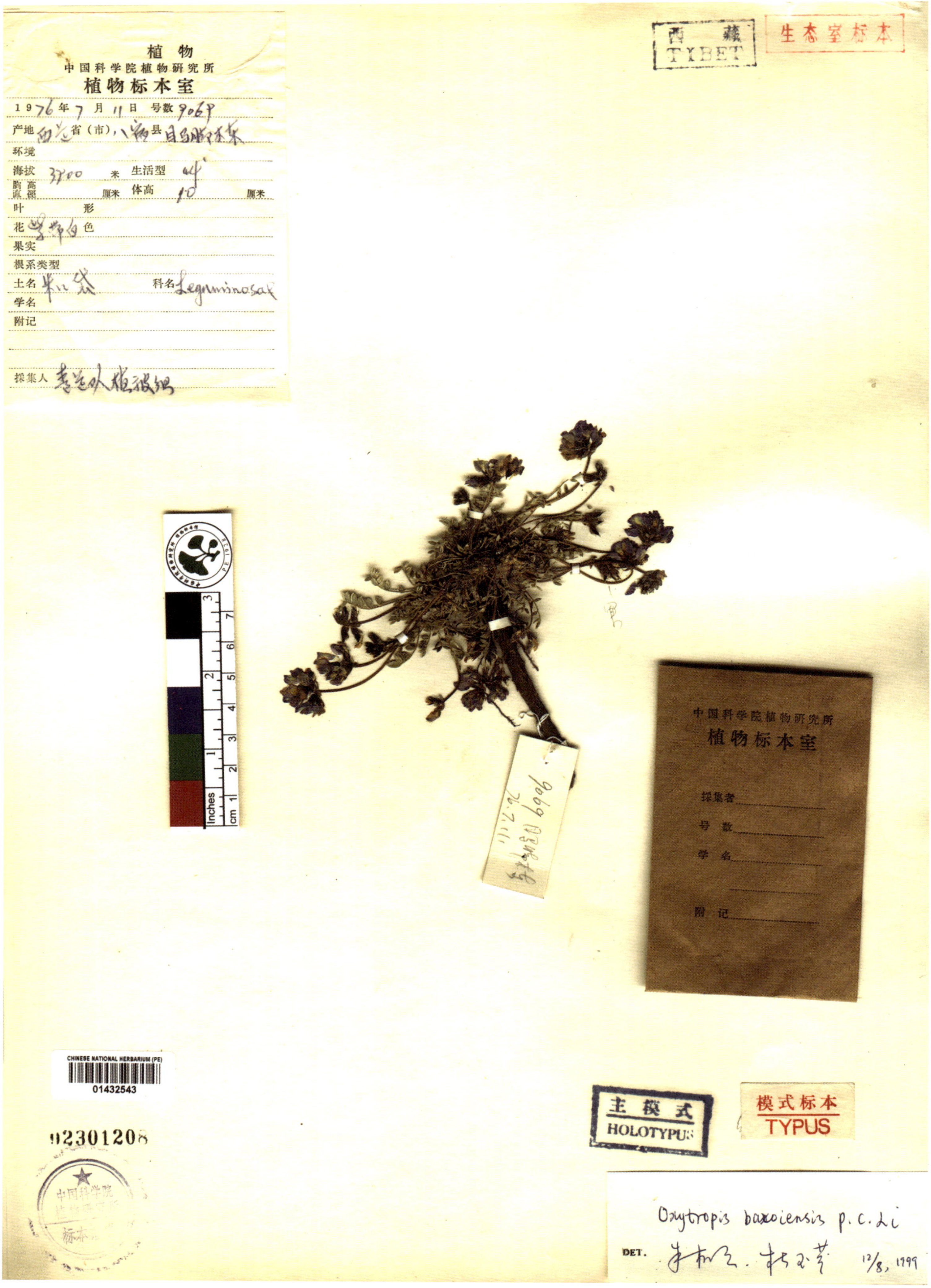

八宿棘豆 ***Oxytropis baxoiensis*** P. C. Li Acta Phytotax. Sin. 18(3): 371. 1980. **Holotype:** China. Xizang: Baxoi, alt. 3 900 m, 1976-07-11, Qinghai-Xizang Veg. Exped. 9069.

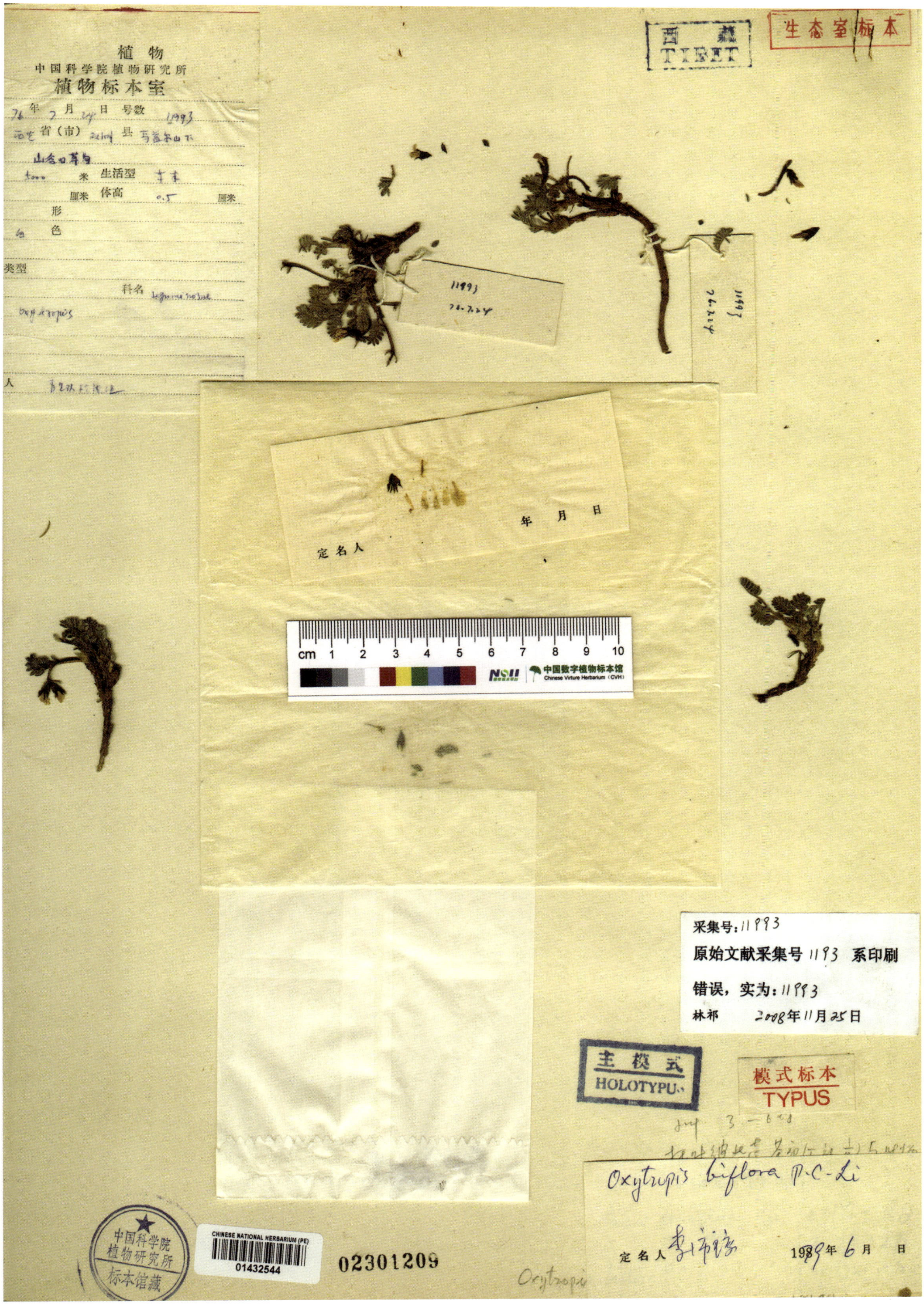

二花棘豆 ***Oxytropis biflora*** P. C. Li in Acta Phytotax. Sin. 18(3): 369. 1980. **Holotype:** China. Xizang: Shuanghu, alt. 5 000 m, 1976-07-24, Qinghai-Xizang Veg. Exped. 11993.

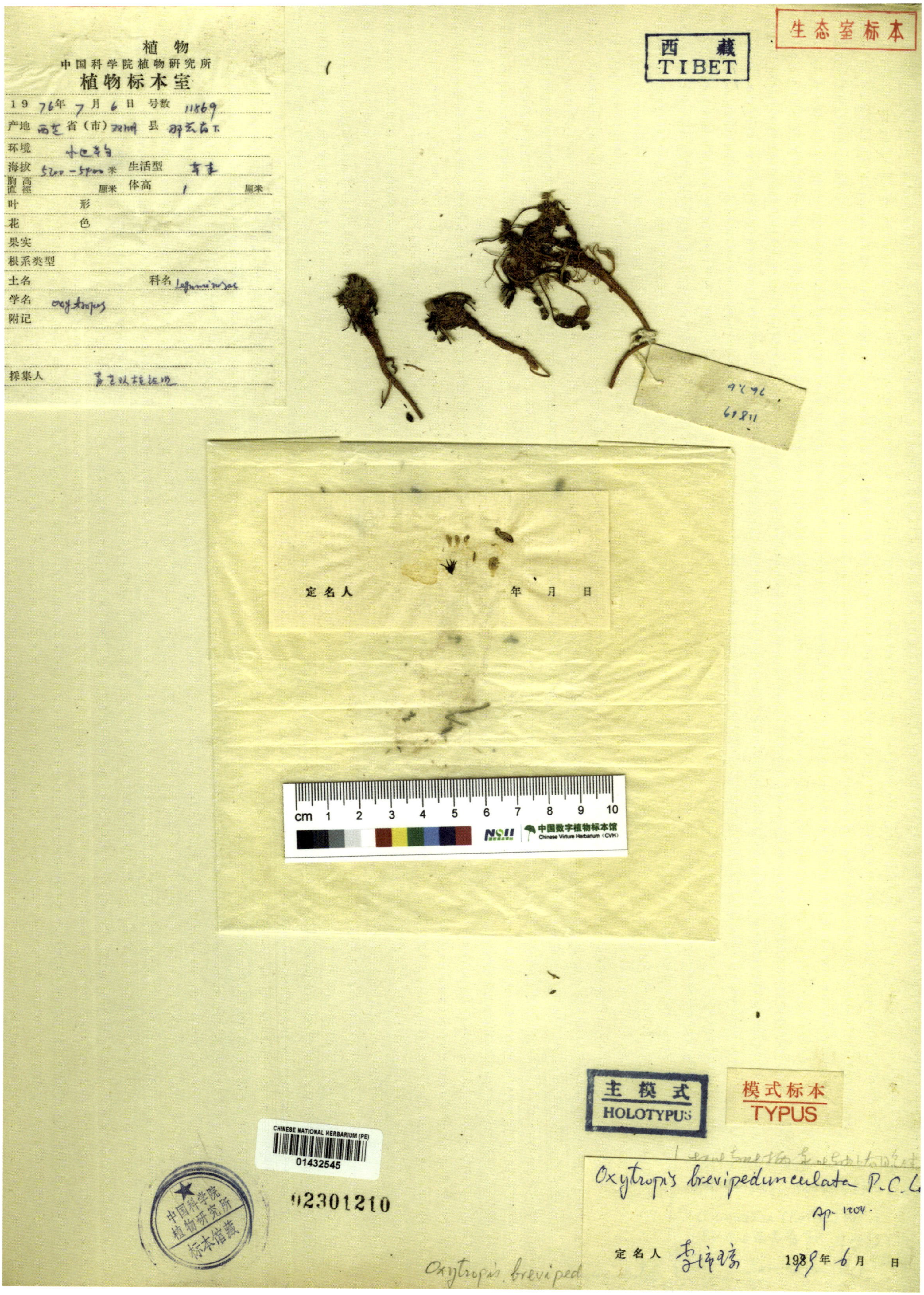

短梗棘豆 ***Oxytropis brevipedunculata*** P. C. Li in Acta Phytotax. Sin. 18(3): 370. 1980. **Holotype:** China. Xizang: Shuanghu, alt. 5 200~5 400 m, 1976-07-06, Qinghai-Xizang Veg. Exped. 11869.

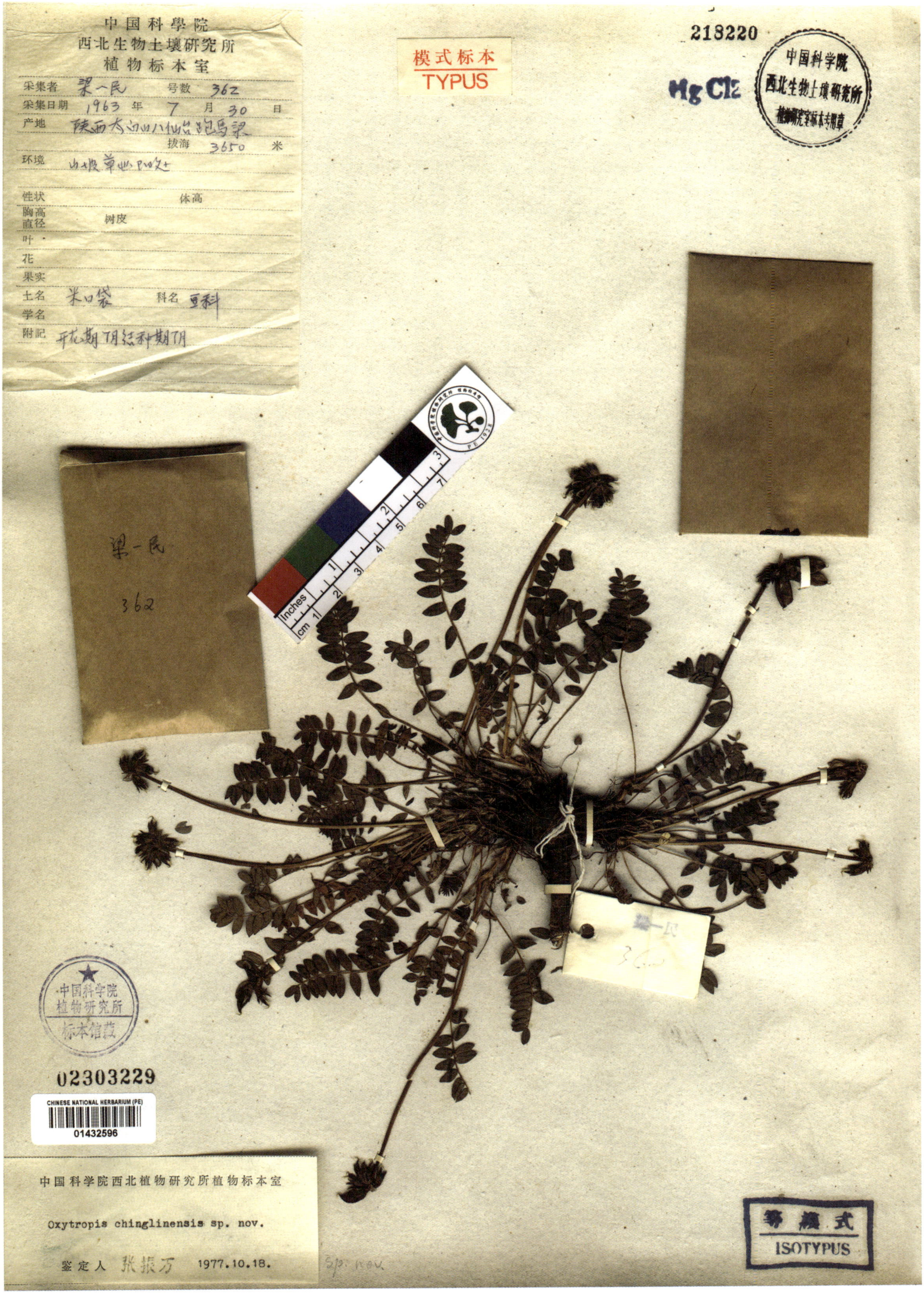

秦岭棘豆 ***Oxytropis chinglingensis*** C. W. Chang, Fl. Tsinling. 1(3): 446, 68, f. 51. 1981. **Isotype:** China. Shaanxi: Taibai, Taibaishan, alt. 3 650 m, 1963-07-30, Y. M. Liang 362.

密叶棘豆 ***Oxytropis densiflora*** P. C. Li in Acta Phytotax. Sin. 18(3): 372. 1980. **Holotype:** China. Xizang: Goujo, alt. 3 950 m, 1976-08-22, Qinghai-Xizang Veg. Exped. 9722.

秀丽棘豆 ***Oxytropis elegans*** Kom in Repert. Spec. Nov. Regni Veg. 13: 225. 1914. **Isosyntype:** Mongolia. Precise locality not known, 1893-06-08, Klementz 946.

陇东棘豆 ***Oxytropis ganningensis*** C. W. Chang in Acta Phytotax. Sin. 23(3): 229, f. 2. 1985. **Isotype:** China. Gansu: Heshui, 1964-08-17, C. W. Chang 2951.

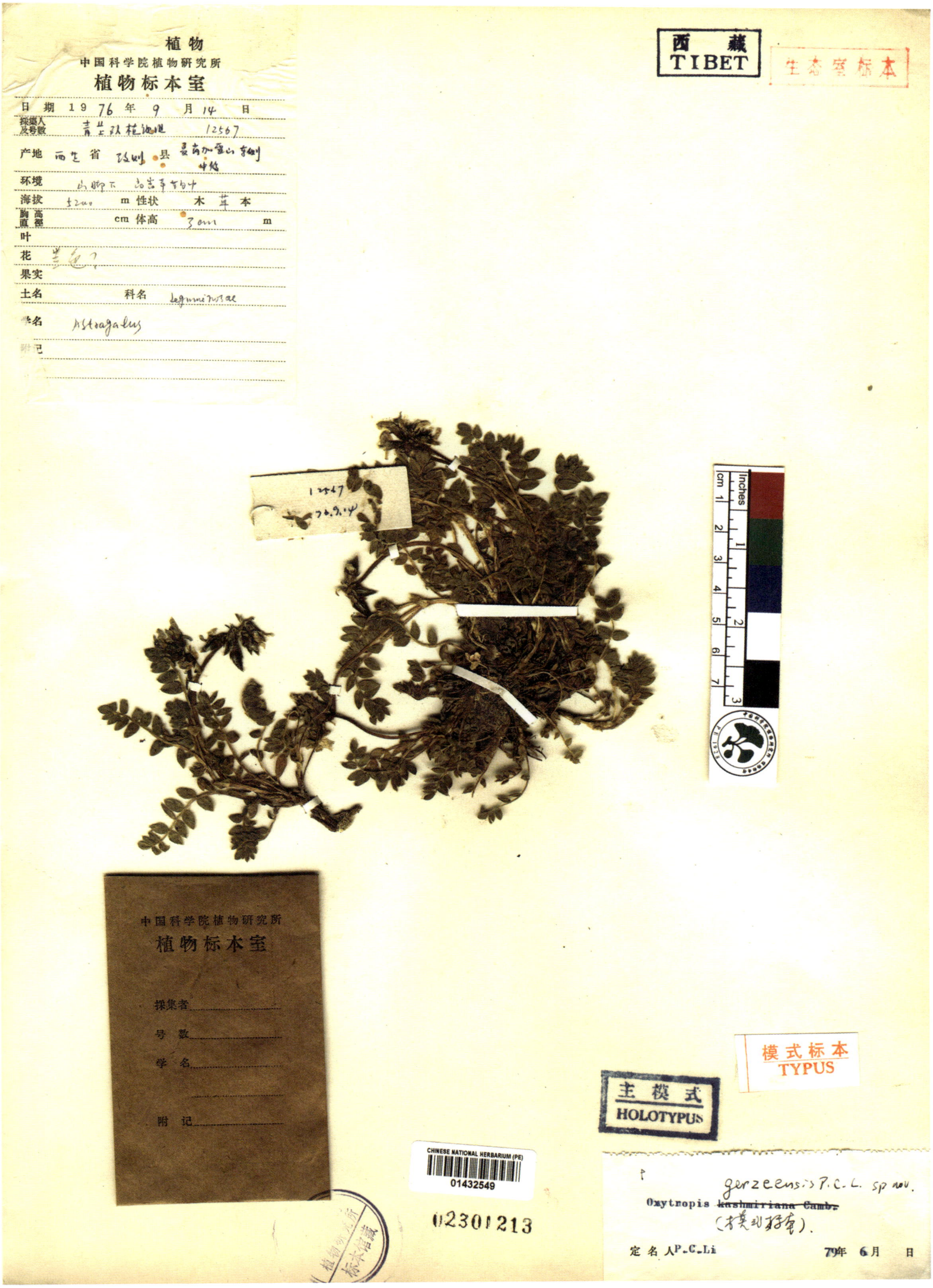

改则棘豆 ***Oxytropis gerzeensis*** P. C. Li, Fl. Xizang. 2: 859. 1985. **Holotype:** China. Xizang: Gêrzê, alt. 5 200 m, 1976-09-14, Qinghai-Xizang Veg. Exped. 12567.

异叶棘豆 ***Oxytropis heterophylla*** Bge. in Bull. Acad. Imp. Sci. St.-Petersb. 26: 470. 1880. **Isosyntype:** Mongolia. Precise locality not known, 1877-06-(05~17), N. M. Przewalski 70.

武都棘豆 ***Oxytropis hirta*** Bge. var. ***wutuensis*** C. W. Chang, Fl. Tsinling. 1(3): 445, 65, f. 48. 1981. **Isotype:** China. Gansu: Wudu, alt. 1 100 m, 1973-09-29, C. S. Yang 3361.

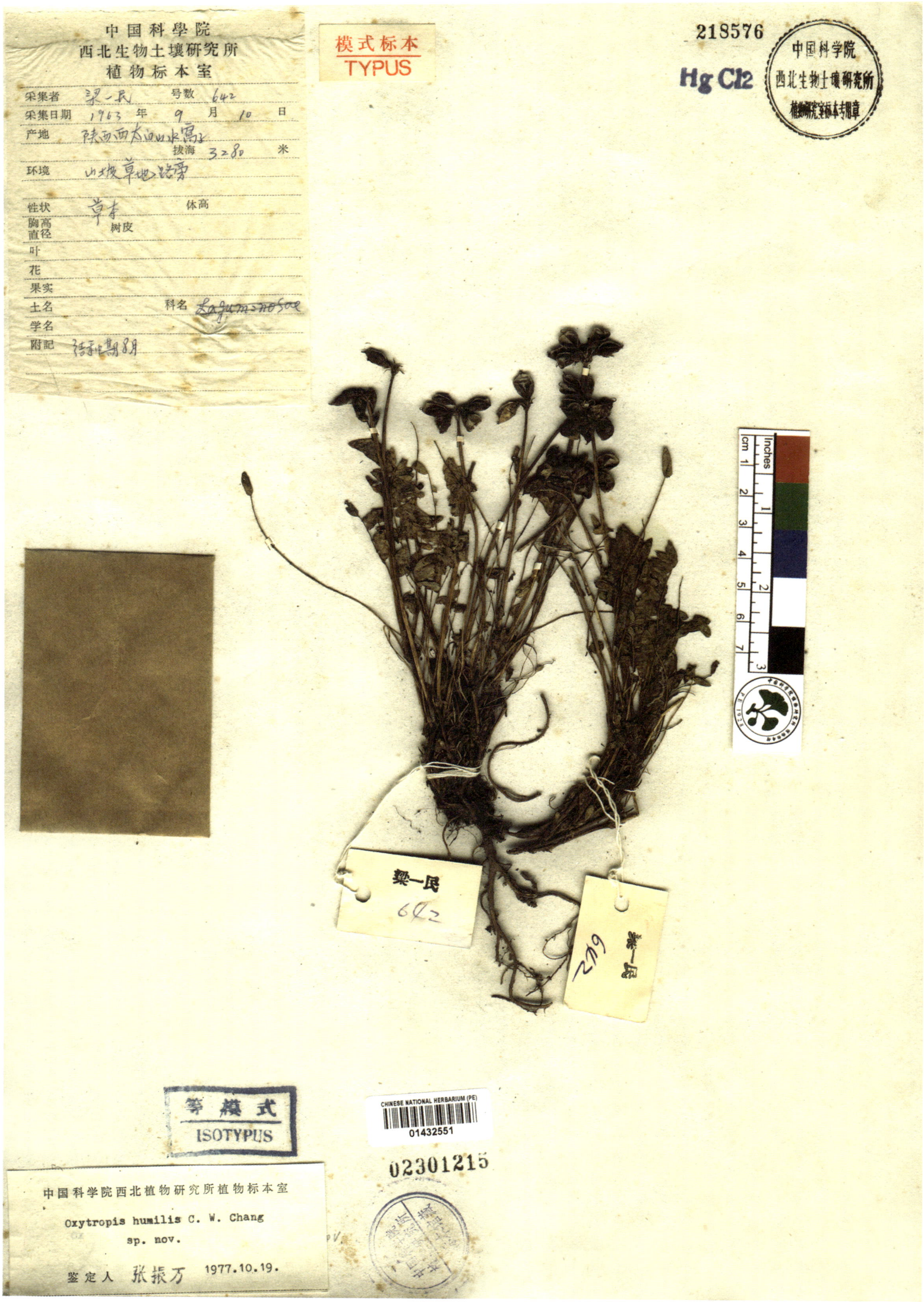

矮棘豆 ***Oxytropis humilis*** C. W. Chang, Fl. Tsinling. 1(3): 447, 68, f. 52. 1981. **Isotype:** China. Shaanxi: Taibai, Taibaishan, alt. 3 280 m, 1963-09-10, Y. M. Liang 642.

密花棘豆 ***Oxytropis imbricata*** Kom. in Repert. Spec. Nov. Regni Veg. 13: 232. 1914. **Lectotype** (designated here): China. Gansu: S Gansu, Precise locality not known, 1885-05-21, G. N. Potanin s. n.

宽翼棘豆 ***Oxytropis latialata*** P. C. Li in Acta Phytotax. Sin. 18(3): 370. 1980. **Holotype:** China. Xizang: Baingoin, alt. 5 100 m, 1976-06-22, K. Y. Lang 9485.

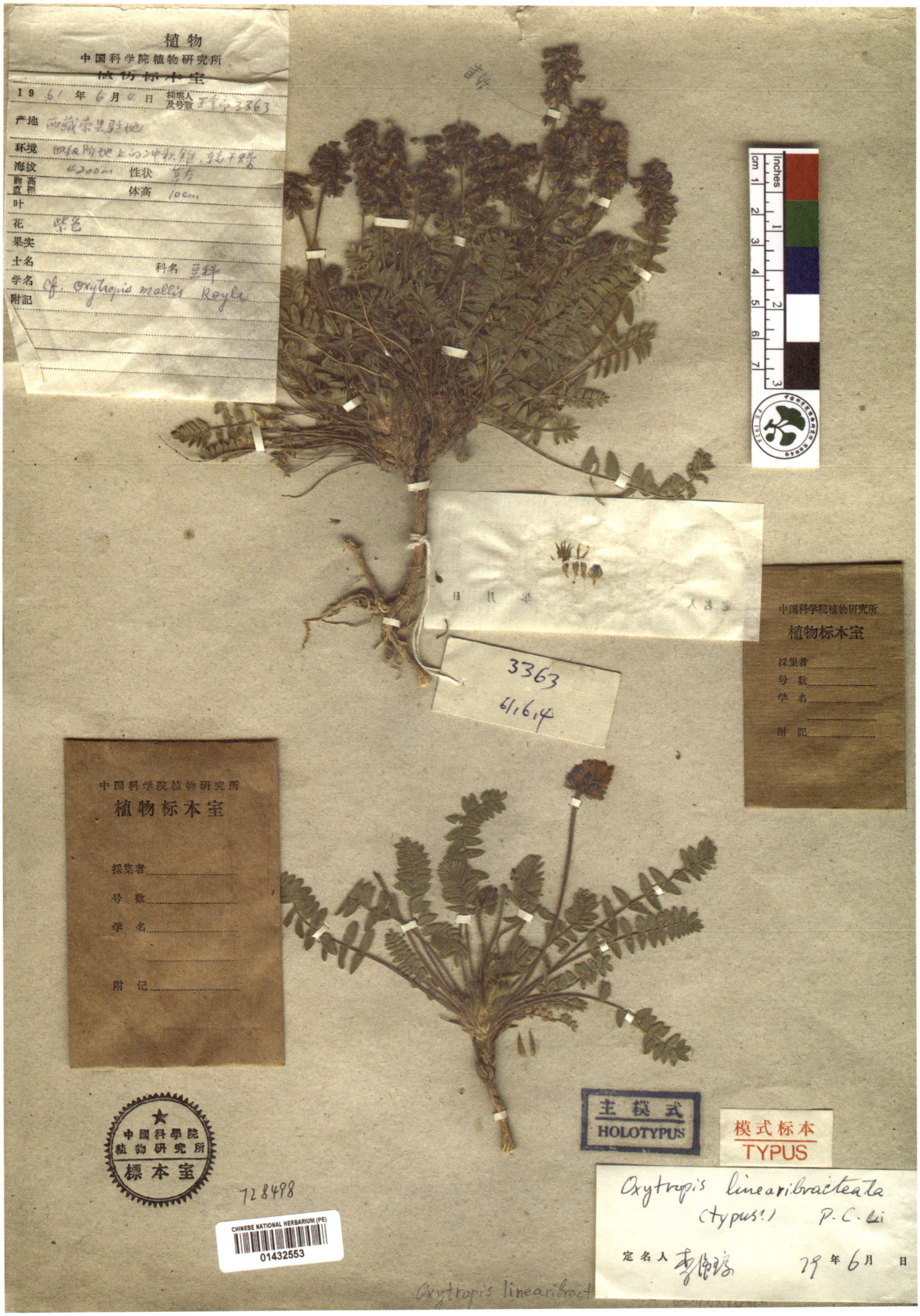

线苞棘豆 ***Oxytropis linearibracteata*** P. C. Li in Acta Phytotax. Sin. 18(3): 371. 1980. **Holotype:** China. Xizang: Sog Xian, alt. 4 200 m, 1961-06-04, C. T. Wang 3363.

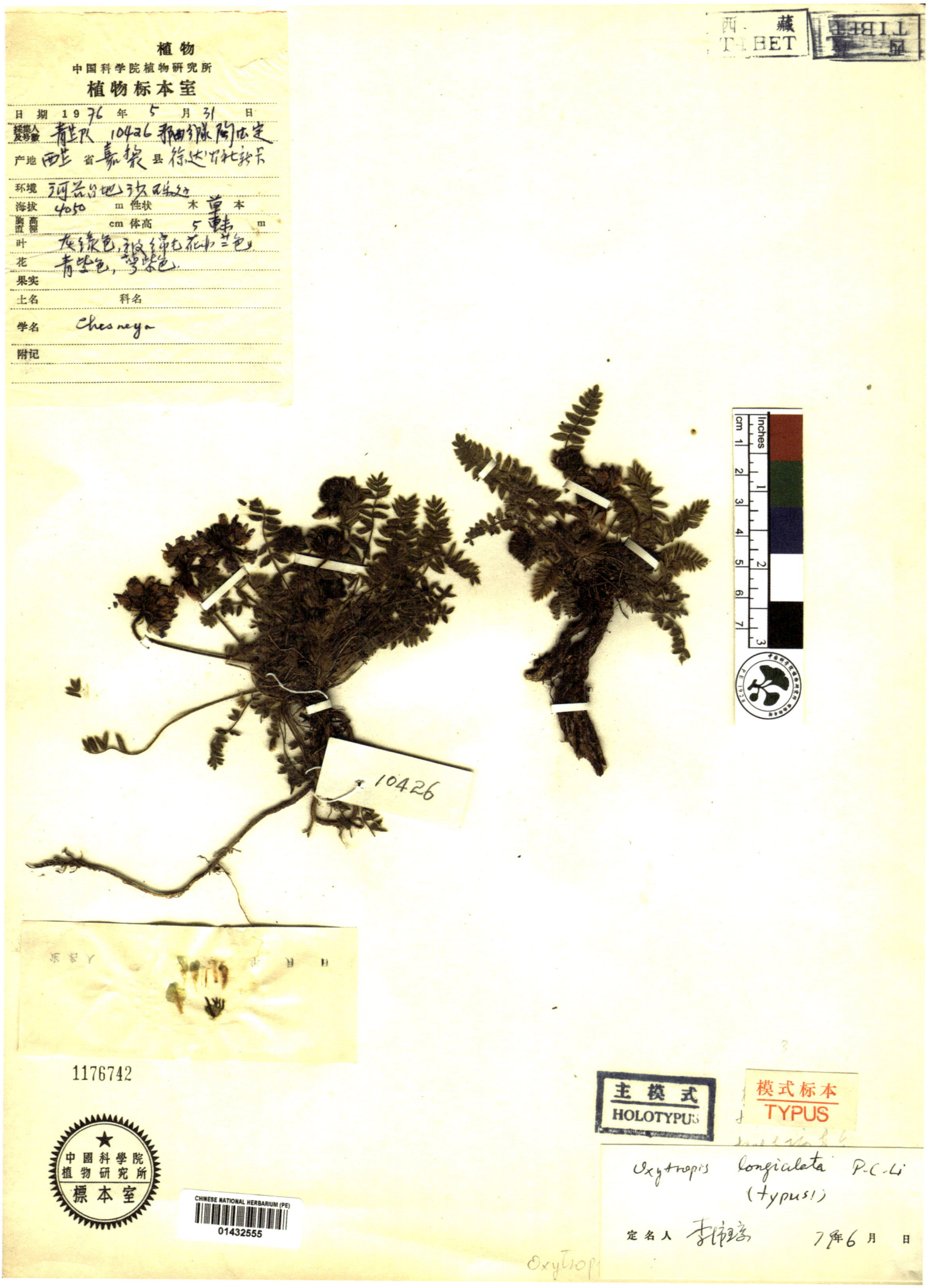

长翼棘豆 ***Oxytropis longialata*** P. C. Li in Acta Phytotax. Sin. 18(3): 371. 1980. **Holotype:** China. Xizang: Lhari, alt. 4 050 m, 1976-05-31, Qinghai-Xizang Exped. 10426.

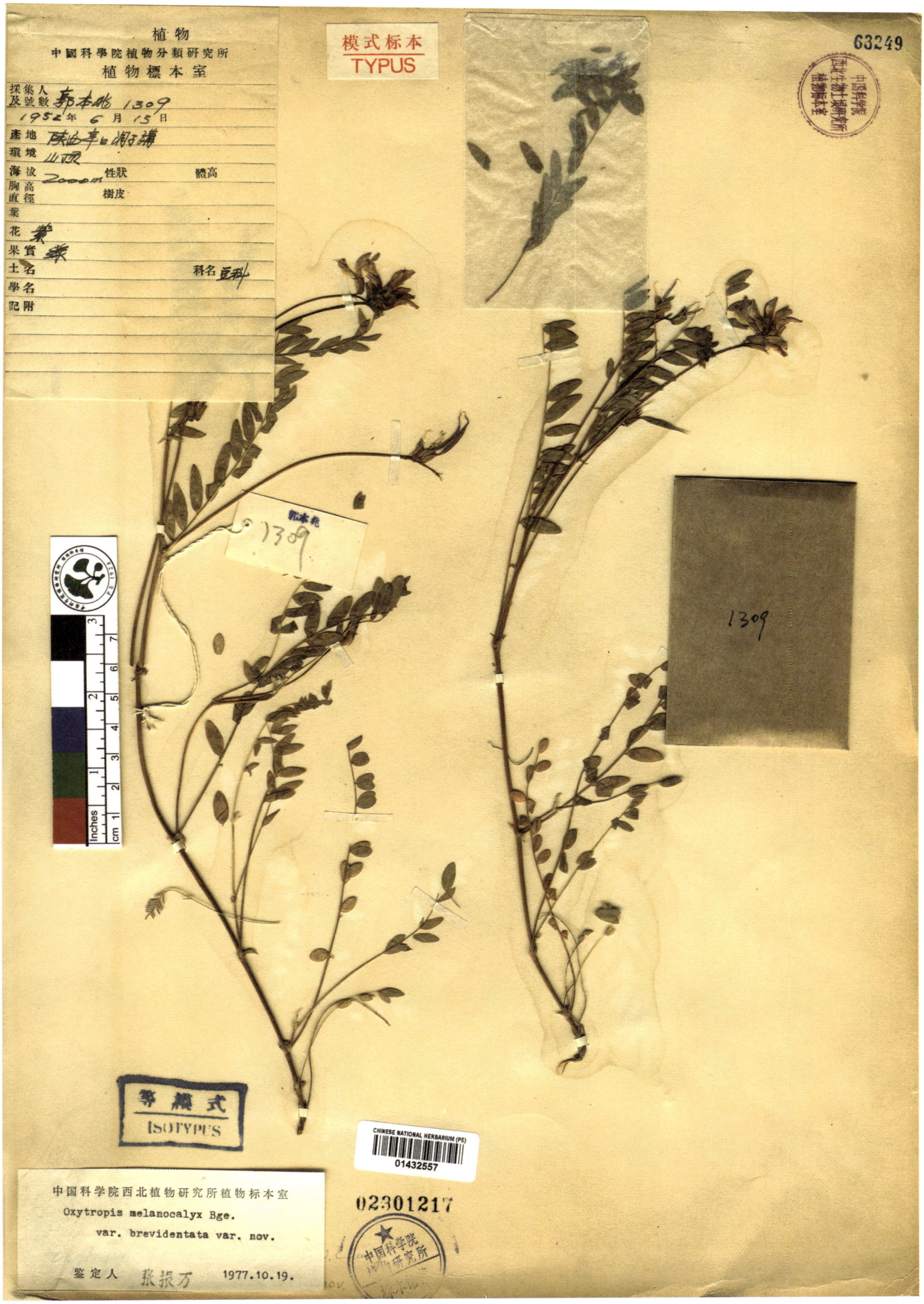

短萼齿棘豆 ***Oxytropis melanocalyx*** Bge. var. ***brevidentata*** C. W. Chang, Fl. Tsinling. 1(3): 445, 66. 1981. **Isotype:** China. Shaanxi: Yang Xian, alt. 2 000 m, 1952-06-13, P. C. Kuo 1309.

多枝棘豆 ***Oxytropis multiramosa*** P. C. Li in Acta Phytotax. Sin. 18(3): 372. 1980. **Holotype:** China. Xizang: Qamdo, Anonymous 12580.

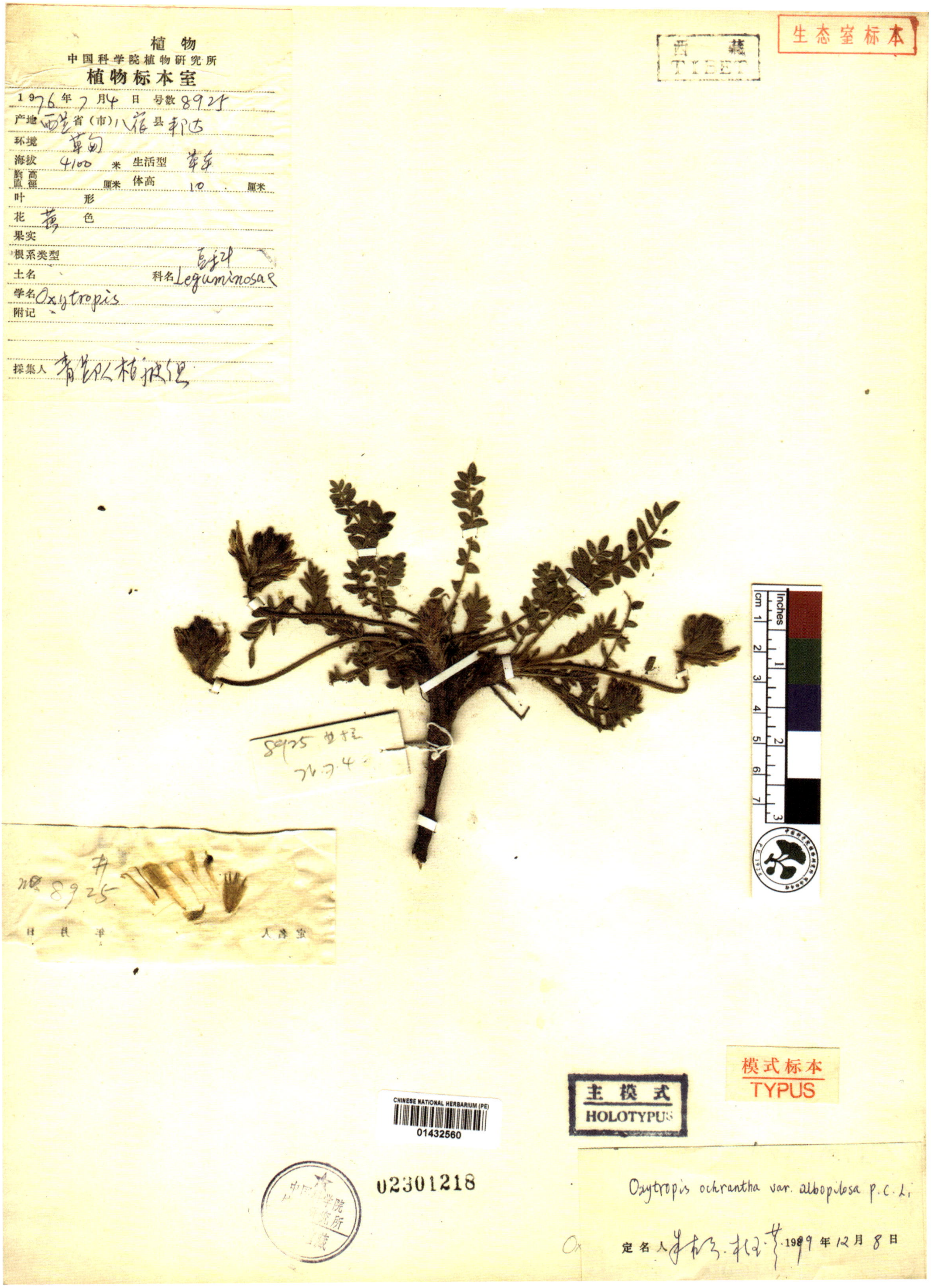

白毛棘豆 ***Oxytropis ochrantha*** Turcz. var. ***albopilosa*** P. C. Li, Fl. Xizang. 2: 870, f. 287: 9-16. 1985. **Holotype:** China. Xizang: Baxoi, alt. 4 100 m, 1976-07-04, Qinghai-Xizang Veg. Exped. 8925.

长苞黄花棘豆 ***Oxytropis ochrocephala*** Bge. var. ***longibracteata*** P. C. Li, Fl. Xizang. 2: 859. 1985. **Holotype:** China. Xizang: Qamdo, alt. 3 200 m, 1976-08-09, Qinghai-Xizang Exped. 12719.

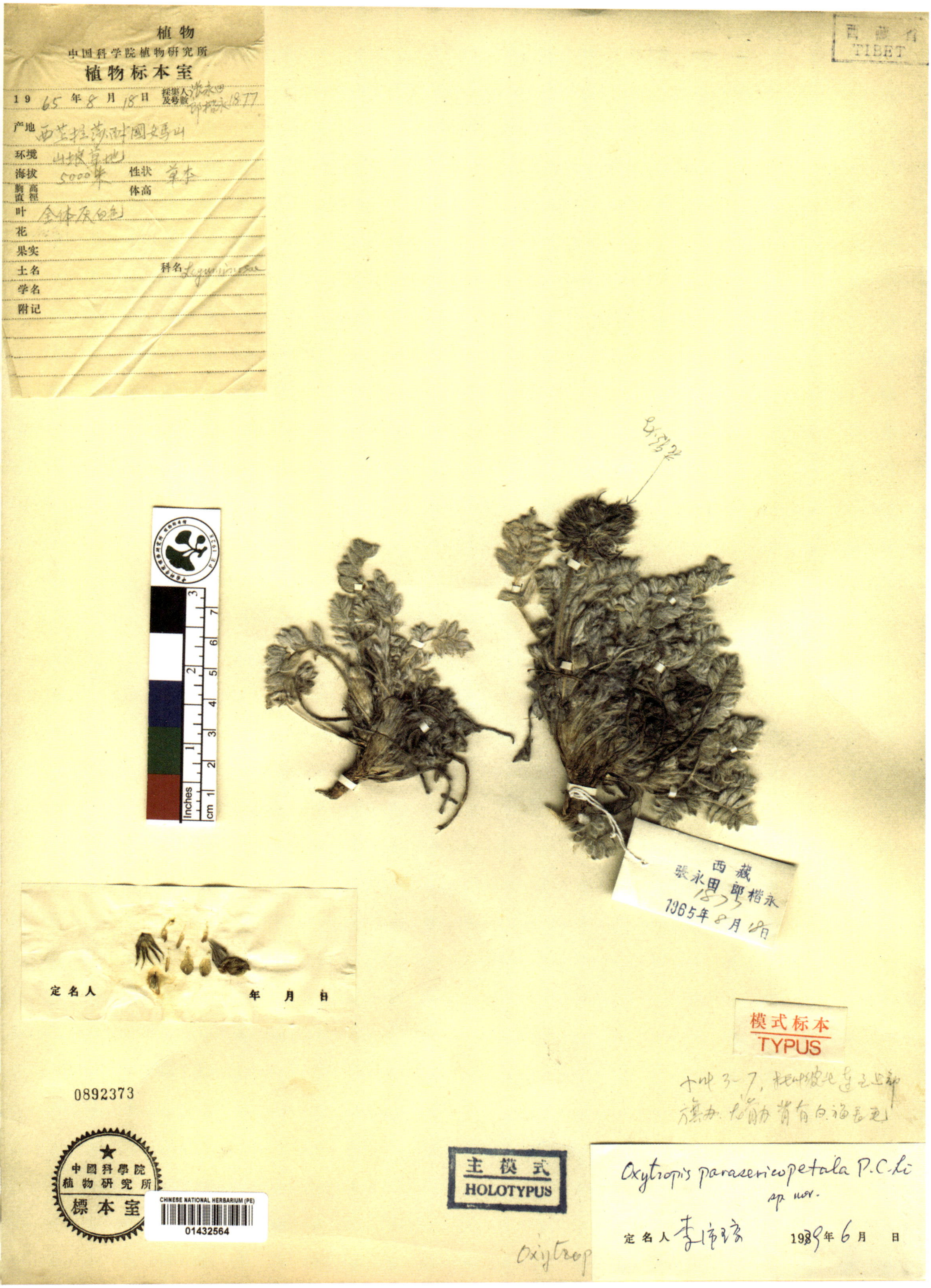

长萼棘豆 ***Oxytropis parasericeopetala*** P. C. Li in Acta Phytotax. Sin. 18(3): 369. 1980. **Holotype:** China. Xizang: Lhasa, alt. 5 000 m, 1965-08-18, Y. T. Chang & K. Y. Lang 1877.

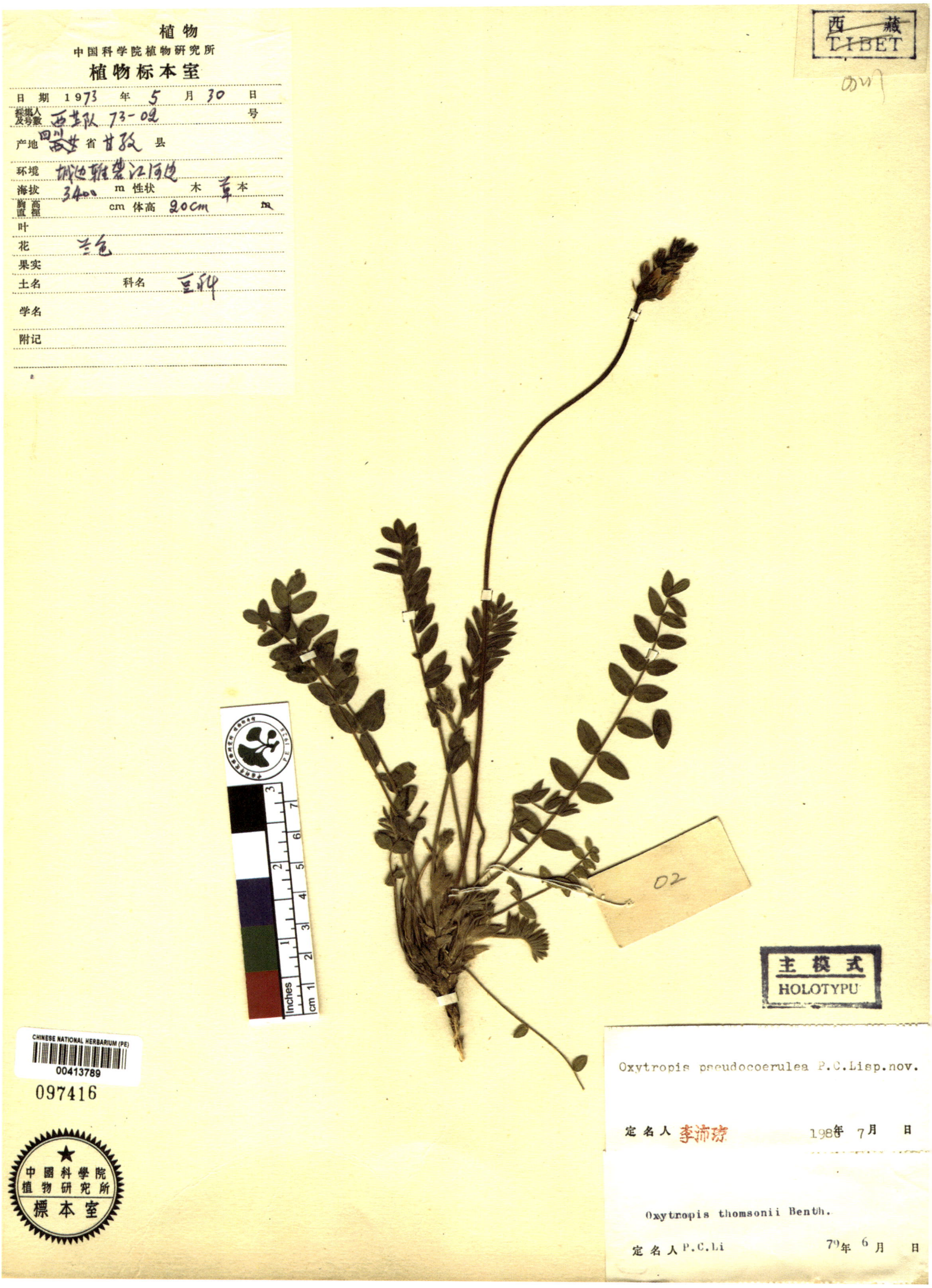

密花棘豆 ***Oxytropis pseudocoerulea*** P. C. Li in Acta Bot. Yunnan. 11(3): 300, f. 16. 1989. **Holotype:** China. Sichuan: Garzê, alt. 3 400 m, 1973-05-30, Xizang Exped. 73-02.

拟多叶棘豆 ***Oxytropis pseudomyriophylla*** S. H. Cheng ex X. Y. Zhu, H. Ohashi & Y. B. Deng in J. Jap. Bot. 74: 127. 1999. **Holotype:** China. Ningxia: Liupanshan, alt. 1 400 m, 1936-07-02, K. M. Liou 5699.

昌都棘豆 ***Oxytropis qamdoensis*** X. Y. Zhu, Y. F. Du & H. Ohashi in Novon 12(3): 430, f. 1. 2002. **Holotype:** China. Xizang: Qamdo, alt. 3 215~3 250 m, 2000-08-16, X. Y. Zhu & Y. F. Du 20074.

祁连山棘豆 ***Oxytropis qilianshanica*** C. W. Chang & C. L. Zhang in Acta. Bot. Boreal.-Occid. Sin. 13(3): 246, f. 1. 1993; X. Y. Zhu & H. Ohashi in Cathaya 11-12: 154. 2000. **Isotype:** China. Gansu: Sunan, Qilianshan, alt. 2 300 m, 1959-06-30, Y. C. Hou 3538.

奇台棘豆 ***Oxytropis qitaiensis*** X. Y. Zhu, H. Ohashi & Y. B. Deng in J. Jap. Bot. 74(2): 66. 1999. **Holotype:** China. Xinjiang: Qitai, 1982-06-28, XJU Exped. s. n.

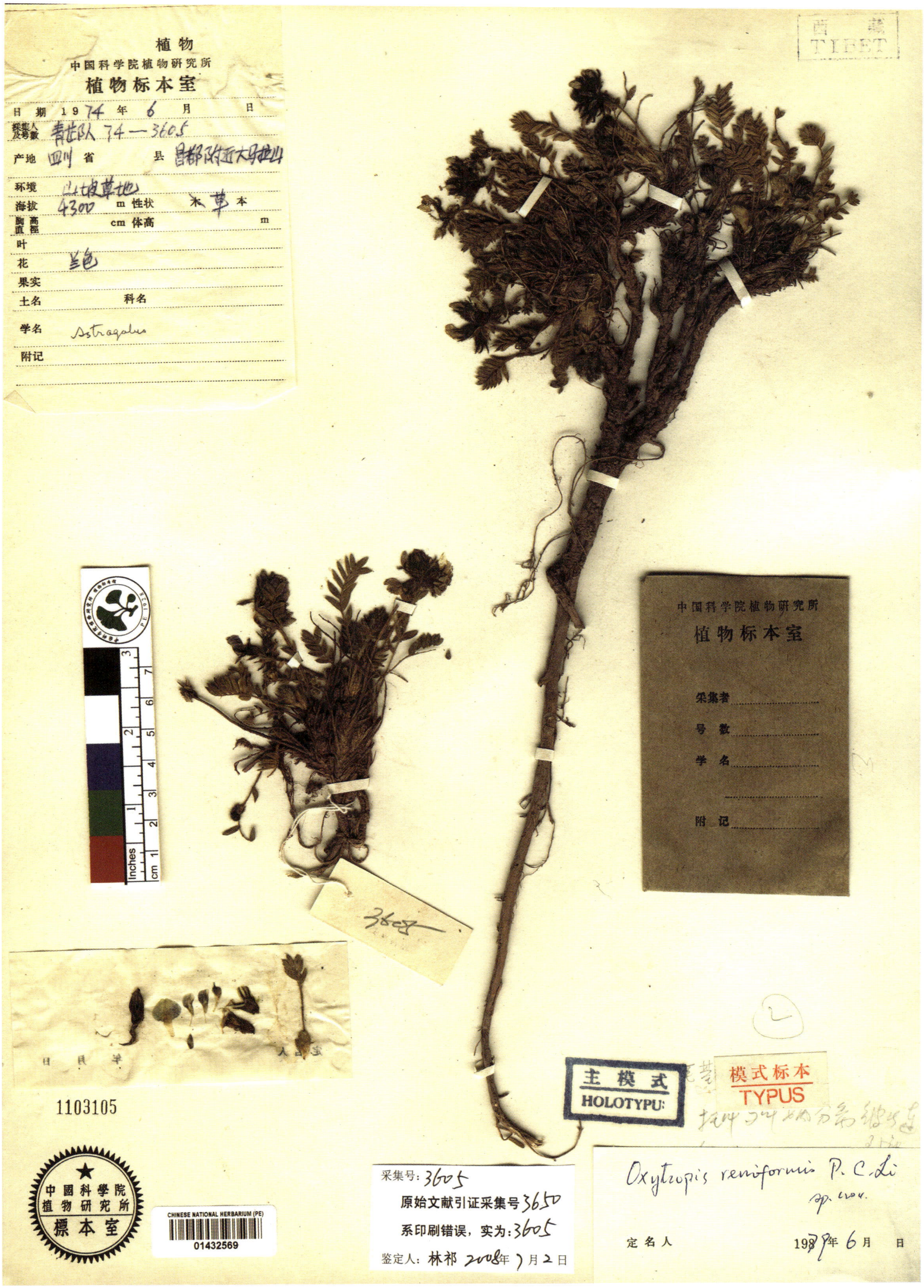

肾瓣黄芪 ***Oxytropis reniformis*** P. C. Li in Acta Phytotax. Sin. 18(3): 370. 1980. **Holotype:** China. Xizang: Qamdo, alt. 4 300 m, 1974-06-??, Qinghai-Xizang Exped. 74-3605.

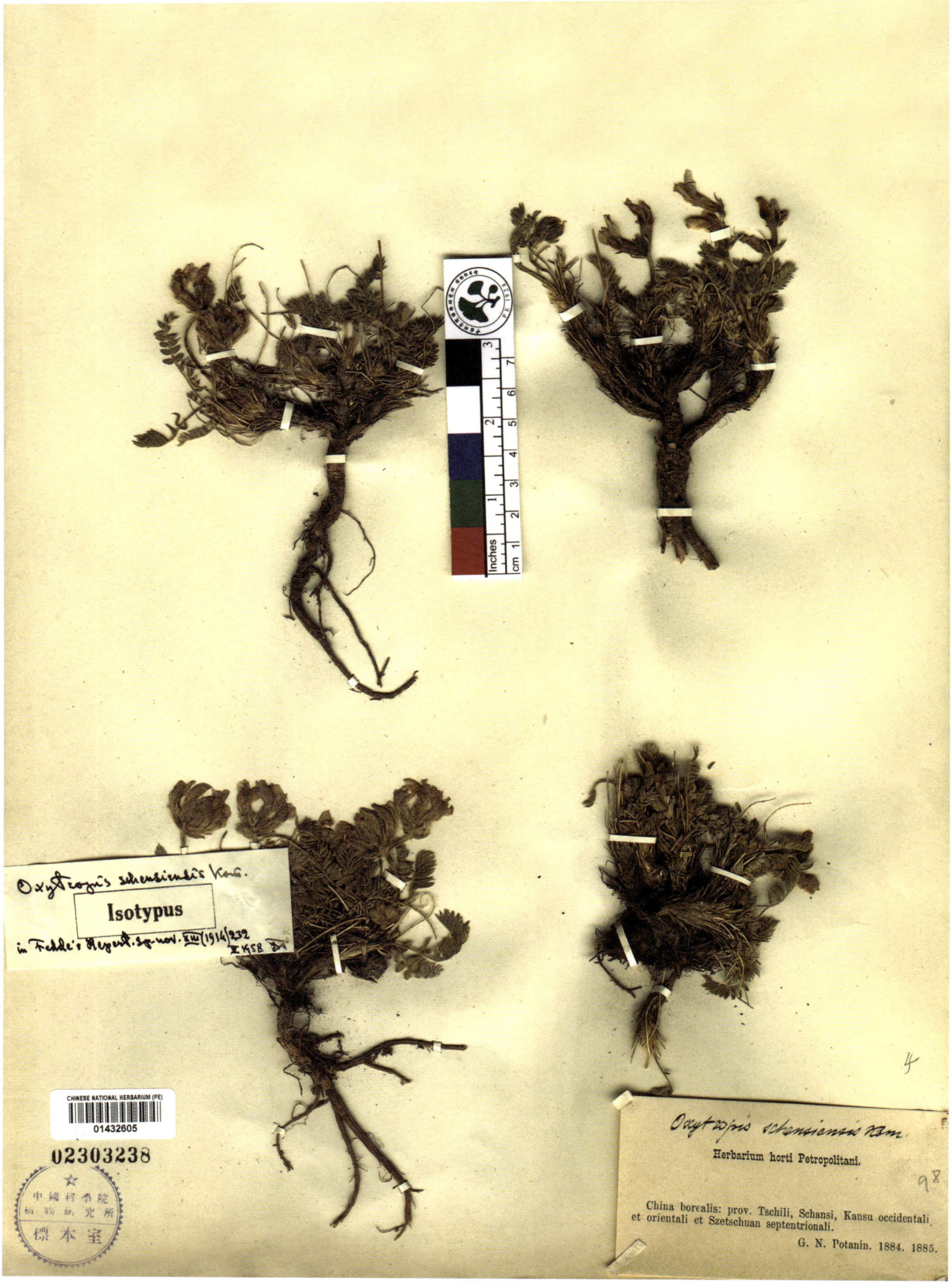

山西棘豆 ***Oxytropis schensiensis*** Kom. in Repert. Spec. Nov. Regni Veg. 13: 232. 1914. **Isotype:** China. Shanxi: Wutai, Wutaishan, 1884-06-11, G. N. Potanin. s. n.

四川棘豆 ***Oxytropis sichuanica*** C. W. Chang in Acta Bot. Boreal.-Occid. Sin. 8(1): 11, f. 1. 1988. **Isotype:** China. Sichuan: Dajin (=Jinchuan), alt. 4 200 m, 1958-06-28, H. Li 77945.

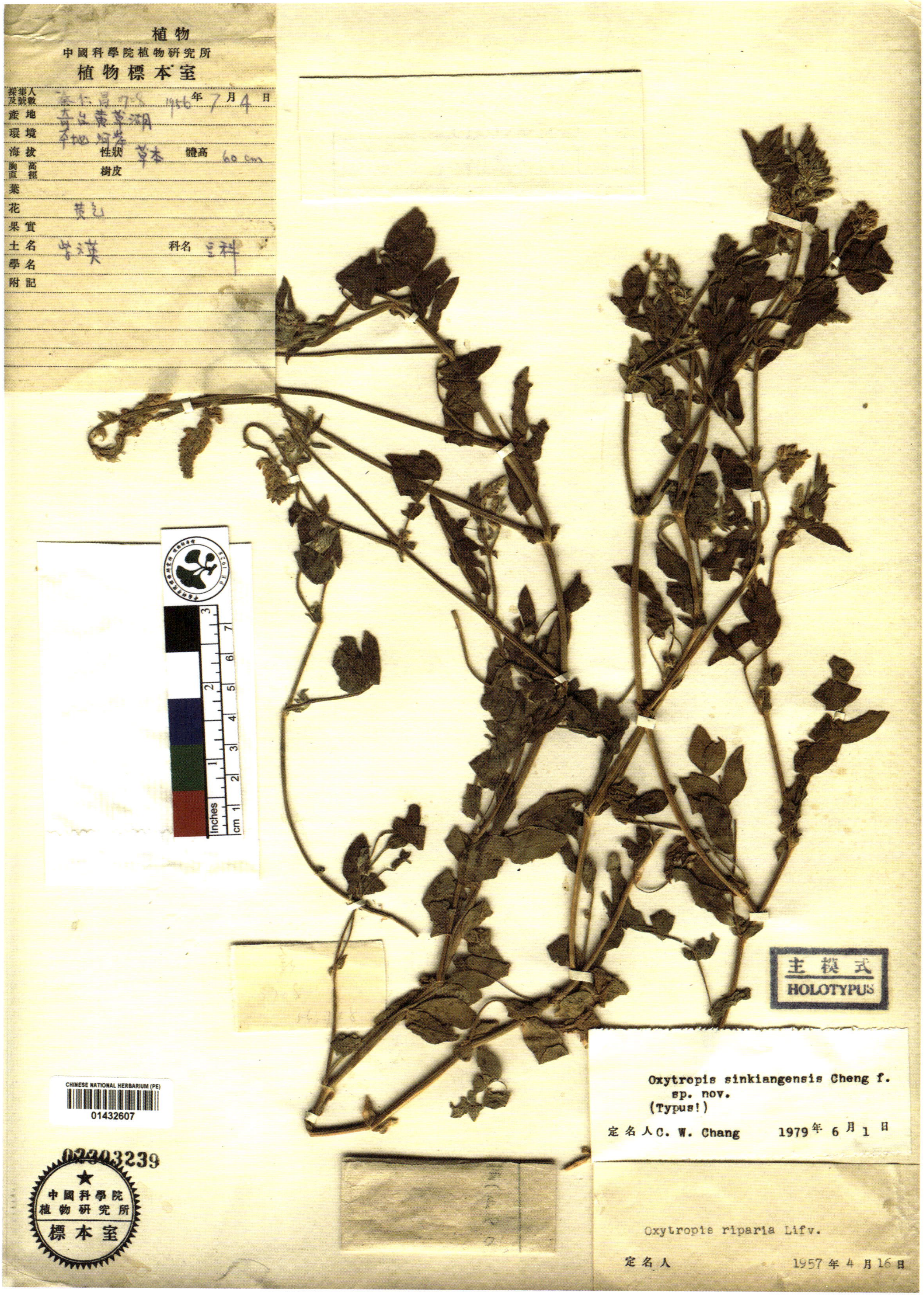

新疆棘豆 ***Oxytropis sinkiangensis*** C. W. Cheng in Acta Bot. Boreal.-Occid. Sin. 8(1): 13, f. 2. 1988. **Holotype:** China. Xinjiang: Qitai, 1956-07-04, R. C. Ching 0708.

西太白棘豆 ***Oxytropis sitaipaiensis*** T. P. Wang, Fl. Tsinling. 1(3): 446, 67, f. 50. 1981. **Holotype:** China. Shaanxi: Taibai, Taibaishan, alt. 1 880 m, 1957-07-16, K. T. Fu 9577.

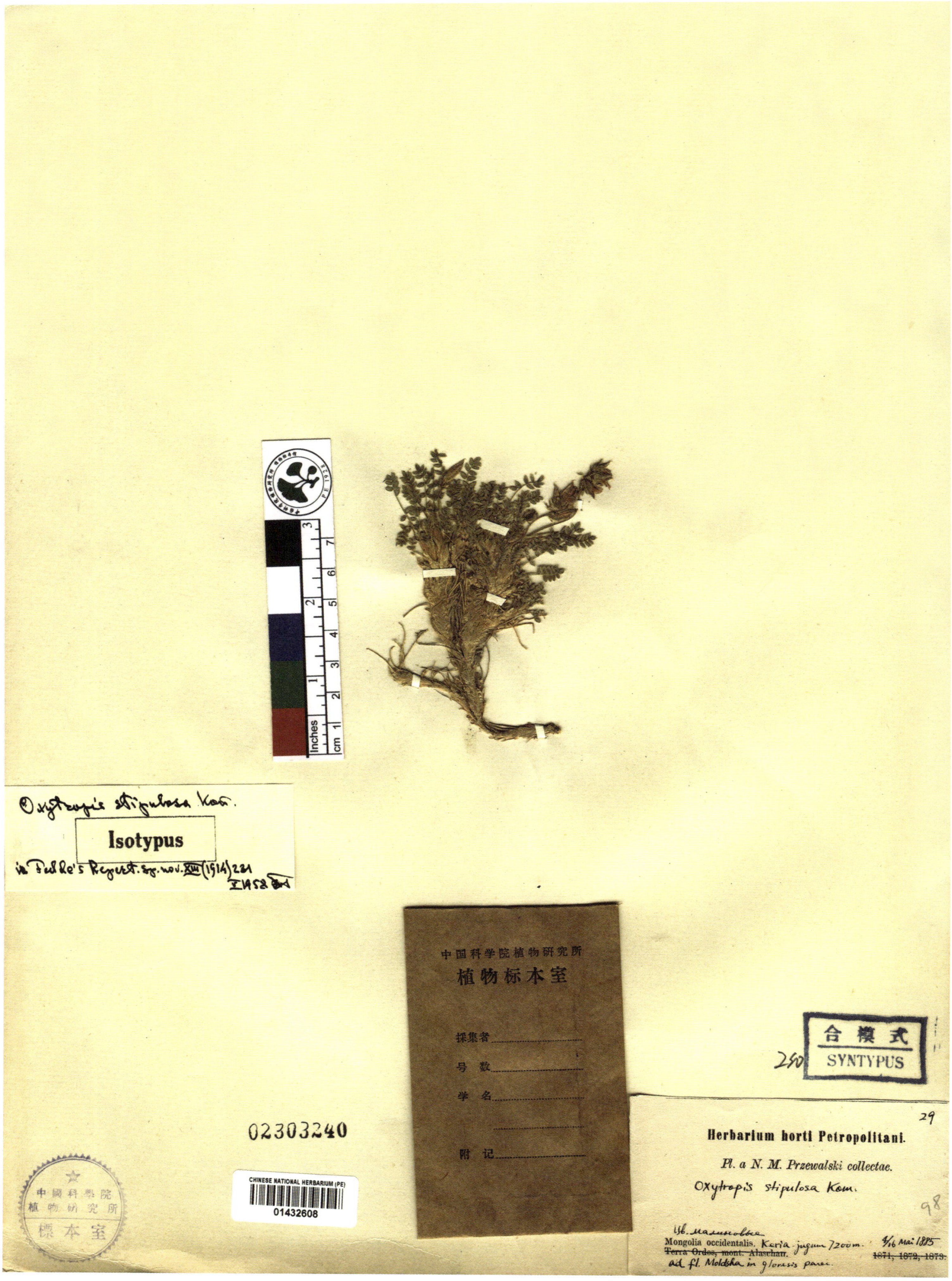

大托叶棘豆 ***Oxytropis stipulosa*** Kom. in Repert. Spec. Nov. Regni Veg. 13: 231. 1914. **Isotype:** Keria, alt. 7 200 m, 1885-05-(04~16), N. M. Przewalski 29.

短序棘豆 ***Oxytropis subpodoloba*** P. C. Li, Fl. Xizang. 2: 864. 1985. **Holotype:** China. Xizang: Dêngqên, alt. 3 900 m, 1976-07-27, Qinghai-Xizang Veg. Exped. 9312.

洮河棘豆 ***Oxytropis taochensis*** Kom. in Repert. Spec. Nov. Regni Veg. 13: 232. 1914. **Isosyntype:** China. Gansu: Jonê, 1884-05-28, G. N. Potanin s. n.

塔什库儿干棘豆 *Oxytropis tashkurensis* S. H. Cheng ex X. Y. Zhu, Y. F. Du & H. Ohashi in J. Jap. Bot. 75: 289. 2000. **Holotype:** China. Xinjiang: Taxkorgan alt. 3 200 m, 1959-06-13, Xinjiang Exped. 00316.

土丹棘豆 ***Oxytropis tudanensis*** X. Y. Zhu, H. Ohashi & S. F. Li in J. Jap. Bot. 74(3): 130. 1999. **Holotype:** China. Xizang: Tudan, alt. 5 000 m, 1963-07-25, J. X. Yang 1973.

土克曼棘豆 ***Oxytropis tukemansuensis*** X. Y. Zhu, H. Ohashi & Y. B. Deng in J. Jap. Bot. 74(2): 66. 1999. **Holotype:** China. Xinjiang: Taxkorgan, alt. 4 200 m, 1978-07-10, Xinjiang Exped. 1299.

盐池棘豆 ***Oxytropis yanchiensis*** X. Y. Zhu, H. Ohashi & L. R. Xu in J. Jap. Bot. 74(3): 133. 1999. **Holotype:** China. Xinjiang: Yiwu, alt. 2 200 m, 1996-06-21, L. R. Xu & al. 96-082.

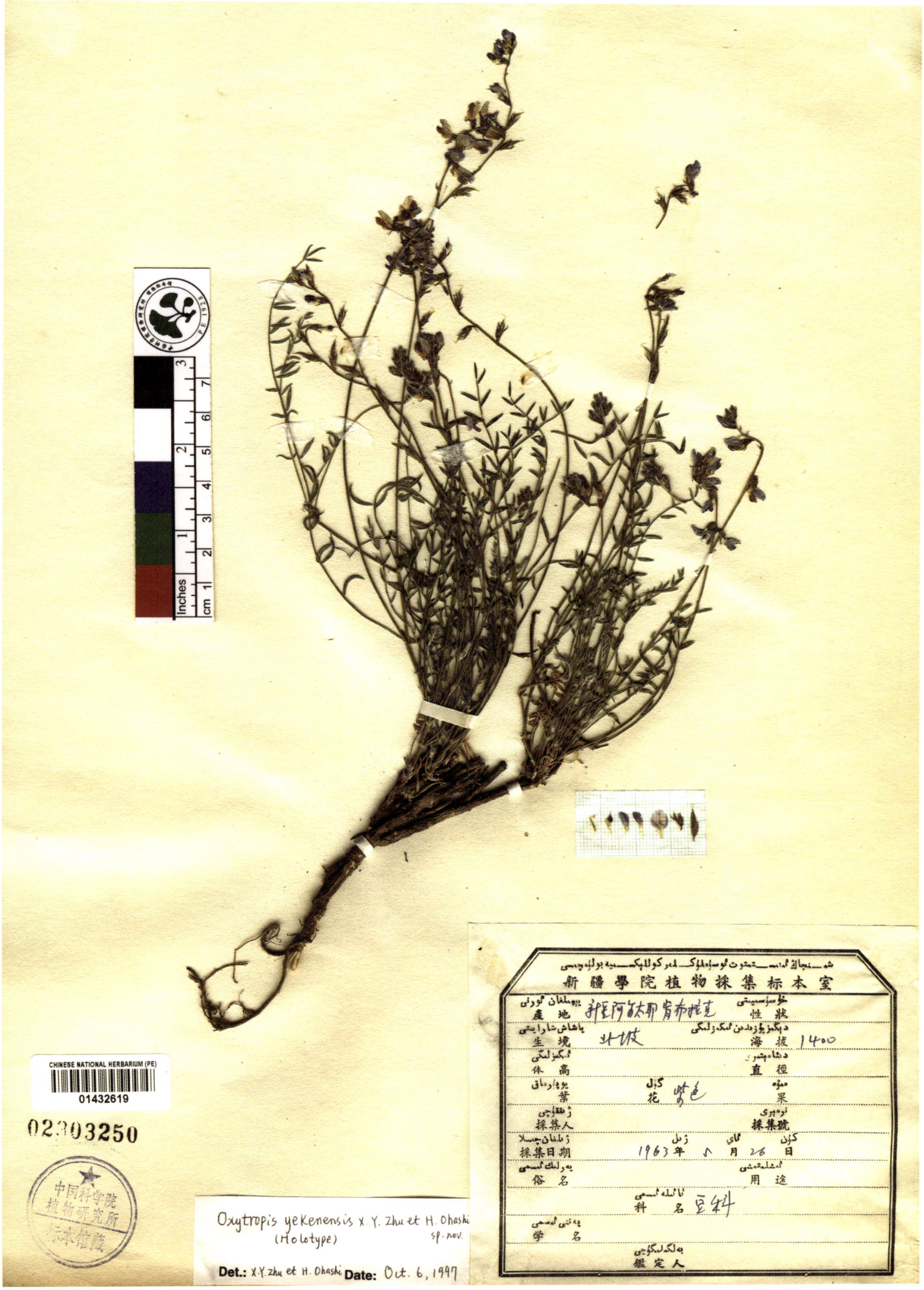

野克棘豆 ***Oxytropis yekenensis*** X. Y. Zhu, H. Ohashi & Y. B. Deng in J. Jap. Bot. 74(2): 68. 1999. **Holotype:** China. Xinjiang: Altay, alt. 1 400 m, 1963-05-26, XJU Exped. s. n.

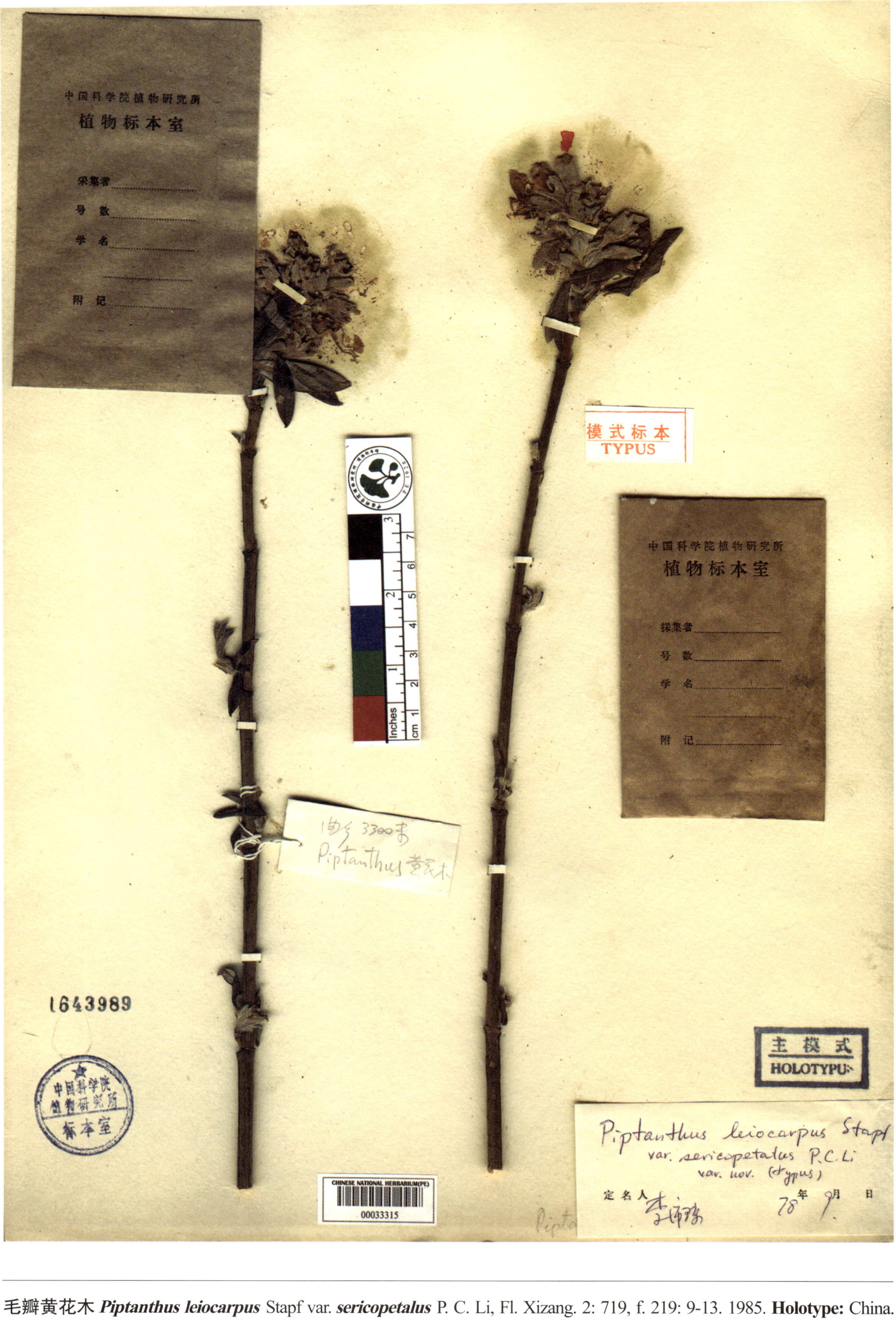

毛瓣黄花木 ***Piptanthus leiocarpus*** Stapf var. ***sericopetalus*** P. C. Li, Fl. Xizang. 2: 719, f. 219: 9-13. 1985. **Holotype:** China. Xizang: Nyalam, alt. 3 300 m, Anonymous s. n.

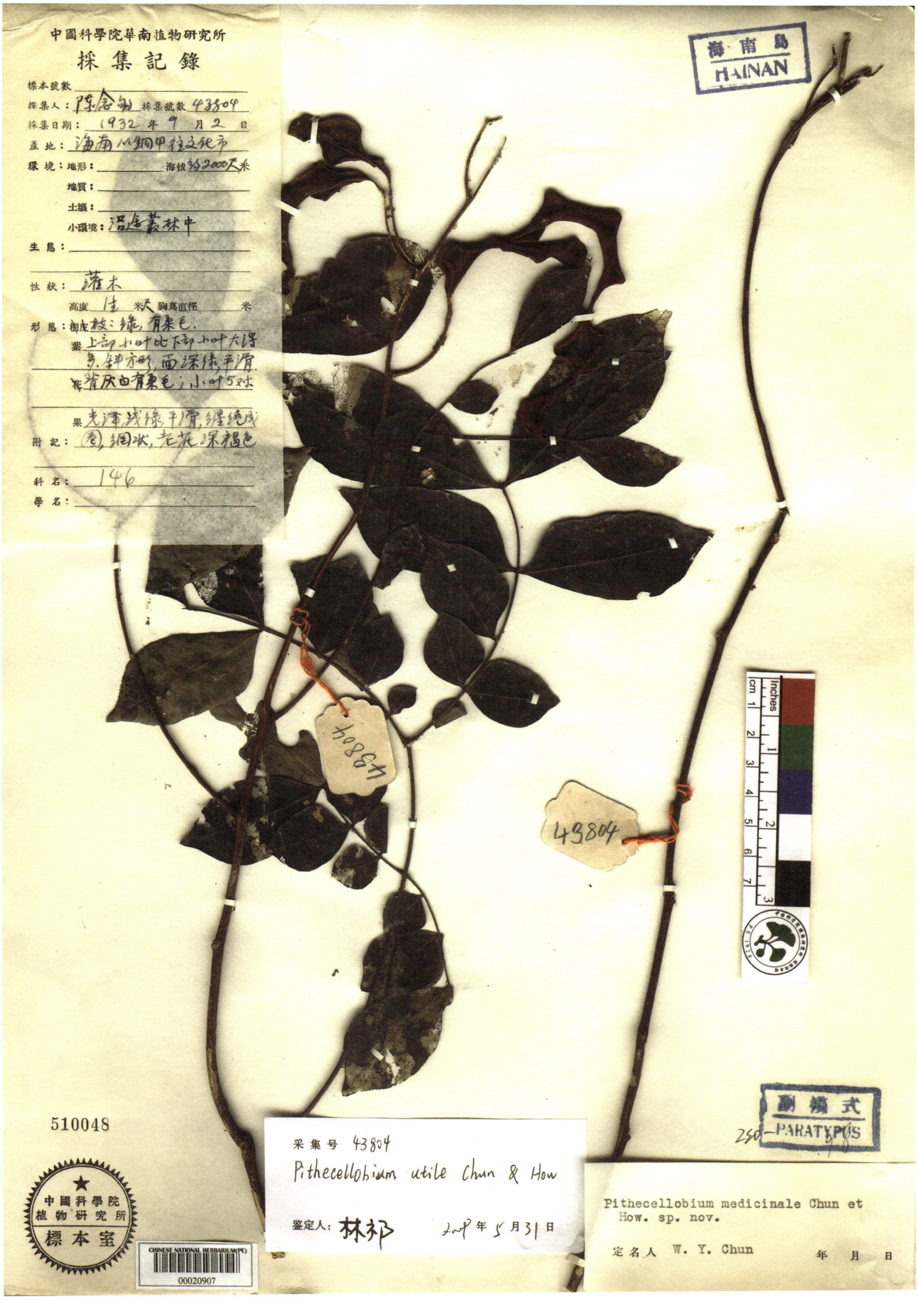

薄叶猴耳环 ***Pithecellobium utile*** Chun & How in Acta Phytotax. Sin. 7(1): 17, pl. 5: 2. 1958. **Isoparatype:** China. Hainan: Precise locality not known, Tongjia, alt. 660 m, 1932-09-02, N. K. Chun 43804.

阿卡普尔科紫檀 ***Pterocarpus acapulcensis*** Rose in Contr. U.S. Nationl. Herb. 5(3): 143. 1897. **Isotype:** Mexico. Acapulco, 1894-10-??, E. Palmer 83.

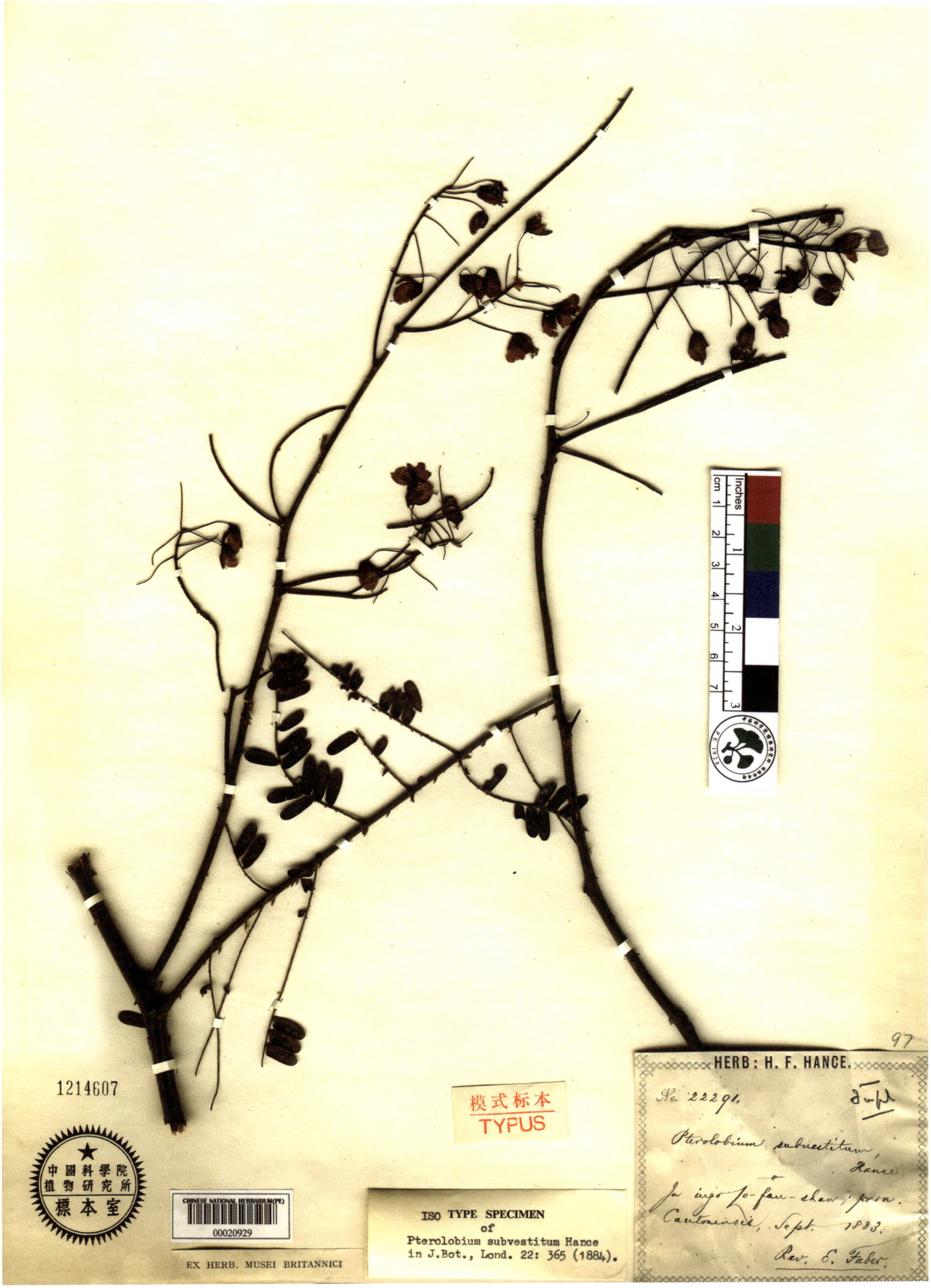

近包被老虎刺 ***Pterolobium subvestitum*** Hance in J. Bot. 22(12): 365. 1884. **Isotype:** China. Guangdong: Boluo, 1883-09-??, E. Faber. 22291.

戴维冬麻豆 ***Salweenia bouffordiana*** H. Su, Z. M. Li & J. P. Yue in Taxon 60(5): 1370, f. 5. 2011. **Isotype:** China. Sichuan: Xinlong, alt. 3 000 m, 2008-07-31, H. Sun-07zx-2884.

多叶越南槐 ***Sophora tonkinensis*** Gagnep. var. ***polyphylla*** S. Z. Huang & Z. C. Zhou in Acta Phytotax. Sin. 22(6): 487, f. 1. 1984. **Isotype:** China. Guangxi: Du'an, 1981-06-12, J. F. Wei 8482.

川西白刺花 ***Sophora viciifolia*** Hance var. ***chuansiensis*** C. Y. Ma in Acta Phytotax. Sin. 20(4): 469, f. 1: 15-21. 1982.
Holotype: China. Sichuan: Barkam, alt. 2 650 m, 1957-05-11, H. Li 70615.

云南槐 ***Sophora yunanensis*** C. Y. Ma in Acta Phytotax. Sin. 20(4): 467. 1982. **Holotype:** China. Yunnan: Yuanjiang, 1955-03-22, Sino-Russia Yunnan Exped. 25A.

血色密花豆 ***Spatholobus sanguineus*** Elm. in Leafl. Philipp. Bot. 8: 3087. 1919. **Isosyntype:** Philippine. Laguna: Luzon, 1917-(06~07)-??, A. D. E. Elmer 17560.

吉隆黄华 ***Thermopsis barbata*** Benth. f. ***chrysanthus*** P. C. Li, Fl. Xizang. 2: 725. 1985. **Holotype:** China. Xizang: Gyirong, alt. 3 400 m, 1972-06-26, Anonymous 578.

霍州油菜 ***Thermopsis chinensis*** Benth. ex S. Moore in J. Bot. 16: 131. 1878. **Isosyntype:** China. Precise locality not known, 1845-??-??, Fortune 54A.

矮生野决明 ***Thermopsis smithiana*** E. Peter in Acta Horti Gothob. 13(12): 412. 1940. **Isotype:** China. Sichuan: Kangding, alt. 4 100 m, 1934-08-03, H. Smith 10850.

玉树野决明 ***Thermopsis yushuensis*** S. Q. Wei in Bull. Bot. Res., Harbin 4(2): 136, f. 1. 1984. **Isotype:** China. Qinghai: Yushu, alt. 4 200 m, 1966-06-11, S. W. Liu & R. F. Huang 609.

白花高山豆 ***Tibetia himalaica*** (Baker) H. P. Tsui f. ***alba*** X. Y. Zhu in Novon 14(2): 244. 2004. **Holotype:** China. Sichuan: Kangding, alt. 4 000 m, 1963-07-28, K. C. Guan & W. T. Wang 997.

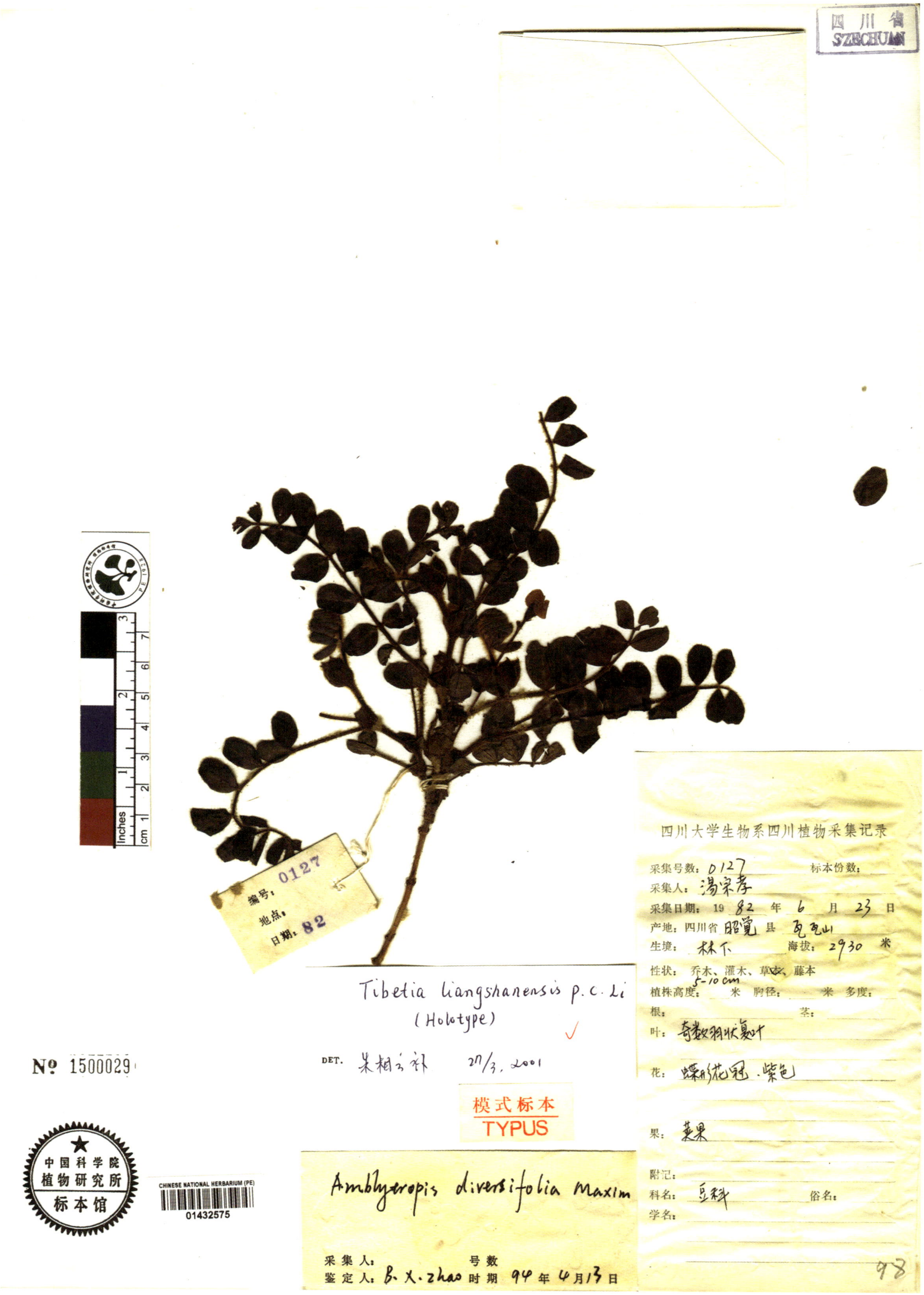

凉山高山豆 ***Tibetia liangshanensis*** P. C. Li in Acta Bot. Yunnan. 11(3): 287. 1989. **Holotype:** China. Sichuan: Zhaojue, alt. 2 930 m, 1982-06-23, Z. X. Tang 0127.

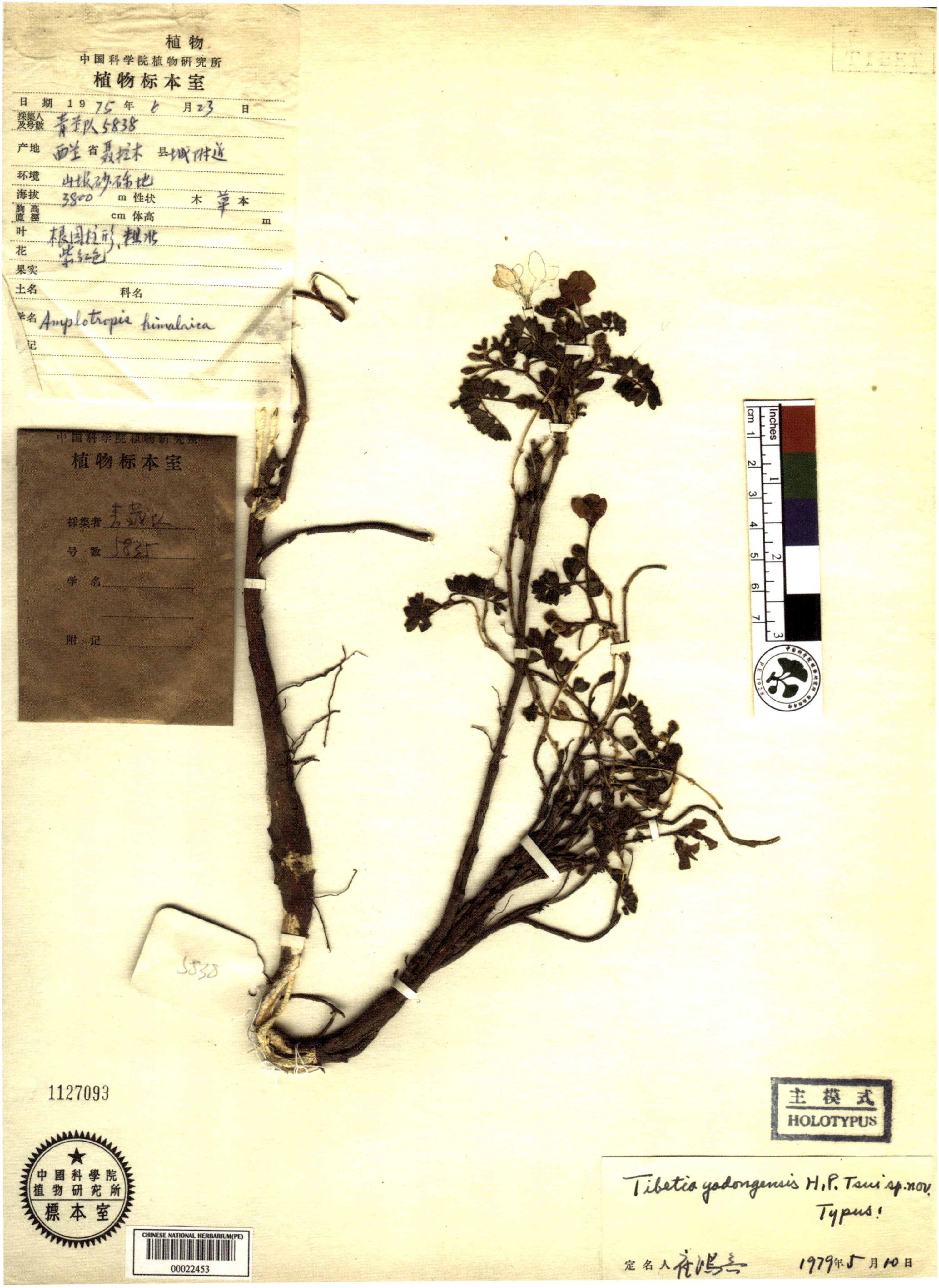

亚东高山豆 ***Tibetia yadongensis*** H. P. Tsui in Bull. Bot. Lab. N.-E. Forest. Inst., Harbin 5: 52. 1979. **Holotype:** China. Xizang: Nyalam, alt. 3 800 m, 1975-06-23, Qinghai-Xizang Exped. 5838.

长齿野豌豆 ***Vicia longidentata*** Z. D. Xia in Acta Phytotax. Sin. 34(4): 431. 1996. **Holotype:** China. Sichuan: Aba, alt. 3 320 m, 1959-06-22, S. Jiang & T. L. Chin 01197.

多叶野豌豆 ***Vicia multijuga*** Z. D. Xia in Acta Phytotax. Sin. 34(4): 424. 1996. **Holotype:** China. Shaanxi: Weinan, alt. 2 500, 1952-07-08, T. P. Wang 15679.

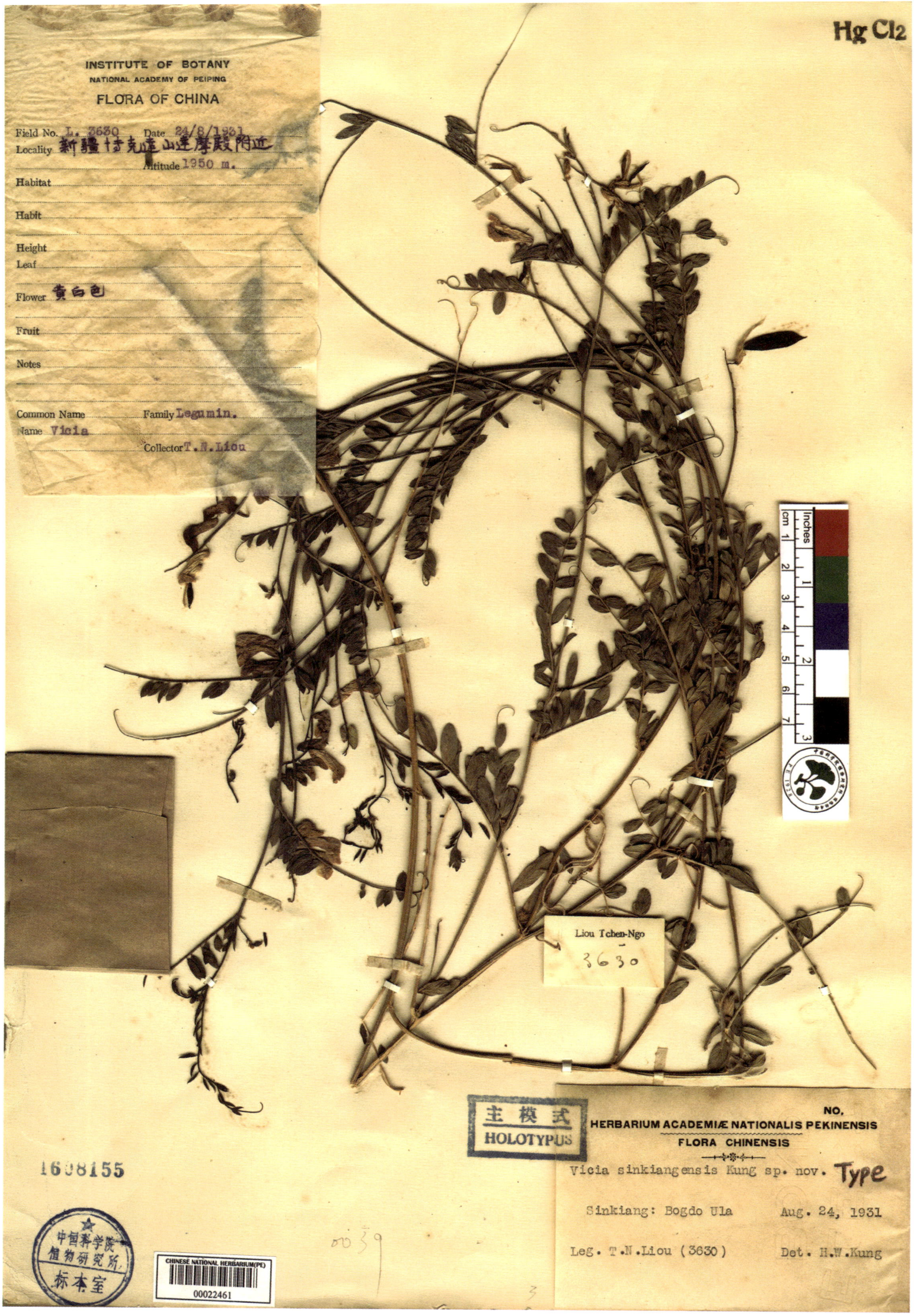

新疆野豌豆 ***Vicia sinkiangensis*** H. W. Kung in Contr. Inst. Bot. Natl. Acad. Peiping 3(8): 392. 1935. **Holotype:** China. Xinjiang: Bogdo Ula, alt. 1950 m, 1931-08-24, T. N. Liou 3630.

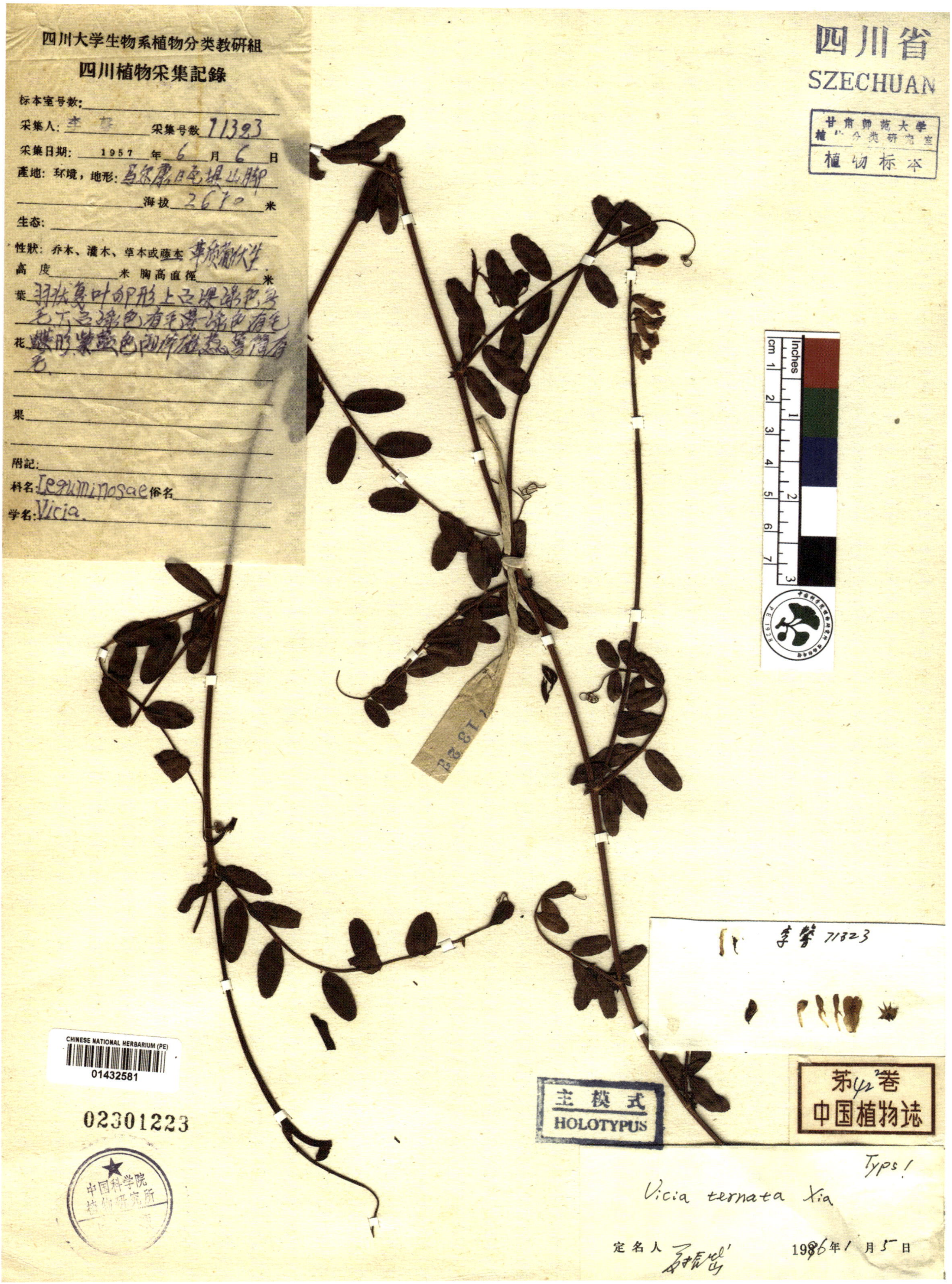

三尖野豌豆 ***Vicia ternata*** Z. D. Xia in Acta Phytotax. Sin. 34(4): 425. 1996. **Holotype:** China. Sichuan: Barkam, alt. 2 670 m, 1957-06-06, H. Li 71323.

三叶歪头菜 ***Vicia unijuga*** A. Br. var. ***trifoliolata*** Z. D. Xia in Acta Phytotax. Sin. 34(4): 433. 1996. **Holotype:** China. Sichuan: Kangding, alt. 2 950 m, 1974-08-18, Y. C. Hou & H. Z. Wang 7993.

武山野豌豆 ***Vicia wushanica*** Z. D. Xia in Acta Phytotax. Sin. 34(4): 430. 1996. **Holotype:** China. Gansu: Wushan, alt. 1 600 m, 1956-05-30, Yellow River Exped. 4258.

任豆 ***Zenia insignis*** Chun in Sunyatsenia 6(3-4): 196, f. 24-25. 1946. **Isoparatype:** China. Guangxi: Lingyun, alt. 1 000 m, 1937-07-10, S. K. Lau 28574.

Index to Scientific Names / 拉丁学名索引

A

Index to Chinese Names / 中名索引

5 画

6 画

7 画

10 画

11 画

12 画

Authors and Addresses ／作者及工作单位地址

BAN Qin, CHEN Shurong, DU Yufen, FU Lianzhong, LIN Qi, MA Xintang, SUN Miao, WANG Zhongtao, YANG Zhirong
China National Herbarium (PE), Institute of Botany, Chinese Academy of Sciences, Xiangshan, Beijing 100093, Beijing.

CHEN Yali, HE Shanshan, JING Xuan, LIN Yun, LIU Wenqun, WANG Mingqiong, WU Huibing, YUN Yingxia
Hunan Medication Vestibule School, Hunan Food and Drug Vocational College, Changsha 410208, Hunan.

班　勤　陈淑荣　杜玉芬　傅连中　林　祁　马欣堂　孙　苗　王忠涛　杨志荣
邮政编码：100093，北京市，香山，中国科学院植物研究所 国家植物标本馆（PE）

陈雅丽　何珊珊　敬　璇　林　云　刘文群　王明琼　吴慧冰　云映霞
邮政编码：410208，湖南省，长沙市，湖南食品药品职业学院，湖南省医药技工学校